科学出版社“十三五”普通高等教育研究生规划教材
创新型现代农林院校研究生系列教材

现代动物分子营养学

汪以真　主编

科学出版社
北　京

内 容 简 介

动物分子营养学由传统动物营养学与现代分子生物学、细胞生物学等学科交叉融合发展形成，从基因、分子、细胞和整体等不同层面阐明动物生长发育、健康、代谢、产品生产等的生物学基础和营养调控机制，是动物营养学的一个新领域。本书由浙江大学汪以真教授担任主编，并联合中国农业大学、华中农业大学、四川农业大学、华南农业大学、南京农业大学、中国科学院亚热带农业生态研究所、中国农业科学院北京畜牧兽医研究所等15家国内高校和科研院所的著名学者、教授共同编写完成。本书共16章，主要介绍了动物分子营养及其研究策略，论述了氨基酸营养、脂质营养、碳水化合物营养、微量元素、维生素等营养素，以及消化道微生物和非营养性饲料添加剂对畜禽基因表达的影响与调控机制，并从甲基化、乙酰化等角度讲述了表观遗传修饰对畜禽基因表达调控的相关研究进展，最后论述了肉、蛋、乳等畜禽产品品质形成与分子营养调控机制，并对动物分子营养学研究未来发展趋势进行讨论。

本书可作为动物营养与饲料科学专业研究生的教材，也可以作为动物营养与畜禽健康养殖领域科研人员的参考书和动物科学专业本科生的学习用书。

图书在版编目（CIP）数据

现代动物分子营养学 / 汪以真主编. —北京：科学出版社，2023.9

科学出版社“十三五”普通高等教育研究生规划教材 创新型现代农林院校研究生系列教材

ISBN 978-7-03-074816-4

Ⅰ. ①动… Ⅱ. ①汪… Ⅲ. ①动物营养－分子生物学－高等学校－教材 Ⅳ. ①S816

中国国家版本馆CIP数据核字（2023）第023336号

责任编辑：刘 丹 马程迪/责任校对：严 娜

责任印制：吴兆东/封面设计：无极书装

科学出版社 出版

北京东黄城根北街16号

邮政编码：100717

http://www.sciencep.com

北京厚诚则铭印刷科技有限公司印刷

科学出版社发行 各地新华书店经销

*

2023年9月第 一 版 开本：787×1092 1/16

2024年10月第二次印刷 印张：17

字数：428 000

定价：78.00元

（如有印装质量问题，我社负责调换）

《现代动物分子营养学》编写委员会

主　编　汪以真（浙江大学）

副主编　单体中（浙江大学）

参　编（按姓氏笔画排序）

王凤芹（浙江大学）
王迪铭（浙江大学）
王新霞（浙江大学）
尹靖东（中国农业大学）
甘振丁（华南农业大学）
白世平（四川农业大学）
冯兴军（东北农业大学）
成艳芬（南京农业大学）
吕　林（中国农业科学院北京畜牧兽医研究所）
朱勇文（华南农业大学）
任文凯（华南农业大学）
刘红云（浙江大学）
苏　勇（南京农业大学）
杜华华（浙江大学）
邱　凯（中国农业科学院饲料研究所）
沈清武（湖南农业大学）
张　鑫（中国农业大学）
周锡红（中国科学院亚热带农业生态研究所）
宗　鑫（浙江大学）
胡彩虹（浙江大学）
晏向华（华中农业大学）
徐春兰（西北工业大学）
黄艳玲（西南民族大学）
董信阳（浙江大学）
韩菲菲（浙江工商大学）
焦　宁（山东农业大学）
谢春琳（广东省农业科学院动物科学研究所）
靳明亮（浙江大学）
路则庆（浙江大学）
廖秀冬（中国农业科学院北京畜牧兽医研究所）

前　言

近年来，随着分子生物学的飞速发展，分子克隆技术、基因工程技术、转基因技术、组学技术等已广泛应用于动物营养学研究中。动物营养学与现代分子生物学、细胞生物学等学科的交叉融合，发展形成了动物分子营养学这一交叉学科。动物分子营养学主要是研究畜禽健康、生长、生产、代谢的分子机制，挖掘、克隆和鉴定关键功能基因，解析核酸、蛋白质结构与功能，探究营养素、肠道微生物等与关键基因表达的互作调控机制，从分子层面上阐明动物健康、产品生产及品质形成等的生物学基础和营养调控机制，进而支撑畜禽健康养殖和绿色高效生产。动物分子营养学是动物营养科学的重要组成，是动物营养科学研究的延伸和发展，是动物营养学的新领域，是动物营养科学研究的新层面。为了深入学习贯彻党的二十大精神，落实立德树人根本任务，为畜牧业高质量发展培养优秀卓越人才，我们在查阅大量国内外相关文献的基础上，结合浙江大学动物分子营养学教育部重点实验室的相关研究工作，并联合国内高校和科研院所的著名学者、教授共同编写了此书。本书可作为动物营养与饲料科学专业研究生的教材，也可以作为动物营养与畜禽健康养殖领域科研人员的参考书和动物科学专业本科生的学习用书。

全书分为四部分共 16 章。第一部分为动物分子营养与传统动物营养概论，主要介绍动物分子营养学与传统动物营养学的区别与联系，以及动物分子营养研究策略。第二部分为营养素和非营养性饲料添加剂与动物基因表达调控，重点介绍了氨基酸营养、脂质营养、碳水化合物营养、微量元素、维生素、消化道微生物及非营养性饲料添加剂等对畜禽基因表达的影响与调控机制，并介绍了甲基化、乙酰化等表观遗传修饰对畜禽基因表达调控方面的相关研究。第三部分为动物分子营养与畜禽产品品质调控，重点介绍了肉、蛋、乳等畜禽产品品质形成与分子营养调控机制。第四部分为动物分子营养学研究展望，重点介绍了动物分子营养学研究未来发展趋势。本书涉及许多动物分子营养学领域的知识及最新研究进展，每章后附有相关参考文献，可供读者进一步阅读。

由于编者水平有限，书中不足之处在所难免，敬请读者批评指正。

汪以真
2023 年 8 月

目　录

第一章　动物分子营养学与传统动物营养学

随着分子生物学、生理学、细胞生物学和动物营养学等的快速发展，人们对营养学的认识和研究深入分子水平，随之“分子营养学”这一概念在1985年由Artemis P. Simopoulos博士首次提出并使用。动物分子营养学是传统动物营养学与现代分子生物学、细胞生物学等有机结合产生的一门学科，是从核酸和蛋白质等分子水平探讨营养素与基因互作对动物生长、健康、代谢及产品品质的影响，并制订动物健康养殖的营养需要及调控策略等。本章主要对动物分子营养学概念及其与传统动物营养学关联做一概述。

一、动物分子营养学概念

随着近几十年来分子生物学的迅猛发展，基因工程、转基因技术、组学技术等现代生物技术已广泛应用于动物营养学研究，与动物生长、健康、代谢及产品品质等相关的众多关键功能基因相继被挖掘、克隆和鉴定，营养调控动物生长、健康、代谢及产品生产的分子机制得到深入解析，营养与基因表达间的互作调控成为研究的热点。动物营养学与现代分子生物学、细胞生物学、遗传学交叉融合发展，形成了动物分子营养学（animal molecular nutrition）这一交叉学科。

动物分子营养学是动物营养学与现代分子生物学原理和技术结合产生的一门学科，是在分子水平上研究动物营养学的一个新领域，是动物营养学研究的延伸和发展。该学科作为动物营养学的一个重要组成和分支，通过应用分子生物学技术和方法从分子水平上将动物营养学推至一个新层面、新领域，促进了动物营养学的发展。

动物分子营养学主要研究内容是：①营养对动物基因结构、表达和功能的调控；②基因表达和遗传因素对营养素消化、吸收、分布、代谢及生理作用的影响；③营养、肠道微生物、宿主互作机制与模式；④营养与基因互作对动物生长、健康、代谢及产品品质的影响及其机制，并据此提出相应的调控措施。具体来说，包括以下方面：①蛋白质营养、氨基酸营养、脂质营养、碳水化合物营养、微量元素、维生素等与动物基因表达调控；②营养代谢病的分子基础与防治；③关键信号通路［如腺苷磷酸活化蛋白激酶（AMPK）、哺乳动物雷帕霉素靶蛋白（mTOR）、丝裂原激活蛋白激酶（MAPK）、核因子κB（NF-κB）等］与营养吸收代谢调控；④表观遗传修饰（甲基化、乙酰化等）与营养吸收代谢调控；⑤肠道微生物与动物基因表达、肠道健康及营养吸收代谢调控；⑥畜禽产品品质（如肉品质、乳品质、蛋品质等）形成的分子营养调控。

动物分子营养学研究的目的与意义在于：①研究动物营养素缺乏、适宜和过剩等状况下的基因表达图谱，发现有用的分子标记物，从而确定动物的营养需要量和供给量；②从细胞、基因水平上解析营养对动物生长、发育、生产、生理、疾病等的影响及分子机制，阐明营养吸收代谢机制及其与基因表达的互作调控关系；③研究营养相关疾病的基因差异表达情况，阐明营养代谢性疾病的发病机制及制订相关防控措施；④利用分子生物学技术提高动物产品品质或生产动物源性功能物质；⑤利用分子生物学和基因工程等技术开发饲料资源。

二、动物分子营养学与传统动物营养学的关系

营养是有机体消化吸收食物并利用食物中的有效成分来维持生命活动、修补体组织、生长和生产的全部过程（陈代文和余冰，2020）。动物营养学是研究动物营养物质摄入与动物生命活动（包括生产）之间关系的科学（陈代文和余冰，2020）。动物营养学的主要任务是：①研究揭示动物必需营养物质的种类及其理化特性，弄清动物需要什么；②研究揭示必需营养物质在体内的代谢过程及其调节机制，弄清动物为什么需要；③研究探明营养摄入与动物健康和生产的定性定量关系，弄清动物需要多少；④研究揭示动物营养与人及环境之间的互作规律，弄清动物的需要对环境的影响；⑤研究制订动物在不同条件下对各种营养物质的需要量，构建动物生产的营养指南；⑥研究阐明影响营养物质利用率的因素，建立高效生态营养技术；⑦探索完善动物营养学的研究方法和手段，建立自身的方法学体系（陈代文和余冰，2020）。

然而，传统动物营养学绝大部分研究尚停留在动物机体水平，对营养与基因表达调控及互作、营养代谢分子机制、肠道微生物功能等方面的研究很少。传统营养学的局限及问题主要有：①重点关注投入产出。传统动物营养学关注养分摄入量和排出量，研究方法（如消化实验、代谢实验等）的原理均建立在投入产出关系上，对于养分代谢的中间过程并不清楚（陈代文，2015）。②重点关注蛋白质、脂类、碳水化合物、维生素等营养素。传统营养学是建立在营养素基础上的体系，营养理论是营养素理论，营养需要是营养素需要，营养平衡是营养素平衡；对于营养素来源多样性、存在形式等没有研究（陈代文，2015）。③细胞、分子水平的研究较少。传统动物营养学对动物机体营养吸收代谢的过程开展相关研究，绝大部分研究集中在动物机体水平。从细胞、分子水平上阐明营养物质吸收代谢和沉积分配的规律及机制，是动物营养学的发展方向。④忽略了肠道微生物。肠道微生物既可以为动物代谢过程提供底物、酶和能量，其代谢产生的脂肪酸等代谢物也可促进动物肠上皮细胞生长与分化等。

传统动物营养学与现代分子生物学、细胞生物学、遗传学交叉融合发展，形成了动物分子营养学。动物分子营养学是在分子水平上研究动物营养学的一门学科，是营养科学的组成部分，是传统动物营养学研究的深入。它不仅从细胞、分子水平研究动物营养吸收、代谢、分配、沉积与调控，还从细胞、分子水平深入探索动物营养现象的内在机制，这对营养学的发展至关重要。动物机体的生长发育、新陈代谢、遗传变异、病理变化等，本质上都是基因的表达、调控发生改变的结果。遗传、环境和营养等因素对动物生理、发育、代谢等的影响及调控，也离不开动物机体中相关基因及相关信号网络的参与。许多生理生命现象及其调控机制，最终需要在分子水平上阐释，如影响肌内脂肪沉积的因素主要包括品种、营养、环境等，这些因素对动物肌内脂肪沉积的影响及调控最终通过影响基因及其调控网络实现。所以动物营养学的研究应与现代分子生物学技术结合，从细胞、分子水平上揭示各种营养素对动物机体的影响及调控机制、动物机体的生理发育规律及病理变化等问题，这是动物营养学发展的必然趋势之一。

动物分子营养学的研究目标是揭示营养代谢与调控机制，用分子手段调控营养代谢的转化过程及效率。动物分子营养学系统研究营养与基因—蛋白质—代谢物组的互作关系及其对

动物健康和生产的影响，主要任务是：①研究营养素对动物基因表达的影响及调控机制，深入解析营养素的生理功能；②研究营养素对基因结构、表观遗传修饰及稳定性的影响，解析营养素发挥作用的分子机制；③研究受营养素调控的功能基因、信号通路对机体营养素吸收、代谢的调控，从而通过营养素调控对健康有益基因的表达，抑制有害基因的表达，进而促进动物生长、发育、健康和生产；④研究基因多态性或遗传变异对营养素消化、吸收、分布、代谢的影响，促进营养素高效吸收利用；⑤研究营养性代谢疾病的分子遗传学基础和发生发展的机制，解析营养素对营养缺乏病、营养相关疾病和先天性代谢缺陷的干预及调控机制；⑥研究现代分子生物学技术在动物生产中的应用，如可以利用分子生物学技术从基因水平上改造或生产动物源性营养物质，提高动物生产性能和产品品质。

三、动物分子营养学的应用

动物分子营养学的应用包括：在细胞分子水平上研究营养与基因表达调控，利用分子生物学技术提高动物产品品质或生产动物源性功能物质，利用基因工程技术开发饲料资源等。

（一）在细胞分子水平上研究营养与基因表达调控

营养素对动物基因表达的作用特点是：一种营养素可调节多种基因的表达；一种基因表达又受多种营养素的调节；一种营养素不仅可对其本身代谢途径所涉及的基因表达进行调节，还可影响其他营养素代谢途径所涉及的基因表达；营养素不仅可影响细胞增殖、分化及与机体生长发育有关的基因表达，还可对致病基因的表达产生重要的调节作用。营养素可在基因表达的所有水平（转录前、转录、转录后、翻译和翻译后）上对其进行调节，大多数营养素对基因表达的调节发生在转录水平上。营养与基因表达的调控表现为两方面：①营养对基因表达的影响；②基因表达对营养的吸收、代谢和转化效率的影响。哺乳动物雷帕霉素靶蛋白（mammalian target of rapamycin，mTOR）能感受营养信号，控制细胞内信使 RNA（mRNA）的翻译及蛋白质转运、降解，在细胞增殖过程中发挥重要作用。氨基酸等营养物质可以调控 mTOR 信号通路相关基因表达，mTOR 又可以介导氨基酸等营养物质吸收、代谢和转化。

（二）利用分子生物学技术提高动物产品品质或生产动物源性功能物质

转基因技术将外源基因引入动物的基因组中，以建立理想的性状（如获得较高的产奶量、瘦肉率和饲料转化率）。例如，过表达牛生长激素的转基因猪，生长速度和饲料利用效率显著提高，同时体脂肪和血浆胆固醇含量显著降低。用 CRISPR/Cas9 编辑工具敲除猪、羊等动物的肌生长抑制蛋白基因（*MSTN*），增强了动物的肌肉发育。通过营养调控改善动物产品品质，是国内外研究的热点。例如，浙江大学汪以真教授团队开展了金华猪优质肉品质性状关键功能基因挖掘及营养调控机制研究，围绕金华猪优质肉品质形成机制，挖掘得到 100 余个金华猪优质肉品质性状相关功能基因，揭示了编码沉默信息调节因子 1（SIRT1）、肝激酶 b1（LKB1）、脂肪甘油三酯脂肪酶（ATGL）、生长停滞和 DNA 损伤诱导蛋白 45α（GADD45α）等的关键基因调控动物糖脂代谢和肉品质形成的作用机制，并建立了营养靶向调控猪肉品质的策略。利用转基因技术建立动物生物反应器，可生产动物源性功能营养物质。例如，在乳腺中导入乳铁蛋白基因，可提高乳中乳铁蛋白含量；将人类溶菌酶基因插入

牛 β-酪蛋白基因座中，可生产含溶菌酶的牛奶。

（三）利用基因工程技术开发饲料资源

用基因工程、蛋白质工程、发酵工程等技术开发饲料资源，可达到节约粮食、减缓人畜争粮、为饲料开源节流的目的。例如，姚斌院士团队针对阻碍饲料用酶规模应用的两大瓶颈性问题——酶的性能和生产成本，从酶的分子生物学基础性科学问题入手，通过酶基因资源的高效挖掘、酶的催化和构效机制研究及分子改良来解决知识产权问题和酶的性能问题；通过酶蛋白高效表达的机制研究来解决生产成本问题，研发了植酸酶、木聚糖酶等 10 多种酶制剂，显著提高了饲料利用效率，降低了含氮、磷等的有机物排放。

（胡彩虹、单体中，浙江大学）

参 考 文 献

陈代文. 2015. 从动物营养学发展趋势看饲料科技创新思路. 饲料工业，36（6）：1-5.

陈代文，余冰. 2020. 动物营养学. 4 版. 北京：中国农业出版社.

第二章　动物分子营养研究策略

动物机体的生理代谢和病理变化从本质上讲都是动物基因的表达调控发生了改变，所以动物营养学的研究应与分子生物学相关技术结合，从分子水平上解释各种营养素对机体生长发育、新陈代谢、遗传变异、免疫应答等的作用及其机制，这也是动物营养学发展的必然趋势之一。本章主要从组学技术、基因编辑技术、基因工程技术、表观遗传修饰与免疫学技术等方面介绍动物分子营养的研究策略。

第一节　组 学 技 术

一、宏基因组学

宏基因组学（metagenomics）又称为微生物环境基因组学和元基因组学，其基于微生物基因组学研究微生物多样性，开发新的生物活性物质（或获得新的基因）。通过提取环境样本中全部微生物的 DNA 构建宏基因组文库，利用基因组学的研究方法，研究环境样本中全部微生物的遗传组成及其群落功能。宏基因组学的研究对象不是某特定的微生物或某细胞中的总 DNA，而是特定环境中的总 DNA，因此不需要对研究样品中的微生物进行分离培养和纯化。因此，宏基因组学为我们认识和利用 95% 以上的未培养微生物、难培养或不可培养微生物中的天然产物及处于“沉默”状态的天然产物提供了一条新途径。

（一）宏基因组学研究技术

宏基因组学主要是通过构建宏基因组文库和筛选、克隆特定环境下所有微生物的总 DNA，获得新的生物活性物质；或根据 rDNA 数据库设计引物，通过系统学分析获得环境样本中微生物的遗传多样性和分子生态学信息。

1. 传统的宏基因组学　传统的宏基因组学研究流程为：抽提样品中的 DNA/RNA，使用克隆技术随机连接到质粒载体上，转化细菌并筛选克隆，通过对插入片段的测序和功能分析，基本了解样品中微生物菌落的信息。微生物基因组中的 16S/18S rRNA 基因一般长约 1500bp，广泛分布于原核基因组中。它不仅能提供足够的基因信息，而且具有相对缓慢的进化过程，其保守性与特异性并存。微生物的种类可以通过保守区和特异区来区分。基于这些特征，科学家可以通过选择这些基因区域来轻松研究环境中物种的组成多样性，但不能全面分析环境中的基因功能。

2. 基于高通量低成本测序技术的宏基因组学　以 Roche 454 和 Illumina Hiseq 为代表的二代测序技术的主要流程为：提取基因组 DNA，构建宏基因组文库，进行高通量测序，最后进行生物信息学分析。Roche 454 主要通过检测合成过程中释放的焦磷酸信号读取基因的序列，Illumina Hiseq 则是通过读取掺入染料的荧光信号获得模板 DNA 的序列。随着新一代高通量低成本测序技术的广泛应用，科学家可以直接对环境中样品的全基因组进行测序，并在获得海量数据后对微生物群落结构和基因功能组成进行全面分析。

（二）宏基因组学在动物胃肠道微生物研究中的应用

随着宏基因组学技术和分析方法的不断改进，人们对复杂环境中微生物的研究更加方便而透彻。宏基因组学技术不仅应用于发酵工艺、生物能源、环境治理等领域，也可应用于动物胃肠道微生物的研究，如了解动物胃肠道微生物的多样性和生物功能，利用动物胃肠道微生物遗传资源，为深入探讨动物胃肠道微生物群落组成与胃肠道疾病之间的关系提供信息等。因此，宏基因组学技术有望成为研究动物胃肠道微生物多样性、筛选新的功能基因和生物活性物质的重要手段之一。在反刍动物研究中，应用宏基因组学技术有望鉴别出新型的产甲烷菌和产酶微生物，并开发利用新菌种质粒基因和酶，开展瘤胃微生物基因工程及相关研究，如甲烷排放、植物降解、抗病致病基因筛选、日粮组成对反刍动物瘤胃微生物的影响、家畜对纤维物质利用效率的评估、不同发育阶段瘤胃微生物的变化等。在动物健康研究中，宏基因组学可以准确获得胃肠道菌群的分类和丰度信息，并研究其代谢功能，为动物胃肠道营养和健康及疾病预防提供支持。

二、转录组学

转录组学是在 RNA 水平上研究基因表达情况，综合体现细胞中基因转录情况及调控规律的技术。广义转录物组（transcriptome）是指从一个细胞或组织的基因组中转录出来的 RNA 的总和，包括编码蛋白质的 mRNA 和各种非编码 RNA［核糖体 RNA（rRNA）、转移 RNA（tRNA）、核仁小 RNA（snoRNA）、核小 RNA（snRNA）、微 RNA（microRNA）和其他非编码 RNA 等］。狭义转录物组是指参与翻译蛋白质的总 mRNA。以 DNA 为模板合成 RNA 的转录过程是基因表达的第一步，也是基因表达调控的关键环节。与基因组不同，转录物组的定义受到时间和空间的限制。同一细胞在不同的生长时期和生长环境下，其基因表达是不完全相同的。转录组学技术崛起于生物学研究的前沿，逐渐成为生命科学研究的热点。主要原因如下：①蛋白质组学研究需要从转录组学研究中获得更多信息；②随着非编码 RNA 研究的发展，转录组学研究的范围不断扩大和深化；③随着新一代高通量测序技术的应用，转录组学研究提供的数据量呈现爆发式增长，极大地拓展了转录组学研究解决科学问题的范围。

（一）转录组学研究技术

转录组学研究获取数据和分析的方法主要包括：①基于杂交的微阵列技术，包括 cDNA 芯片和寡聚核苷酸芯片；②基于 Sanger 测序的基因表达序列分析技术，包括基因表达的系列分析（serial analysis of gene expression，SAGE）和大规模平行测序（massively parallel signature sequencing，MPSS）；③基于新一代高通量测序技术的 RNA 测序（RNA-sequencing，RNA-seq）。

1. 基于杂交的微阵列技术 基于杂交的 DNA 芯片技术是把已知的所有或感兴趣的基因序列片段固定到固体介质上形成微阵列。首先提取特定状态样品的 RNA，经反转录获得 cDNA（用荧光标记），再与微阵列进行杂交（通过序列互补，表达片段与固体介质上的探针杂交），然后对微阵列进行扫描，最后根据荧光信号的强度计算微阵列上对应位置基因表达的强度。在这项技术的操作过程中，可以对不同样品标记不同的荧光信号，使其在同一张芯片上竞争性地与探针结合，最后通过扫描和比较两种荧光信号，对样品间基因表达强度进行比较分析。DNA 芯片技术只能用于检测已知序列，而不能捕获新的 mRNA。同时，由于杂交技术的灵敏度有限，微阵列技术难以检测低丰度 mRNA 与捕获目的基因 mRNA 表达水平的微小变化。

2. 基于 Sanger 测序的基因表达序列分析技术　基于 Sanger 测序法，大规模转录组学研究的各种技术在转录组学研究历史上曾发挥过重要作用。表达序列标签（expressed sequence tag，EST）技术是比较成熟的转录组学研究技术，每条 EST 序列代表一个转录本，经过拼接后获得基因簇，通过序列比对进行基因功能注释。通过对生物体 EST 的分析可以获得生物体内基因的表达丰度。转录组学测序的程序为：首先要构建某个组织的 cDNA 文库，并随机挑取大量克隆进行测序，再与 EST 数据库进行比较，初步对 EST 代表的基因进行鉴定，并对基因进行定位、结构、功能检测分析。SAGE 技术首先从实验样本中提取 RNA 并反转录为 cDNA，使用锚定酶切割双链 cDNA，将切下的 cDNA 片段与不同的接头连接，通过标签酶消化得到 SAGE 标签，然后 PCR 扩增连接 SAGE 标签形成的标签二聚体；最后使用锚定酶切割连接序列以形成标签二聚体的多聚体，并对其进行测序。SAGE 可以定量分析组织和细胞中相关基因的表达水平。MPSS 技术是对 SAGE 技术的改进，包括两个过程：首先是 cDNA、标签和微球的结合，然后对其进行测序。MPSS 技术对于功能基因组的研究非常有效，可以在短时间内捕获细胞或组织中所有基因的表达特征。

3. 基于新一代高通量测序技术的 RNA 测序　基于高通量测序平台的 RNA-seq 技术大大缩短了测序周期，降低了测序成本，尤其是在测序深度方面有显著的提高。RNA-seq 是对 RNA 聚合酶Ⅱ转录产生的成熟 mRNA 和非编码 RNA（non-coding RNA，ncRNA）进行高通量测序，该酶经多聚胸腺嘧啶亲和纯化。RNA-seq 技术不需要预先为已知序列设计探针。它可以检测任何物种的整体转录活动，提供更准确的数字信号、更高的检测通量和更宽的检测范围。它是深入研究转录物组复杂性的有力工具。RNA-seq 技术能够全面获得物种特定组织或器官的转录本信息，从而进行基因表达水平研究、新转录本发现研究、转录本结构变异研究、新基因发掘和非编码区域功能研究等。被广泛应用的二代测序技术平台主要有三种：454/Roche FLX 系统（焦磷酸测序法）、Illumina Genome Analyzer（边合成边测序法）和 ABI SOLID 系统（连接酶测序法）。

（二）转录组学在动物营养学研究中的应用

营养转录组学作为营养组学研究的重要部分，对于筛选和鉴定机体对营养素做出应答的基因，明确受营养素调节的基因功能，研究营养素对基因表达的影响及分子机制等均发挥十分重要的作用。吕昊等（2021）利用转录物组测序研究饲料中添加海带酶解提取物对斑点叉尾鮰生长和肝脏转录物组表达的影响，将对照组与添加海带酶解提取物组肝脏转录物组数据进行统计分析，发现差异表达显著下调的基因数为 81 个，上调的基因数为 199 个。动物转录组学可揭示表达模式发生显著差异的基因，发现新基因，并快速、全面筛选出与表型性状相关的重要功能基因，为培育优良品系的动物、增强动物抗病能力提供支撑。杨春玲等（2021）通过转录物组测序分析，从快速生长群体和慢速生长群体的凡纳滨对虾肌肉组织中筛选出 1408 个差异表达基因，其中 661 个显著上调，747 个显著下调，主要富集在溶酶体、氨基糖和核苷酸糖新陈代谢及鞘脂类代谢等通路上，对于对虾肌肉生长发育具有重要作用。

吴盈萍等（2021）利用高通量测序技术在探究高、低产蛋量新疆伊犁鹅性腺轴组织的转录物组差异表达时，共筛选到3119个新基因，获得注释的基因902个；差异表达新基因64个，其中49个基因表达上调，15个表达下调，通过比对发现这些基因分别与核苷酸切除修复、血管内皮生长因子（VEGF）、泛素介导的蛋白质水解、RNA转运、氨基酸的生物合成及黏着斑等信号通路相关。李慧倩等（2023）利用转录组学测序技术探究小鼠免疫系统在高原低氧胁迫适应过程中相关基因的表达及响应的分子机制，将在脾脏组织中得到的差异表达基因进行基因本体（gene ontology，GO）和京都基因和基因组数据库（kyoto encyclopedia genes and genomes，KEGG）富集分析，共富集到4218个与平原常氧组差异表达基因，且JAK（Janus激酶）-STAT（信号转导及转录活化因子）及NOD（核苷酸结合寡聚化结构域）样受体（NLR）信号通路为显著富集通路。孙菁希等（2021）对猪肌内脂肪含量差异较大的个体进行转录物组测序分析，一共筛选出474个差异表达基因，其中329个基因显著上调，145个基因显著下调，富集参与20个生物学过程，并且差异表达家族基因*PPP1CB*、*CLCA1*、*COX4I1*、*KRAS*及*CACNG*可能对调节猪肌内脂肪具有关键作用，为优质肉品质猪的育种提供参考。

三、蛋白质组学

蛋白质组学是研究细胞、组织或生物体蛋白质组成及其变化规律的技术，可以根据蛋白质种类、数量、局部存在的时间、空间上的变化来研究表达于细胞、组织及个体中的全部蛋白质，并从其结构和功能的角度来综合分析生命活动。蛋白质组学侧重于动态描述基因调控，定量测量基因表达的蛋白质水平，鉴定疾病和药物对生命过程的影响，解释基因表达调控的机制。蛋白质组学的研究在为生命活动规律提供物质基础的同时，也可以为阐明各种疾病机制提供理论基础和解决路径。蛋白质组学研究是生命科学进入后基因组时代的特征。

（一）蛋白质组学的研究技术

蛋白质组学研究不是从零开始的，它是蛋白质（多肽）图谱和基因产物图谱技术的延伸。多肽图谱依赖于双向凝胶电泳（two-dimensional gel electrophoresis，2-DE）和进一步的图像分析。基因产物图谱依赖于质谱分析、氨基酸组成分析等多种分离后的分析。蛋白质组学研究技术相对复杂，主要依靠三种技术：蛋白质分离技术、蛋白质鉴定技术和生物信息学分析技术。

1. 蛋白质分离技术　2-DE主要将等电聚焦电泳（isoelectric focusing electrophoresis，IFE）和SDS-聚丙烯酰胺凝胶电泳（SDS-polyacrylamide gel electrophoresis，SDS-PAGE）技术相结合，按照蛋白质的带电量和其分子质量大小差异进行蛋白质群分离，能够在同一块胶上连续分离数千种蛋白质。双向荧光差异凝胶电泳（two-dimensional fluorescence difference in gel electrophoresis，2D-DIGE）是在2-DE基础上发展起来的。电泳前，用不同荧光染料将需要比较的蛋白质样品进行共价标记。等量混合后，在一块凝胶上进行2-DE。同一块双向电泳凝胶可分离多个样品。高效液相色谱（high performance liquid chromatography，HPLC）广泛应用于分离水溶性蛋白质，包括水解以后的多肽和氨基酸。毛细管电泳（capillary electrophoresis，CE）以毛细管为分离通道、以高压直流电场为驱动力来达到蛋白质分离的目的。微芯片毛细管电泳（microchip capillary electrophoresis，MCE）利用微处理技术处理芯片上的各种微结构，通过不同通道、反应器、检测单元等的设计和布局，实现样品进样、反应和分离检测。

2. 蛋白质鉴定技术　质谱（mass spectrometry，MS）技术日渐成为分析复杂蛋白质样品的首选方法，通过不同细胞的亲和选择性，从组织或细胞裂解物中分离待分析的蛋白质，通过测量离子化分析物的质荷比（*m/z*）来分离和确定蛋白质分子质量。经过质量分析器可分析出每个肽段的 *m/z*，得到蛋白质所有肽段的 *m/z* 图谱，即蛋白质的一级质谱峰图。MS 技术通过电喷雾电离（electrospray ionization，ESI）或基质辅助激光解吸电离（matrix-assisted laser desorption/ionization，MALDI）的方法对完整蛋白质离子化后进行质谱分析。MALDI-MS 主要用于分析相对简单的肽混合物，而复杂样品的分析主要使用综合液相色谱 ESI-MS 系统。同位素编码亲和标签（isotope coded affinity tag，ICAT）技术主要应用于差异蛋白质组鉴定，如对膜蛋白进行鉴定和定量，比较两种及以上来源密切的蛋白质样品，直接测量和鉴定低丰度蛋白质含量及种类等。但该方法不能测定不含半胱氨酸的蛋白质，很难得到翻译后修饰的信息。同位素标记相对和绝对定量（isobaric tags for relative and absolute quantitation，iTRAQ）技术是通过专业试剂与氨基酸末端氨基和赖氨酸侧链氨基连接，对肽段进行标记。经色谱分离和质谱分析，根据信号离子不同的 *m/z*、波峰高度和面积鉴定蛋白质类型，分析同一蛋白质经不同处理后的相关定量信息。蛋白质芯片技术是一种高通量的蛋白质功能分析技术，利用样品中的靶蛋白与探针反应，通过同位素法、荧光法或无标记检测法等进行检测，再由计算机进行结果分析。蛋白质芯片技术具有敏感性高、重复性好、高通量等优点，但其也存在准确性和特异性受到探针蛋白的空间结构和活性影响较大，且一次实验需要耗费大量的蛋白质探针等缺点。

3. 生物信息学分析技术　质谱鉴定只能检测蛋白质的种类，无法获得这些蛋白质在机体中的具体功能及它们与其他蛋白质之间的联系。要解决这些问题，我们需要运用生物信息学知识。生物信息学主要利用生命科学、计算机科学和数学相关知识，通过数学、计算机科学等途径对生物实验数据进行检索、处理和分析，从而揭示数据的生物学意义。目前国际上有三个主要的公共数据库平台，分别是美国国家生物技术信息中心（NCBI）、欧洲生物信息研究所（EBI）和日本信息生物学中心（CIB）。

（二）蛋白质组学在动物营养学研究中的应用

提供安全优质的肉、蛋、奶是动物营养研究的目标，也是众多动物科学学者关注的焦点。曹雪妍等（2019）采用糖蛋白质组学技术，在牛初乳和牛常乳乳清中共鉴定出 129 种糖蛋白和 190 个差异表达的糖基化位点，它们参与了补体和凝血级联、金黄色葡萄球菌感染、溶酶体等代谢通路，为评价和改善牛乳品质提供了理论依据。孙瑞萍等（2021）采用 iTRAQ 技术对比分析生长后期（6 月龄、8 月龄）五指山猪和长白猪背最长肌的差异表达蛋白，发现无论是在胚胎发育期还是生长后期，国内地方猪种与国外猪种的差异蛋白中上调的蛋白质数量均高于下调的蛋白质数量。Ding 等（2020）通过基于串联质谱标记（tandem mass tag，TMT）的定量蛋白质组学来研究母鸡对膳食中茶多酚补充剂的反应，分析发现饮食中缺乏茶多酚和存在茶多酚之间存在 31 个差异表达蛋白，其中 19 个上调，12 个下调，差异表达蛋白主要富集于碳水化合物代谢信号通路和氧化还原稳态途径。翁秀秀等（2021）采用双向电泳技术，比较研究湖羊初乳和常乳乳蛋白质组的差异，发现不同泌乳时间湖羊脱脂乳的双向电泳图谱存在差异，共检测出 44 个差异表达的蛋白质点，其中 8 个蛋白质仅存在于产后第 1 天的乳汁中，主要参与免疫活动，丰富和完善了绵羊乳蛋白质组数据库，这对促进羊奶的加工、开发和利用及判别初乳掺假有重要意义。健康的肠道是动物生长和免疫的基础，维护动物肠道健康是动物营养研究的核心所在。张喆等（2021）利用 TMT 蛋白质组学技术探索温肾健脾方对大鼠腹泻型肠易激综合征的影响，筛选出主要差异的蛋白质共 405 个，主要影响了 6 条相关信号通路，其中 Ugt1a1、ALAD、Naprt1、COX6B1、Mccc2、Naglu、ACSS2、Man2a1 这些蛋白质与胃肠道肿瘤、胆红素代谢、铅中毒肾损害、脂肪酸合成、肿瘤应激、免疫调节等方面相关性较强，还发现 COX6B1 蛋白同时存在于代谢途径、氧化磷酸化、阿尔茨海默病和亨廷顿病 4 条通路。

四、代谢组学

代谢组学（metabonomics）是研究生命体中所有代谢物（小分子化合物）变化规律的技术，通过比较不同实验组之间代谢物的系统性差异来研究生命现象，并揭示其内在规律。在 DNA—RNA—蛋白质—代谢物这一中心法则框架内，代谢组学处于生命动态系统最下游，最接近于表型，它不仅是表型的描述性指标，还可以通过调节基因组、转录物组、蛋白质组等多组学来影响机体的生理功能，是系统生物学的重要组成部分。代谢组学主要通过高通量检测和大规模计算，着重研究生物整体、器官或组织的内源性代谢物质的代谢途径及其所受内在或者外在因素的影响及随时间变化的规律。代谢组学通过揭示代谢在内外因素影响下的整体变化轨迹，反映某一病理生理过程中发生的一系列生物学事件，是目前关注度颇高的组学方向：①大家普遍认可代谢物是反映生物表型、状态的最有效分子；②代谢物被认为是功能分子、信号分子，其与功能组相挂钩；③肠道微生物等新兴研究热点的带动。

（一）代谢组学研究的技术

代谢组学的研究流程一般包括样品的采集和制备、代谢组学数据采集、数据预处理、多变量数据分析、生物标志物识别和途径分析等。代谢物测定的主要技术手段有：气相色谱-质谱法（GC-MS）、液相色谱-质谱法（LC-MS）和核磁共振技术。采用多变量数据分析方法对获得的复杂数据进行降维处理和信息挖掘，从中获取有用信息。常用的分析方法有：主成分分析法、层次聚类分析、非线性映射、偏最小二乘法和偏最小二乘判别分析法等。

代谢组学主要研究对象是分子量小于 1000 的小分子化合物。根据研究对象和目的不同，科学家将生物体系中代谢物的分析分为 4 个层次：①代谢物靶标分析。对某一或几种特定成分进行定性和定量分析，如一类具有相关结构和性质的化合物（氨基酸、有机酸、顺二醇类）或者某一代谢途径的所有中间产物或多条代谢途径的标志成分。②代谢物指纹分析。同时分析多个代谢物，不分离鉴定特定的单一成分。③代谢轮廓分析。在限定条件下对生物特定组织的代谢物进行快速定性和半定量分析。④代谢组分析。对生物体或体内特定组织所含的所有代谢物进行定量分析，研究在外界干预或病理生理条件下代谢物的动态变化规律。

（二）代谢组学在动物营养学研究中的应用

代谢组学可用于构建基于代谢标志物的营养需求评估模型，以辅助评估动物的营养需求。营养素摄入过多或不足都会引起机体代谢紊乱。因此，代谢组学可以分析与主要营养素摄入过量或不足相关的代谢物，从而确定常量营养素的最适需要量。彭梦玲等（2020）采用LC-MS检测鸡胚不同发育阶段血液代谢物的变化，以期寻找关键差异代谢物，这些差异代谢物对鸡胚发育有一定影响，可作为日粮添加剂从雏鸡1日龄开始添加，从而满足肉鸡生长发育需要、改善肉鸡生产性能、节约蛋白质饲料并降低成本。玉霞等（2019）利用GC-MS检测肉牛血清代谢物，发现肉牛饲喂芦笋皮比象草更有利于营养物质代谢。

动物机体产生病理变化时，体液和组织中的代谢物也发生相应的变化。传统动物医学通常利用血液指标来检测代谢过程，以至于不能及时反映机体代谢状态，而代谢组学通过对机体代谢物的检测，为疾病的诊断和挖掘代谢通路提供强有力的技术支持，还有助于发现疾病的生物标志物和辅助临床诊断。Hailemariam等（2014）利用液相色谱-质谱法分析了围产前期和围产后期奶牛的代谢物，发现肉碱、丙酰肉碱等化合物可能是表征奶牛围产期疾病的生物标志物。动物胃肠道中的微生物群落结构极其复杂，而这些微生物与宿主进行着活跃的代谢交换，与宿主营养物质的消化吸收及肉、蛋、奶等动物产品的形成存在着密切关系。张瑞雪等（2021）采用超高效液相色谱法（UPLC）-MS/MS代谢组学技术研究奶牛分娩前后瘤胃发酵产物及其代谢通路的变化规律，进一步揭示了奶牛分娩前后的代谢状态，为围产期营养奶牛的调控和疾病预防提供一定的参考依据。陈一波等（2020）利用UPLC-MS/MS-多反应监测（MRM）的靶向代谢组学技术，建立了一种高效、快速检测猪肠道内容物和粪便中8种B族维生素含量的方法，为畜禽肠道B族维生素功能研究提供技术基础。

第二节　基因编辑技术和基因工程技术

一、基因编辑技术

基因编辑技术是一种新兴的、精确的生物技术，可以对生物体基因组的特定靶基因进行修饰，可进行基因定点突变、片段的敲除或敲入等研究。基因编辑依靠基因工程修饰的限制性内切核酸酶，又称“分子剪刀”，在基因组的特定位置产生位点特异性双链断裂（DSB），诱导生物通过非同源末端连接或同源重组来修复DSB，因为这一修复过程容易出现错误，导致靶向突变，这种靶向突变被称为基因编辑。基因编辑因其在位点特异性基因组编辑中的高效率，在基因功能研究、基因修复治疗和遗传改良等方面显示出巨大的潜力。

（一）基因编辑技术概述

基因编辑的关键是在基因组内特定位点创建DSB。目前常用的限制性内切核酸酶能有效切割DNA，但它们常识别并切割多个位点，特异性较差。为了克服这一问题并创建特定位点的DSB，人们对4种不同类型的限制性内切核酸酶进行了生物工程改造。这4种限制性内切核酸酶分别是巨型核酸酶、锌指核酸酶（ZFN）、转录激活样效应因子核酸酶（TALEN）和成簇规律间隔短回文重复（CRISPR/Cas9）系统。巨型核酸酶由于受到其DNA结合元件和切割元件制约而效率最低，它在每1000个核苷酸中只能识别一个潜在的靶标。ZFN克服了巨型核酸酶的局限性，但因为DNA结合元件的相互影响，其精确度不可预测。TALEN是最精确和特异的限制性内切核酸酶，但生产一个新的TALEN耗时长、成本高。CRISPR/Cas9

系统已被证明是最快捷、成本最低的方法，可以使用其大约 80nt CRISPR sgRNA 直接定位不同的 DNA 序列。ZFN 比 TALEN 和 CRISPR/Cas9 更具有细胞毒性，而 TALEN 和 CRISPR/Cas9 的方法往往效率更高、脱靶效应更小。人工核酸酶介导的基因组编辑技术被 *Nature Methods* 评选为 2011 年度生命科学技术。2015 年，CRISPR 基因编辑技术荣登 *Science* 十大科学突破之首。

（二）基因编辑技术在动物营养学研究中的应用

基因编辑技术现已被广泛应用于多种模式生物靶基因的定点断裂、插入、缺失、替换等编辑，极大地推动了生物体基因功能研究、作物遗传改良和分子育种，以及人类疾病的基因治疗等领域的发展。崔文涛等（2019）利用 ZFN 技术对中国地方猪种梅山猪的 *MSTN* 基因进行定点编辑，为我国许多地方猪品种的快速遗传改良找到了有效途径。蒙亚琦等（2021）利用单碱基编辑技术定点修饰绵羊成纤维细胞生长因子 5（FGF5）的基因第 1 外显子以引入终止密码子，获得定点编辑类型的绵羊胚胎，为培育具有长毛性状的绵羊提供试验材料。吴彩霞等（2020）所建立的 TALEN 技术体系可以对家兔 *Tiki1* 基因进行高效的敲除，为研究 *Tiki1* 对动物早期发育作用机制提供兔源的动物模型。赵鲜红等（2018）利用 TALEN 敲除小鼠 *foxo3a* 基因，揭示了叉头框 O3a（FoxO3a）能够影响小鼠的繁殖力，为阐明 FoxO3a 参与哺乳动物繁殖效率的分子机制研究奠定了基础。目前，世界各地的科学家已将 CRISPR/Cas9 技术应用于诸多生物学研究的领域。生物制药方面，周松涛等（2019）利用 CRISPR/Cas9 技术介导的同源重组，将目的基因直接整合于中国仓鼠卵巢细胞染色体上的稳定表达区域，以克服位点效应带来的中国仓鼠卵巢细胞表达细胞系的长期表达不稳定，使其能够被广泛应用于不同治疗性蛋白质的表达；借助 CRISPR/Cas9，在雌性棕安乐蜥卵巢内显微注射未成熟的卵母细胞，可以产生 CRISPR/Cas9 诱导的突变，因此这些突变可以通过生殖系统来建立蜥蜴的转基因品系（Rasys et al.，2019）。由于白化病患者常存在视力问题，因此可以利用 CRISPR/Cas9 研究基因缺失是如何影响视网膜发育的。此外，利用 CRISPR/Cas9 技术，几年内就可实现至少 50 年才能完成的动物育种改良工作。

二、基因工程技术

基因重组是指同源染色体或具有相似序列的两个 DNA 分子之间的序列交换，并使其在受体细胞中遗传，这标志着定向调控遗传性状新时代的到来。该研究领域的成就促进了动物生物反应器的蓬勃发展。用转基因生物反应器生产人类所需要的蛋白质是生物技术领域里的又一次革命，尤其在医用方面，其以一个生产珍贵药用蛋白的全新模式区别于传统药物的生产模式。

（一）基因重组技术

基因重组技术属于基因工程，是一种使用生物技术直接操纵有机体基因组、用于改变细胞遗传物质的技术，其最终目的是在合适的宿主系统中使目的基因获得高效表达，从而生产出有重要价值的目的蛋白。表达载体是表达系统最重要的部分，主要包括启动子、开放阅读框、终止子、复制起点及抗性筛选标记等重要元件，具有表达量高、稳定性好、适用范围广等优点。

1. 原核生物表达系统 原核生物表达系统即在原核细胞中插入外源基因，并转录翻译表达成蛋白质。以大肠杆菌为代表的原核生物表达系统虽然不能像真核生物表达系统那样进行翻译后加工，但它仍具有大量优点，如培养条件非常简单、时间周期短、生长速度快、表达量高且不易污染、适合在实验室进行试验培养等。然而，大肠杆菌因不能实现翻译后修饰，如糖基化、C 端酰胺化等，因此只能用来表达不需要翻译后修饰的蛋白质。此外，大肠杆菌在培养过程中会产生内毒素，这给产物的下游分离纯化增加了难度。

2. 真核生物表达系统 真核生物表达系统可以进行翻译后修饰，如糖基化、磷酸化等高级结构的正确折叠。主要有酵母表达系统、昆虫细胞表达系统和哺乳动物细胞表达系统等。

（二）动物生物反应器

生物反应器泛指能行使全部或部分生物学功能的天然生物体或人工模拟器具。动物生物反应器是通过将目的基因导入另一个生命体的基因组中，使外源目的基因能高表达并将特性遗传给后代，所获得的个体表达系统就是动物生物反应器。饲养动物比细胞培养更具有方便易行、条件简单、成本低及成活率高等特点。动物生物反应器的种类繁多，主要有家蚕、乳腺、禽蛋等，都能成功表达外源活性蛋白质。

1. 家蚕生物反应器 家蚕生物反应器就是通过将外源基因导入家蚕基因组中，外源基因能在宿主中高效表达目的蛋白，并将性状遗传给后代。家蚕的血淋巴含有蛋白分解酶的抑制物，有利于储存蛋白质，而且饲养家蚕成本较低。目的蛋白可以从家蚕体液中分离得到，操作步骤简单。所以，利用家蚕生物反应器生产目的蛋白可带来不可估量的社会效益。

2. 动物乳腺生物反应器 利用基因工程技术将目的基因编码区与乳蛋白基因调控区构建成乳腺特异表达的重组基因，通过转基因动物技术或体细胞克隆技术将重组基因转入宿主动物基因组中制备出转基因动物，雌性动物泌乳时该重组基因也会在乳腺中生产出重组蛋白。这种能在其乳腺中高效生产活性功能蛋白的转基因动物个体即动物乳腺生物反应器。用动物乳腺生产重组蛋白具有生产成本低、产出率高、重组蛋白结构复杂、绿色安全等优势。

3. 动物禽蛋生物反应器 将外源目的基因导入、整合到禽类基因组中，且该外源基因可以遗传给后代并能够在禽蛋中表达相应目的蛋白，所获得的表达系统就是动物禽蛋生物反应器。动物禽蛋生物反应器表达卵清白蛋白具有特异性、高效性、连续性及排出性等特点。动物禽蛋生物反应器是唯一可与动物乳腺生物反应器相提并论的生物反应器，其优点是成本低、下游加工程序简单、质优、安全等，但其易受性别和产蛋周期的影响，这点与动物乳腺生物反应器类似。

（三）基因工程技术在动物营养学研究上的应用

微生物发酵生产及遗传工程技术将合成特定氨基酸的基因克隆至微生物细胞质粒，借助微生物快速增长的特点，可提高氨基酸产量，缩短生产周期，降低成本。采用基因重组技术，将溶菌酶基因克隆表达，其表达量高，且具有破坏细菌细胞壁结构的功能。至今已在家蚕体内成功地表达了类胰岛素样生长因子、融合蛋白、人表皮生长因子、人生长激素、人白细胞介素-3、人体血液凝固阻塞因子、人血小板生成素、人促红细胞生成素、人粒细胞-巨噬细胞集落刺激因子等。科学家研制了生产猪生长激素、禽马立克病毒糖蛋白 B 抗原、小鼠白细胞介素-3、传染性鸡法氏囊病病毒主要宿主保护性抗原 VP2 蛋白、草鱼生长因子等的动物生物反应器，其中有些已经实现产业化，产生了巨大的社会效益和经济效益。动物乳腺生物反应器表达的产物从最初的抗凝血酶Ⅲ、抗胰蛋白酶、蛋白 C、纤维蛋白原、血清白蛋白、凝血因子Ⅷ和凝血因子Ⅸ等，扩展到组织型纤溶酶原激活物、乳铁蛋白、葡糖苷酶、抗体、超氧化物歧化酶等，它们在其他系统难以产生，但在乳腺表达方面优势明显，其中已有近 30 种重组表达蛋白进入临床开发，部分已获批上市，市场潜力巨大。

第三节　表观遗传修饰与免疫学技术

一、表观遗传修饰

表观遗传修饰，即非 DNA 突变引起的可遗传的表型变化，是指 DNA 序列未发生变化，但基因表达却发生了可遗传改变。这种改变具有可逆性，在某些因素的影响下可被去除。这使得通过调控表观遗传来影响生物学性状成为可能。表观遗传修饰主要从 4 个层面调控基因表达：① DNA 甲基化。DNA 共价结合甲基，使同一序列的等位基因处于不同修饰状态。②组蛋白修饰。通过对结合 DNA 的组蛋白进行不同的化学修饰，实现对基因表达的调控。③染色质重塑。通过改变染色质的空间构象，实现对基因表达的调控。④非编码 RNA 的调控。RNA 可以通过某些机制对基因转录及转录后进行调控。

（一）表观遗传修饰技术

DNA 甲基化是指在 DNA 甲基转移酶（主要为 DNMT1、DNMT2 和 DNMT3）的作用下，将甲基添加到 DNA 分子的碱基上。最常见能够被甲基化的碱基是胞嘧啶（C），此外腺嘌呤（A）、鸟嘌呤（G）也可以被甲基化，如 5-甲基胞嘧啶（5-methylcytosine，m^5C）、N6-甲基腺嘌呤（N6-methyladenine，m^6A）和 N4-甲基胞嘧啶（N4-methylcytosine，m^4C）等。DNA 甲基化对许多重要的生物学过程至关重要，如 m^5C 修饰在调控哺乳动物基因表达中起着非常重要的作用。而 m^6A 修饰广泛存在于细菌中，在 DNA 复制、修复、基因表达调控及宿主-病原体相互拮抗等方面发挥重要的作用。RNA 甲基化修饰近几年也在表观遗传领域崭露头角，成为最前沿的热点。近两年科学家首次发现了一种可逆的 RNA 甲基化——N6-甲基腺嘌呤（m^6A）。m^6A 是真核生物最常见和最丰富的 RNA 分子修饰，占 RNA 碱基甲基化修饰的 80%。哺乳动物和酵母中的 m^6A 位于 mRNA 终止密码子附近和 3′ 非编码区。RNA 修饰能够在转录后水平上调控 RNA 的稳定性、定位、运输、剪接和翻译，如 mRNA 的翻译和选择性剪接、microRNA 的成熟等。

组蛋白是真核生物体细胞染色体中的碱性蛋白质，能与 DNA 中带负电荷的磷酸基团相互作用，形成 DNA-组蛋白复合物。组蛋白直接与 DNA 相互作用，形成染色质的基本单位，即核小体。它是由 4 种核心组蛋白（H3、H4、H2A 和 H2B）组成的八聚体。其序列保守且 N 端游离在外，存在大量可以被修饰的氨基酸，这些氨基酸主要以赖氨酸及精氨酸为主，也包括丝氨酸和苏氨酸。这些氨基酸具有不同的残基，在这些残基上可以进行不同的共价修饰，如乙酰化修饰、甲基化修饰、磷酸化修饰，如赖氨酸既可以被乙酰化也可以被甲基化，精氨酸类似，丝氨酸和苏氨酸常常被磷酸化。因此，组蛋白修饰是指组蛋白在相关酶的作用下发生甲基化、乙酰化、磷酸化、腺苷酸化、泛素化、ADP核糖基化等修饰的过程。组蛋白修饰酶包括组蛋白乙酰转移酶（HAT）、组蛋白脱乙酰酶（HDAC）、甲基转移酶、去甲基化酶等。组蛋白修饰可影响组蛋白与DNA双链之间的亲和力，从而改变核小体结构和染色质的松散或凝集状态，或通过影响其他转录因子与结构基因启动子之间的亲和力发挥基因表达调控作用。

（二）表观遗传修饰技术在动物营养学研究上的应用

表观遗传修饰技术发展至今，在动物分子营养学上甲基化技术的应用最为广泛。从遗传育种到细胞代谢，到处可见甲基化技术的身影。通过检测DNA甲基化程度可对遗传育种产生指导性的作用，如通过分析高、低脂系肉鸡腹部脂肪组织中转录因子21（transcription factor 21，*TCF21*）基因启动子及启动子各个区域的DNA甲基化程度，发现*TCF21*基因表达水平主要与其启动子R2区域的DNA甲基化水平有关，从而推动了表观遗传标记在鸡育种领域的研究进展（刘雨萌，2021）。对m^6A甲基化水平的检测可以用于脂代谢方面的研究。m^6A甲基化水平与骨骼肌中的脂质含量呈负相关，表明通过靶向AMP活化蛋白激酶（AMPK）或使用m^6A相关药物，可能可以控制骨骼肌的脂质沉积（Wu et al.，2017）。甜菜碱可通过减少脂肪生成和增加脂肪分解来保护小鼠免受高脂肪诱导的非酒精性脂肪肝的危害，降低脂肪量和肥胖相关基因（*FTO*）的表达，并改善高脂饮食小鼠脂肪组织中的m^6A甲基化（Chen et al.，2015）。m^6A甲基化可以减少猪脂肪细胞的脂肪生成（Wang et al.，2015）。

组蛋白修饰相关抗体在不同物种上的通用性不强，目前在人、小鼠等模式动物上组蛋白修饰的检测相对成熟，而在很多家畜上的检测工作则相对困难一些。组蛋白修饰技术的应用主要集中在组蛋白修饰过程中酶作用的抑制与否。HDAC抑制剂萝卜硫素诱导*TLR4*和*MHC-SLA1*基因中的DNA甲基化，增强了猪单核细胞衍生树突状细胞的抗炎能力（Qu et al.，2021）。萝卜硫素对仔猪脑内皮细胞和星形胶质细胞NADPH氧化酶活性有显著的抑制作用，可以预防仔猪由炎症和谷氨酸兴奋性毒性引起的脑氧化应激期间的脑血管损伤（Liu et al.，2020）。因此，组蛋白修饰对于动物的生长发育过程是极其重要的。

二、免疫学技术

免疫学技术是开展免疫学研究和实施免疫干预的重要手段，但其应用远远超越了免疫学本身。通过与细胞生物学、分子生物学、基因工程等技术的结合，免疫学技术在整个生命科学的发展中已成为不可或缺的组成部分，并可应用于动物营养学的研究。

（一）免疫学技术概述

最常见的免疫学技术包括流式细胞术（flow cytometry，FCM）、放射免疫测定（radioimmunoassay，RIA）技术、酶联免疫吸附测定（enzyme-linked immunosorbent assay，ELISA）技术和免疫组织化学（immunohistochemistry，IHC）技术。FCM是利用流式细胞仪对处于快速直流式状态的细胞或生物颗粒进行多参数、快速定量分析和分选的一项高新技术，具有快速、准确、客观的特点，主要包括样品的液流技术、细胞的计数和分选技术、计算机对数据的采集和分析技术等。通常，上述研究对象要与有荧光素的特异抗体结合或通过染料进行染色才能被检测到。RIA技术又称为放射免疫分析法，是利用放射性同位素的高度灵敏性、精确性与抗原抗体反应的特异性结合而创建的一种微量物质的定量测定方法，具有灵敏度高、特异性强、精确度佳及样品用量少等优点。RIA 技术的基本原理是标记抗原和非标记抗原对特异性抗体的竞争结合性反应，即抗原-抗体复合物中的放射性强度与受检标本中抗原的浓度成反比。ELISA 技术是将酶催化的放大作用和特异性抗原抗体反应相结合的一种微量分析技术。酶标记抗原或抗体后可作为抗原抗体特异性结合的示踪物质，通过酶催化底物产生的有色物质并以颜色深浅反映抗原抗体结合量。目前常用的酶有辣根过氧化物酶、碱性磷酸酶和葡萄糖氧化酶。ELISA 技术的基本方法有直接法、间接法、双抗夹心法和抗原竞争法。IHC 技术是指利用抗原与抗体特异性结合原理，通过化学反应对抗体标记的显色试剂（荧光素、酶、金属离子、同位素）进行染色，以确定组织和细胞中抗原（多肽和蛋白质）的实验技术。IHC 技术主要包括组织标本和细胞标本两大类，组织标本包括石蜡切片（病理切片和组织芯片）和冰冻切片。IHC 技术根据标记物的不同又可分为免疫荧光细胞组织化学技术、免疫酶组织化学技术、亲和免疫细胞组织化学技术、免疫铁蛋白技术、免疫金-银组织化学技术和免疫电镜技术等。

（二）免疫学技术在动物营养学研究上的应用

FCM 在生物学上主要用于细胞凋亡、细胞增殖、细胞膜电位、细胞表面分子、细胞内物质等的检测与分析，在畜牧业中可用于家畜性别的预选择、疾病的监控与预防，以及监控动物的健康状况等。RIA 技术自创立以来广泛用于生物医学检验，可用于检测的物质种类繁多，包括酶、激素、疾病相关抗原、药物、抗体、细菌及病毒等，如用 RIA 技术检测血浆中的促肾上腺皮质激素和皮质醇浓度可监测妊娠母猪应激水平（甘靖宇等，2021），检测小型猪血清胰岛素水平（杨梦宇等，2017）。ELISA 技术在动物营养上可用于检测动物产品中的药物残留和微生物感染，也可用于检测饲料原料中的抗营养因子和农药残留，还可以用于动物机体内一些特定因子的检测。IHC 技术及其分支技术是动物病理诊断中常用的技术和手段，也从整体上提高了饲料与动物产品营养价值和卫生分析方法的技术水平。

（杜华华、胡彩虹，浙江大学）

参 考 文 献

曹雪妍，刘瑛，杨梅，等. 2019. 牛初乳和牛常乳乳清 *N*-糖蛋白质的差异分析. 食品科学，40（12）：160-167.

陈一波，易宏波，王丽，等. 2020. 高效液相色谱-串联质谱-多反应监测技术检测猪肠道内容物和粪便中 B 族维生素含量. 动物营养学报，32（10）：4972-4980.

崔文涛，谢珊珊，李想，等. 2019. 通过 ZFN 技术编辑猪 *MSTN* 基因创制高瘦肉率梅山猪新种质. 农业生物技术学报，27（12）：2272-2280.

甘靖宇，孙维婧，卢嘉茵，等. 2021. 限位栏对孕猪应激水平及神经内分泌 HPA 轴的影响. 中国兽医杂志，57（7）：1-6.

李慧倩，胡英，许玉珍，等. 2023. 基于转录组测序技术研究高原低氧对小鼠脾脏组织的影响. 中国免疫学杂志，39（1）：11-17.
刘雨萌，马艳艳，姜海煦，等．2021．鸡脂肪组织 *TCF21* 基因启动子区 DNA 甲基化与其表达的关系．畜牧兽医学报，52（12）：3375-3389.
吕昊，叶元土，易皓明，等．2021．日粮海带酶解提取物对斑点叉尾鮰生长和肝脏转录组表达的影响．水产学报，45（11）：1871-1885.
蒙亚琦，姚旭东，任秀美奥，等．2021．绵羊胚胎 *FGF5* 基因单碱基突变体系的建立．中国畜牧兽医，48（10）：3533-3544.
彭梦玲，胡文业，王菊花，等．2020．基于液相色谱-质谱联用技术分析鸡胚发育期间血清代谢物的变化．中国生物制品学杂志，33（8）：934-939.
孙菁希，逄世龙，孙敬春，等．2021．基于转录组测序鉴定猪肌内脂肪沉积相关生物学通路及候选基因．中国畜牧兽医，48（12）：4508-4519.
孙瑞萍，陈婷，王峰，等．2021．五指山猪和长白猪背最长肌蛋白组学研究．湖南农业大学学报（自然科学版），47（5）：562-570.
翁秀秀，刘欣欣，乐祥鹏，等．2021．基于双向电泳技术研究湖羊初乳和常乳乳蛋白质组差异．中国畜牧兽医，48（3）：865-872.
吴彩霞，刘朝明，颜泉梅，等．2020．利用 TALEN 系统对兔进行 *Tiki1* 基因敲除．华南农业大学学报，41（3）：9-14.
吴盈萍，古力娜·巴克，李海英，等．2021．高、低产蛋量新疆伊犁鹅性腺轴转录组分析：基因结构分析与新基因发掘注释．中国畜牧杂志，57（8）：131-137.
杨春玲，陈慧芳，彭敏，等．2021．凡纳滨对虾转录组测序分析及肌肉生长发育相关基因的筛选．南方农业学报，52（9）：2319-2328.
杨梦宇，高芸艺，李艳，等．2017．人胰岛素放射免疫分析试剂盒测定小型猪胰岛素的可行性研究．四川大学学报（医学版），48（3）：418-421，426.
玉霞，王启业，张雪蕾，等. 2019．芦笋皮或象草饲喂肉牛的血清代谢组学研究．动物营养学报，31（9）：4296-4302.
张瑞雪，刘欣，徐晓锋，等．2021．奶牛分娩前后瘤胃代谢物变化规律及其代谢通路研究．畜牧兽医学报，52（11）：3137-3148.
张喆，李依洁，魏玮，等．2021．温肾健脾方对脾肾阳虚证腹泻型肠易激综合征大鼠模型肠组织蛋白组学的影响．中国临床保健杂志，24（4）：507-511.
赵鲜红，刘福航，陈忠毅，等．2018．TALEN 介导的 *foxo3a* 敲除小鼠的表型分析．中国畜牧杂志，54（10）：106-111.
周松涛，陈蕴，龚笑海，等．2019．利用 CRISPR/Cas9 技术构建稳定表达人白蛋白基因的中国仓鼠卵巢细胞系．中国生物工程杂志，39（4）：52-59.
Ding X, Du J, Zhang K, et al. 2020. Tandem mass tag-based quantitative proteomics analysis and gelling properties in egg albumen of laying hens feeding tea polyphenols. Poult Sci, 99(1): 430-440.
Liu J, Chandaka G K, Zhang R, et al. 2020. Acute antioxidant and cytoprotective effects of sulforaphane in brain endothelial cells and astrocytes during inflammation and excitotoxicity. Pharmacology Res Perspe, 8(4): e00630.
Qu X, Neuhoff C, Cinar M U, et al. 2021. Epigenetic modulation of TLR4 expression by sulforaphane increases

anti-inflammatory capacity in porcine monocyte-derived dendritic cells. Biology, 10(6): 490.

Rasys A, Park S, Ball R, et al. 2019. CRISPR-Cas9 gene editing in lizards through microinjection of unfertilized oocytes. Cell Rep, 28(9): 2288-2292.

第三章　氨基酸营养与动物基因表达调控

氨基酸在动物生长发育过程中不仅作为其所需的营养底物，且能够通过调节相关信号通路进而调控动物的基因表达。本章总结了氨基酸对畜禽生长和畜禽免疫的调节，以及在应激状态下其对畜禽基因表达的影响及调控机制等相关研究进展。

第一节　氨基酸对畜禽生长相关基因表达的调控

在畜禽的生长发育阶段，氨基酸不仅可以作为细胞生长繁殖所需的营养底物，同时也可作为信号分子，通过影响相关信号通路和转录因子，调控基因的表达，引发动物体一系列的适应性改变。在目前提倡低蛋白质环保日粮的大环境下，如何在降低畜禽饲料蛋白质含量的同时，保证动物正常生理状态和生产性能，将经济效益最大化，是畜牧业亟待解决的问题。大量研究表明，在动物饲料中添加特定氨基酸能对动物体生长繁殖性能产生积极作用，本节就氨基酸对畜禽生长繁殖等相关基因的调控进行总结。

一、氨基酸与生殖

母畜的繁殖性能在畜牧业生产中占有举足轻重的地位（李富宽，2019）。母畜的发情行为受到各种内源激素的调控和外源因子的影响，且具有较多的不可控性，所以提高母畜繁殖性能是畜牧业发展中亟待解决的关键问题之一（李富宽，2019）。研究表明，在母畜日粮中添加氨基酸可以促进母畜发情并提高繁殖性能。体外研究发现，一定浓度的酪氨酸处理绵羊下丘脑神经细胞可以上调绵羊发情相关基因（*DRD1*）表达，促进促性腺激素释放激素（GnRH）的分泌，调节绵羊发情（南颖等，2021）。此外，酪氨酸对家兔垂体前叶细胞的黄体生成素（LH）分泌也有积极影响（Fink et al.，1975）。

活性氧对胚胎的发育、成熟有不利影响。在母猪卵母细胞体外成熟期间添加 0.363mmol/L 丙氨酸显著提高了母猪卵母细胞内谷胱甘肽（glutathione，GSH）水平，并降低胞内活性氧（reactive oxygen species，ROS）水平，从而促进胚胎发育相关基因的表达，如 POU 家族 5 同源基因 1（POU class 5 homeobox 1，POU5F1）、成纤维细胞生长因子受体 2（fibroblast growth factor receptor 2，FGFR2）等，提高细胞增殖和早期胚胎发育的潜力（Lee et al.，2019）。

二、氨基酸与泌乳

在生产中，母猪的泌乳量是影响断奶仔猪生存和发育的限制性因素之一（Rezaei et al.，2016）。泌乳母猪乳腺从血浆中摄取的支链氨基酸（branched chain amino acid，BCAA）量远超于乳中分泌量，其中大量的支链氨基酸被转化，以满足母猪泌乳所需要的其他氨基酸量。支链氨基酸作为氮的载体，除 60% 进行氧化脱羧变成 CO_2 以外，剩余的大部分进行转氨基化，生成天冬氨酸（aspartate）、天冬酰胺（asparamide）、丙氨酸、谷氨酰胺（glutamine）等，特别是谷氨酰胺和天冬氨酸（雷剑等，2012）。其主要过程为支链氨基酸在乳腺中分解产生α-支链酮酸和谷氨酸，谷氨酸又与丙酮酸或草酰乙酸在乳腺中分别转氨基化形成丙氨酸和天冬氨酸，而天冬氨酸可以转化为天冬酰胺。为确保满足生产乳蛋白所需要的天冬氨酸和天冬酰胺量，可额外补充支链氨基酸［缬氨酸（valine）、亮氨酸（leucine）和异亮氨酸（isoleucine）］，以达到改善仔猪生产性能的目的（Li et al.，2009）。例如，泌乳母猪日粮中额外添加缬氨酸，促进与缬氨酸代谢相关的支链氨基转移酶（branched chain aminotransferase，BCAT）和支链α-酮酸脱氢酶复合物（branched-chain α-keto acid dehydrogenase complex，BCKDH）的表达，从而对泌乳能力、泌乳品质产生积极影响，同时在体外培养的猪乳腺上皮细胞培养基中添加缬氨酸，也能促进乳脂和乳蛋白的合成（雷剑等，2012；Zhang et al.，2019）。添加缬氨酸，促进α-酪蛋白和β-酪蛋白的基因表达，可提高奶牛乳腺上皮细胞酪蛋白的合成能力（董贤文，2017）。除支链氨基酸外，精氨酸（arginine）在动物泌乳过程中也起着重要作用。经产母猪妊娠期的日粮中添加1%的精氨酸能提高泌乳量，增加母猪的平均产仔数与初生仔猪的存活率和生长性能（Wu et al.，2018）。

三、氨基酸与采食

畜禽通过采食获取能量，采食行为是动物的本能。在畜牧生产中，采食量不足严重影响畜禽的生长性能，因此，采食量下降是畜禽生长性能最大的限制因素之一。补充适量的氨基酸具有调节体内激素水平、提高畜禽采食量的作用。例如，在1～14日龄北京鸭日粮中添加色氨酸，其日采食量呈先高后低式变化（李华伟等，2016；韩旭峰等，2009）；在猪低蛋白质日粮中添加0.146%色氨酸，仔猪有最佳的生长性能，而色氨酸添加量超过0.152%时采食量下降，生长性能下降（李华伟等，2016；王荣发等，2011）。因此，适量添加色氨酸可以提高动物的采食量以改善生长性能，而过量的色氨酸则对畜禽的采食起到抑制作用。其潜在的原因是色氨酸提高五羟色胺（5-HT）合成相关基因表达，促进5-HT合成从而抑制食欲；同时色氨酸促进胃促生长素（ghrelin）（又称食欲刺激素）合成相关基因表达，促进胃促生长素合成从而提高动物食欲（李华伟等，2016）。

四、氨基酸与生长激素分泌

生长激素（growth hormone，GH）是调控畜禽生长的主要激素。生长激素通过GH受体（growth hormone receptor，GHR）及胰岛素样生长因子1（insulin-like growth factors 1，IGF-1）控制生长。IGF-1主要由肝脏、骨骼肌等响应GH刺激产生，能够诱导细胞分化，促进DNA合成和细胞分裂，从而导致蛋白质合成增加且加快畜禽生长速度（周凡和邵庆均，2010）。IGF-1能够反映GH过量或不足，是评估GH水平的有效指标。

日粮氨基酸的供给能够影响畜禽生长激素分泌，其潜在的信号通路尚不明确。断奶仔猪灌胃补充色氨酸能够增加其肠道葡萄糖依赖性促胰岛素分泌多肽（glucose-mediated insulinotropic polypeptide，GIP）的释放（Melnik et al.，2013），GIP刺激胰岛素分泌来促进GH的合成，从而增强IGF-1的分泌。另外，色氨酸也能直接刺激肝脏IGF-1分泌（Melnik et al.，2013）。除此之外，脯氨酸和甘氨酸（glycine）组成的二肽也对IGF-1的表达和分泌有增强作用（Zhang et al.，2018）。

胰岛素样生长因子结合蛋白（insulin-like growth factor-binding protein，IGFBP）是 IGF 高亲和力结合的蛋白质，它会转运 IGF 并将其定位到特定细胞中，延长 IGF 的半衰期并调控其清除率。用甘氨酸处理体外培养的肝脏细胞能激活 Akt/mTOR 信号通路，引起 IGF-1 和 IGFBP-1 基因表达量显著增加（刘时忠，2016）。

五、氨基酸与肌肉生长

与动物肌肉相关的调节因子有生肌决定因子（MyoD）、成肌因子 5（Myf5）、肌细胞生成素（MyoG）、肌球蛋白重链（MyHC）和肌肉调节因子 4（MRF4）等（Estrella et al.，2015）。在猪饲养过程中，日粮中额外添加精氨酸上调腺苷磷酸活化蛋白激酶（adenosine monophosphate-activated protein kinase，AMPK）信号通路，使猪骨骼肌卫星细胞 MyHC 的表达增强，以增加猪 I 型肌纤维比例（Chen et al.，2018，2020）。丝氨酸是重要的非必需氨基酸，其不仅是蛋白质合成的底物，还参与如一碳代谢等代谢途径，生成代谢物调节机体的生理功能。丝氨酸还能参与细胞增殖分化调控。在肌细胞分化过程中，参与丝氨酸从头合成途径的 3 个关键酶（3-磷酸甘油酸脱氢酶、磷酸丝氨酸转氨酶和磷酸丝氨酸磷酸酶）的编码基因表达上调，同时 *MyoD* 基因的表达水平也上调（Brearley et al.，2019）。在肌细胞培养过程中，外源添加丝氨酸使细胞内烟酰胺腺嘌呤二核苷酸（NAD^+）的含量增加，导致沉默信息调节因子 1（silent information regulator 1，SIRT1）的激活，提高脂肪酸氧化水平并促进与线粒体生成相关基因的表达，保证肌细胞的增殖（Sim et al.，2019）。肌生长抑制蛋白（myostatin，MSTN）调控骨骼肌生长发育和胚胎发育，同时维持组织稳态。*MSTN* 基因的失活使脂肪沉积减少并导致动物肌肉增生和肥大（Wang et al.，2021）。蛋氨酸（methionine）饲喂的肉鸡，其胸肌中 *MSTN* 基因的表达量显著下降，IGF-1 含量升高，提示额外的蛋氨酸添加可以在一定程度上改善肉鸡肌肉发育（冯艳等，2019）。

六、氨基酸与脂肪沉积

动物脂肪沉积主要受基因和日龄的影响，此外，营养或疾病等因素也会影响脂肪沉积。日粮中半胱氨酸（cysteine）对脂肪沉积过程起着重要作用。体内半胱氨酸主要有三个来源：食物中摄取、蛋氨酸降解的转硫途径和内源性蛋白质的分解代谢（Hou et al.，2012）。当半胱氨酸和蛋氨酸严重不足时，机体会减少成脂前体细胞的增殖和分化，调节脂肪酸合成和氧化相关的 CCAAT 增强子结合蛋白 α 和 β（CCAAT enhancer-binding protein alpha and beta，CEBPα、CEBPβ）、脂蛋白脂肪酶（lipoprotein lipase，LPL）、苹果酸酶（malic enzyme，ME）1、激素敏感性脂肪酶（hormone-sensitive lipase，LIPE）和脂肪酸结合蛋白 4（fatty acid binding protein 4，FABP4）等编码基因的表达量，进而影响动物的脂肪沉积（Castellano et al.，2017；王晨昱等,2021）。此外，日粮添加谷氨酸可显著降低股二头肌脂肪酸转运蛋白 4（fatty acid transport protein 4，FATP4）的 mRNA 相对表达量，显著上调肥育猪背最长肌中脂蛋白脂肪酶（LPL）的 mRNA 相对表达量（胡诚军等，2018）。

在畜牧生产中，氨基酸除了参与蛋白质合成外，也具有促进畜禽繁殖、生长的作用。氨基酸主要通过 mTOR、AMPK 等信号通路来调节畜禽胚胎发育、母畜泌乳，以及采食、生长、肌肉生长、脂肪沉积。目前，关于氨基酸调控畜禽生长的研究主要集中于表型，对其机制的探究尚少，这对氨基酸调控畜禽生产的应用带来一定的影响；此外，各研究中氨基酸添加量有一定的差异，尚不可确定各氨基酸促进畜禽生产性能的最适添加量。因此，还需要更多、更深入的研究来探究氨基酸对畜禽生产的影响。

第二节　氨基酸对畜禽免疫相关基因表达的调控

免疫细胞命运与其所处微环境息息相关，现有的研究表明调控免疫细胞微环境的氨基酸水平能调控免疫细胞的基因表达，进而调控免疫细胞功能。氨基酸不仅是免疫细胞分泌效应蛋白的原料，也是免疫细胞活化所需能量的来源，同时通过影响氧化还原反应平衡、胞内信号通路活化、表观遗传修饰及蛋白质翻译后修饰等机制调控免疫细胞命运。

一、非必需氨基酸与畜禽免疫

（一）甘氨酸和丝氨酸

在一些疾病如癌症、肿瘤、酒精性脂肪肝、衰老、神经性疾病，以及一些生理进程如氧化应激、免疫、表观遗传和 ATP 合成中，甘氨酸和丝氨酸参与一碳代谢，为许多生理活动提供前体物质，发挥重要生物学功能（何流琴等，2020）。甘氨酸是哺乳动物的非必需氨基酸，而对于生长期家禽来说甘氨酸则被认为是必需氨基酸。甘氨酸可以在一定程度上缓解动物的炎性反应（Gan et al.，2021），例如，甘氨酸可以通过核转录因子红系 2 相关因子 2（nuclear factor-erythroid 2-related factor 2，Nrf2）信号通路减少脂多糖（lipopolysaccharide，LPS）诱导的炎性小体组装来缓解炎性反应，从而缓解小鼠肺损伤（Zhang et al.，2020）；在肥胖小鼠的日粮中应用甘氨酸则可以降低肿瘤坏死因子 α（tumor necrosis factor-α，TNF-α）、白细胞介素-6（interleukin-6，IL-6）等促炎细胞因子的基因表达水平（Almanza-Perez et al.，2010）。在畜牧生产中，添加甘氨酸对断奶仔猪免疫功能有一定的改善作用。在日粮中添加 2% 甘氨酸具有提高断奶仔猪生长性能和调节断奶仔猪肠道菌群的作用（Ji et al.，2022）。此外，日粮添加甘氨酸降低了断奶仔猪肠上皮 TNF-α、白细胞介素-1β（IL-1β）、IL-6 等细胞因子的 mRNA 表达水平（Ji et al.，2022）。这些炎症因子会直接破坏肠道的紧密连接，最终导致肠道渗透性上升，肠道结构受损（Zhu et al.，2012）。另外，肠黏膜的炎性反应会刺激活性氧的产生，加剧断奶仔猪肠道损伤（Karatepe et al.，2010）。因此，日粮中添加甘氨酸能通过影响细胞因子的生成来降低肠黏膜炎性从而减少肠道损伤。此外，在断奶前给哺乳仔猪补充甘氨酸能通过 CEBP 同源蛋白（CEBP-homologous protein，CHOP）通路来减轻仔猪断奶后空肠上皮细胞的凋亡（Fan et al.，2019）。

丝氨酸是一碳代谢中的重要一环，其通过丝氨酸-甘氨酸-GSH 轴及蛋氨酸循环、叶酸循环等为免疫细胞提供一碳单位，对免疫细胞命运的决定至关重要（Rodriguez et al.，2019；Yu et al.，2019）。巨噬细胞培养基中若缺乏丝氨酸，其分泌 IL-1β 的能力下降，同时丝氨酸缺失会抑制 mTOR 信号通路的活化进而抑制巨噬细胞极化（Chen et al.，2020）。此外，丝氨酸通过转化为甘氨酸并提供一碳单位合成核苷酸，从而激活与 T 细胞增殖相关基因的表达（Ma et al.，2017）。在 21 日龄断奶仔猪日粮中添加 0.2% 丝氨酸除了具有改善仔猪肠道形态、提高平均生产性能的作用外，还可以通过抑制核因子 κB（nuclear factor kappa-B，NF-κB）信号通路缓解断奶仔猪肠道炎症，抑制 TNF-α、IL-1β、IL-6 和 IL-8 的 mRNA 表达量（Zhou et al.，2018）。

（二）谷氨酸和谷氨酰胺

传统上，谷氨酸被定义为猪的非必需氨基酸。然而，因为生长性能和繁殖性能的提升，相比以前的品种，现代猪的谷氨酸需要量更高。在 LPS 刺激的断奶仔猪饲料中添加 0.2% 谷氨酸可以激活仔猪空肠和回肠黏膜上皮 mTOR 信号通路，降低空肠 Toll 样受体 4（Toll-like receptor 4，TLR4）、髓样分化因子 88（myeloid differentiation factor 88，MyD88）和核苷酸结合寡聚化结构域（nucleotide-binding oligomerization domain，NOD）等的 mRNA 表达丰度从而缓解肠上皮炎症（Qin et al.，2018）。此外，饲料添加谷氨酸可以上调细胞外信号调控的激酶（extracellular signal-regulated kinase，ERK）通路和 mTORC1 信号通路来驱动仔猪小肠上皮更新（Qin et al.，2018）。在断奶仔猪日粮中补充 0.5% 和 1% 谷氨酸缓解了 LPS 刺激的断奶仔猪生长性能的下降（Wang et al.，2017）。

谷氨酰胺通过合成 α-酮戊二酸和谷氨酰胺-*N*-乙酰葡糖胺（GlcNAc）促进 M1 型巨噬细胞极化，同时谷氨酰胺也能分解合成琥珀酸进而促进 M1 型巨噬细胞极化（夏耀耀等，2020）。谷氨酰胺能够直接影响菌群如拟杆菌门的比例，还能调节一些信号通路如活化 NF-κB 和磷脂酰肌醇 3激酶（phosphoinositide 3-kinase，PI3K）信号通路，从而减少肠道有害菌的定植与细菌移位，促使分泌型免疫球蛋白 A（sIgA）在肠腔内的细胞产生，最终达到改善肠道健康、提高肠道免疫力的目的（Perna et al.，2019）。此外，谷氨酰胺具有改善断奶仔猪肠道形态并提高仔猪营养吸收率，以及提高血清免疫球蛋白 IgG 和 IgM 水平的作用（Lv et al.，2018），但其作用的信号通路尚不明确。在肉仔鸡饲料中添加谷氨酰胺能显著提高 T 淋巴细胞的数量从而增强肉仔鸡对新城疫疫苗的免疫应答，提高抗体滴度，并提高肉仔鸡血清免疫球蛋白水平（段小燕等，2014）。

（三）天冬氨酸和天冬酰胺

天冬氨酸代谢对巨噬细胞介导的炎性反应很重要。在 LPS 和 γ 干扰素（interferon-γ，IFN-γ）的刺激下，巨噬细胞中的天冬氨酸代谢物耗尽，而补充天冬氨酸可促进 M1 型巨噬细胞中 IL-1β 分泌，其机制是补充天冬氨酸促进缺氧诱导因子 1α（hypoxia induce factor-1α，HIF-1α）和炎性小体的组装（Wang et al.，2021）。在断奶仔猪饲料中添加天冬氨酸则以剂量和时间依赖性方式增强仔猪肠道免疫反应，提高仔猪空肠 *IL-1β* 基因的表达（Wang et al.，2021）。此外，在 LPS 刺激仔猪的日粮中补充天冬氨酸下调了其空肠 NF-κB 以及 TLR4 和 NOD 的表达，降低血浆和肠黏膜 TNF-α 水平（Wang et al.，2017）。类似于天冬氨酸，在腹腔注射 LPS 的仔猪日粮中添加天冬酰胺也能通过 TLR4 和 NOD 信号通路缓解 LPS 刺激引起的仔猪肠道炎症和肝脏损伤，并具有降低肠细胞凋亡的功能（Chen et al.，2016； Wu et al.，2015）。

（四）半胱氨酸

近来，一些研究报道了半胱氨酸多样化的非营养特性。在 LPS 刺激的仔猪日粮中添加 0.25% 半胱氨酸降低了 NF-κB 的核移位，并通过 Nrf2 信号通路抑制 LPS 诱导的氧化应激。

在 14 日龄断奶仔猪日粮中添加 500mg/kg *N*-乙酰半胱氨酸（NAC）除了提高仔猪抗氧化性能外，还提高了抗炎细胞因子 IL-4 的 mRNA 丰度，降低促炎细胞因子 IL-1β 的 mRNA 水平，并抑制 NF-κB 信号通路的激活（Guo et al.，2016）。

二、必需氨基酸与畜禽免疫

猪的必需氨基酸有赖氨酸、蛋氨酸、色氨酸、精氨酸、组氨酸、亮氨酸、异亮氨酸、苯丙氨酸、苏氨酸、缬氨酸 10 种（袁丽等，2019），不同于成人对人体必需的 8 种氨基酸的需求。其中，猪常用饲料中缺乏赖氨酸、蛋氨酸、色氨酸、苏氨酸等，无法满足需求，成为制约其他氨基酸利用率的因素。在猪的 10 种必需氨基酸的基础上，再加上甘氨酸和脯氨酸是鸡的必需氨基酸。

（一）精氨酸

精氨酸对动物维持正常的免疫细胞功能至关重要。精氨酸是精氨酸酶 1（Arg1）和诱导型一氧化氮合酶（inducible nitric oxide synthase，iNOS）的共同底物，对于巨噬细胞生成多胺和 NO 至关重要。在断奶仔猪日粮中添加精氨酸可以提高仔猪脾脏和胸腺重量，提高血清免疫球蛋白 IgG 和 IgM 浓度，并提高仔猪脾脏 IL-8 表达量（Tan et al.，2009）。在仔猪日粮中添加精氨酸具有缓解 LPS 刺激造成的仔猪肠道炎性损伤的作用。0.5% 精氨酸添加降低了 LPS 刺激引起的仔猪肠道黏膜 IL-6 和 TNF-α mRNA 的高表达，其机制可能是精氨酸提高了过氧化物酶体增殖物激活受体 γ（peroxisome proliferator-activated receptor，PPARγ）的 mRNA 表达量（Liu et al.，2008）。在另一项研究中，0.5% 精氨酸增加了 LPS 刺激仔猪回肠的 $CD4^+$和 $CD8^+$细胞数量及肥大细胞的数量（Zhu et al.，2013）。以上研究表明，精氨酸可能参与应激状态仔猪免疫细胞生成及免疫球蛋白的合成。在笼养生长期蛋鸭饲料中添加 1.05%～1.41% 精氨酸可以提高血清 IgM 水平，其效果以 1.19%～1.21% 为最佳（谭玲芳等，2013）。而在肉鸡饲料中添加精氨酸显著降低了球虫攻毒、LPS 刺激和沙门氏菌攻毒造成的肉鸡疾病模型时的炎性反应，精氨酸主要通过抑制 TLR4 信号通路从而抑制 IL-1β、NF-κB 等信号通路以缓解肉鸡的炎症（谭建庄，2014）。

（二）亮氨酸、缬氨酸和异亮氨酸

支链氨基酸（BCAA）是一组化学结构相似，在 α-碳上含有脂肪烃链的中性氨基酸，为亮氨酸（Leu）、异亮氨酸（Ile）和缬氨酸（Val）三者的统称（冯尚连，2009）。亮氨酸可以激活 mTOR 信号通路（Saxton et al.，2017），此外，亮氨酸可以通过 mTOR 和 ERK 来促进仔猪肠上皮细胞氨基酸转运载体的表达（Ren et al.，2015）。在日粮中添加 1% 亮氨酸可缓解猪轮状病毒感染导致的仔猪空肠黏膜中黏蛋白产量和杯状细胞数量的减少，该现象可能是通过激活 mTOR 信号通路来实现的（Mao et al.，2015）。日粮添加 L-亮氨酸（0.35%）能增加 14 日龄超早期断奶宫内发育迟缓（intrauterine growth retardation，IUGR）仔猪抗炎细胞因子 IL-10 和 IL-2 的 mRNA 表达量，对 IUGR 仔猪肠道的免疫功能有一定的调节作用（黄强等，2017）。此外，在猪轮状病毒攻击的仔猪日粮中添加异亮氨酸能提高空肠黏膜 IFN-β、IFN-γ、IL-10 的浓度并刺激回肠和肠系膜淋巴结中 IL-10 等的基因表达从而提高抗病毒能力（Mao et al.，2015）。

BCAA 在细胞膜上有一个共同的载体——L 型氨基酸转运载体 1（L-type amino acid transporter-1，LAT1），使得三种氨基酸在吸收上有竞争性，饲料中需要注意三种 BCAA 的比例以防止比例不平衡引起免疫损伤（刘慧军等，2016）。

（三）蛋氨酸

蛋氨酸又称为甲硫氨酸，是禽类和猪的限制性氨基酸之一。蛋氨酸通过蛋氨酸循环生成主要的甲基供体 *S*-腺苷甲硫氨酸（SAM）提高组蛋白 H3K36me3 表达从而促进 LPS 诱导的巨噬细胞炎性反应，当培养基中缺乏蛋氨酸时会抑制 LPS 刺激的巨噬细胞生成 IL-1β（Yu et al.，2019）。家禽日粮蛋氨酸缺乏时会降低 T 淋巴细胞增殖转化能力，添加适量的蛋氨酸则会提高外周血、胸腺和脾脏的 T 淋巴细胞转化能力（杨芷等，2014），但尚不清楚其机制。虽然蛋氨酸具有改善断奶仔猪肠道结构形态的功能，但是当前的研究发现对其免疫相关信号通路及炎性水平没有显著影响（Zeitz et al.，2017）。

在畜禽饲料中添加蛋氨酸-微量元素螯合物对于畜禽免疫也有一定的改善作用。例如，在蛋鸡日粮中添加一定量的蛋氨酸锌（60～100mg/kg）或羟基蛋氨酸锌（40mg/kg 或 60mg/kg）可显著降低蛋鸡促炎细胞因子 IL-8 的 mRNA 表达量，提高蛋鸡抗氧化和免疫功能（齐茜等，2018；陈娜娜等，2017）。在海蓝白蛋鸡日粮中添加 60～100mg/kg 蛋氨酸锌也能显著提高血清免疫球蛋白 IgA 和 IgG 的水平。

（四）苏氨酸

苏氨酸是未成年猪和禽类的限制性氨基酸之一，其具有改善肉用畜禽的肉品质、提高消化率、降低饲料成本等作用（李俊明等，2014）。苏氨酸缺乏时会抑制免疫球蛋白及 T 淋巴细胞及 B 淋巴细胞产生进而影响免疫功能，同时，苏氨酸也是畜禽免疫球蛋白的主要成分之一（李俊明等，2014）。在断奶仔猪日粮中添加适量苏氨酸能提高胸腺、脾脏等免疫器官重量，还可以增加淋巴细胞数量（沈顺新等，1999）。在仔猪饲料中添加苏氨酸能促进 IgG 的合成，在哺乳母猪饲料中添加苏氨酸也具有提高初乳和常乳 IgG 含量的作用（Hsu et al.，2001）。但是，尚不清楚苏氨酸提高畜禽免疫功能的机制。

三、非常见氨基酸与畜禽免疫

除了 20 种常见氨基酸之外，一些非常见氨基酸也能调节畜禽免疫。作为一种抑制性中枢神经递质，γ-氨基丁酸（γ-aminobutyric acid，GABA）广泛存在于动植物及微生物中。近来的研究表明，γ-氨基丁酸能够影响免疫细胞的命运，例如，GABA 通过 GABA 受体来影响 mTOR 信号通路，进而调控辅助性 T 细胞（helper T cell）-17 的分化（Ren et al.，2017；Xia et al.，2019）。GABA 对巨噬细胞极化也有一定的影响。在日粮中添加 γ-氨基丁酸能抑制促炎细胞因子 IL-1β 和 IL-18，促进抗炎细胞因子 IL-4、IL-10 的表达，并上调 TLR 和 MyD88 的表达，从而改善仔猪生长性能，调节肠道免疫功能（Chen et al.，2019）。

第三节　氨基酸对应激状态下畜禽基因表达的调控

畜禽在饲养过程中，难免会受外界环境的影响产生应激反应，如高温产生的热应激、断奶产生的断奶应激、运输应激、冷应激、疫苗接种应激等（赵雅丽等，2020）。这些应激是致病甚至是致命的。应激具有使畜禽生产性能下降、免疫功能下降、器官损坏等危害，并导致鸡白痢、呼吸道疾病、仔猪腹泻等疾病。近来的研究表明，氨基酸能在一定程度上缓解畜禽应激带来的危害。本部分就氨基酸调控畜禽基因的表达进而缓解畜禽应激进行介绍。

一、氨基酸与畜禽热应激

目前，全球气温不断攀升，集约化养殖受高温的影响也日渐加深，由之带来的畜禽热应激问题也开始突显（郭亮，2017）。目前，市场上主要有矿物质类、维生素类、中药材类、酶制剂、酸度调节剂等作为添加剂，用于缓解畜禽热应激（郭亮，2017）。最新研究表明，氨基酸类添加剂包括蛋氨酸及 GABA 等也表现出缓解热应激的效果。

蛋氨酸是家禽玉米豆粕型日粮中的第一限制性氨基酸（蒋雪樱，2016）。有研究发现，添加蛋氨酸可以提高还原型谷胱甘肽的活性，以缓解热应激动物氧自由基（ROS）对身体造成的伤害（郭亮，2017；Bunchasak，2009；Del Vesco et al.，2014）。研究显示，L-蛋氨酸的添加会使猪空肠的紧密连接蛋白丰度增加，并降低凋亡途径关键酶的表达（Chen et al.，2014；郭亮，2017）。蛋氨酸可以促进畜禽在热应激状态下的生长，其机制为维持肌肉合适的胰岛素样生长因子 1（insulin like growth factor 1，IGF-1）转录水平（郭亮，2017；Del Vesco et al.，2014），因此在日粮中添加高水平的蛋氨酸能缓解热应激引起的蛋氨酸营养不足及缓解热应激对肠道的损伤作用。热应激通过增加血清炎症因子含量来引起畜禽轻度、多病灶性急性肠炎（郭亮，2017）。郭亮（2017）的研究表明，添加蛋氨酸代谢物可以减少北京鸭十二指肠中的促炎细胞因子 IL-1β 的 mRNA 表达，说明蛋氨酸富集的饮食降低了炎性反应的水平。

热应激会使血液中嗜酸性粒细胞数量减少从而导致淋巴器官萎缩，进而引起机体免疫力下降，诱发免疫抑制（钟光，2019；邝良德等，2020）。GABA 是一种调节正常生理功能、降压、镇静、延缓细胞衰老、抗应激作用的中枢拮抗剂，在提高 3,5,3′-三碘甲腺原氨酸（T3）和胰岛素含量、降低皮质酮水平的同时，能减轻热应激对动物造成的不良影响（Maguire et al.，2018）。给热应激状态下的蛋鸡饲喂 50mg/kg GABA 能显著提高其血清谷胱甘肽过氧化物酶（glutathione peroxidase，GSH-Px 或 GPX）和超氧化物歧化酶（superoxide dismutase，SOD）的活力，并显著降低丙二醛（malondialdehyde，MDA）含量，改善机体的抗氧化功能（Zhang et al.，2011）。在 280 日龄的海蓝褐蛋鸡饲料中额外添加 100mg/kg GABA 并给予热应激处理，对蛋鸡血清免疫球蛋白 IgG 含量及血清中钙磷含量，总蛋白、白蛋白水平，以及卵泡刺激素、黄体生成素、雌二醇、胰岛素和甲状腺激素等激素水平均有影响，改善免疫功能（Zhu et al.，2015）。用 GABA 灌服热应激状态的文昌鸡，其法氏囊和胸腺的相对重量提高，且法氏囊完整性及组织结构改善，由热应激引起的免疫抑制缓解（钟光，2019）。肉鸡饲喂添加了 25mg/kg、50mg/kg、75mg/kg、100mg/kg GABA 的饲料一周后给予热应激处理，能够改善肉鸡的抗氧化和免疫功能（Chand et al.，2016；钟光，2019）。GABA 还具有改善热应激肉鸡免疫器官发育的功能，在给予肉鸡 50mg/kg GABA 日粮饲喂后再给予热应激处理，GABA 改善了肉鸡法氏囊和胸腺组织结构，并提高了其相对重量（Tang et al.，2016；钟光，2019）。

精氨酸具有缓解猪热应激并提高其繁殖能力的作用。在公猪饲料中添加 L-精氨酸并饲喂 6 周后再给予 6 周的热应激处理，结果发现，精氨酸添加增加了其有效精子数和精子活力，并提高了精子的抗氧化能力（钟光，2019；Chen et al.，2018）。这说明精氨酸有缓解猪热应激、提高猪生产效益的作用，而精氨酸缓解畜禽热应激的信号通路仍需进一步探究。

二、氨基酸与畜禽氧化应激

在畜禽生产过程中的不同阶段都会遇到多种因素引起的应激，而当机体发生应激时，自由基代谢就会遭到破坏，从而使机体产生严重的氧化应激反应，生产性能降低，经济效益下降（周腊枚等，2022）。提高畜禽抗氧化能力是最有效的缓解畜禽氧化应激的方法。超氧化物歧化酶（SOD）、过氧化氢酶（catalase，CAT）和谷胱甘肽过氧化物酶（GPX）在哺乳动物体内是最重要的细胞抗氧化剂，其在体内清除活性氧从而维持细胞内氧化还原状态（Shoveller et al.，2005）。

在肉鸡饲料中添加 D- 蛋氨酸和 L-蛋氨酸，能提高肉鸡的总抗氧化能力（TAC），并保护肉鸡肠道细胞免受艾美虫的攻击（林泽铃等，2021；Souza et al.，2019）。蛋氨酸缺乏会导致肉鸡 SOD、CAT 和 GPX 的活性下降，从而降低羟自由基和 GSH 含量，并明显提高丙二醛含量，诱导肠道细胞凋亡（Ruan et al.，2018）。在热应激肉鸡日粮中添加略高于最大生长性能所需蛋氨酸浓度的 DL-蛋氨酸具有改善组织抗氧化状态、降低肌肉氧化敏感性的作用（林泽铃等，2021； Zeitz et al.，2020）。综上所述，蛋氨酸能提高畜禽的抗氧化能力。

早期断奶会引起仔猪的断奶压力，包括由早期断奶引起的氧化应激。苏氨酸、色氨酸、亮氨酸、精氨酸、胱氨酸、谷氨酸、脯氨酸及甘氨酸被归类为功能性氨基酸，这些氨基酸绝大多数都具有抗氧化功能（孔祥峰等，2009），在断奶应激调控中发挥着重要作用。此外，多种信号机制也参与了仔猪断奶应激的调控，包括 Nrf2（Yin et al.，2015； Meng et al.，2018）、丝裂原活化蛋白激酶（mitogen-activated protein kinase，MAPK）（Luo et al.，2016）和 NF-κB（Yi et al.，2016； Zhang et al.，2011）等信号通路。

丝氨酸在缓解猪氧化应激中有重要作用。丝氨酸缺失加剧过氧化氢诱导的 IPEC-J2 细胞氧化应激，而丝氨酸外源添加可以通过促进细胞 GSH 合成而激活 Nrf2 通路进而缓解氧化应激（周腊枚等，2022；He et al.，2020）。丝氨酸作为一碳代谢的前体物质参与合成谷胱甘肽，对氧化应激和氧化应激导致的炎性反应具有缓解作用（周腊枚和周锡红，2022；Wang et al.，2016； Sim et al.，2015）。有研究显示，在氧化应激条件下，仔猪血浆丝氨酸浓度明显降低（Duan et al.，2016； Yin et al.，2015）。21 日龄断奶仔猪日粮中添加 0.2% 丝氨酸具有提高仔猪日增重、降低腹泻率的作用（Zhou et al.，2018）。此外，因为饲料成分和生长环境的改变，早期断奶仔猪的肠绒毛萎缩隐窝加深，紧密连接蛋白表达减少导致肠道渗透性增加，这也在一定程度上加剧了仔猪的氧化应激（周腊枚和周锡红，2022；He et al.，2017，2013）。丝氨酸具有促进仔猪肠道紧密连接蛋白表达及肠绒毛生长的作用，从而保护肠上皮（周腊枚等，2022；Zhou et al.，2018）。此外，丝氨酸可能通过抑制仔猪肠道炎症和氧化应激来缓解断奶应激（周腊枚等，2022；Zhou et al.，2018）。这些研究结果表明，在断奶仔猪日粮中添加丝氨酸能有效缓解仔猪早期断奶引起的氧化应激和炎性反应，对其肠道功能也有一定的改善作用（周腊枚等，2022）。

mTOR 调节细胞的生物进程，包括蛋白质合成和脂代谢等（熊传帅等，2021；Nie et al.，2020）。mTORC1 参与肠道炎性疾病的调控，也调节肠道免疫功能（熊传帅等，2021；Feng et al.，2020）。CASTOR1 是 mTORC1 的亚基，在与 GATOR2 蛋白结合后能抑制其活性，负调控 mTORC1 活性（李华伟等，2016）。精氨酸具有结合 CASTOR1，消除 CASTOR1 负面作用的功能，进而激活 Arg-CASTOR1-mTORC1 通路，缓解断奶应激（李华伟等，2016）。此外，精氨酸具有激活仔猪肠道上皮细胞 Nrf2 信号通路，激活谷胱甘肽合成，提高肠道抗氧化能力的作用，对缓解仔猪断奶应激有一定帮助（熊传帅等，2021； Zhang et al.，2020）。

蛋氨酸主要通过谷胱甘肽途径和氧化还原途径，以及调节牛磺酸等抗氧化代谢物在转硫化途径中的生成，从而在动物体内发挥抗氧化功能（冯艳等，2019）。蛋氨酸残基可以被大部分的活性氧修饰，生成蛋氨酸亚砜（methionine sulfoxide，MetO）来消除活性氧的活性，进而缓解机体氧化应激（冯艳等，2019；Komarnisky et al.，2003）。此外，蛋氨酸是 GSH 的前体之一。蛋氨酸通过蛋氨酸循环生成 GSH、牛磺酸及无机硫酸盐（冯艳等，2019）。机体内的半胱氨酸可以通过 L-半胱氨酸双加氧酶生成亚牛磺酸和牛磺酸（冯艳等，2019；Zhou et al.，2018）。另外，蛋氨酸还可通过转硫化途径生成的半胱氨酸来间接参与 H_2S 介导的氧化还原作用（冯艳等，2019；Yin et al.，2015）。蛋氨酸-半胱氨酸-牛磺酸均具有较强的抗氧化作用，但是其在畜禽体内发挥抗氧化功能的机制仍需进一步探究。

色氨酸的氨基可以与氧化剂结合进而阻碍机体发生氧化反应以发挥抗氧化功能（李华伟等，2016）。色氨酸也能够激活仔猪肠道上皮细胞 mTOR 信号通路（Wang et al.，2015）。一些色氨酸代谢物，如褪黑素等，也被报道具有抗氧化功能（Xu et al.，2017）。褪黑素的化学结构为富含电子的芳香族吲哚环，与亲电子自由基反应并清除这些自由基进而起到抗氧化作用（李华伟等，2016）。此外，褪黑素还能通过提供自由电子清除活性氧，并增强 SOD 和 GPX 合成的信号通路来抑制机体的过氧化反应（李华伟等，2016）。

（甘振丁、任文凯，华南农业大学）

参 考 文 献

陈娜娜，马莲香，侯川川，等．2017．蛋氨酸锌对蛋鸡生产性能、肠道形态、组织学结构及盲肠微生物菌群的影响．中国畜牧杂志，(9)：102-108.

董贤文．2017．提高蛋氨酸和支链氨基酸对奶牛乳腺上皮细胞酪蛋白合成调控通路的影响．雅安：四川农业大学博士学位论文.

段晓燕，高玉鹏，刘宇，等．2021．谷氨酰胺对免疫应激蛋鸡应激激素及免疫功能的影响．西北农业学报，23 (5)：32-38.

冯尚连．2009．支链氨基酸对母猪的营养作用．饲料广角，(15)：26-27，40.

冯艳，杨琳，朱勇文，等．2019．蛋氨酸调控动物主要生理功能的机制．中国科学：生命科学，49 (3)：228-237.

郭亮．2017．蛋氨酸的来源和水平对热应激北京鸭蛋氨酸代谢和肠道健康的影响．武汉：华中农业大学硕士学位论文.

韩旭峰，高玉鹏，侯水生，等．2009．1～14 日龄北京鸭色氨酸需要量的研究．中国饲料，(22)：22-23，27.

何流琴，金顺顺，周锡红，等. 2020. 丝氨酸对动物机体健康的影响研究进展. 动物营养学报，32（10）：11.
胡诚军，张婷，张涛，等. 2018. 饲粮添加亮氨酸和谷氨酸对肥育猪肌肉脂肪酸组成和脂质代谢相关基因表达的影响. 动物营养学报，30（5）：1798-1806.
黄强，徐稳，何进田，等. 2017. 日粮补充L-亮氨酸对超早期断奶宫内发育迟缓仔猪肠道免疫功能的影响. 食品科学，38（17）：6.
蒋雪樱. 2016. 蛋氨酸对青脚麻鸡生长、胸肌发育及肉品质的影响. 南京：南京农业大学硕士学位论文.
孔祥峰，印遇龙，伍国耀. 2009. 猪功能性氨基酸营养研究进展. 动物营养学报，21（1）：1-7.
邝良德，谢晓红，雷岷，等. 2020. 热应激对畜禽繁殖和血液生化指标影响的研究进展. 畜禽业，31（8）：1-3.
雷剑，张中岳，左建军，等. 2012. 泌乳母猪乳腺对乳汁前体物的摄取及其乳汁成分的分泌. 动物营养学报，24（2）：212-219.
李富宽. 2019. 小尾寒羊发情与应激的行为生理学研究. 扬州：扬州大学博士学位论文.
李华伟，祝倩，吴灵英，等. 2016. 色氨酸的生理功能及其在畜禽饲粮中的应用. 动物营养学报，28（3）：659-664.
李俊明，贺强，袁超，等. 2014. 苏氨酸的营养生理功能及其在畜禽日粮中的应用. 中国饲料，（11）：35-38.
林泽铃，蒋守群. 2021. 家禽蛋氨酸营养研究新进展. 广东畜牧兽医科技，46（4）：1-6，19.
刘慧军，杨海明，王志跃，等. 2016. 功能性氨基酸对家禽的免疫调节及其在生产中的应用. 饲料研究，（14）：13-18.
刘时忠. 2016. 甘氨酸对肝脏IGF-1表达及脂肪代谢的影响. 广州：华南农业大学硕士学位论文.
南颖，翟曼君，朱梦婷，等. 2021. 不同水平酪氨酸对体外培养绵羊下丘脑神经细胞分泌GnRH的影响. 中国畜牧杂志，57（7）：151-154.
齐茜，李信隆，马淑雪，等. 2018. 羟基蛋氨酸锌对产蛋后期蛋鸡生产性能、蛋品质和免疫相关基因表达的影响. 动物营养学报，30（12）：4939-4946.
沈顺新，卢福庄，楼洪兴，等. 1999. 饲粮中添加保护性添加剂对仔猪生长性能的影响初报. 浙江畜牧兽医，（3）：5-6.
谭建庄. 2014. 日粮精氨酸对不同疾病模型肉鸡免疫功能的调节作用与机理研究. 北京：中国农业大学博士学位论文.
谭玲芳，王安，李越，等. 2013. 精氨酸对笼养生长期蛋鸭生长性能及免疫功能的影响. 中国饲料，（7）：15-18.
王晨昱，刘永辉，李响，等. 2021. D-天冬氨酸对断奶仔猪生长性能、血清生化指标和营养物质表观消化率的影响. 动物营养学报，33（6）：3154-3164.
王荣发，李敏，贺喜，等. 2011. 低蛋白质饲粮条件下生长猪对色氨酸需要量的研究. 动物营养学报，23（10）：1669-1676.
夏耀耀，宾朋，朱国强，等. 2020. 氨基酸代谢调控猪免疫细胞命运研究进展. 中国科学：生命科学，50：897-913.
熊传帅，黎力之，周建旭，等. 2021. 精氨酸对动物肠道炎症的影响及其在畜牧生产上的应用研究进展. 中国畜牧杂志，57（12）：20-25.

杨芷，杨海明，王志跃，等．2014．蛋氨酸的生理功能及其在家禽生产上的研究与应用．中国饲料，（12）：21-24.

赵雅丽，张心壮，格日乐其木格，等．2020．氧化应激对畜禽组织器官的损伤及核因子 E2 相关因子 2-抗氧化反应元件信号通路抗氧化应激的机理研究进展．动物营养学报，32（5）：2052-2059.

钟光．2019．精氨酸、γ-氨基丁酸、有机铬和硒对热应激黄羽肉鸡的作用研究．泰安：山东农业大学硕士学位论文.

周凡，邵庆均．2010．鱼类必需氨基酸营养研究进展．饲料与畜牧，（8）：20-26.

周腊枚，周锡红．2022．丝氨酸的生理功能及其在猪生产中的应用研究进展．中国畜牧杂志，58（1）：71-76.

Almanza-Perez J C, Alarcon-Aguilar F J, Blancas-Flores G, et al. 2010. Glycine regulates inflammatory markers modifying the energetic balance through PPAR and UCP-2. Biomed Pharmacother, 64(8): 534-540.

Brearley M C, Li C, Daniel Z C T R, et al. 2019. Changes in expression of serine biosynthesis and integrated stress response genes during myogenic differentiation of C2C12 cells. Biochem Biophys Rep, 20: 100694.

Bunchasak C. 2009. Role of dietary methionine in poultry production. J Poult Sci, 46: 169-179.

Castellano R, Perruchot M, Tesseraud S, et al. 2017. Methionine and cysteine deficiencies altered proliferation rate and time-course differentiation of porcine preadipose cells. Amino Acids, 49(2): 355-366.

Chand N, Muhammad S, Khan R U, et al. 2016. Ameliorative effect of synthetic γ-amin-obutyric acid (GABA) on performance traits, antioxidant status and immune response in broiler exposed to cyclic heat stress. Environ Sci Pollut Res, 23: 23930-23935.

Chen J Q, Li Y S, Li Z J, et al. 2018. Dietary L-arginine supplementation improves semen quality and libido of boars under highambient temperature. Animal, 12: 1611-1620.

Chen S, Liu Y, Wang X, et al. 2016. Asparagine improves intestinal integrity, inhibits TLR4 and NOD signaling, and differently regulates p38 and ERK1/2 signaling in weanling piglets after LPS challenge. Innate Immunity, 22(8): 577-587.

Chen S, Xia Y, He F, et al. 2020. Serine supports IL-1β production in macrophages through mTOR signaling. Front Immunol, 11: 1866.

Chen X, Guo Y, Jia G, et al. 2018. Arginine promotes slow myosin heavy chain expression via akirin2 and the AMP-activated protein kinase signaling pathway in porcine skeletal muscle satellite cells. J Agr Food Chem, 66(18): 4734-4740.

Chen X, Luo X, Chen D, et al. 2020. Arginine promotes porcine type Ⅰ muscle fibres formation through improvement of mitochondrial biogenesis. Brit J Nutr, 123(5): 499-507.

Chen Z, Xie J, Wang B, et al. 2014. Effect of γ-amino butyric acid on digestive enzymes, absorption function-n, and immune function of intestinal mucosa in heat-stressed chicken. Poult Sci, 93: 2490-2500.

Del Vesco A P, Gasparino E, Grieser D O, et al. 2014. Effects of methionine supplementation on the redox state of acute heat stress-exposed quails. J Anim Sci, 92: 806-815.

Duan J, Yin J, Ren W, et al. 2016. Dietary supplementation with L-glutamate and L-aspartate alleviates oxidative stress in weaned piglets challenged with hydrogen peroxide. Amino Acids, 48(1): 53-64.

Estrella N L, Desjardins C A, Nocco S E, et al. 2015. MEF2 transcription factors regulate distinct gene programs in mammalian skeletal muscle differentiation. J Biol Chem, 290(2): 1256-1268.

Fan X, Li S, Wu Z, et al. 2019. Glycine supplementation to breast-fed piglets attenuates post-weaning jejunal epithelial apoptosis: a functional role of CHOP signaling. Amino Acids, 51(3): 463-473.

Feng G J, Chen Y, Li K. 2020. Helicobacter pylori promote inflammation and host defense through the cagA-dependent activation of mTORC1. J Cell Physiol, 235(12): 10094-10108.

Fink G, Smith G C, McMaster R, et al. 1975. The catecholamine-containing tubero-infundibular system and the control of luteinizing hormone release in the rabbit. Brain Res, 89(1): 71-80.

Gan Z, Zhang M, Xie D, et al. 2021. Glycinergic signaling in macrophages and its application in macrophage-associated diseases. Front Immunol, 12: 762564.

Gu C, Mao X, Chen D, et al. 2019. Isoleucine plays an important role for maintaining immune function. Current Protn and Peptide Ence, 20(7): 644-651.

Guo Q, Cai X, Xu C, et al. 2016. Effects of dietary supplementation with *N*-acetyl cysteine on antioxidant capacities and the expression of inflammatory cytokines in weaned piglets. Ital J Anim Sci, 15: 634-641.

He L, Long J, Zhou X, et al. 2020. Serine is required for the maintenance of redox balance and proliferation in the intestine under oxidative stress. FASEB J, 34(3): 4702-4717.

He L, Zhou X, Niu H, et al. 2017. Administration of alpha-ketoglutarate improves epithelial restitution under stress injury in early-weaning piglets. Oncotarget, 8(54): 91965-91978.

Hou Y, Wang L, Zhang W, et al. 2012. Protective effects of *N*-acetylcysteine on intestinal functions of piglets challenged with lipopolysaccharide. Amino Acids, 43(3): 1233-1242.

Hsu C B, Cheng S P, Hsu J C, et al. 2001. Effect of threonine addition to a low protein diet on IgG levels in body fluid of first-litter sows and their piglets. Asian-Australasian Journal of Animal Sciences, 14(8): 1157-1163.

Hu C H, Xiao K, Luan Z S, et al. 2013. Early weaning increases intestinal permeability, alters expression of cytokine and tight junction proteins, and activates mitogen-activated protein kinases in pigs. J Anim Sci, 91(3): 1094-1101.

Ji Y, Fan X, Zhang Y, et al. 2022. Glycine regulates mucosal immunity and the intestinal microbial composition in weaned piglets. Amino Acids, 54(3): 385-398.

Karatepe O, Acet E, Battal M, et al. 2010. Effects of glutamine and curcumin on bacterial translocation in jaundiced rats. World J Gastroenterol, 16(34): 4313-4320.

Lee Y, Shim J, Ko N, et al. 2019. Effect of alanine supplementation during *in vitro* maturation on oocyte maturation and embryonic development after parthenogenesis and somatic cell nuclear transfer in pigs. Theriogenology, 127: 80-87.

Li P, Knabe D A, Kim S W, et al. 2009. Lactating porcine mammary tissue catabolizes branched-chain amino acids for glutamine and aspartate synthesis. J Nutr, 139(8): 1502-1509.

Liang M, Wang Z, Li H, et al. 2018. l-arginine induces antioxidant response to prevent oxidative stress via stimulation of glutathione synthesis and activation of Nrf2 pathway. Food Chem Toxicol, 115: 315-328.

Liu Y, Huang J, Hou Y, et al. 2008. Dietary arginine supplementation alleviates intestinal mucosal disruption induced by *Escherichia coli* lipopolysaccharide in weaned pigs. Brit J Nutr, 100(3): 552-560.

Luo Z, Zhu W, Guo Q, et al. 2016. Weaning induced hepatic oxidative stress, apoptosis, and aminotransferases through MAPK signaling pathways in piglets. Oxid Med Cell Longev, (9): 1-10.

Lv D, Xiong X, Yang H, et al. 2018. Effect of dietary soy oil, glucose, and glutamine on growth performance, amino acid profile, blood profile, immunity, and antioxidant capacity in weaned piglets. Sci China Life Sci, 61(10): 1233-1242.

Ma E H, Bantug G, Griss T, et al. 2017. Serine is an essential metabolite for effector T cell expansion. Cell Metab, 25: 482.

Mao X, Gu C, Man R, et al. 2018. 1-isoleucine administration alleviates rotavirus infection and immune response in the weaned piglet model. Front Immunol, 9: 1654.

Mao X, Liu M, Tang J, et al. 2015. Dietary leucine supplementation improves the mucin production in the jejunal mucosa of the weaned pigs challenged by porcine rotavirus. PLoS One, 10(9): e0137380.

Melnik B C, John S M, Schmitz G. 2013. Milk is not just food but most likely a genetic transfection system activating mTORC1 signaling for postnatal growth. J Nutr, 12(1): 103.

Meng Q, Du X, Wang H, et al. 2017. Astragalus polysaccharides inhibits cell growth and pro-inflammatory response in IL-1β-stimulated fibroblast-like synoviocytes by enhancement of autophagy via PI3K/AKT/mTOR inhibition. Apoptosis, 22(9): 1138-1146.

Meng Q, Guo T, Li G, et al. 2018. Dietary resveratrol improves antioxidant status of sows and piglets and regulates antioxidant gene expression in placenta by Keap1-Nrf2 pathway and Sirt1. J Anim Sci Biotechno, 9: 34.

Nie X, Zheng J, Cruciger M, et al. 2020. mTOR plays a pivotal role in multiple processes of enamel organ development principally through the mTORC1 pathway and in part via regulating cytoskeleton dynamics. Dev Biol, 467(1-2): 77-87.

Perna S, Alalwan T A, Alaali Z, et al. 2019. The role of glutamine in the complex interaction between gut microbiota and health: a narrative review. Int J Mol Sci, 20(20): 5232.

Qin Q, Xu X, Wang X, et al. 2018. Glutamate alleviates intestinal injury, maintains mTOR and suppresses TLR4 and NOD signaling pathways in weanling pigs challenged with lipopolysaccharide. Sci Rep, 8: 15124.

Ren M, Zhang S H, Zeng X F, et al. 2015. Branched-chain amino acids are beneficial to maintain growth performance and intestinal immune-related function in weaned piglets fed protein restricted diet. Asian-Australas J Anim Sci, 28(12): 1742-1750.

Ren W, Liu G, Yin J, et al. 2017. Amino-acid transporters in T-cell activation and differentiation. Cell Death Dis, 8(5): e2757.

Rezaei R, Wu Z, Hou Y, et al. 2016. Amino acids and mammary gland development: nutritional implications for milk production and neonatal growth. J Anim Sci Biotechno, 7(4): 437-458.

Rodriguez A E, Ducker G S, Billingham L K, et al. 2019. Serine metabolism supports macrophage IL-1beta production. Cell Metab, 29: 1003-1011.

Ruan T, Li L, Lu Y, et al. 2018. Effect of methionine deficiency on oxidative stress and apoptosis in the small intestine of broilers. Acta Vet Hung, 66(1): 52-65.

Saxton R A, Sabatini D M. 2017. mTOR signaling in growth, metabolism, and disease. Cell, 169(2): 361-371.

Shoveller A K, Stoll B, Ball R O, et al. 2005. Nutritional and functional importance of intestinal sulfur amino acid metabolism. J Nutr, 135: 1609-1612.

Sim W, Kim D G, Lee W, et al. 2019. Activation of SIRT1 by L-serine increases fatty acid oxidation and reverses insulin resistance in C2C12 myotubes (L-serine activates SIRT1 in C2C12 myotubes). Cell Biol Toxicol, 35(5):

457-470.

Sim W C, Yin H Q, Choi H S, et al. 2015. L-serine supplementation attenuates alcoholic fatty liver by enhancing homocysteine metabolism in mice and rats. J Nutr, 145(2): 260-267.

Souza K, Paula D, Adhemar R, et al. 2019. Dietary supplementation with free methionine or methionine dipeptide improves environment intestinal of broilers challenged with *Eimeria* spp. J Anim Sci, 97(12): 4746-4760.

Tan B, Li X G, Kong X, et al. 2009. Dietary L-arginine supplementation enhances the immune status in early-weaned piglets. Amino Acids, 37: 323-331.

Tang J, Chen Z. 2016. The protective effect of γ-aminobutyric acid on the development of immune function in chickens under heat stress. J Anim Physiol An N, 10: 768-777.

Wakeel R , Shukry M , Azeez A A , et al. 2017. Alleviation by gamma amino butyric acid supplementation of chronic heat stress-induced degenerative changes in jejunum in commercial broiler chickens. Stress, 20(10): 1.

Wang H, Ji Y, Wu G, et al. 2015. L-tryptophan activates mammalian target of rapamycin and enhances expression of tight junction proteins in intestinal porcine epithelial cells. J Nutr, 145(6): 1156-1162.

Wang H, Liu Y, Shi H, et al. 2017. Aspartate attenuates intestinal injury and inhibits TLR4 and NODs/NF-κB and p38 signaling in weaned pigs after LPS challenge. Eur J Nutr, 56: 1433-1443.

Wang H, Zheng X, Liu B, et al. 2021. Aspartate metabolism facilitates IL-1β production in inflammatory macrophages. Front Immunol, DOI: 10. 3389/fimmu. 2021. 753092.

Wang X, Björn P. 2021. More abundant and healthier meat: will the MSTN editing epitome empower the commercialization of gene editing in livestock? Sci China Life Sci, 65: 448-450.

Wang Z, Mai K, Xu W, et al. 2016. Dietary methionine level influences growth and lipid metabolism via GCN2 pathway in cobia (*Rachycentron canadum*). Aquaculture, 454: 148-156.

Wu G, Bazer F W, Johnson G A, et al. 2018. Board-invited review: arginine nutrition and metabolism in growing, gestating, and lactating swine. J Anim Sci, 96(12): 5035-5051.

Wu H, Liu Y, Pi D, et al. 2015. Asparagine attenuates hepatic injury caused by lipopolysaccharide in weaned piglets associated with modulation of Toll-like receptor 4 and nucleotide-binding oligomerisation domain protein signalling and their negative regulators. Brit J Nutr, 114(2): 189-201.

Xia Y, Chen S, Zhao Y, et al. 2019. GABA attenuates ETEC-induced intestinal epithelial cell apoptosis involving GABA (A) R signaling and the AMPK-autophagy pathway. Food Funct, 10(11): 7509-7522.

Xu K, Liu H, Bai M, et al. 2017. Redox properties of tryptophan metabolism and the concept of tryptophan use in pregnancy. Int J Mol Sci, 18(7): 1595.

Yi H, Jiang D, Zhang L, et al. 2016. Developmental expression of STATs, nuclear factor-κB and inflammatory genes in the jejunum of piglets during weaning. Int Immunopharmacol, 36: 199-204.

Yin J, Liu M, Ren W, et al. 2015. Effects of dietary supplementation with glutamate and aspartate on diquat-induced oxidative stress in piglets. PLoS One, 10(4): e0122893.

Yu W, Wang Z, Zhang K, et al. 2019. One-carbon metabolism supports *S*-adenosylmethionine and histone methylation to drive inflammatory macrophages. Mol Cell, 75(6): 1147-1160.

Zeitz J, Fleischmann A, Ehbrecht T, et al. 2020. Effects of supplementation of DL-methionine on tissue and plasma antio-xidant status during heat-induced oxidative stress in broilers. Poult Sci, 99(12): 6837-6847.

Zeitz J O, Kaltenböck S, Most E, et al. 2017. Antioxidant status and expression of inflammatory genes in gut and liver of piglets fed different dietary methionine concentrations. J Anim Physiol Anim Nutr, 101: 1166-1174.

Zhang J, He W, Yi D, et al. 2019. Regulation of protein synthesis in porcine mammary epithelial cells by L-valine. Amino Acids, 51(4): 717-726.

Zhang M, Xu J, Wang T, et al. 2018. The dipeptide Pro-Gly promotes IGF-1 expression and secretion in HepG2 and female mice via PepT1-JAK2/STAT5 pathway. Front Endocrinol, DOI: 10.3389/fendo. 2018. 00424.

Zhang M, Zou X T, Li H, et al. 2012. Effect of dietary γ-aminobutyric acid on laying performance, egg quality, immune activity and endocrine hormone in heat-stressed Roman hens. Anim Sci J, 83(2): 141-147.

Zhang S, Li X, Li L, et al. 2011. Autophagy up-regulation by early weaning in the liver, spleen and skeletal muscle of piglets. Br J Nutr, 106(2): 213-217.

Zhang Y, Ma X, Jiang D, et al. 2020. Glycine attenuates lipopolysaccharide-induced acute lung injury by regulating NLRP3 inflammasome and NRF2 signaling. Nutrients, 12(3): 611.

Zhou X, Zhang Y, Wu X, et al. 2018. Effects of dietary serine supplementation on intestinal integrity, inflammation and oxidative status in early-weaned piglets. Cell Physiol Biochem, 48: 993-1002.

Zhu H, Liu Y, Xie X, et al. 2013. Effect of L-arginine on intestinal mucosal immune barrier function in weaned pigs after *Escherichia coli* LPS challenge. Innate Immunity, 19(3): 242-252.

Zhu L H, Zhao K L, Chen X L, et al. 2021. Impact of weaning and an antioxidant blend on intestinal barrier function and antioxidant status in pigs. J Anim Sci, 90(8): 2581-2589.

Zhu Y W, Lu L, Li W X, et al. 2015. Effect of dietary manganese on antioxidant status and expression levels of heat-shock proteins and factors in tissues of laying broiler breeders under normal and high environmental temperatures. Br J Nutr, 114(12): 1965-1974.

第四章　脂质营养与动物基因表达调控

脂质是动物不可或缺的组成部分，也是动物需要的重要营养素之一。脂肪组织是生物体内最大的能量储存库，动物脂肪主要的存在形式是甘油三酯（TG），它是脊椎动物体内最重要的能量来源。脂肪也是机体代谢所需能量的贮存及运输形式。脂肪酸在组织及不同细胞中的分布具有特异性，不同组织或细胞中特定的脂肪酸组成可以发挥特定的生物学功能。脂肪细胞分泌各种各样的脂肪因子以调节新陈代谢、基因表达和免疫应答等生理过程。脂代谢与糖代谢、氨基酸代谢紧密相关，相关基因和蛋白质分子通过 AMPK、Wnt/β-catenin、NF-κB 和 PI3K/Akt 等信号通路对机体进行调控，来维持正常发育、生长和繁殖。日粮脂质组成和添加量在维持动物机体健康和提高动物生产性能等方面具有重要作用。此外，通过日粮营养调控动物机体脂肪代谢对于提高畜禽生产效率、改善畜禽产品品质等也具有重要意义。

第一节　脂 质 概 述

一、脂质定义

脂质（lipid）又称为脂类，是脂肪、类脂和油的总称。广义上，不溶于水但能被乙醚、氯仿、苯等非极性有机溶剂抽提出来的化合物都统称为脂质。

二、脂质分类

根据其定义，脂质主要可以分为脂肪、类脂和油。脂肪即固态的甘油三酯，液态的甘油三酯称为油。动物脂肪主要的存在形式是甘油三酯（TG），也称三酰甘油，是脊椎动物体内最重要的能量来源，体内多余的碳水化合物都可以经过代谢转化成甘油三酯储存在脂肪组织中。类脂包括磷脂、糖脂和固醇，多分布于动物的肝脏、胆囊、肾脏、脾脏等；类脂是动物细胞膜的重要组成部分。

（一）脂肪酸

脂肪酸是由一条长的烃链和一个末端羧基组成的有机物，在组织和细胞中，绝大部分以结合形式存在。根据脂肪酸烃链中双键数量多少，可将其分为饱和脂肪酸（SFA），如软脂酸、硬脂酸；单不饱和脂肪酸（MUFA），如油酸；多不饱和脂肪酸（PUFA），如亚油酸、亚麻酸。PUFA 是一类重要的生物活性物质，其中 Ω-3 和 Ω-6 系列的 PUFA 通常具有重要的生物活性。Ω-3 系列又称为亚麻酸（LNA）系列，主要包括 α-亚麻酸、二十碳五烯酸（EPA）、二十二碳六烯酸（DHA）等。Ω-6 系列又称为亚油酸（LA）系列，主要包括亚油酸、花生四烯酸（AA）、γ-亚麻酸（GLA）等。

（二）磷脂、糖脂和固醇

磷脂（phospholipid）是分子中含磷酸的复合脂，根据所含醇不同可分为甘油磷脂与鞘磷脂。其中甘油磷脂主要有磷脂酰胆碱（卵磷脂）、磷脂酰乙醇胺（脑磷脂）、磷脂酰肌醇等；鞘磷脂主要有神经酰胺、胆碱鞘磷脂等。糖脂（glycolipid）是一个或多个单糖残基与单酰甘油、二酰甘油等脂质以糖苷键相连形成的化合物；人类红细胞表面抗原上就含有糖脂，这些糖脂中的寡糖链不同使得各血型的红细胞表面抗原各异，便产生了不同的血型。固醇（sterol）又称为甾醇，是一种环戊烷多氢菲的衍生物。在动物细胞中，胆固醇与长链脂肪酸形成的胆固醇酯是血浆脂蛋白及细胞膜的重要组分。

第二节 脂 代 谢

脂代谢是一个动态平衡的过程，它由合成代谢、分解代谢和脂肪的转运三部分组成。机体对于脂肪的积累既是合成代谢与分解代谢的一种动态平衡，也是能量合成与消耗的一种动态平衡。脂代谢除了受遗传因素影响以外，还与各种外界因素、体内理化因素和营养水平有关。脂代谢与糖代谢、氨基酸代谢和能量代谢等代谢途径相互关联、相互影响，同时也涉及脂肪、肝脏、肌肉等多个组织器官的协调。因此，深入了解脂代谢是运用脂类营养必不可缺的一个环节。

一、合成代谢

机体组织沉积的脂肪可以是体内内源合成的脂肪，也可以是由外源摄入的脂肪。在外源摄入脂肪和能量供给充足的情况下，动物机体内的脂肪组织与肌肉组织以甘油三酯的合成代谢为主。猪和反刍动物的脂肪合成主要在脂肪组织中进行；家禽类动物的脂肪合成在肝脏中进行；鼠、兔等动物的脂肪合成在肝脏与脂肪组织中均比较活跃。

在动物机体内，脂肪是由甘油和脂肪酸合成而来。乙酰辅酶 A 是脂肪酸合成的原料，它主要是由糖类在线粒体中分解代谢产生的。当机体能量供应充足时，多余的乙酰辅酶 A 即可用于合成脂肪酸。乙酰辅酶 A 从线粒体借助三羧酸转运系统进入细胞液，被乙酰辅酶 A 羧化酶催化后变成丙二酸单酰辅酶 A 进入脂肪酸合成系统。脂肪酸合成系统中涉及多种酶、转运载体及中间产物，它们通过对乙酰辅酶 A 加工、转移、延长最后形成脂肪酸。三酰甘油的合成也是来源于糖酵解（图 4-1）。糖酵解产生的磷酸二羟丙酮经过甘油-3-磷酸脱氢酶催化反应生成甘油-3-磷酸，再经过甘油磷酸酰基转移酶生成磷脂酸。磷脂酸被磷脂酸磷酸酶催化后生成二酰甘油，最后经过二酰甘油酰基转移酶催化生成三酰甘油。

猪可以利用消化道吸收的脂肪酸作为合成脂肪的原料，但其主要来源还是脂肪酸的从头合成。碳水化合物、短链脂肪酸和氨基酸脱氨后的产物均可用于脂肪酸的再合成，所合成的脂肪酸主要是棕榈酸和硬脂酸。饱和脂肪酸可以通过脱饱和作用生成一个带双键的不饱和脂肪酸，如棕榈酸经脱饱和作用可生成棕榈油酸。在动物体内，饱和脂肪酸的脱饱和作用不能直接生成两个或两个以上双键的脂肪酸。因此，动物体内正常代谢所必需的含两个或更多双键的不饱和脂肪酸需要依赖饲料的直接供给。

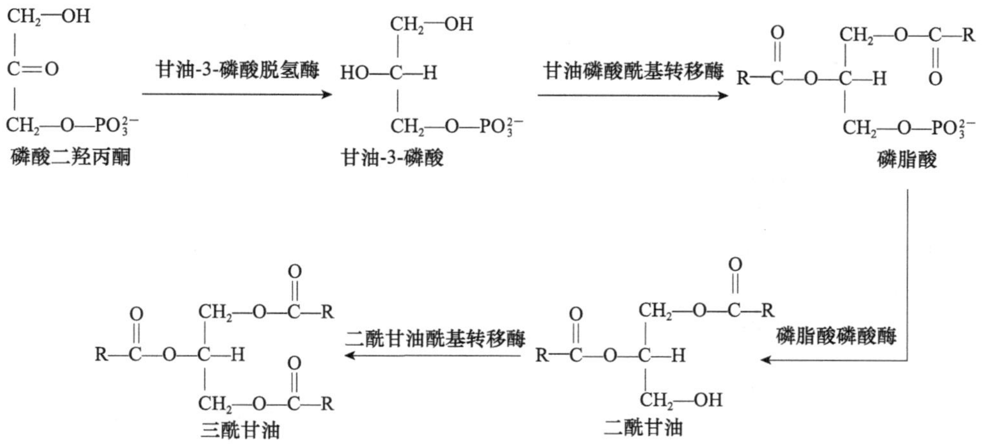

图 4-1　三酰甘油的合成

二、分解代谢

机体可以将脂肪组织中的甘油三酯水解成甘油和脂肪酸（图 4-2）。甘油可以经过甘油激酶、甘油磷酸脱氢酶的催化生成磷酸二羟丙酮，进入糖异生途径生成葡萄糖，也可以进入糖酵解过程继续生成丙酮酸进入三羧酸循环氧化供能。而脂肪酸主要通过 β 氧化生成乙酰辅酶 A 对机体进行供能。脂肪酸 β 氧化的场所在线粒体基质内，短链脂肪酸可以很容易地穿过线粒体内膜，但长链脂肪酸不可以穿过，长链脂肪酸需要借助肉碱载体的转运进入线粒体基质。脂肪酸先在细胞液中被活化成脂酰辅酶 A，然后经过脱氢、加水、再脱氢和硫解 4 步反应减少两个碳原子并生成一分子乙酰辅酶 A，多次重复以上循环将碳链全部断裂生成若干个乙酰辅酶 A（图 4-3）。乙酰辅酶 A 可以进入三羧酸循环氧化成二氧化碳及水，也可以参加其他合成代谢（如参与酮体和胆固醇的生成）。

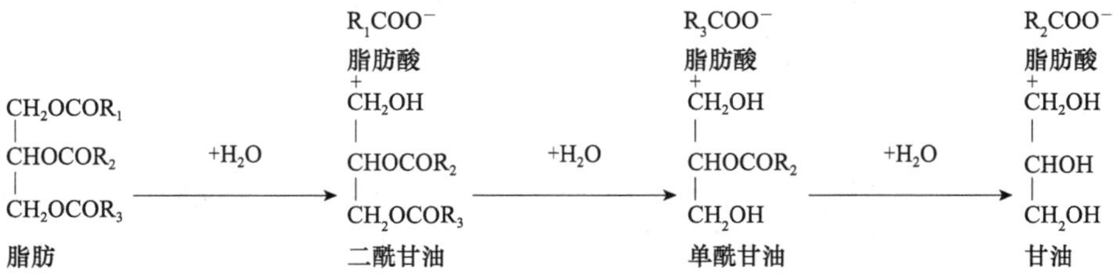

图 4-2　脂肪的水解

肌肉细胞中的脂肪分解代谢主要是氧化供能。肌肉组织中的脂肪酸可以直接通过组织液和淋巴液的局部循环进入肌肉细胞进行氧化代谢。肌肉细胞能氧化利用饲料和内源代谢供给的脂肪酸，但长链脂肪酸只有在葡萄糖供能不足的情况下才能发挥供能作用。肌肉组织中脂肪酸的含量及其利用程度可直接影响机体糖脂代谢和胰岛素抗性，其代谢紊乱往往是导致高血脂、高胆固醇和糖尿病等疾病的主要原因。肌肉中约 90% 的脂肪酸是长链脂肪酸，它可以由乙酰辅酶 A 羧化酶和脂肪酸合成酶催化内源性合成，也可通过水解甘油三酯和膜脂的循环产生，但最主要途径是外源性摄取。

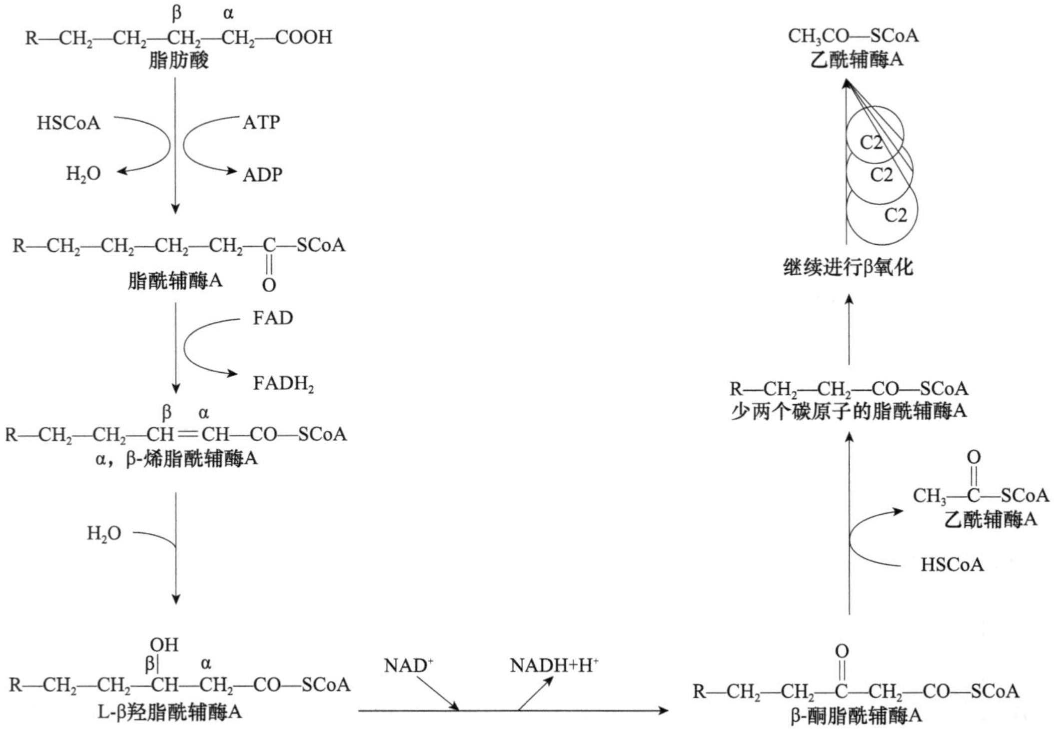

图 4-3　脂肪酸的 β 氧化

肝脏细胞可摄取血液中的脂肪酸，合成甘油三酯或脂蛋白，然后转运到其他组织器官进行代谢。肝脏细胞也可以氧化代谢脂肪酸，但在正常情况下比例不大，而且在被氧化的脂肪酸中，约有 70% 被转变为酮体。尽管肝脏对酮体和乙酸氧化不够彻底，但这些物质比脂肪酸和脂肪更易溶于水，在血浆或细胞内转运不需要载体，因此容易转运到其他部位。

第三节　脂肪细胞及其基因调控

一、脂肪细胞

脂肪组织是生物体内最大的能量储存库，它主要将能量以甘油三酯的形式储存起来。但它并不是一个单纯的、被动式的脂肪储存库，而是一种具有复杂功能的组织。它包含许多相互作用的细胞类型，包括脂肪细胞、免疫细胞、内皮细胞、成纤维细胞、神经元和干细胞。尽管脂肪细胞占脂肪总体积的 90% 以上，但其他类型的细胞却在总数量上占优。脂肪细胞的直径为 20～200μm，较其他细胞而言，其体积非常大。为了处理多余脂肪，脂肪组织可调节脂肪细胞大小和数量。脂肪细胞能把机体中多余的能量以甘油三酯的形式贮存于脂滴中，一旦贮藏的脂滴过于丰富，脂肪细胞可以成百上千倍地增加它的体积。此时细胞核与各类细胞器都被庞大的脂滴分子挤到了细胞的边缘。脂肪细胞以甘油三酯的形式储存能量在进化上是有利的，然而专门用于此目的的脂肪细胞仅限于脊椎动物。除了能量储存作用外，脂肪细胞还提供一些额外的生理功能。例如，寒冷气候下的动物脂肪增多，这使它们具有更强的隔热能力和产热能力。脂肪细胞还提供机械缓冲，并在承受高机械应力的解剖区域（如掌、臀和脚跟）大量存在；在机体内，脂肪组织为心脏、肾上腺、肾脏和卵巢等器官提供缓冲。此外，在恒温哺乳动物中发现了第二类脂肪组织，称为棕色或米色脂肪组织，专门用于消耗能量和产热（Ghaben and Scherer，2019）。脂肪细胞不仅仅是一个储能中心，更在维持机体能量平衡中发挥重要作用。在饥饿时，脂肪细胞接受激素信号如胰岛素、儿茶酚胺和糖皮质激素等，从而释放细胞内的甘油三酯。脂肪组织的分泌细胞还能分泌激素及细胞因子如瘦素（leptin）、肿瘤坏死因子-α（TNF-α）、白细胞介素-6（IL-6）等；脂蛋白代谢调控因子有载脂蛋白、脂蛋白脂肪酶、纤溶酶原激活物抑制物 1、转化生长因子-β（TGF-β）和血管紧张素原（angiotensinogen）等。

脂肪组织分泌的因子在新陈代谢、基因表达调控、免疫应答、血液及心脏疾病等方面有重要的生理学功能（图 4-4）。脂肪细胞因子具有局部和全身效应。在脂肪组织内，脂肪细胞因子有助于调节脂肪生成、免疫细胞迁移、脂肪细胞代谢、甘油三酯储存等。在全身水平上，脂肪细胞因子是机体重要生理过程和功能的调节因子，如食欲、能量消耗、炎性反应、血压、止血功能、胰岛素敏感性、胰岛素敏感组织（如肝脏、肌肉和脂肪）的能量代谢及胰岛素分泌等（Fasshauer and Bluher，2015）。例如，促酰化蛋白（ASP）及 IL-6 通过调节甘油三酯的合成及葡萄糖转运来影响糖脂代谢及能量转换；TNF-α 能抑制脂肪细胞分化；脂肪酸和胰岛素联合作用可以诱导脂肪生成（Kim et al.，2020）。其他一些脂肪组织分泌的因子及其生理功能如表 4-1 所示。

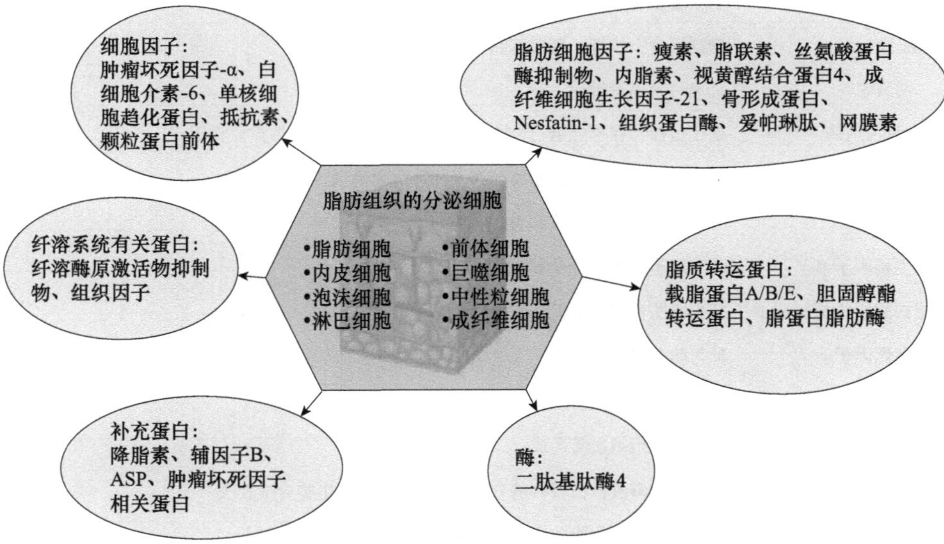

图 4-4 脂肪组织分泌的因子（引自 Fasshauer and Bluher，2015）

表 4-1 脂肪组织分泌的因子及其功能（引自 Fasshauer and Bluher，2015）

名称	功能
脂联素	提高胰岛素敏感性；抗糖尿病；抗动脉粥样硬化；抗炎
降脂素	激活补体替代通路
促血管生成素样蛋白 8	促进胰岛 β 细胞增殖；提高糖耐量
爱帕琳肽	抑制胰岛素分泌

续表

名称	功能
骨形成蛋白 4	调节成脂前体细胞的形成和分化
骨形成蛋白 7	刺激棕色脂肪组织生成；减少食物摄入；增加能量消耗
组织蛋白酶 S、L、K	调节糖代谢和脂肪组织质量
趋化素	化学引诱物蛋白质；调节脂肪形成
簇集素	促进肿瘤生长和血管生成
二肽基肽酶 4	降解葡萄糖依赖性促胰岛素分泌多肽（GIP）和胰高血糖素样肽-1（GLP-1）
脂肪酸结合蛋白 4	与 2 型糖尿病风险增加和心肌收缩力受损有关
胎球蛋白 A	与脂质引起的炎症和胰岛素抵抗有关
成纤维细胞生长因子-21	促进脂肪细胞对葡萄糖的摄取；增加脂肪的生成；改善糖脂代谢
Gremlin1	抑制骨形成蛋白（BMP）-4 和 BMP-7
白细胞介素-1β	与免疫炎症相关
白细胞介素-6	与免疫炎症相关
瘦素	调节食欲、能量消耗
脂质运载蛋白 2	与胰岛素抵抗和炎症有关
单核细胞趋化蛋白 1	单核细胞化学引诱剂；炎症趋化因子
Nesfatin-1	抑制摄食；抗炎；调节糖脂代谢
网膜素	抗炎；胰岛素敏化
颗粒蛋白前体	趋化蛋白；在神经退行性疾病、脂肪组织炎症中发挥重要作用
视黄醇结合蛋白 4	与胰岛素抵抗、内脏脂肪分布及血脂异常有关
抵抗素	与肥胖、胰岛素抵抗和炎症有关
转化生长因子-β	调节细胞增殖、分化和凋亡
基质金属蛋白酶组织抑制剂 1	减少脂肪生成；降低糖耐量
肿瘤坏死因子-α	参与胰岛素抵抗过程
丝氨酸蛋白酶抑制物	减少食物摄入量；改善高血糖
血管内皮生长因子	促进脂肪组织血管生成
内脂素	与烟酰胺磷酸核糖转移酶介导的系统性 NAD 生物合成相关
Wnt1 诱导信号通路蛋白	调节脂肪发生和脂肪组织炎症

二、脂代谢相关分子调控

（一）PPAR 家族

过氧化物酶体增殖物激活受体（PPAR）家族属于核激素受体，在脂肪形成中起重要作用。1990 年，Isseman 和 Green 首次发现过氧化物酶体增殖物激活受体，并报道了其基因序列与特征。过氧化物酶体增殖物激活受体家族包括三种亚型：PPARα、PPARβ/δ 和 PPARγ。这三种家族成员在组织分布、配体特异性和生理学作用方面各不相同。PPARγ 在白色和棕色脂肪组织、大肠和脾脏中表达。PPARγ 在脂肪细胞中的表达量最高，在脂肪生成、能量代谢、脂质生物合成调节、脂蛋白代谢等过程中发挥关键作用。PPARα 和 PPARβ 分别与机体的脂代谢和细胞的基础脂代谢相关。PPAR 亚型不但在组织表达方面不同，而且在与配体结合能力方面也不同。三种 PPAR 亚型的配体结合域具有不同的氨基酸序列，因此配体具有广泛的特异性。PPARα、PPARβ 和 PPARγ 的天然配体是多种长链脂肪酸，尤其是多不饱和脂肪酸，如 DHA、EPA、LNA、LA 和 AA 等。PPARγ 必须与视黄酸 X 受体（RXR）等核激素受体结合形成异源二聚体才能和 DNA 结合从而发挥转录活性。*PPARγ* 基因有单独的启动子和 50 个外显子，它产生三个 mRNA：*PPARγ1*、*PPARγ2* 和 *PPARγ3*，由 *PPARγ1* 和 *PPARγ3* mRNA 编码产生的蛋白质是相同的，而 *PPARγ2* 的产物含有额外的由 30 个氨基酸组成的氨基端区域。所有 PPARγ 亚型在脂肪细胞分化和脂代谢中具有重要作用。PPARγ1 亚型几乎在所有细胞中均有表达，而 PPARγ2 主要局限于脂肪组织（Janani and Ranjitha，2015）。然而，PPARγ2 是一种更有效的转录激活物。PPARγ1 和 PPARγ2 的两种形式对于脂肪组织的发育和胰岛素敏感性的调节至关重要。遗传性肥胖小鼠中敲除 *PPARγ2* 可以减少脂肪细胞中的脂肪积累。PPARγ2 亚型通过不同的机制来防止脂肪过度富集，包括加大脂肪组织扩张和增强外周器官（肝脏和肌肉）的脂质缓冲能力。脂肪 PPARγ 保护非脂肪组织免受过度脂质沉积，并维持肝脏和骨骼肌等的正常功能。脂肪细胞中激活的 PPARγ 保证脂肪细胞因子的平衡和分泌。PPARγ 在脂代谢中也很重要，它调节参与脂肪酸释放、运输和储存的基因，如编码脂蛋白脂肪酶（LPL）和脂肪酸转运酶 CD36 的基因。除了经典的 PPARγ 信号转导通路外（图 4-5），Wang 等（2015）发现，PPARγ 配体罗格列酮也可以激活细胞表面的 G 蛋白偶联受体 40（GPR40），从而使 p38 MAPK 磷酸化。p38 MAPK 的激活导致随后的磷酸化以及共激活物 PGC-1α 和 EP300 的激活，并使其构象发生变化，从而实现共激活物和 PPARγ 的结合。

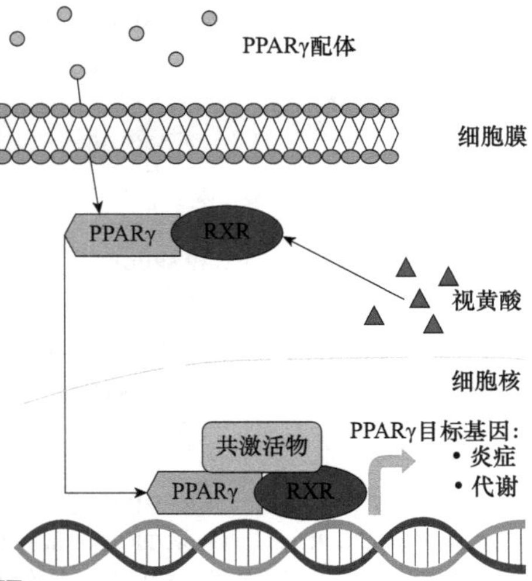

图 4-5　PPARγ 信号转导通路（引自 Marion-Letellier et al.，2016）

PPARγ 被许多天然或合成的 PPARγ 配体激活，与配体结合后，PPARγ 与 RXR 形成异二聚体，该受体被视黄酸激活并结合共激活物。然后，该复合物与过氧化物酶体增殖反应元件基因启动子结合，启动一些参与脂代谢和糖代谢、炎症反应的基因转录

（二）SREBP

固醇调节元件结合蛋白（sterol regulatory element-binding protein，SREBP）是位于内质网的细胞内胆固醇敏感器，它具有三种亚型：SREBP1a（由 *SREBF1* 基因编码）、SREBP1c（由 *SREBF1* 基因剪接产生）和 SREBP2（由 *SREBF2* 基因编码）。SREBP1c 参与脂肪酸合成，SREBP2 特异性调节胆固醇合成。当细胞内甾醇丰富时，SREBP 的水平与 SREBP 裂解激活蛋白（SCAP）和胰岛素诱导基因蛋白（INSIG）水平相关。当细胞内甾醇水平下降时，SCAP 从 INSIG 分离，并将 SREBP 运输到高尔基体，在高尔基体的 N 端进行裂解进而生成活性形式。具有活性的 SREBP 进入细胞核，通过与基因启动子内的甾醇调节元件结合，

促进脂肪合成基因的转录，如脂肪酸合成酶基因 *FASN*。脂肪细胞中 *SREBP1* 超表达增加脂肪细胞标志基因的表达量，同时也促进了脂肪沉积。在终末分化的成纤维细胞中异位表达 *SREBP1*，导致成纤维细胞有向脂肪细胞分化的趋势。SREBP1 可以与 PPARγ 互作调控，并调节 ATP 柠檬酸裂解酶（ACYL）、乙酰辅酶 A 羧化酶（ACC）、硬脂酰辅酶 A 去饱和酶 1（SCD1）和 FASN 的转录。此外，AMPK 可通过调控 SREBP1 表达影响脂代谢（图 4-6）：一方面 AMPK 可以通过磷酸化 SREBP1 来阻止高尔基体中 1 位点蛋白酶（site 1 protease，S1P）和 2 位点蛋白酶（site 2 protease，S2P）的蛋白质水解作用，从而阻止 SREBP1 激活；另一方面 AMPKα 磷酸化可降低 SREBP1 和碳水化合物反应元件结合蛋白转录水平，下调 *FASN*、*ACC1* 及 *SCD1* 基因表达，减少脂肪合成（Shida et al.，2013）。

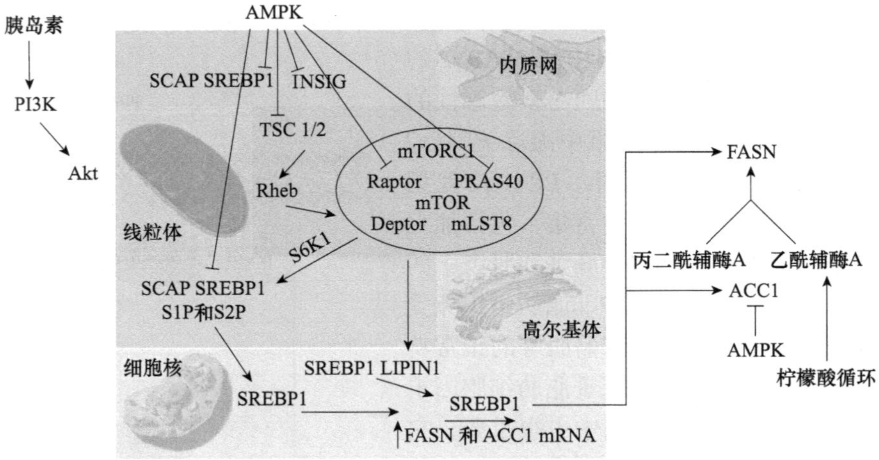

图 4-6　SREBP 参与的脂质合成途径（引自 Tanner and Alfieri，2021）

mTORC1 由 mTOR、Raptor、Deptor、PRAS40 和 mLST8 组成，线粒体 mTORC1 的胰岛素激活导致 S6K1 和 LIPIN1 的磷酸化。激活的 S6K1 作用于内质网驻留的 SREBP1，导致 SREBP1 转运至高尔基体，通过 S1P 和 S2P 进行蛋白质水解成熟，最终进入核并转录激活脂肪酸合成代谢基因 *FASN* 和 *ACC1*。LIPIN-1 的 mTORC1 激活导致核周结合的 SREBP1 释放，以进一步转录激活脂肪酸合成代谢基因。AMPK 通过直接作用于 ACC1，或通过 TSC1/2 使 mTORC1 失活或通过阻止内质网内的 SREBP1 运输到高尔基体从而阻断脂质基因转录而间接减少细胞产生 FASN 和 ACC1，从而阻断脂肪酸合成

（三）FASN

脂肪酸合成酶（fatty acid synthetase，FASN）是脂肪从头合成的关键酶，也是脂代谢的中心调节因子。FASN 是一个多酶复合物，单体蛋白大小约为 270kDa。在还原型烟酰胺腺嘌呤二核苷酸磷酸（NADPH）存在的情况下，FASN 催化乙酰辅酶 A 和丙二酰辅酶 A，可合成产生十六碳链饱和脂肪酸。FASN 单体具有酶活性，包括 β-酮酰基合成酶（KS）、乙酰基/丙二酰基转移酶（AT/MT）、β-羟基酰基脱水酶（DH）、烯醇还原酶（ER）、β-酮酰基还原酶（KR）、酰基载体蛋白质（ACP）和硫酯酶（TE）。尽管 FASN 单体包含脂肪合成所需的所有酶，但二聚体的形成对其功能至关重要。FASN 的结构可进一步分为三个主要结构域，其中结构域 Ⅰ 包含 KS、AT/MT 和 DH，结构域 Ⅱ 包含 ER、KR 和 ACP，结构域 Ⅲ 包含 TE。位于结构域 Ⅰ 和 Ⅱ 之间约 1/4 长度的单体蛋白质缺乏催化活性，为结构域间/核心区，该部位对二聚体形成至关重要（图 4-7）。

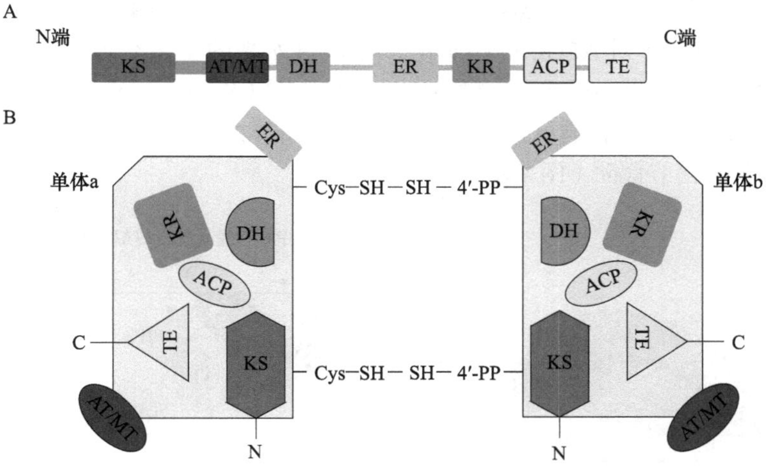

图 4-7 脂肪酸合成酶的结构（引自 Fhu and Ali，2020）

A. 表示 FASN 单体的线性序列。B. FASN 由两个相同的单体组成，每个单体包括 7 个催化结构域：β-酮酰基合成酶（KS）、乙酰基 / 丙二酰基转移酶（AT/MT）、β-羟基酰基脱水酶（DH）、烯醇还原酶（ER）、β-酮酰基还原酶（KR）、酰基载体蛋白质（ACP）和硫酯酶（TE）

在正常生理条件下，FASN 是肝脏中的一种管家蛋白，调控肝脏甘油三酯的代谢。当碳水化合物丰富时，葡萄糖在 FASN 的帮助下转化为脂肪酸。过量的脂肪酸被组装成甘油三酯，并以脂滴的形式贮存或以极低密度脂蛋白的形式分泌（Jensen-Urstad and Semenkovich，2012）。*FASN* 转录上调是通过激活生长因子受体（GFR）信号通路，如表皮生长因子受体（EGFR）、人表皮生长因子受体 2（HER2）和血小板衍生生长因子受体（PDGFR）。SREBP1 是 *FASN* 转录的正调节因子。如上所述，当甾醇水平下降时，SREBP 将进入细胞核，通过与基因启动子内的甾醇调节元件结合，转录生成 FASN。*FASN* 基因的表达量与猪背膘厚及部分脂肪酸指标呈正相关，提示其在猪脂肪沉积中的调控作用（张雄等，2021）。猪小肠内 *AMPK*、*FASN*、*PPARγ*、*SREBP1* 和 *SREBP2* 均有高表达，且盲肠和结肠中的表达更高（Metzler-Zebeli et al.，2021）。FASN 在脂代谢中的这些关键作用使其成为脂代谢的关键研究靶点（Fhu and Ali，2020）。

（四）APO 家族

载脂蛋白（apolipoprotein，APO）是转运脂类的血浆蛋白质，常见的载脂蛋白包括 APOA1、APOA2、APOA4、APOA5、APOB48、APOC1、APOC2、APOC3、APOC4、APOE 等（Aizawa et al.，2015）。特异性的载脂蛋白通过对不同细胞与组织间脂质的再分配和转运，以及作为脂代谢酶的辅因子调节脂蛋白代谢。载脂蛋白 A 在脂蛋白代谢中起着重要作用。APOA4 最初被确定为人类和大鼠餐后淋巴和血浆中乳糜微粒的主要蛋白质成分。APOA4 蛋白在肠细胞中合成，并结合到新生富含甘油三酯的乳糜微粒上。乳糜微粒分泌到肠淋巴中，最后通过胸导管排入血液循环。在随后的脂蛋白脂肪酶水解甘油三酯的过程中，大多数 APOA4 从乳糜微粒中解离。这种离解可归因于：①收缩表面积；②粒子周围环境的变化；③其他载脂蛋白如 APOE 和 APOC 对脂质结合的竞争。大约 25% 的 APOA4 转移到高密度脂蛋白（HDL），其余以游离形式存在于血浆中。APOB 是乳糜微粒的另一个关键成分，对乳糜微粒的组装和分泌至关重要。乳糜微粒前体的形成涉及肠道细胞内质网（ER）中微粒体甘油三酯转移蛋白（MTP）对 APOB 的脂质化。APOA4 水平的变化不会影响饮食中的脂质吸收，但是 APOA4 功能丧失会影响乳糜微粒的组装和代谢（Kohan et al.，2013）。此外，中枢 APOA4 通过 PI3K/Akt 途径影响下丘脑对食物摄入的调节，外周 APOA4 可能通过迷走神经与中枢 APOA4 共同调节食欲（图 4-8）。

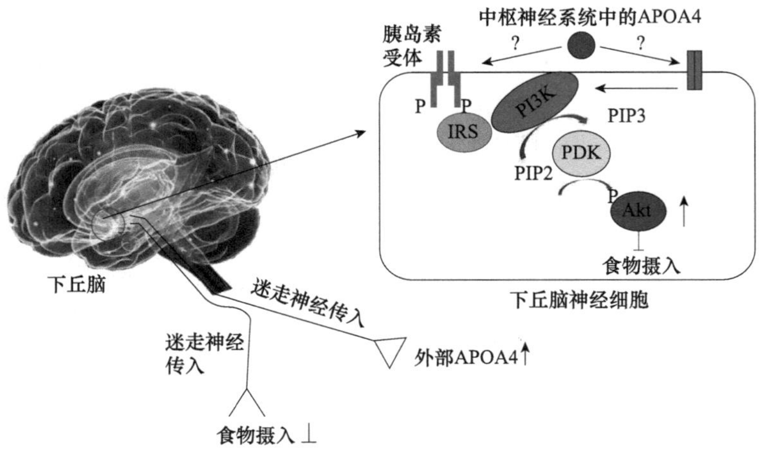

图 4-8　APOA4 对食物摄入量的调节（引自 Qu et al.，2019）

在中枢神经系统表达的 APOA4 通过 PI3K/Akt 通路抑制下丘脑神经细胞控制的食物摄入。外周 APOA4 激发的信号通过迷走神经传递到大脑以抑制食物摄入

三、Ω-3 PUFA 对动物脂代谢的分子调控

长链多不饱和脂肪酸，特别是 Ω-3 系列脂肪酸，是细胞膜磷脂双层结构的组成部分，影响膜流动性和细胞内信号传递机制（Calder，2016）。二十碳五烯酸（EPA）和二十二碳六烯酸（DHA）被认为是最重要的 Ω-3 多不饱和脂肪酸，其生理学功能具有典型性。本节将对 EPA 和 DHA 的相关作用机制进行讨论。

（一）DHA 对动物脂代谢的分子调控

DHA 在维持动物机体健康、调控动物机体脂代谢和改善畜禽生产繁殖性能等方面发挥重要作用。DHA 主要由海洋细菌和微藻合成，通过水生食物链在海洋鱼类脂质中积累（Wang et al.，2017）。DHA 主要通过调控 AMPK 和 NF-κB 等通路参与动物机体脂代谢调节。AMPK 信号通路方面，DHA 通过激活 GPR120 促进胰高血糖素样肽-1（GLP-1）合成释放，促进 AMPKα 磷酸化，抑制 SREBP1 表达，调控动物机体内 ACC、FASN、SCD 等多种脂代谢酶的活性；DHA 还可提高 LKB1 活性，上调 AMPKα 表达，抑制动物机体内 ACC 活化，减少脂肪合成。此外，DHA 可提高 GLP-1 水平，上调 PPARα 表达，加速脂肪氧化分解。NF-κB 信号通路方面，DHA 可以抑制 Akt 和 IκBα 磷酸化，还可直接作用于 NF-κB 活化关键因子 IκBα，使其磷酸化受阻，抑制 NF-κB 通路，降低下游细胞因子 TNF-α 表达。TNF-α 水平降低一方面可下调 Msx2 表达，抑制 Wnt/β-catenin 通路，促进 PPARγ 磷酸化，加速脂解；另一方面还可使 *SREBP1* 表达下调，降低 FASN 表达，抑制脂肪合成。此外，DHA 抑制 NF-κB

通路活性同时可下调 *COX2* 基因表达，抑制 Fiaf［一种脂蛋白脂肪酶（LPL）的活性抑制剂］分泌，阻碍 LPL 抑制因子合成，促进脂解（黄超勇等，2021）。

（二）EPA 对动物脂代谢的分子调控

饲粮中添加 EPA 降低了血浆中炎症因子 IL-6 和 TNF-α 的浓度，促进胎儿生长和胎盘血管生成，抑制缺氧诱导因子 1α（HIF-1α）通路，加速了 NF-κB 向细胞核的移位（Peng et al., 2019）。EPA 还可以通过降低 NF-κB 和 JNK（c-Jun 氨基端激酶）活性进而抑制脂肪细胞分泌瘦素（Phitak et al., 2018）。EPA 可以通过降低细胞周期蛋白的表达和增加 p21 和 p27 的表达，特异性上调与脂质合成相关基因的表达，从而影响细胞周期。EPA 可以激活 PPARγ 诱导脂滴的生成和积累，且这一作用具有时间和剂量依赖性（Kim et al., 2020）；EPA 通过激活骨骼肌细胞中的 AMPK 信号通路来控制细胞内葡萄糖摄取及线粒体呼吸作用，从而调节脂代谢等（Kim et al.,2019）。EPA 的添加显著上调脂肪细胞中脂肪甘油三酯脂肪酶（ATGL）、激素敏感性脂肪酶（HSL）、PPARγ、LPL、胱天蛋白酶（caspase-3a、caspase-3b）的 mRNA 水平，下调 *LXRα*、*SREBP1c*、*FASN* 的基因表达（雷彩霞，2017）。

第四节　脂质营养在动物生产中的应用

脂质既可以作为能量来源，又可以发挥广泛的生物学功能，因此，畜禽饲粮中通常会添加不同类型及含量的脂质。日粮脂肪的组成及水平，以及其他营养物质都会对日粮脂肪的消化率及代谢能产生影响，这些影响与动物健康状态及圈舍环境等共同决定脂肪的营养价值和生理功能等。

一、脂质在猪生产中的应用

育肥猪日粮中添加大豆油可提高生长速度和饲料转化效率，并增加背膘厚（Benz et al., 2011）。母猪妊娠后期及哺乳期日粮中添加大豆油可有效提高母猪产奶量、改善初乳及常乳品质，并提高仔猪出生到断奶的增重和成活率；其中，宫内发育迟缓（IUGR）仔猪增重尤为显著（Quiniou et al., 2008）。仔猪刚出生时，口服中链脂肪酸也能提高其存活率（Dicklin et al., 2006）。日粮中添加动植物脂肪混合物可减少母猪哺乳期间的体重损失，缩短发情间隔，提高分娩率及窝增重（Rosero et al., 2012）；母猪饲粮中添加 Ω-3 多不饱和脂肪酸可显著提高初乳中的脂肪和蛋白质含量，而添加中链脂肪酸则显著缩短母猪发情间隔（Chen et al., 2019）。同一种脂肪添加物在猪生长不同时期，以及 Ω-3 PUFA 与 Ω-6 PUFA 的添加比例都会对猪的生长性能产生不同的影响。在妊娠母猪日粮中添加 160mg/d DHA 后，仔猪空肠葡萄糖含量约增加 4 倍，肌糖原合成水平显著升高，断奶仔猪日增重显著增加（Gabler et al., 2007）。使用富含 DHA 的微藻配制日粮长期饲喂生长肥育猪和阉割公猪，可显著提高猪腰肌和背膘中 DHA 含量（Moran et al., 2018）；直接在生长猪日粮中添加 DHA，可显著提高皮下脂肪及腰肌中 DHA 含量，同时还可以促进骨骼肌蛋白合成，提高动物生长性能（Wei et al., 2013）。怀孕母体通常处在一种全身性炎症状态，在妊娠晚期，胎儿的快速发育会增加孕体的代谢负担，导致全身氧化应激和炎性反应升高。在妊娠晚期母猪日粮中添加鱼油可通过抑制 JNK 信号通路，减轻母猪产仔时的氧化应激，降低足月胎盘的炎性反应和子代的免疫反应（Luo et al.，2019）。现代高产母猪饲粮中添加 Ω-3 PUFA 可以改善母猪、仔猪的肠道形态及屏障功能，提高乳汁中 Ω-3 PUFA 的含量，减少促炎性类二十烷酸的合成，以及改善仔猪免疫状态（徐运杰等，2021）。

二、脂质在反刍动物生产中的应用

奶牛最常见的油脂来源是大豆、玉米和棉籽，其次是油菜籽、亚麻籽、红花和向日葵。高产奶牛不断增加的能量需求导致反刍动物饲粮中脂肪补充剂的使用稳步增加。但是，反刍动物在瘤胃中发生氢化反应影响长链脂肪酸的消化和吸收。因此需要克服日粮中脂肪酸在瘤胃生物中的氢化作用（Wolf et al.，2019）。此外，膳食脂肪可能不利于瘤胃细菌的生长和纤维的消化。因此目前需通过使用脂肪保护性技术使之完整地通过瘤胃，到达小肠后再被消化。添加富含 DHA 的微藻类能够影响瘤胃微生物消化，直接降低反刍动物干物质采食量（DMI）。采食量下降是由于瘤胃中不饱和脂肪酸（UFA）增加，进而引起血液中代谢物的浓度增加，激活下丘脑饱腹感中心的受体并抑制反刍动物的食欲。在日粮中添加 4% 橡胶籽油和亚麻籽油可提高奶牛的总消化率，且橡胶籽油和亚麻籽油通过增加丙酸盐的比例改变瘤胃发酵模式和瘤胃中脂肪酸组成（Pi et al.，2019）；日粮中分别添加菜籽油、米糠油、红花油和亚麻籽油可以提高羔羊背最长肌、肝脏、肾脏和心脏中的 Ω-3 PUFA 含量，背肌中 DHA 和 EPA 的含量甚至超过了澳大利亚和新西兰食品标准规定的最低 Ω-3 PUFA 水平（van Le et al.，2019）。在反刍动物日粮中添加 DHA 影响瘤胃中的脂肪酸生成，脂肪酸通过血液运输进而影响奶产品及肉中脂肪酸含量，从而改善畜产品品质（张东伟，2019）。在哺乳期奶牛日粮中添加 Ω-3 脂肪酸可以增加其对膜磷脂的摄取，并减弱炎性反应，有利于维持奶牛的妊娠（Silvestre et al.，2011）。DHA 可改善反刍动物精液产量和质量，增强精子渐进运动及精子活力，降低精子异常率，还可显著恢复解冻后精子活力（Khoshniat et al.，2020），改善母畜生殖器官的生长发育、卵子受精率、孵化率及幼龄动物存活率，增强动物繁殖性能（Khoshvaght et al.，2016）。随着日粮中微藻含量的增加，奶牛乳脂中的 MUFA 和 PUFA 含量均呈线性增加，并且乳脂中总 Ω-3 PUFA 和 Ω-6 PUFA 的比例呈线性增加，说明向高产奶牛中添加微藻可以提高牛奶中 DHA 含量（Till et al.，2019）；Liang 等（2020）在日粮中添加螺旋藻后发现羔羊血清中 EPA、GLA 及总不饱和脂肪酸含量显著增加；在补充藻类的羔羊肝脏中，Ω-3 PUFA 含量高于 Ω-6 PUFA，Ω-6：Ω-3 值低于对照组，添加微藻后肝脏中 Ω-3 PUFA 比例均显著提高，其中 DHA 能够显著提高约 3.6 倍；此外，背最长肌和皮下脂肪中 DHA 和总 Ω-3 脂肪酸含量显著提高，Ω-6 PUFA 与 Ω-3 PUFA 的比例极显著下降（朱洪龙，2013）。这些结果表明日粮中 DHA 可显著提高羊肉营养价值。

三、脂质在家禽生产中的应用

在家禽生产中，日粮中添加一定浓度的鱼油不仅会改善蛋鸭产蛋性能和蛋品质，还能有效提高蛋黄中 Ω-3 PUFA 含量并显著降低蛋黄胆固醇含量。日粮添加 α-亚麻酸显著提高蛋鸡生产性能并降低血脂水平（李志琼等，2008）。蛋鸡日粮中添加 3% 大豆油或者花生油可以显著提高产蛋率、蛋重及蛋黄中亚油酸和亚麻酸的含量，且与花生油相比，大豆油组可以更加显著地促进亚油酸在蛋黄中的沉积（张辉等，2004）。肉鸡日粮添加 1% 富含 DHA 的微藻连续饲喂 21d 后，其体重及日增重均显著提高，且雏鸡胸肌和腿肌中 EPA、DHA 含量和超氧化物歧化酶活性也显著提高。此外，微藻还显著改善肌肉中 Ω-6 PUFA 与 Ω-3 PUFA 比值、不饱和脂肪酸与饱和脂肪酸比值，并降低丙二醛含量（Long et al.，2018）。添加富含 DHA 的微藻可改善肉鸡的生产性能、酮体性状、抗氧化状态和脂肪酸沉积，且其作用比传统脂类添加剂更好（Al-Khalaifah et al.，2020）。关于蛋鸡中添加鱼油和磷虾油的对比研究实验发现，鸡蛋中可富集 300mg 以上的 DHA 和 EPA；与磷虾油相比，添加鱼油的蛋鸡，其鸡蛋中 DHA 和 EPA 的积累量更高（Zhao et al.，2021）。日粮中添加 1% 含 DHA 的微藻即可显著增加肉鸡鸡胸肉和大腿肉中 DHA 的含量，提高鸡肉的营养价值（Keegan et al.，2019）。在日粮中添加 100g 亚麻籽粉和 10g 姜黄根茎粉可显著增加肉鸡肌肉中 Ω-3 PUFA 的含量（Kumar et al.，2020）。

四、脂质在水产动物生产中的应用

水产动物对碳水化合物的利用率低，对脂质的需求量很大。在水产动物养殖中添加脂质具有提高可消化能和节约蛋白质的作用。脂质还具有作为营养素的载体和保护膜以改善水产动物饲料适口性等作用。随着饲料中 DHA 水平增加，中华鳖稚鳖胃淀粉酶活性显著升高；当饲料 DHA 水平为 12g/kg 时，中华鳖稚鳖增重率可提高达 279%，饲粮粗蛋白质消化率最大值可达到 64.8%（蒋迪，2017）。日粮中添加 α-亚麻酸可显著提高肌肉、肝脏、胰脏和腹腔脂肪组织的 EPA 和 DHA 的含量（雷彩霞，2017）。甲壳类幼体中的必需脂肪酸、磷脂、胆固醇与甲壳幼体的蜕皮、生长发育和存活紧密相关。甲壳类合成 Ω-3 和 Ω-6 系列脂肪酸的能力较弱，在饲料中添加适当比例的脂肪可以增加幼虾的生长性能和全虾的粗脂肪含量（焦莉等，2020）。

（周锡红，中国科学院亚热带农业生态研究所）

参 考 文 献

黄超勇，张海波，张进明，等. 2021. DHA 对动物脂代谢的调控作用及其在畜牧生产中的应用研究进展. 中国畜牧杂志，57：7-13.

蒋迪. 2017. 饲料中不同水平 DHA 对中华鳖稚鳖生长、消化及血液生理生化指标的影响. 长沙：湖南农业大学硕士学位论文.

焦莉，孙丽华，王勇，等. 2020. 水产动物脂类营养研究进展. 广东饲料，29：38-43.

雷彩霞. 2017. EPA 及其前体 ALA 对草鱼脂肪蓄积的调控作用及机制分析. 杨凌：西北农林科技大学博士学位论文.

李志琼，余冰，张克英，等. 2008. 饲粮中添加 α-亚麻酸对产蛋鸡载脂蛋白 B 和血脂的影响. 动物营养学报，20：674-678.

徐运杰，季丰泉，刘以林，等. 2021. ω-3 长链多不饱和脂肪酸对母猪繁殖性能的影响. 猪业科学，38：106-109.

张东伟. 2019. 瘤胃发酵及脂肪酸组成的影响. 呼和浩特：内蒙古农业大学硕士学位论文.

张辉，吴华，丁保安，等. 2004. 蛋鸡日粮中添加植物油对肝脏和鸡肉中 C-18 系列脂肪酸含量的影响. 黑龙江畜牧兽医，3：63-64.

张雄，史开志，张勇，等. 2021. 猪*FASN*基因表达与胴体及肉质性状相关性研究. 黑龙江畜牧兽医，9: 64-67.

朱洪龙. 2013. 微藻对山羊瘤胃脂肪酸氢化和微生物区系及组织共轭亚油酸形成的影响. 南京：南京农业大学博士学位论文.

Aizawa Y, Seki N, Nagano T, et al. 2015. Chronic hepatitis C virus infection and lipoprotein metabolism. World J Gastroenterol, 21: 10299-10313.

Al-Khalaifah H, Al-Nasser A, Givens D I, et al. 2020. Comparison of different dietary sources of *n*-3 polyunsaturated fatty acids on immune response in broiler chickens. Heliyon, 6: e03326.

Benz J M, Tokach M D, Dritz S S, et al. 2011. Effects of choice white grease and soybean oil on growth performance, carcass characteristics, and carcass fat quality of growing-finishing pigs. J Anim Sci, 89: 404-413.

Calder P C. 2016. Docosahexaenoic acid. Ann Nutr Metab, 69(1): 7-21.

Chen J, Xu Q, Li Y, et al. 2019. Comparative effects of dietary supplementations with sodium butyrate, medium-chain fatty acids, and *n*-3 polyunsaturated fatty acids in late pregnancy and lactation on the reproductive performance of sows and growth performance of suckling piglets. J Anim Sci, 97: 4256-4267.

Dicklin M E, Robinson J L, Lin X, et al. 2006. Ontogeny and chain-length specificity of gastrointestinal lipases affect medium-chain triacylglycerol utilization by newborn pigs. J Anim Sci, 84: 818-825.

Fasshauer M, Bluher M. 2015. Adipokines in health and disease. Trends Pharmacol Sci, 36: 461-470.

Fhu C W, Ali A. 2020. Fatty acid synthase: an emerging target in cancer. Molecules, 25: 3935.

Gabler N K, Spencer J D, Webel D M, et al. 2007. In utero and postnatal exposure to long chain (*n*-3) PUFA enhances intestinal glucose absorption and energy stores in weanling pigs. J Nutr, 137: 2351-2358.

Ghaben A L, Scherer P E. 2019. Adipogenesis and metabolic health. Nat Rev Mol Cell Biol, 20: 242-258.

Janani C, Ranjitha K B D. 2015. PPAR gamma gene: a review. Diabetes Metab Syndr, 9: 46-50.

Jensen-Urstad A P, Semenkovich C F. 2012. Fatty acid synthase and liver triglyceride metabolism: housekeeper or messenger? Biochim Biophys Acta, 1821: 747-753.

Keegan J D, Currie D, Knox A, et al. 2019. Redressing the balance: including DHA-rich aurantiochytrium limacinum in broiler diets increases tissue omega-3 fatty acid content and lowers the *n*-6: *n*-3 ratio. Br Poult Sci, 60: 414-422.

Khoshniat M T, Towhidi A, Rezayazdi K, et al. 2020. Dietary omega-3 fatty acids from linseed oil improve quality of post-thaw but not fresh sperm in Holstein bulls. Cryobiology, 93: 102-108.

Khoshvaght A, Towhidi A, Zare-Shahneh A, et al. 2016. Dietary *n*-3 PUFAs improve fresh and post-thaw semen quality in Holstein bulls via alteration of sperm fatty acid composition. Theriogenology, 85: 807-812.

Kim D H, Lee J, Suh Y, et al. 2020. Adipogenic and myogenic potentials of chicken embryonic fbroblasts *in vitro*: combination of fatty acids and insulin induces adipogenesis. Lipids, 55: 163-171.

Kim N, Kang M S, Nam M, et al. 2019. Eicosapentaenoic acid (EPA) modulates glucose metabolism by targeting AMP-activated protein kinase (AMPK) pathway. Int J Mol Sci, 20: 4751.

Kim S W, Rho C R, Kim J, et al. 2020. Eicosapentaenoic acid (EPA) activates PPARgamma signaling leading to cell cycle exit, lipid accumulation, and autophagy in human meibomian gland epithelial cells (hMGEC). Ocul Surf, 18: 427-437.

Kohan A B, Wang F, Li X, et al. 2013. Is apolipoprotein A-Ⅳ rate limiting in the intestinal transport and absorption of triglyceride? Am J Physiol Gastrointest Liver Physiol, 304: G1128-G1135.

Kumar F, Tyagi P K, Mir N A, et al. 2020. Dietary flaxseed and turmeric is a novel strategy to enrich chicken meat with long chain omega-3 polyunsaturated fatty acids with better oxidative stability and functional properties. Food Chem, 305: 125458.

Liang Y, Huang X, Zhang Z, et al. 2020. Spirulina supplementation improves lipid metabolism and autophagic activities in the liver and muscle of Hu lambs fed a high-energy diet. Arch Anim Nutr, 74: 476-795.

Long S F, Kang S, Wang Q Q, et al. 2018. Dietary supplementation with DHA-rich microalgae improves performance, serum composition, carcass trait, antioxidant status, and fatty acid profile of broilers. Poult Sci, 97: 1881-1890.

Luo W L, Luo Z, Xu X, et al. 2019. The effect of maternal diet with fish oil on oxidative stress and inflammatory response in sow and new-born piglets. Oxid Med Cell Longev, 19: 6765803.

Marion-Letellier R, Savoye G, Ghosh S. 2016. Fatty acids, eicosanoids and PPAR gamma. Eur J Pharmacol, 785: 44-49.

Metzler-Zebeli B U, Klinsoda J, Votterl J, et al. 2021. Short-, medium-, and long-chain fatty acid profiles and signaling is responsive to dietary phytase and lactic acid treatment of cereals along the gastrointestinal tract of growing pigs. J Anim Sci, 99: skab117.

Moran C A, Morlacchini M, Keegan J D, et al. 2018. Effects of a DHA-rich unextracted microalgae as a dietary supplement on performance, carcass traits and meat fatty acid profile in growing-finishing pigs. J Anim Physiol Anim Nutr (Berl), 102: 1026-1038.

Peng J, Zhou Y, Hong Z, et al. 2019. Maternal eicosapentaenoic acid feeding promotes placental angiogenesis through a sirtuin-1 independent inflammatory pathway. Biochim Biophys Acta Mol Cell Biol Lipids, 1864: 147-157.

Phitak T, Boonmaleerat K, Pothacharoen P, et al. 2018. Leptin alone and in combination with interleukin-1-beta induced cartilage degradation potentially inhibited by EPA and DHA. Connect Tissue Res, 59: 316-331.

Pi Y, Ma L, Pierce K M, et al. 2019. Rubber seed oil and flaxseed oil supplementation alter digestion, ruminal fermentation and rumen fatty acid profile of dairy cows. Animal, 13: 2811-2820.

Qu J, Ko C W, Tso P, et al. 2019. Apolipoprotein A-Ⅳ: a multifunctional protein involved in protection against atherosclerosis and diabetes. Cells, 8: 319.

Quiniou N, Richard S, Mourot J, et al. 2008. Effect of dietary fat or starch supply during gestation and/or lactation on the performance of sows, piglets' survival and on the performance of progeny after weaning. Animal, 2: 1633-1644.

Rosero D S, van Heugten E, Odle J, et al. 2012. Sow and litter response to supplemental dietary fat in lactation diets during high ambient temperatures. J Anim Sci, 90: 550-559.

Shida T, Kamei N, Takeda-Morishita M, et al. 2013. Colonic delivery of docosahexaenoic acid improves impaired glucose tolerance via GLP-1 secretion and suppresses pancreatic islet hyperplasia in diabetic KK-A (y) mice. Int J Pharm, 450: 63-69.

Silvestre F T, Carvalho T S, Crawford P C, et al. 2011. Effects of differential supplementation of fatty acids during the peripartum and breeding periods of Holstein cows: Ⅱ. Neutrophil fatty acids and function, and acute phase proteins. J Dairy Sci, 94: 2285-2301.

Tanner J E, Alfieri C. 2021. The fatty acid lipid metabolism mexus in COVID-19. Viruses, 13: 90.

Till B E, Huntington J A, Posri W, et al. 2019. Influence of rate of inclusion of microalgae on the sensory characteristics and fatty acid composition of cheese and performance of dairy cows. J Dairy Sci, 102: 10934-10946.

van Le H, Nguyen D V, Vu Nguyen Q, et al. 2019. Fatty acid profiles of muscle, liver, heart and kidney of Australian prime lambs fed different polyunsaturated fatty acids enriched pellets in a feedlot system. Sci Rep, 9: 1238.

Wang S, Awad K S, Elinoff J M, et al. 2015. G protein-coupled receptor 40 (GPR40) and peroxisome proliferator-activated receptor gamma (PPARgamma): an integrated two-receptor signaling pathway. J Biol Chem, 290: 19544-19557.

Wang X, Liu Y H, Wei W, et al. 2017. Enrichment of long-chain polyunsaturated fatty acids by coordinated expression of multiple metabolic nodes in the oleaginous microalga phaeodactylum tricornutum. J Agric Food Chem, 65: 7713-7720.

Wei H K, Zhou Y, Jiang S, et al. 2013. Feeding a DHA-enriched diet increases skeletal muscle protein synthesis in growing pigs: association with increased skeletal muscle insulin action and local mRNA expression of insulin-like growth factor 1. Br J Nutr, 110: 671-680.

Wolf C, Gredig N, Ulbrich S E, et al. 2019. Partitioning of rumen-protected *n*-3 and *n*-6 fatty acids is organ-specific in growing angus heifers. Lipids, 54: 503-517.

Zhao Y C, Shi H H, Wang C C, et al. 2021. The enrichment of eggs with docosahexaenoic acid and eicosapentaenoic acid through supplementation of the laying hen diet. Food Chem, 346: 128958.

第五章　碳水化合物营养与动物基因表达调控

碳水化合物是畜禽日粮的重要组成部分，广泛存在于谷物及饼粕类等饲料原料中，由一系列结构及理化性质存在较大差异的化合物组成。结构及理化性质的差异决定其在畜禽体内的消化、吸收、代谢及生理功能。本章重点介绍了碳水化合物的分类与组成，碳水化合物的消化和吸收，碳水化合物对机体代谢和肠道健康的调控，功能性碳水化合物在单胃动物营养中的应用。

第一节　碳水化合物的分类与组成

碳水化合物是多羟基的醛、酮或其简单衍生物及能水解产生上述产物的化合物的总称。碳水化合物是由碳、氢、氧三种元素构成的有机物，广泛存在于所有的活细胞中。在常规的饲料分析方案中，碳水化合物主要包含粗纤维与无氮浸出物两部分，在杂食和草食动物日粮中占 50% 以上，能够发挥许多方面的生理功能，是一类重要的营养素。

一、碳水化合物的分类

根据碳水化合物的化学组成，可以将其分为单糖、寡糖（低聚糖）和多糖。寡糖指有 2～10 个碳原子的糖类。一些寡糖如甘露寡糖（mannooligosaccharide，MOS）、果寡糖（fructooligosaccharide，FOS）和低聚半乳糖（galacto-oligosaccharide，GOS）等已经被证明具有益生作用。多糖又分为营养性多糖（如淀粉、菊糖和糖原等）与结构多糖（纤维素、半纤维素和木质素等）。目前，对于膳食纤维这一概念还没有比较明确的定义，但一般是指木质素、非淀粉多糖（non-starch polysaccharide，NSP）和抗性淀粉（resistant starch，RS）。根据膳食纤维在水中的溶解度，可以将其分为可溶性膳食纤维（soluble dietary fiber，SDF）和不溶性膳食纤维（insoluble dietary fiber，IDF），根据其在动物结肠中的可发酵性分为发酵性膳食纤维和非发酵性膳食纤维。一般认为发酵性膳食纤维是水溶性的，而非发酵性或低发酵性膳食纤维是不可溶性的。其中，NSP 是指由单糖通过糖苷键连接而成的糖类多聚体，包括纤维素、半纤维素［阿拉伯木聚糖（araboxylan，AX）、β-葡聚糖（β-glucan，βG）和甘露聚糖等］和果胶。NSP 大多是由 β-1,4-糖苷键连接，因而无法被机体内源酶消化。

二、常见饲料原料碳水化合物组成

谷物是单胃动物主要的饲料原料，含有较高比例的淀粉（玉米 62%、小麦 54.6%、裸大麦 50.2%），是单胃动物主要的能量来源，占其摄入能量的 2/3 以上。畜禽饲料中的膳食纤维主要来自谷物类（小麦、燕麦和高粱等）、饼粕类（豆粕、菜籽粕和棉籽粕等）及加工副产物类［麸皮、酒糟蛋白饲料（distillers dried grains with soluble，DDGS）、玉米麸和玉米胚芽粕等］饲料原料。谷物中含有丰富的膳食纤维，包括纤维素、半纤维素、木质素和 RS 等。不同类型的纤维具有不同的生物学特性，可影响其作用功能。在畜禽生产中，常见的谷物类饲料原料及一些加工副产物的碳水化合物含量见表 5-1。大豆及其饼粕中也含有丰富的膳食纤维，占其干重 5%～37%，其中 60%～85% 是不溶性纤维（insoluble fiber，ISF），15%～40% 是可溶性纤维（soluble fiber，SF）。加工副产物中膳食纤维含量很高，玉米 DDGS 中约含 25% NSP，但不同种类副产物的纤维含量差异很大。

表 5-1　常见的谷物类饲料原料及一些加工副产物的碳水化合物含量

谷物（副产物）名称	主要碳水化合物
小麦[1]	βG 0.4%～1.4%
玉米芯粉[1]（Aniołа et al.，2009）	纤维素 35.4%～39.4%
	半纤维素 43.5%～46.1%
	木质素 3.2 %～6.4 %
麦麸[1]（Maes and Delcour，2002）	AX 70%
	βG 6%
	纤维素 24%
米糠[1]（Sera et al.，2005）	纤维素 10.3%
	半纤维素 13%
	木质素 10.7%
	戊聚糖 6.5%
大麦[1]	βG 2%～11%
燕麦[1]	βG 2.2%～7.8%
黑麦[1]	非纤维素多糖
玉米[2]（Jaworski et al.，2015）	纤维素 1.7%
	木质素 0.8%
	NSP 8.1%
	淀粉 62%
玉米 DDGS[2]（Jaworski et al.，2015）	纤维素 5.8%
	木质素 3.4%
	NSP 25%
	淀粉 8.6%
玉米胚芽粕[2]（Jaworski et al.，2015）	纤维素 8.1%
	木质素 2.2%
	NSP 34.5%
	淀粉 18.7%
玉米皮[2]（Jaworski et al.，2015）	纤维素 10.1%
	木质素 3.9%
	NSP 41.8%
	淀粉 22.6%

注：[1] 表中比例为各碳水化合物占总碳水化合物的比例；[2] 碳水化合物组分占饲料原料的比例（干物质基础）

第二节　碳水化合物的消化和吸收

一、单胃动物对碳水化合物的消化和吸收

（一）小肠对碳水化合物的消化和吸收

淀粉是植物性日粮中仅有的可以在单胃动物口腔和小肠中被其体内分泌的酶消化的多糖。在断奶后单胃杂食动物（如猪）的典型日粮中，淀粉的含量一般为46%～52%，主要来自谷物、豆类和块茎。根据营养学分类，淀粉分为快速消化淀粉（rapidly digestible starch，RDS）、缓慢消化淀粉（slowly digestible starch，SDS）和抗性淀粉（RS）。淀粉在胃肠道消化的速率、位置和程度取决于淀粉的来源和加工方法等因素。RDS在加工类淀粉食物中含量最高，消化迅速，引起进食后血糖的迅速升高。而SDS在小肠中缓慢消化，持续水解释放葡萄糖（glucose，Glc）。RS不易被小肠中的消化酶消化，而进入大肠被微生物发酵利用，产生短链脂肪酸（short chain fatty acid，SCFA）。

淀粉的消化最初是由唾液腺分泌的α-淀粉酶驱动的，然而唾液α-淀粉酶的作用是短暂的，一旦日粮进入胃中，唾液α-淀粉酶在酸性环境中失去活性，日粮将由胰腺分泌的α-淀粉酶继续消化，其水解产物（双糖和低聚糖）由分布于肠上皮细胞顶端膜外刷状外缘的酶（麦芽糖酶、α-1,4-葡糖苷酶和低聚-1,6-葡糖苷酶）最终水解成单糖（Glc）。虽然唾液α-淀粉酶在淀粉水解中只扮演一个次要的角色，但它被认为可能是化学感应机制的一部分，帮助维持激素稳态。

消化产物Glc通过Na^+/Glc共转运体1沿着电化学梯度穿过肠细胞顶端膜。只有不到10%的Glc会通过胞外途径被小肠细胞被动吸收。继而，Glc通过一个双向的不依赖Na^+的单糖转运体（葡萄糖转运体2）从基外侧膜的肠细胞中排出。Na^+/Glc共转运体1是Glc从腔内运输到肠细胞的主要途径。然而越来越多以大鼠为模型的研究发现，当肠腔内Glc浓度较高时，葡萄糖转运体2可以快速地被招募到刷状外缘，从而增加肠细胞摄取Glc的能力。

淀粉的结构影响淀粉在小肠中的消化和吸收。淀粉中支链淀粉与直链淀粉的比值和支链淀粉的支链长度均会影响淀粉的消化和吸收。在畜禽生产中，常见饲料原料的直链淀粉和支链淀粉含量见表5-2。与直链淀粉含量较低的淀粉相比，高直链淀粉含量的淀粉在小肠中的消化速率较低，从而影响小肠对消化产物Glc的吸收速率，降低进食后的血糖水平。在模拟猪消化的体外模型中（van Erp et al.，2020），不同植物源淀粉的晶体结构和支链长度对淀粉消化速率有很大影响，其中支链淀粉侧链比例的增加可以提高淀粉消化速率。此外，在谷物和豆类中，一些与淀粉颗粒相关的非淀粉成分可能限制淀粉的消化率。体外研究表明，直链淀粉-脂质复合物降低了α-淀粉酶对直链淀粉的消化能力。另外，种子胚乳中含有大量疏水键的蛋白质-淀粉结构网络也能够影响α-淀粉水解的速率。淀粉和酚类化合物（如单宁、酚酸、黄酮类化合物和木酚素）也通过疏水键和氢键相互作用，在不同程度上抑制胃肠道酶活性，这与酚类化合物和淀粉的类型有关。大麦和燕麦等谷物中存在的NSP，如βG，能够将蛋白质和淀粉包裹住，阻碍淀粉与酶的接触，从而降低淀粉消化率，降低进食后的血糖水平。

表 5-2 常见饲料原料的直链淀粉和支链淀粉含量

饲料原料名称	直链淀粉 /%	支链淀粉 /%	支链淀粉 / 直链淀粉
玉米（Deng et al.，2010）	18.2	81.3	4.47
糯玉米（Cowieson et al.，2018）	1.0	99.0	99.00
高直链玉米淀粉（Cowieson et al.，2018）	75.0	25.0	0.33
大米（Cowieson et al.，2018）	18.0	82.0	4.56
糯米（Cowieson et al.，2018）	1.0	99.0	99.00
高粱（Cowieson et al.，2018）	25.0	75.0	3.00
糯高粱（Cowieson et al.，2018）	1.0	99.0	99.00
小麦（Cowieson et al.，2018）	25.0	75.0	3.00
糙米（Deng et al.，2010）	17.6	82.4	4.68

（二）大肠中碳水化合物的发酵

没有被宿主酶消化的 RS 会流向回肠远端、盲肠和结肠，成为微生物发酵的理想底物。根据来源和理化特性，RS 可被分为 5 个亚型：①RS1 型，物理包埋淀粉；②RS2 型，天然未烹饪淀粉颗粒；③RS3 型，回生淀粉；④RS4 型，化学改性淀粉；⑤RS5 型，淀粉脂质复合物。RS 发酵后产生大量 SCFA，其能够通过被动扩散和主动转运［利用单羧酸转运体（monocarboxylate transporter，MCT）1 或 Na^+依赖性单羧酸转运体 1］的方式迅速被肠道上皮吸收和利用。SCFA 的氧化能够为结肠细胞提供 60%～70% 的能量，其中丁酸是主要能量来源，而剩余的 SCFA 则通过 MCT4 穿越肠细胞基底外侧膜。在猪的小肠和结肠中还发现了 MCT 的亚型（MCT2 和 MCT4）。微生物发酵的终产物主要包括乳酸、乙酸、丙酸和丁酸。乳酸是猪肠道中乳酸菌重要的代谢终产物。被吸收的 SCFA 可以在许多类型的细胞中代谢，为细胞提供能量。因此，有学者认为 RS 的能量效率与易消化淀粉的能量效率相似，甚至 SCFA 供能可能比动员储存在细胞中的葡萄糖来提供能量更为有效（da Silva et al.，2014）。

另外，NSP 不易被消化道中的内源性酶消化，但可被大肠中较为活跃的纤维降解菌（琥珀酸丝状杆菌、白色瘤胃球菌、黄色瘤胃球菌和丁酸弧菌等）消化并发酵产生气体（H_2、CH_4 和 CO_2）和有机酸。AX 和 βG 是谷物日粮中主要的 NSP。不同谷物中 AX 和 βG 的组成和结构不同。因而，当 AX 和 βG 以提取物的形式存在或作为谷物成分存在时，其作用效果不同。βG 分子质量高于 AX，因此 βG 与 AX 相比具有更高的黏性。AX 和 βG 产生的黏性增加了食糜在肠道中的滞留时间，延缓了消化吸收的进程。大部分片段较小的可溶性 AX 和 βG 在近端结肠发酵，而片段较大或不可溶性的 AX 和 βG 在远端结肠发酵。可溶性 NSP 往往能够促进凝胶的形成，凝胶吸附水分并增加食糜黏性。在小麦和黑麦中，食物黏度主要是由水溶性 AX 引起的，这取决于其侧链取代程度、木聚糖主链模式和链长；在大麦和燕麦中，βG 是黏度的主要贡献者。

（三）微生物碳水化合物活性酶

碳水化合物活性酶（carbohydrate-active enzyme，CAZyme）是在动物肠道中存在的一类能够降解复杂多糖的酶类，包含糖苷水解酶（glycoside hydrolase，GH）、糖基转移酶（glycosyltransferase，GT）、多糖裂解酶（polysaccharide lyase，PL）、碳水化合物酯酶（carbohydrate esterase，CE）和辅助氧化还原酶类（auxiliary oxidoreductase）。肠道菌群通过其编码的各种 CAZyme，对主、侧链上一系列糖苷键进行水解和修饰，并利用多种酶之间的协同作用降解难以被动物体直接消化吸收的复杂碳水化合物。

Wang 等（2019）采用 16S rRNA 测序技术和宏基因组测序技术，重建断奶仔猪的微生物碳水化合物代谢谱，并根据 GH 和 CE 的底物特异性，将碳水化合物活性酶（CAZyme）分为 5 类：GH13、GH31、GH97、GH4、GH14、GH15、GH57 和 GH63 被分类为淀粉降解酶；GH32、GH91 和 GH68 被分类为果聚糖水解酶；含 β-葡聚糖酶（主要包括地衣酶、β-葡聚糖内切水解酶、内切 β-1,4-葡聚糖酶）的 GH 家族为 GH8、GH16、GH26、GH5、GH6、GH9、GH10、GH12、GH44、GH48、GH45 和 GH51；含有木聚糖酶、阿拉伯糖苷酶、α-葡糖苷酶和乙酰-木聚糖酯酶的 GH 和 CE 家族被认为是阿拉伯木聚糖特异性的，包括 GH5、GH10、GH11、GH8、GH43、GH51、GH67、GH115、CE1、CE2、CE4、CE6 和 CE7；降解 *O*-连接和 *N*-连接宿主聚糖的酶包括 GH20、GH84、GH110、GH89、GH125、GH109、CE14、GH123 和 CE9。细菌对淀粉的降解由淀粉酶和普鲁兰酶介导，它们分别水解 α-1,4-和 α-1,6-糖苷键（Ryan et al.，2006）。GH13 家族主要为淀粉降解酶，是肠道微生物中最丰富的酶家族之一，通常参与淀粉的初始微生物降解。

厚壁菌门和拟杆菌门具有不同的淀粉利用系统（starch utilization system，SUS）。SUS 是细胞表面参与淀粉结合和降解所必需的蛋白质，其协助寡糖跨越细胞外膜到达细胞周质，使寡糖在周质中进一步降解成葡萄糖。参与淀粉降解的胞外糖基水解酶和周质糖基水解酶在微生物群落中的分布展现出高度的代谢协同性。研究发现，胞外糖基水解酶主要来自厚壁菌门，而周质糖基水解酶仅来自拟杆菌门。并且细胞外的 α-1,4-葡聚糖分支酶丰度较高，这提示该酶可能在猪胃肠道中淀粉的初级降解中起重要作用。α-1,4-葡聚糖转移酶 GlgB 仅存在于厚壁菌门中，它催化葡聚糖链转移，形成 α-1,6-糖苷键，可以提高不可溶性淀粉的利用率。淀粉由细胞外糖基酶水解后，其水解产物葡寡糖在周质中由 α-葡糖苷酶 SusA 和 SusB 进一步降解。研究发现，多型拟杆菌菌株中 SusA 和 SusB 被去除后，菌株仍然能够继续生长，但生长速率降低。一般情况下，能够降解淀粉的厚壁菌中存在着单一糖苷酶；而在拟杆菌的基因组检测中发现，拟杆菌中存在着具有不同活性和不同位置的功能冗余的淀粉降解酶。另外，粪便微生物中也存在大量的淀粉利用酶，这说明尽管小麦淀粉被小肠胰淀粉酶和刷缘酶水解，但小麦淀粉仍是结肠微生物的主要碳水化合物来源。

微生物碳水化合物活性酶会受到日粮因素和肠道环境因素影响。其中，日粮纤维类型能够影响肠道微生物碳水化合物活性酶基因的表达。Xu 等（2021）在生长猪日粮中分别用 8% 生土豆淀粉（RS 含量高）、菊粉和果胶替代基础日粮中的玉米淀粉。通过宏转录组分析发现生土豆淀粉组中 *GH8*、*GH14*、*GH24*、*GH38*、*GT14*、*GT31*、*GT77* 和 *GT91* 表达下调，*GH77*、*GH97*、*GT3*、*GT10* 和 *GT27* 表达上调；菊粉组中 *AA4*、*AA7*、*GH14*、*GH15*、*GH24*、*GH26*、*GH27*、*GH38*、*GH101*、*GT26*、*GT27* 和 *GT38* 表达下调；果胶组中 *PL4*、*AA1*、*GT32*、*GH18*、*GH37*、*GH101* 和 *GH112* 表达下调，*CE14*、*AA3*、*AA12*、*GH5*、*GH102* 和 *GH103* 表达上调。值得注意的是，果胶的添加使猪结肠链球菌中碳水化合物结合组件 61（carbohydrate-binding module 61，CBM61）表达量增加，CBM61 可识别 β-1,4-半乳糖聚合物结构，能够有效地与果胶结合，参与果胶的降解过程。这提示肠道微生物能够通过调节碳水化合物酶基因的表达对日粮中纤维成分的变化做出响应。

来自动物体不同生态位的微生物具有不同的碳水化合物酶系统，能够实现不同环境下对碳水化合物利用的目的。Abdelhamid 和 EI-Dougdoug（2021）从不同生态位（粪便、肠道、阴道和母乳）获得双歧杆菌基因组，基因组分析结果显示其碳水化合物活性酶系统存在差异。通过对比猪不同肠段微生物基因组发现，在回肠中 GT2 和 CBM50 含量较高，在盲肠和结肠中除 GT2 和 CBM50 家族含量较高外，GT4 家族含量也较高（Quan et al.，2020）。

此外，微生物碳水化合物活性酶还能够影响动物饲料转化效率。*GH* 和 *GT* 在猪肠道微生物中编码的碳水化合物酶一般占主导地位，并且碳水化合物酶含量与猪消化能力存在正相关关系（Ramayo-Caldas et al.，2016）。相较于具有低饲料转化率的猪，具有高饲料转化率猪的粪便微生物编码有更丰富的 GH 和 GT，能够降解木聚糖、纤维素等多种多糖（Wang et al.，2021）。

二、碳水化合物对其他营养物质消化的影响

（一）碳水化合物对蛋白质消化的影响

仔猪断奶时，拒绝进食或采食量的大幅度减小会降低小肠绒毛高度，增加隐窝深度，并且降低刷缘酶活性，从而对小肠中营养物质的消化产生负面影响。因此，断奶时仔猪肠道中有更多未消化的碳水化合物和蛋白质进入后肠。未消化的和内源性的蛋白质，可用于细菌发酵，从而产生更强的蛋白质分解代谢活性，并增加了 SCFA、支链脂肪酸（主要是异丁酸、异戊酸和 2-甲基丁酸）和气体（如氨、酚、吲哚及可能有害的胺类）的产生。猪肠道中主要的氨基酸发酵细菌是变形菌门（如 *Klebsiella* spp.）、厚壁菌门［如链球菌属（*Streptococcus*）、双酶梭菌（*Clostridium bifermentans*）、艰难梭菌（*Clostridium difficile*）、产气荚膜梭菌（*Clostridium perfriensens*）、埃氏巨型球菌（*Megasphaera elsdenii*）和发酵氨基酸球菌（*Acidaminincoccus fermentans*）］和拟杆菌门（Dai et al.，2014）。蛋白质发酵不仅仅发生在后肠，也可能发生在远端小肠。在猪小肠中已经明确鉴定出的一些细菌如大肠杆菌、克雷伯氏菌、链球菌、巨脂菌和发酵酸胺球菌能够参与蛋白质发酵过程。黏蛋白阿克曼氏菌（*Akkermansia muciniphila*）对小肠内氮循环起重要作用。细菌蛋白质主要在小肠末端合成，在大肠中分解。细菌蛋白质合成和降解的速率与可发酵碳水化合物的可利用性有关。增加断奶仔猪日粮中的可发酵碳水化合物的含量可以减弱仔猪小肠中对蛋白质的发酵。

日粮纤维的摄入会降低回肠蛋白质和氨基酸的消化率，增加粪便微生物合成的菌体蛋白含量。其原因是，日粮纤维促进肠道分泌消化酶和消化液，其中富含内源性氮和氨基酸，而纤维通过对氨基酸和多肽的吸附作用阻碍它们在回肠的重吸收，结果导致回肠中氮和氨基酸的消化率降低。在猪的日粮中添加纤维还会引起回肠胆汁、黏液和脱落的上皮细胞的增加，从而增加回肠中内源性氮和氨基酸的含量，同时，纤维对内源性和外源性氨基酸和多肽的吸附作用还会阻碍它们在小肠中的消化，最终导致猪回肠中氮和氨基酸消化率降低。

（二）碳水化合物对脂质消化的影响

日粮纤维的摄入会影响猪肠道对脂质的消化。饲喂高纤维饲粮，会降低猪的脂质消化

率。例如，饲喂含 20% 或 40% 麦麸的谷物日粮，生长猪的脂质消化率降低。日粮纤维的摄入降低脂质消化率可能通过以下机制实现：①减少食糜在肠道中的停留时间，提高食糜通过肠道的速率，从而减少消化酶消化脂质的时间；②阻碍消化过程，纤维与十二指肠中的胆盐结合，使胆盐不能参与脂质的乳化，从而利用血液胆固醇来合成额外的胆盐，降低血液胆固醇水平。

不同的纤维类型对脂质消化的影响不同。SF 能够增加食糜黏度，从而阻止底物-酶的相互作用，降低对脂质的消化，而 ISF 会缩短食糜在消化道中的转运时间，从而增加粪便中脂质的排泄。然而，并不是所有富含纤维的日粮对脂质消化的影响都是负面的。例如，Gao 等（2015）报道了添加 5% 菊粉或 5% 羧甲基纤维素钠能够提高生长猪的脂质消化率。Agyekum 等（2016）也报道了在生长猪饲粮中添加 30% 的酒糟和可溶性物对回肠脂质消化率没有影响，而粪便脂质消化率有增加的趋势。因此，为了确定纤维（考虑形态和类型）在脂质消化率中的作用，需要进行更多的研究。

第三节　碳水化合物调控机体代谢和肠道健康

一、肠道微生物介导碳水化合物调控机体代谢

以猪为例，在猪胃肠道中栖息着大量复杂多样的微生物，其中细菌占比最大。猪胃肠道中约 90% 的细菌为革兰氏阳性菌，其余为革兰氏阴性菌。由于食料的滞留时间长，大肠中细菌的物种多样性较高，每克肠道内容物的数量为 10^{10}～10^{11} 个。而胃和小肠近端处于酸性或胆盐环境，存在于胃和小肠近端的细菌数量低于存在于肠道远端的细菌数量（每克肠道内容物 10^3～10^5 个）（Lewis and Southern，2000）。

（一）短链脂肪酸

短链脂肪酸（SCFA）是大肠厌氧菌群发酵日粮纤维（通过小肠而不被消化的碳水化合物）的最终产物，对哺乳动物的能量代谢具有许多有益作用。植物细胞壁多糖、低聚糖和 RS 在大肠微生物多糖降解酶和糖苷酶作用下降解成单糖（如 Glc），进一步发酵产生 SCFA（主要是乙酸、丙酸和丁酸）和气体（CO_2、H_2 和 CH_4）。微生物发酵的主要部位是结肠近端部分。在近端结肠中，底物可用性最高，大部分微生物较为活跃；在远端结肠中，底物可利用性降低，游离水的减少阻碍了底物和微生物代谢物的扩散。拟杆菌门的主要代谢物是乙酸和丙酸，而厚壁菌门代谢终产物主要是丁酸。微生物之间可以通过交叉喂养来维持区系稳定。例如，拟杆菌发酵产生 SCFA，同时产生 CO_2 和 H_2，古菌利用 CO_2 和 H_2 生成 CH_4，醋酸菌将 CO_2 转化为乙酸。

细菌多糖酵解途径主要包括糖酵解途径（六碳糖）和磷酸戊糖途径（五碳糖）。单糖转化为磷酸烯醇丙酮酸（phosphoenolpyruvate，PEP）（Miller and Wolin，1996），随后，PEP 被转化为发酵产物，如有机酸或醇。在糖酵解阶段，甘油醛-3-磷酸在甘油醛-3-磷酸脱氢酶（glyceraldehyde-3-phosphate dehydrogenase，GAPDH）的作用下被氧化为 1,3-二磷酸甘油酸，NAD^+ 作为 GAPDH 的辅酶，在反应中接受电子和质子，被还原为 NADH。在厌氧条件下，有三种途径来减少 NADH。第一种是经典的发酵途径，丙酮酸被还原为乳酸或乙醇，从

而氧化 NADH。第二种途径是产氢微生物通过厌氧发酵释放 H_2（Fischbach and Sonnenburg，2011），又可分为以下两条途径：①丙酮酸的放能（$\Delta G_0<0$）途径（铁氧还蛋白氧化还原酶和铁氧还蛋白氢化酶），丙酮酸脱羧后生成甲酸和乙酰基，甲酸裂解生成 CO_2 和 H_2；② NADH 的吸能（$\Delta G_0>0$）途径（铁氧还蛋白氧化还原酶和铁氧还蛋白氢化酶），当产氢微生物体内 NADH 和 H^+ 积累过多时，NADH 通过氢化酶的作用将电子转移给 H^+，释放 H_2。后者仅在大肠腔内 H_2 压力较低的情况下进行。因此，H_2 利用菌通过消耗 H_2 来驱动产氢微生物代谢。第三种途径是厌氧电子传递链。它从 PEP 的羧化开始，生成的草酰乙酸被还原为延胡索酸。随后延胡索酸通过电子传递链从 NADH 接收电子。这条链由两种酶参与完成：NADH 脱氢酶和富马酸还原酶。质子被 NADH 脱氢酶运送穿过细胞膜，然后用于 ATP 合成。当 CO_2 分压较低时，富马酸还原酶的产物琥珀酸转化为甲基丙二酸，甲基丙二酸又裂解为丙酸和 CO_2。后者可以通过羧化回收到 PEP 中形成草酰乙酸。

厌氧发酵过程中，丙酮酸主要转化为乙酰辅酶 A（乙酰 CoA），同时生成 H_2 和 CO_2。乙酸是由乙酰 CoA 水解或通过 Wood-Ljungdahl 途径由 CO_2 水解生成的，其中 CO_2 被还原为 CO，并与甲基和 CoASH 转化为乙酰 CoA（Ragsdale and Pierce，2008）。丙酸可以由 PEP 通过电子传递链形成，或者通过乳酸还原为丙酸，后者称为丙烯酸酯途径（Miller and Wolin，1996）。与乳酸发酵相比，这两种途径都减少了额外的 NADH。丁酸的生成始于两个乙酰 CoA 分子的缩合，然后还原为丁基 CoA。乳酸利用菌可以通过从乳酸中产生乙酰 CoA 来产生丁酸。在经典途径中，磷酸转丁基化酶和丁酸激酶将丁基 CoA 转化为丁酸和 CoASH，并伴随 ATP 的形成。

微生物活性、可发酵底物的数量和类型是影响 SCFA 产生的重要因素。猪的盲肠和近端结肠的微生物活性最高，但大量的微生物活动也发生在小肠的远端部分。底物（可发酵碳水化合物）的数量和类型能够影响微生物的组成，从而影响产生 SCFA。然而，实际上肠道 SCFA 的产生并不能通过其在肠道中的浓度来反映，因为 SCFA 产生后被肠道迅速吸收（$>95\%$）并参与机体代谢。

（二）短链脂肪酸调控机体脂质和葡萄糖代谢

SCFA 在调控机体脂质和葡萄糖代谢中具有关键作用。乙酸主要被肝脏吸收，作为一种能量来源及合成脂肪酸和胆固醇的前体物质。丙酸主要用作肝脏、肾脏、肌肉和肠中糖异生的前体。丁酸是结肠细胞首选的能量来源，而剩余的 SCFA 被肝细胞氧化。其余发酵产物（如乙醇、乳酸和琥珀酸）是大肠中不同菌种间交叉喂养和相互作用的中间产物。口服 SCFA 可防止高脂饮食小鼠的体重增加，并增强胰岛素敏感性。此外，口服 SCFA 可通过减少脂肪生成和促进不同组织的脂肪分解，来减少断奶仔猪和生长猪的脂肪沉积（Jiao et al.，2020）。

SCFA 浓度被特定 G 蛋白偶联受体（G-protein-coupled receptor，GPR）感知，通过 GPR 发出信号，调节脂质和葡萄糖代谢。GPR41（Ffar2）和 GPR43（Ffar2）被鉴定为 SCFA 受体。SCFA 激活 GPR41 和 GPR43，促进能量消耗和脂肪组织燃烧，调节肠道激素分泌，包括肽 YY（peptide YY，PYY）和胰高血糖素样肽-1（glucagon-like peptide-1，GLP-1），在食欲控制和血糖水平调节中发挥重要作用。此外，研究发现 SCFA 可增强肝脏和肌肉中的 AMPK 的活性，促进脂肪酸氧化，并降低脂肪酸的从头合成。AMPK 的激活增加 PPARγ 共激活因子-1α 基因的表达，并调控多种转录因子，如 PPAR 等，这些受体在调节脂质和糖代谢方面具有重要作用。在体外，SCFA 能够通过增加肌肉和肝细胞中的 AMP/ATP 激活 AMPK。而 SCFA 通过激活肝脏的 AMPK 通路能够降低糖异生关键酶［葡萄糖-6-磷酸酶（glucose-6-phosphatase，G6Pase）和磷酸烯醇丙酮酸羧激酶（phosphoenolpyruvate carboxykinase，PEPCK）］的基因表达，这与降低血浆葡萄糖和胰岛素水平有关。因此，SCFA 是碳水化合物调节宿主脂质和葡萄糖代谢的重要媒介。其中，SCFA 能够通过 SCFA-GPR43/GPR41-GLP-1/PYY 和 AMPK-G6Pase/PEPCK 通路调节葡萄糖代谢，通过 SCFA-GPR43/GPR41 和 AMP/ATP-AMPK 通路调节脂代谢。

二、碳水化合物与肠道健康

（一）碳水化合物对肠道微生态的影响

肠道微生物的组成和代谢活动在很大程度上受日粮（尤其是碳水化合物组成）的影响。断奶仔猪粪便微生物拥有丰富的参与淀粉、βG、木糖和阿拉伯糖消化的酶编码基因。添加高直链玉米淀粉（80%）能够选择性地增加生长猪粪便中双歧杆菌数量。将断奶仔猪日粮中直链淀粉含量从 0% 增加到 63%，会增加大肠中双歧杆菌数量，减少盲肠和结肠食糜中的梭状芽孢杆菌群Ⅳ和ⅪⅤa 数量。85% 高直链玉米淀粉还可以增加断奶仔猪后肠中的乳酸杆菌数量。

在猪日粮中添加 10% 的 RS2 型淀粉会降低粪便 pH，促进粪便中乳酸杆菌和双歧杆菌的生长，因而可能限制后肠病原菌的生长。给断奶仔猪饲喂 14% 的生土豆淀粉会降低结肠中微生物物种的丰富度和多样性。饲用 RS3 型淀粉日粮会降低猪结肠近端食糜中的厚壁菌门与拟杆菌门比值，增加产生丁酸的普拉梭菌（*Faecalibacterium prausnitzii*）丰度，并减少可能致病的细菌数量，包括大肠杆菌（*Escherichia coli*）和假单胞菌（*Pseudomonas* spp.）。

长期摄入高 RS 含量的日粮不仅可改变宿主肠道微生物群落的组成，还可调节微生物的代谢途径。Sun 等（2016）的研究发现，长期摄入高 RS 含量的日粮（生土豆淀粉）使猪后肠中粪肠球菌、瘤胃球菌的相对丰度显著增加，而八叠球菌属和梭菌属的相对丰度显著降低；代谢组结果显示，对淀粉和蔗糖代谢物、氨基酸周转或蛋白质生物合成、脂代谢物、糖酵解、磷酸戊糖途径、肌醇磷酸代谢和核苷酸代谢均有显著影响。在猪的盲肠和结肠中观察到的差异可能与在不同的肠道部位 RS 的化学结构不同有关。大量研究表明肠道微生物谱随着日粮淀粉含量和结构的变化而变化，进入大肠中的淀粉含量和比例影响肠道中有益菌的生长。有证据表明，猪肠道菌群的生长和饲料效率之间存在联系，一些涉及营养消化、能量代谢和抗炎作用的细菌类群（如密螺旋体、甲烷短杆菌和乳酸菌）确实与动物生产力的提高有关（Gardiner et al.，2020）。Xu 等（2019）在生长猪日粮中分别用 8% 生土豆淀粉、菊粉和果胶替代基础日粮中的玉米淀粉，发现果胶显著提高大肠微生物群落丰富度，以及厚壁菌门（Firmicutes）和变形菌门（Proteobacteria）的相对丰度，降低了拟杆菌门（Bacteroidetes）的丰度，而菊粉组和生土豆淀粉组的大肠微生物群落组成与对照组大致相似。

碳水化合物、肠道环境和肠道微生物之间存在互作关系。例如，多糖发酵增加肠道中 SCFA 的产量，降低肠道 pH，从而影响肠道微生物组成，而微生物组成的变化反过来会影响 SCFA 的产量和类型。高直链淀粉增加猪肠腔内 SCFA 的浓度，降低食糜和粪便 pH。在回肠至盲肠中，较高浓度的 SCFA 能够通过降低肠段的 pH 来抑制致病性肠杆菌和梭菌的生长。随着可发酵底物的逐渐消耗，SCFA 浓度从盲肠到远端结肠逐渐下降，而 pH 从 5.6 增加到 6.6。pH 的增加导致微生物从产生丁酸的细菌如罗斯氏菌（*Roseburia* sp.）和普拉梭菌（*Faecalibacterium prausnitzii*）向产生乙酸和丙酸的细菌（主要是拟杆菌）转变。此外，通过对生长猪进行丁酸钠静脉滴注，发现大肠微生物丰富度指数（ACE 和 Chao 1）和梭状芽孢杆菌相关属丰度显著升高（Chen et al.，2018）。

（二）碳水化合物对肠道免疫的影响

除了改变肠道菌群的多样性和稳定性外，日粮中碳水化合物还能够通过影响肠道中免疫调节相关基因表达来影响肠道健康。SCFA 作为多糖微生物发酵的终产物，也是多糖调节肠道免疫的媒介，具有调控 T 细胞代谢和肠道炎性反应的潜力。其中，丁酸是结肠细胞的主要能量来源，同时也是肠道屏障和免疫功能的调节剂。

丁酸能够抑制肠道促炎细胞因子产生，因此，在饲喂高 RS 日粮时，肠道免疫反应受到抑制可能与丁酸浓度增加有关。饲喂高直链淀粉（68% 直链淀粉）日粮的肥育猪结肠黏膜炎症因子基因的表达降低（Ren et al.，2021）。饲喂含 34% RS 的日粮能够抑制肠道中许多参与适应性和先天性免疫系统基因的表达（Dai et al.，2014）。除了短期饲喂高 RS 日粮外，长期摄入 RS 也会影响免疫反应。与饲喂玉米淀粉日粮相比，长期饲喂生土豆淀粉日粮（生长期：23% 生土豆淀粉；肥育期：28% 生土豆淀粉）能够增加结肠黏蛋白基因 *MUC4*、*MUC5AC* 和 *MUC12* 的表达。这提示长期摄入 RS 可能通过增加黏蛋白分泌和降低细菌产物移位穿过肠道屏障的发生率来改善肠道健康。然而，在猪日粮中持续添加 23%～28% RS 100d，猪结肠免疫应答相关基因表达发生改变，促炎细胞因子 IL-1β 表达也增加。因此，长期摄入 RS 对肠道健康的影响研究结果存在不一致性。

许多研究已经证实 NSP 对肠道健康的影响。NSP 能够通过增加食糜质量来促进肠道健康。根据纤维本身及它们吸收水分的能力，纤维（包括不溶性 NSP）提供了肠道运输所需的体积和水分。它们通过降低结肠压力、稀释毒素和增加排便频率来促进肠道健康。除了能够增强通便和粪便膨胀的作用外，纤维还被认为是一种有效的免疫系统调节剂，在肠道中可以通过黏附毒素和致癌物来减少它们对肠道的损伤。可发酵性强的 NSP 能够通过调节食糜理化性质来增加食糜黏度。食糜黏度的增加使得营养物质和肠细胞之间形成物理屏障，激活肠上皮细胞的免疫反应，导致绒毛细胞和隐窝丢失。因此，用于猪生长的能量被转移用于肠道免疫反应。例如，饲用高黏度苹果果胶，生长猪免疫反应相关途径（涉及抗原加工和呈递）被激活（Xu et al.，2019）。

第四节　功能性碳水化合物在单胃动物生产中的应用

经典的营养学原理认为单胃动物的消化道因不能产生可消化复杂纤维的酶而无法消化一些纤维组分（如纤维素、半纤维素及木质素等）。高纤维组分会稀释饲粮中其他营养物质浓度，同时增加了内源损失，从而降低其他营养物质的消化利用率，所以纤维曾一度被认为是一种抗营养因子，并且其抗营养作用对幼龄动物的影响可能更大。因此，单胃动物（主要是猪和禽）的日粮中纤维含量比较低。但随着饲料成本的不断增加，一些杂粕及加工副产物类等非常规饲料原料不断添加到饲料配方中，这些原料价格比较低，但也存在纤维含量高、营养不均衡的问题，这也在一定程度上促使了高纤维日粮的研究与应用。充分的证据表明，日粮中添加适量的膳食纤维可以促进幼龄单胃动物肠道发育与肠道健康。另外，为了保证母猪的最佳繁殖性能，要限制妊娠期间母猪的营养摄入，利用膳食纤维会稀释营养浓度的特点，可以保证母猪的采食量，增加饱腹感，减少便秘。

一、益生元在单胃动物生产中的应用

一般认为益生元是指不能被动物消化，但能够在动物的消化道内选择性地促进某些有益菌的增殖，促进宿主健康的碳水化合物。一些益生元可以竞争性地结合肠黏膜上皮的寡糖受体，从而避免病原菌在肠上皮细胞的定植。例如，甘露寡糖（MOS）可以竞争性地抑制肠道沙门氏菌的定植。随着饲料“禁抗令”的全面实施，开发抗生素替代品成为热点问题。益生元的来源是天然且绿色无污染的，是众多抗生素替代品中的理想选择，因此在单胃动物生产中得到了广泛的应用。

饲粮中添加适宜水平的益生元可改善单胃动物肠道健康，提高其生产性能。肉鸡日粮中添加果寡糖（FOS）可以提高其平均日增重、降低料肉比。蛋鸡日粮中添加 MOS 与有机酸复合物显著提高了产蛋率，提高了饲料转化效率（Sheoran et al.，2018）。0.2% MOS 显著提高了空肠绒毛高度，促进了断奶仔猪饲料转化（Agazzi et al.，2020）。添加 0.01% 低聚木糖（xylooligosaccharide，XOS）对仔猪生产性能没有显著影响，但可以改善仔猪肠道屏障功能与炎性状态（Yin et al.，2019）。给新生仔猪补充低聚半乳糖可以在第三周提高仔猪的平均日增重，降低 21 日龄仔猪空肠隐窝深度，上调肠道上皮屏障蛋白 ZO-1 和 occludin 蛋白的表达，并且提高乳糖酶、麦芽糖酶与蔗糖酶的活性（Tian et al.，2018）。断奶仔猪日粮中添加不同比例的 GOS（0～2000mg/kg）能够通过促进乳酸菌与双歧杆菌增殖，降低大肠杆菌数量，改善肠道微生态菌群，同时还能够降低机体炎性水平（降低血清促炎细胞因子 TNF-α 的水平和增加抗炎细胞因子 IL-4 的水平），提高抗氧化能力，显著改善仔猪的生产性能（Xing et al.，2020）。在妊娠晚期（86d）母猪日粮中添加 30mg/kg 壳寡糖（chitosan oligosaccharide，COS），对后代仔猪生长性能无显著影响，但能够提高初乳和脐带血中 IgM 的浓度及仔猪血清中 IgG、IL-10 和补体 3 的浓度。而仔猪日粮中添加相同浓度的 COS 虽未改善仔猪免疫相关的一些指标，但显著提高了断奶重、35 日龄的体重及哺乳期的平均日增重（Duan et al.，2020）。该结果表明 COS 对不同生长阶段猪的作用效果集中在不同的方面。在妊娠晚期母猪日粮中添加 MOS 可以提高其后代仔猪空肠黏膜中 sIgA 含量（Duan et al.，2019）。

对于新生儿来说，母乳喂养为新生儿提供了抵抗外界病原菌的免疫力，母乳中所含有的乳寡糖能够作为特定微生物（如双歧杆菌）的底物，这种肠道微生物及其代谢物对婴儿的生长发育和免疫系统的形成至关重要（Laursen et al.，2021）。乳寡糖是母乳中仅次于乳糖和脂肪的第三大营养物质。乳寡糖主要由 5 种单糖成分构成：半乳糖（galactose，Gal）、Glc、*N*-乙酰葡糖胺（*N*-acetylglucosamine，GlcNAc）、岩藻糖（fucose，Fuc）和唾液酸乳糖。乳寡糖在通过胃肠道的过程中，能够抵抗酶降解和酸性条件，并以完整的形式到达结肠，只有特定的肠道微生物能够将其利用。因乳寡糖的结构不同，不同菌种和菌株对乳寡糖的利用能力存在差异。例如，双歧杆菌能够利用多种不同结构的乳寡糖，而短杆菌菌株只能利用乳糖-*N*-四糖。乳寡糖还可以以不同方式影响肠道菌群环境，维持肠道内微生态平衡（Hobbs et al.，2021）。乳寡糖能够在体外抑制某些病原体在肠道中的结合和定植（Weichert et al.，2013），与上皮细胞壁相互作用影响肠上皮免疫系统（Zhang et al.，2019）。而大多数动物乳中乳寡糖含量较低，为 0.5～7g/L，其中猪母乳中的乳寡糖含量最高。此外，饲粮中添加唾液酸乳糖可以增加仔猪神经活性生物分子数量，提高仔猪的学习和记忆能力。饲喂唾液酸乳糖使仔猪大脑中神经节苷脂中唾液酸乳糖增加，同时，结肠微生物区系结构得到改善。

另外，在家禽生产中，沙门氏菌是引起家禽肠炎甚至全身性疾病的传染性病原菌，控制沙门氏菌引起的雏鸡白痢（白痢沙门氏菌）、沙门氏菌肠炎（肠炎沙门氏菌和鼠伤寒沙门氏菌）和沙门氏菌污染鸡蛋所引起的食品安全问题是家禽生产中的一项重要挑战（Wibisono et al.，2020）。作为家禽生产中常用的饲料添加剂，益生元能够减少肠道内沙门氏菌定植。酵母源的 MOS 可以直接与病原菌沙门氏菌或大肠杆菌的鞭毛结合，减少其在肠上皮细胞上的定植（Fomentini et al.，2016）。另外，益生元在发酵过程中能够产生大量的 SCFA，一方面可以降低 pH，另一方面可以抑制沙门氏菌的增殖与黏附。丙酸可以抑制沙门氏菌对上皮细胞的侵袭，而丁酸可以下调沙门氏菌侵袭基因的表达。益生元可刺激肠道内有益菌的增殖，改善肠道微生态环境，抑制病原菌的黏附与定植。例如，GOS 可以促进乳酸杆菌和双歧杆菌生长（Richards et al.，2020）。而双歧杆菌与乳酸菌的增殖可以抑制沙门氏菌的增殖，加速沙门氏菌排出（Chen et al.，2020）。肉鸡日粮中添加 0.05% MOS 刺激回肠有益菌双歧杆菌与乳酸杆菌的增殖，降低产气荚膜梭菌与鼠伤寒沙门氏菌的丰度，改善肠道微生物平衡状态。蛋鸡日粮中添加 FOS 可以增加盲肠乳酸菌丰度、提高 SCFA 水平，减少肝脏与卵巢中的沙门氏菌检出量。

二、膳食纤维在猪生产中的应用

（一）膳食纤维对仔猪肠道发育及肠道健康的影响

为达到最佳生产效率，仔猪一般会在 21～25 日龄时断奶，从哺乳母猪舍转移到仔猪舍，饲粮由母乳过渡到固体颗粒饲料。在这个阶段，仔猪消化系统与免疫系统尚未发育完善，在断奶应激的挑战下，仔猪很容易发生腹泻及其他健康问题，影响后期的生长发育。研究表明，仔猪在幼龄阶段受到的一些影响是终身的且不可逆，仔猪早期肠道发育及肠道健康对整个猪生产周期具有重要的意义。因此，断奶期是调控仔猪肠道发育与健康的窗口期。

膳食纤维能够促进仔猪肠道发育，完善肠道屏障，维持仔猪肠道健康。肠上皮绒毛高度、隐窝深度及绒隐比是评价肠道发育及其消化能力的重要指标。研究表明，1% SDF（菊粉）可提高断奶仔猪结肠重量（Chen et al.，2019）。但仔猪日粮中的 SF 也会增加食糜黏度，导致绒毛细胞损失。仔猪日粮中添加 10% 麸皮可以通过增加绒隐比和提高结肠杯状细胞数量来改善肠道屏障功能。日粮中添加 10% 日粮纤维，14d 后可增加空肠和回肠绒毛宽度与隐窝深度。与不含秸秆的饲料相比，高纤维饲料还能够提高大肠细胞增殖速率和增加隐窝深度。断奶阶段，仔猪处于严重的应激状态，免疫能力降低，此时条件性致病菌感染风险增加，仔猪腹泻率增加。仔猪饲粮中添加膳食纤维可以促进有益菌的增殖，竞争病原菌附着位点，促进病原菌排出体外，促进肠道免疫系统发育成熟，从而降低腹泻率。在断奶仔猪日粮中添加一定水平的 NSP（燕麦壳）可以降低仔猪腹泻率。1% ISF 可促进结肠 sIgA 分泌（Chen et al.，2019）。增加菊粉在日粮中的添加量（0～80g/kg）可以降低在痢疾密螺旋体攻毒模型中仔猪得痢疾的风险，并且这一保护作用伴随着盲肠 SCFA 的增加和蛋白质利用相关的菌群代谢物的减少。这一结果提示菊粉降低仔猪痢疾发生率可能是由微生物介导的。50～150g/kg菊粉可以提高乳酸杆菌与大肠杆菌的比值，增加SCFA的含量，降低大肠杆菌攻毒模型中仔猪腹泻率。Hansen等（2010）发现与添加菊粉相比，添加富含半乳聚糖的羽扇豆组虽然也能延缓攻毒模型痢疾发生的进程，但并不能像菊粉一样降低痢疾的发生率与痢疾密螺旋体的检出率。但在另一项研究中，添加菊苣根和甜羽扇豆中提取的果聚糖与半乳聚糖能够降低仔猪感染痢疾密螺旋体的风险（Mølbak et al.，2007）。这些不一致可能是由纤维来源、添加量及试验动物健康状态的差异造成的。仔猪日粮中添加40g/kg 麸皮（一种NSP）可以减少肠杆菌数量，增加消化道内丁酸含量。在大肠杆菌K88攻毒模型中，麸皮的添加同样可以缓解仔猪腹泻，增加SCFA的浓度，降低肠道内病原菌的定植。但有趣的是，细麸不具有上述作用，说明纤维来源的物理状态同样会影响其作用效果。另外，与玉米及豆粕源纤维相比，麦麸纤维与豌豆源纤维可降低仔猪腹泻率。相比添加羧甲基纤维素，在仔猪代乳粉中添加7.5g/L FOS或大豆多糖可以增加结肠SCFA的浓度，改善肠道吸收功能，缓解因沙门氏菌感染造成的腹泻。膳食纤维可改善仔猪肠道黏膜屏障。IDF和SDF均可在一定程度上上调肠道屏障基因表达，二者联合使用时效果更佳（Chen et al.，2020）。但关于SDF是否能够改善仔猪抗病能力存在争议。早期研究表明，增加可溶性NSP（从1%到6%）可以增加小肠中溶血性大肠杆菌的数量（从1.3×10^4 CFU增加到8.0×10^9 CFU）（McDonald et al.，1999）。尽管增加可溶性NSP可以增加SCFA的浓度，但也同时增加了食糜的黏度，造成大肠杆菌大量增殖（Hopwood et al.，2004）。

（二）膳食纤维对母猪繁殖性能及其子代的影响

生产中为了维持正常的繁殖性能，一般会对妊娠母猪进行限饲，但过度限饲会使得母猪处于饥饿状态，母猪会出现便秘和刻板行为等问题，影响其健康与正常生产的进程。另外，母猪在妊娠期的采食量与泌乳期采食量密切相关，过度限饲会造成哺乳母猪采食量下降，影响母猪体况和子代的健康及生长性能。提高妊娠料中纤维素水平可以稀释妊娠料营养水平，保证母猪的采食量，缓解妊娠母猪便秘，促进母猪卵泡发育，改善其繁殖性能及后代仔猪的健康状态，减少母猪的刻板行为，改善母猪的福利条件（Bernardino et al.,2021）。研究表明，增加总膳食纤维水平会降低母猪对营养物质的消化率，但并不影响妊娠期与哺乳期的繁殖性能与生产性能，反而能够提升泌乳期仔猪的平均日增重（Oelke et al.，2018）。Li等（2021）跟踪了初产母猪连续3个胎次的繁殖性能，结果发现，高纤维日粮可以提高妊娠110d血清雌二醇、促黄体素及分娩前催产素和肾上腺激素的水平，缩短产程；可显著提高活仔数、活仔重与初生总重，增加胎盘重，提高泌乳期采食量，增加断奶仔猪均重。母源SF能够提高仔猪生长速率，降低仔猪腹泻率（Cheng et al.，2018）。2%瓜尔豆胶可以缓解预产母猪系统炎性水平，提高胰岛素敏感性（Xu et al.，2020）。另外，增加纤维水平可以提高梅山猪血清中与粪便中孕酮的水平和粪便中雌二醇的水平，降低唾液与粪便样品中皮质醇的水平（Jiang et al.，2019）。压伤、低出生重及活力低是引起新生仔猪死亡的三个关键因素。增加妊娠后期及哺乳前期母猪纤维摄入量可以降低新生仔猪死亡率，减少僵猪比例，降低仔猪的腹泻率（Feyera et al.，2017）。但高纤维日粮是否能够改善子代的生长性能尚存争议（Liu et al.，2020； Bernardino et al.，2021）。初乳中所含免疫球蛋白可以被仔猪直接吸收，从而形成仔猪最初的免疫力，对维持仔猪早期健康具有重要的意义。研究表明，甜菜粕作为纤维源的高纤维日粮可以提高初乳中 IgA 的含量。然而，Feyera 等（2019）发现高纤维日粮降低了初乳中免疫球蛋白含量。这种差异可能是由纤维类型不同造成的。妊娠日粮纤维组成不同会影响其子代的抗氧化能力及免疫能力（Li et al.，2019）。另外，膳食纤维可以提高母乳中抗炎细胞因子 IL-10 水平，IL-10 水平对改善仔猪肠道健康具有重要意义。母乳中的营养物质是仔猪主要的营养来源，母乳质量的好坏直接影响仔猪的健康与生长。研究表明，高纤维日粮可以改善妊娠期营养代谢，改善乳品质量，提高乳脂率（Feyera et al.，2019；Liu et al.，2020）。但另一项研究发现，高纤维妊娠料可以提高断奶仔猪均重，但对初乳成分无显著影响（Li et al.，2021）。

膳食纤维对母猪繁殖性能及其子代的影响受到纤维水平、纤维类型、纤维来源及比例的影响。Zhuo 等（2020）发现提高妊娠期母猪日粮的纤维水平可以提高哺乳母猪的采食量，且采食量的增加与纤维水平的增加呈线性关系。Li 等（2020）比较了妊娠母猪日粮中添加不同比例的菊粉对母猪繁殖性能的影响，结果发现中等添加水平（1.6%）的菊粉能够缩短母猪的产程，提高哺乳母猪采食量，改善仔猪生产性能（提高平均日增重和增加仔猪体重等）。Liu 等（2021）比较了不同纤维来源（苜蓿草粉、甜菜粕和大豆皮）的妊娠料对妊娠母猪及其子代的影响，结果表明仅苜蓿草粉能够提高泌乳期母猪的采食量，降低新生仔猪中宫内生长受限的仔猪的比例，改善哺乳母猪与仔猪肠道屏障功能。妊娠日粮纤维组成不同会影响妊娠母猪的抗氧化能力及免疫能力（Li et al.，2019）。在纤维水平相同的情况下，甜菜粕与麸皮均能降低血清中促炎细胞因子 IL-6 的水平，但甜菜粕比小麦麸更能提升母乳质量、改善肠道屏障功能和缓解仔猪肠道炎症（Shang et al.，2021）。羽扇豆作为纤维源提高纤维水平可以改善卵泡发育状态（体外），提高妊娠 28d 卵泡成活率（体内）。但不同的纤维源效果不同，麸皮无此效果（Weaver et al.，2013）。纤维的溶解性同样会影响其作用效果。饲喂 SF 含量较高的妊娠料趋向于提高乳脂含量和降低断奶仔猪数，而饲喂 ISF 含量较高的饲料可以增加妊娠母猪 107d 血清中谷胱甘肽过氧化物酶活性和降低分娩时血清中丙二醛的水平（Liu et al.，2020）。进一步研究表明，在粗纤维水平相同的情况下，ISF/SF 的不同也会影响妊娠母猪子代的肠道发育与功能，随着 ISF/SF 的增加，新生仔猪空肠隐窝深度增加，十二指肠重量、空肠绒毛高度和绒隐比、蔗糖酶、乳糖酶和麦芽糖酶的活性线性降低，表明妊娠母猪日粮中 ISF/SF 不宜超过 3.89（Li et al.，2019）。

综上，膳食纤维可以改善幼龄单胃动物肠道健康、提升母猪繁殖性能，但其作用效果受到纤维水平、纤维类型、纤维来源、纤维组成，甚至基础日粮组成等方面的影响。因此，在制作幼龄单胃动物和妊娠母猪日粮配方时应综合考虑以上因素的影响以期实现最佳性能。

（苏勇，南京农业大学；王新霞，浙江大学）

参考文献

Abdelhamid A G, El-Dougdoug N K. 2021. Comparative genomics of the gut commensal *Bifidobacterium bifidum* reveals adaptation to carbohydrate utilization. Biochem Biophys Res Commun, 547: 155-161.

Agazzi A, Perricone V, Zorini F O, et al. 2020. Dietary mannan oligosaccharides modulate gut inflammatory response and improve duodenal villi height in post-weaning piglets improving feed efficiency. Animals, 10:

1-14.

Agyekum A K, Regassa A, Kiarie E, et al. 2016. Nutrient digestibility, digesta volatile fatty acids, and intestinal bacterial profile in growing pigs fed a distillers dried grains with solubles containing diet supplemented with a multi-enzyme cocktail. Anim Feed Sci Technol, 212: 70-80.

Anioła J, Gawęcki J, Czarnocińska J, et al. 2009. Corncobs as a source of dietary fiber. Polish J Food Nutr Sci, 59: 247-249.

Bernardino T, Tatemoto P, de Moraes J E, et al. 2021. High fiber diet reduces stereotypic behavior of gilts but does not affect offspring performance. Appl Anim Behav Sci, 243: 105433.

Chang P V, Hao L, Offermanns S, et al. 2014. The microbial metabolite butyrate regulates intestinal macrophage function via histone deacetylase inhibition. Proc Natl Acad Sci USA, 111: 2247-2252.

Chen C, Li J, Zhang H, et al. 2020. Effects of a probiotic on the growth performance, intestinal flora, and immune function of chicks infected with *Salmonella pullorum*. Poult Sci, 99: 5316-5323.

Chen T, Chen D, Tian G, et al. 2019. Soluble fiber and insoluble fiber regulate colonic microbiota and barrier function in a piglet model. Biomed Res Int, 3: 1-12.

Chen T, Chen D, Tian G, et al. 2020. Effects of soluble and insoluble dietary fiber supplementation on growth performance, nutrient digestibility, intestinal microbe and barrier function in weaning piglet. Anim Feed Sci Technol, 260: 114335.

Chen X, Xu J, Su Y, et al. 2018. Effects of intravenous infusion with sodium butyrate on colonic microbiota, intestinal development and mucosal immune-related gene expression in normal growing pigs. Front Microbiol, 9: 1-12.

Cheng C, Wei H, Xu C, et al. 2018. Maternal soluble fiber diet during pregnancy changes the intestinal microbiota, improves growth performance, and reduces intestinal permeability in piglets. Appl Environ Microbiol, 84: 1-14.

Cowieson A J, Vieira S L, Stefanello C. 2018. Exogenous microbial amylase in the diets of poultry: what do we know ? J Appl Poult Res, 17: 1-10.

da Silva C, Bosch G, Bolhuis J E, et al. 2014. Effects of alginate and resistant starch on feeding patterns, behaviour and performance in ad libitum-fed growing pigs. Animal, 8: 1917-1927.

Dai Z, Wu Z, Hang S, et al. 2014. Amino acid metabolism in intestinal bacteria and its potential implications for mammalian reproduction. Mol Hum Reprod, 21: 389-409.

Deng J, Wu X, Bin S, et al. 2010. Dietary amylose and amylopectin ratio and resistant starch content affects plasma glucose, lactic acid, hormone levels and protein synthesis in splanchnic tissues. J Anim Physiol Anim Nutr (Berl), 94: 220-226.

Duan X, Tian G, Chen D, et al. 2019. Mannan oligosaccharide supplementation in diets of sow and (or) their offspring improved immunity and regulated intestinal bacteria in piglet. J Anim Sci, 97: 4548-4556.

Duan X, Tian G, Chen D, et al. 2020. Effects of diet chitosan oligosaccharide on performance and immune response of sows and their offspring. Livest Sci, 239: 104114.

Feyera T, Højgaard C K, Vinther J, et al. 2017. Dietary supplement rich in fiber fed to late gestating sows during transition reduces rate of stillborn piglets. J Anim Sci, 95: 5430-5438.

Feyera T, Zhou P, Nuntapaitoon M, et al. 2019. Mammary metabolism and colostrogenesis in sows during late gestation and the colostral period. J Anim Sci, 97: 231-245.

Fischbach M A, Sonnenburg J L. 2011. Eating for two: how metabolism establishes interspecies interactions in the gut. Cell Host Microbe, 10: 336-347.

Fomentini M, Haese D, Kill J L, et al. 2016. Prebiotic and antimicrobials on performance, carcass characteristics, and antibody production in broilers. Ciência Rural, 46: 1070-1075.

Gao L, Chen L, Huang Q, et al. 2015. Effect of dietary fiber type on intestinal nutrient digestibility and hindgut fermentation of diets fed to finishing pigs. Livest Sci, 174: 53-58.

Gardiner G E, Metzler-Zebeli B U, Lawlor P G. 2020. Impact of intestinal microbiota on growth and feed efficiency in pigs: a review. Microorganisms, 8: 1-31.

Hansen C F, Phillips N D, La T, et al. 2010. Diets containing inulin but not lupins help to prevent swine dysentery in experimentally challenged pigs. J Anim Sci, 88: 3327-3336.

Hobbs M, Jahan M, Ghorashi S A, et al. 2021. Current perspective of sialylated milk oligosaccharides in mammalian milk: implications for brain and gut health of newborns. Foods, 10: 1-19.

Hopwood D E, Pethick D W, Pluske J R, et al. 2004. Addition of pearl barley to a rice-based diet for newly weaned piglets increases the viscosity of the intestinal contents, reduces starch digestibility and exacerbates post-weaning colibacillosis. Br J Nutr, 92: 419-427.

Jaworski N W, Lærke H N, Bach K K E, et al. 2015. Carbohydrate composition and *in vitro* digestibility of dry matter and nonstarch polysaccharides in corn, sorghum, and wheat and coproducts from these grains1. J Anim Sci, 93: 1103-1113.

Jiang X, Lu N, Xue Y, et al. 2019. Crude fiber modulates the fecal microbiome and steroid hormones in pregnant Meishan sows. Gen Comp Endocrinol, 277: 141147.

Jiao A, Yu B, He J, et al. 2020. Short chain fatty acids could prevent fat deposition in pigs: via regulating related hormones and genes. Food Funct , 11: 1845-1855.

Laursen M F, Sakanaka M, von Burg N, et al. 2021. *Bifidobacterium* species associated with breastfeeding produce aromatic lactic acids in the infant gut. Nat Microbiol, 6: 1367-1382.

Lewis A J, Southern L L. 2000. Swine Nutrition. 2nd ed. Boca Raton: CRC Press.

Li H, Liu Z, Lyu H, et al. 2020. Effects of dietary inulin during late gestation on sow physiology, farrowing duration and piglet performance. Anim Reprod Sci, 219: 106531.

Li Y, He J, Zhang L, et al. 2021. Effects of dietary fiber supplementation in gestation diets on sow performance, physiology and milk composition for successive three parities. Anim Feed Sci Technol, 276: 114945.

Li Y, Liu H, Zhang L, et al. 2019. Maternal dietary fiber composition during gestation induces changes in offspring antioxidative capacity, inflammatory response, and gut microbiota in a sow model. Int J Mol Sci, 21: 31.

Li Y, Zhang L J, Liu H Y, et al. 2019. Effects of the ratio of insoluble fiber to soluble fiber in gestation diets on sow performance and offspring intestinal development. Animals, 9: 422.

Liu B, Zhu X, Cui Y, et al. 2021. Consumption of dietary fiber from different sources during pregnancy alters sow gut microbiota and improves performance and reduces inflammation in sows and piglets. mSystems, 6: e00591-20.

Liu Y, Chen N, Li D, et al. 2020. Effects of dietary soluble or insoluble fiber intake in late gestation on litter performance, milk composition, immune function, and redox status of sows around parturition. J Anim Sci, 98:

1-7.

Maes C, Delcour J A. 2002. Structural characterisation of water-extractable and water-unextractable arabinoxylans in wheat bran. J Cereal Sci, 35: 315-326.

McDonald D E, Pethick D W, Pluske J R, et al. 1999. Adverse effects of soluble non-starch polysaccharide (guar gum) on piglet growth and experimental colibacillosis immediately after weaning. Res Vet Sci, 67: 245-250.

Miller T L, Wolin M J. 1996. Pathways of acetate, propionate, and butyrate formation by the human fecal microbial flora. Appl Environ Microbiol, 62: 1589-1592.

Mølbak L, Thomsen L E, Jensen T K, et al. 2007. Increased amount of *Bifidobacterium thermacidophilum* and *Megasphaera elsdenii* in the colonic microbiota of pigs fed a swine dysentery preventive diet containing chicory roots and sweet lupine. J Appl Microbiol, 103: 1853-1867.

Oelke C A, Ribeiro A M L, Noro M, et al. 2018. Effect of different levels of total dietary fiber on the performance of sows in gestation and lactation. Rev Bras Zootec, 47: e20170299.

Quan J, Wu Z, Ye Y, et al. 2020. Metagenomic characterization of intestinal regions in pigs with contrasting feed efficiency. Front Microbiol, 11: 1-13.

Ragsdale S W, Pierce E. 2008. Acetogenesis and the Wood-Ljungdahl pathway of CO_2 fixation. Biochim Biophys Acta-Proteins Proteomics, 1784: 1873-1898.

Ramayo-Caldas Y, Mach N, Lepage P, et al. 2016. Phylogenetic network analysis applied to pig gut microbiota identifies an ecosystem structure linked with growth traits. ISME J, 10: 2973-2977.

Ren W, Yan H L, Yu B, et al. 2021. *Prevotella*-rich enterotype may benefit gut health in finishing pigs fed diet with a high amylose-to-amylopectin ratio. Anim Nutr, 7: 400-411.

Richards P J, Flaujac L G M, Connerton P L, et al. 2020. Galacto-oligosaccharides modulate the juvenile gut microbiome and innate immunity to improve broiler chicken performance. mSystems, 5: 19.

Ryan S M, Fitzgerald G F, van Sinderen D. 2006. Screening for and identification of starch-, amylopectin-, and pullulan-degrading activities in bifidobacterial strains. Appl Environ Microbiol, 72: 5289-5296.

Sera N, Morita K, Nagasoe M, et al. 2005. Binding effect of polychlorinated compounds and environmental carcinogens on rice bran fiber. J Nutr Biochem, 16: 50-58.

Shang Q, Liu S, Liu H, et al. 2021. Impact of sugar beet pulp and wheat bran on serum biochemical profile, inflammatory responses and gut microbiota in sows during late gestation and lactation. J Anim Sci Biotechnol, 12: 1-14.

Sheoran N, Maan S, Kumar A, et al. 2018. Probiotic and prebiotic supplementation improving the production performance and immune characteristics of laying hens. Indian J Anim Res, 52: 1433-1439.

Story J A. 1985. Dietary fiber and lipid metabolism. Proc Soc Exp Biol Med, 180: 447-452.

Sun Y, Su Y, Zhu W. 2016. . Microbiome-metabolome responses in the cecum and colon of pig to a high resistant starch diet. Front Microbiol, 7: 1-10.

Tian S, Wang J, Yu H, et al. 2018. Effects of galacto-oligosaccharides on growth and gut function of newborn suckling piglets. J Anim Sci Biotechnol, 9: 1-11.

van Erp R J J, de Vries S, van Kempen T A T G, et al. 2020. Feed intake patterns nor growth rates of pigs are affected by dietary resistant starch, despite marked differences in digestion. Animal, 14: 1402-1412.

Wang W, Hu H, Zijlstra R T, et al. 2019. Metagenomic reconstructions of gut microbial metabolism in weanling pigs. Microbiome, 7: 1-11.

Wang Z, He Y, Wang C, et al. 2021. Variations in microbial diversity and metabolite profiles of female landrace finishing pigs with distinct feed efficiency. Front Vet Sci, 8: 2-11.

Weaver A C, Kelly J M, Kind K L, et al. 2013. Oocyte maturation and embryo survival in nulliparous female pigs (gilts) is improved by feeding a lupin-based high-fibre diet. Reprod Fertil Dev, 25: 1216-1223.

Weichert S, Jennewein S, Hüfner E, et al. 2013. Bioengineered 2′-fucosyllactose and 3-fucosyllactose inhibit the adhesion of *Pseudomonas aeruginosa* and enteric pathogens to human intestinal and respiratory cell lines. Nutr Res, 33: 831-838.

Wibisono F M, Wibisono F J, Effendi M H, et al. 2020. A review of salmonellosis on poultry farms: public health importance. Syst Rev Pharm, 11: 481-486.

Xing Y Y, Li K N, Xu Y Q, et al. 2020. Effects of galacto-oligosaccharide on growth performance, feacal microbiota, immune response and antioxidant capability in weaned piglets. J Appl Anim Res, 48: 63-69.

Xu C, Cheng C, Zhang X, et al. 2020. Inclusion of soluble fiber in the gestation diet changes the gut microbiota, affects plasma propionate and odd-chain fatty acids levels, and improves insulin sensitivity in sows. Int J Mol Sci, 21: 635.

Xu J, Xu R, Jia M, et al. 2021. Metatranscriptomic analysis of colonic microbiota's functional response to different dietary fibers in growing pigs. Anim Microbiome, 3: 45.

Xu R, Lu Y, Wang J, et al. 2019. Effects of the different dietary fibers on luminal microbiota composition and mucosal gene expression in pig colons. J Funct Foods, 59: 71-79.

Yin J, Li F, Kong X, et al. 2019. Dietary xylo-oligosaccharide improves intestinal functions in weaned piglets. Food Funct, 10: 2701-2709.

Zhang W, Yan J, Wu L, et al. 2019. *In vitro* immunomodulatory effects of human milk oligosaccharides on murine macrophage RAW264. 7 cells. Carbohydr Polym, 207: 230-238.

Zhuo Y, Feng B, Xuan Y, et al. 2020. Inclusion of purified dietary fiber during gestation improved the reproductive performance of sows. J Anim Sci Biotechnol, 11: 1-17.

第六章　微量元素与动物基因表达调控

微量元素作为动物必需的营养素，主要以酶的必需组成成分或者激活剂的形式来调节编码各种蛋白质（如酶、载体、受体和生物体结构成分）的基因，从而影响动物的物质代谢和生长发育。其影响基因表达调控的方式主要有 3 种：①作为金属酶的辅因子参与基因的表达；②作为诱导物对基因表达进行调控；③作为维持特殊构型的结构物质参与基因表达。微量元素对基因的调控与细胞内金属元素的含量息息相关，而后者又与许多疾病（如贫血、自身免疫病等）的防治密切相关。因此，通过了解微量元素对基因表达的调控作用，可以更深入地揭示微量元素营养与动物健康的关系。

第一节　铁与动物基因表达调控

铁是机体所必需的微量元素之一，其在机体中存在多种氧化状态，其中二价铁和三价铁是最常存在的形式。铁通过在不同氧化状态间的转化发挥其重要的生物学功能。铁是血红蛋白、肌红蛋白、细胞色素及某些呼吸酶的构成成分，参与体内氧的结合与运输、组织呼吸及细胞能量代谢等许多重要的生命过程，对于维持机体正常的生理作用必不可少；铁在新陈代谢过程中不仅可以作为底物、辅酶或辅因子，而且在调节编码各种蛋白质（如酶、载体、受体和生物体结构成分）的基因等方面发挥作用。

一、机体铁代谢调控

动物机体铁的稳衡调控分为整体和细胞水平两个层次（Gao et al.，2019；Billesbølle et al.，2020）。目前研究认为，机体整体铁的稳衡受铁调素（hepcidin，Hepc）/ 膜铁转运蛋白（ferroportin，FPN）轴调控（Billesbølle et al.，2020）。在细胞水平上，铁调节蛋白（iron regulatory protein，IRP）通过与铁效应元件（iron responsive element，IRE）相结合来调控铁代谢相关基因的表达，从而调控铁的稳衡（Hentze et al.，2010）。

（一）铁调素对铁代谢基因表达的调控

铁调素是主要由肝脏分泌的一种循环肽，通过抑制肠道中铁的吸收和巨噬细胞中铁的释放来维持机体铁稳态，是机体铁稳态调节的关键因子。铁调素通过与目的细胞表面的 FPN 结合调节铁稳态（Nemeth et al.，2004）。FPN1 是目前唯一一个确定的可将细胞内的铁转运到血液循环中的细胞膜转运蛋白，几乎在所有组织的细胞表面均有表达。分布在巨噬细胞、肝细胞和十二指肠细胞表面的 FPN1 掌控着铁在细胞与血液循环间的流通，并在铁氧化酶的辅助下将细胞内的铁传递给血液中的转铁蛋白（transferrin，Tf）（Drakesmith et al.，2015）。铁调素与细胞表面 FPN 结合后可导致 FPN 内化和降解，降低铁的流出。给仔猪注射右旋糖苷铁，发现仔猪的机体铁沉积显著增加，肝脏和十二指肠中铁调素 mRNA 表达水平升高，而十二指肠中 FPN mRNA 表达水平显著降低（Pu et al.，2015）。以高铁饲料喂养大鼠，发现大鼠体内铁水平升高，肝脏铁调素的 mRNA 表达水平也升高，铁调素表达量达到正常组的 2 倍，而十二指肠中 FPN mRNA 水平略有降低（韩巍等，2008）。在母鼠饲粮中添加适量的血红素铁或 $FeSO_4$，均可显著促进胎鼠增重，诱导母鼠靶组织铁调素基因的表达，使铁调素表达量上升，而 FPN、转铁蛋白受体 2（transferrin receptor protein 2，TfR2）表达量下降，提高母鼠组织和妊娠 20d 胎鼠机体铁含量（李美荃等，2017）。

机体铁水平可以反馈调控铁调素的表达，机体铁水平通过循环系统中 Tf 将信号传递给铁调素并调控其表达。血色素沉着蛋白（hemochromatosis protein，HFE）是位于细胞表面的主要组织相容性复合体Ⅰ型（major histocompatibility complex Ⅰ，MHC Ⅰ）跨膜糖蛋白，可与转铁蛋白受体 1（TfR1）相结合，将信号传递给铁调素并抑制其表达。由于双铁转铁蛋白（Fe2-Tf）与 HFE 都可结合于 TfR1 的重叠区，当血浆中铁水平增加时，Fe2-Tf 在细胞表面和 HFE 竞争结合 TfR1，从而使铁调素表达增加（Schmidt et al.，2008）。另外，主要在肝脏中表达的 TfR2 也参与铁调素的调节作用，但其与 Tf 的结合能力弱于 TfR1。Fe2-Tf 与 TfR2 结合或游离 HFE 与 TfR2 的结合，都可上调铁调素的 mRNA 表达（Radio et al.，2014）。机体铁水平过高可导致血液中 Tf 含量增加，Tf 与 HFE 具有相同的结合位点，均可与 TfR1 结合。Tf 会促使 HFE 与 TfR1 分离，且导致 HFE 与 TfR2 结合，形成 HFE-TfR2-Tf 复合物，使铁调素表达上调，但其作用机制仍需进一步研究（卢镜宇等，2014）。

（二）铁效应元件结合蛋白调控体系

铁效应元件结合蛋白调控体系由铁、铁效应元件（IRE）和铁调节蛋白（IRP）三者构成，通过在转录水平上影响转铁蛋白受体（TfR）mRNA 和铁蛋白（ferritin）mRNA 翻译来调节铁的吸收与储存。该体系的调控功能与 IRE 和 IRP 的结构密切相关。铁通过结合 IRP，对具有 IRE 的效应基因（DNA 或 RNA）表达进行调控，从而调节铁自身的吸收、储存和利用，同时也参与调节血细胞的增殖、分化与成熟。

铁调节蛋白（IRP）是可与铁转运和储存蛋白的 mRNA 中的铁反应元件结合的蛋白质，目前发现有两种——IRP1 和 IRP2，IRP1 起主要作用。IRE 具有高度保守的 RNA 茎环结构，六元环中的前 5 个碱基基本都是 CAGUG，上茎为 5 对碱基对。IRP 是真核细胞重要的铁调节蛋白，IRP 与 IRE 结合活性的改变调节转运体的表达，调控其转录及转录后过程。

IRP 结构和功能又受细胞内可利用铁（labile iron pool）的含量调控。IRP1 于细胞质中发挥类似顺乌头酸酶的功能，当细胞中铁充足时，IRP1 含有一个［4Fe-4S］簇结构，并与 3 个半胱氨酸残基结合，此时 IRP1 具有顺乌头酸酶活性，不能结合 IRE，即无铁调节蛋白活性。当铁缺乏时，IRP1 则失去［4Fe-4S］簇结构，形成无铁硫簇的脱辅基蛋白，此时 IRP 无顺乌头酸酶活性，与 IRE 结合活性增强。例如，在铁缺乏的情况下，IRP 将结合到 DMT1（＋IRE）和 TfR1 mRNA 3′ 端的非翻译区的 IRE 上，以保护 mRNA，使其不被核糖核酸酶降解，从而使 mRNA 的稳定性增强，翻译的蛋白质数量增加，即 DMT1（＋IRE）和 TfR1 数量增加，小肠上皮细胞对食物中铁的吸收增加，外周组织需铁细胞对铁的摄入增加。FPN1 的 IRE 位于基因 5′ 端的非转录区域，IRP 与 5′ 端 IRE 的结合能抑制其基因的翻译表达。而在铁充足的情况下，由于形成［4Fe-4S］簇结构，IRP 失去了与 IRE 结合的能力。因此，IRP 会从 DMT1（＋IRE）和 TfR1 mRNA 上离开，mRNA 就会被核糖核酸酶降解，从而使

mRNA 的翻译水平降低，使 DMT1（＋IRE）和 TfR1 的合成减少，最终使机体对铁的吸收和细胞对铁的摄入减少（Grillo et al.，2017）。

二、铁对基因表达的调控

（一）铁对肠道吸收相关基因表达的影响

饲粮中铁分为血红素铁和非血红素铁。血红素铁主要来源于血红蛋白和肌红蛋白。饲粮中大部分铁的形式是非血红素铁，主要来源于铁储存蛋白——铁蛋白、铁硫簇蛋白和其他含铁的酶；其主要以 Fe^{3+}形成的低分子络合物形式存在。肠道铁吸收的第一步：通过位于小肠细胞顶端膜上的十二指肠细胞色素 b 还原酶（duodenal cytochrome b reductase，Dcytb）将 Fe^{3+}还原成 Fe^{2+}，再经小肠细胞面向肠腔的微绒毛膜上的 DMT1 转入胞内。进入肠细胞的 Fe^{2+}分别在亚铁氧化酶 Hephaestin 和 FPN 的氧化和转运作用下，从基底膜转出，供给血液中的转铁蛋白，然后再运输到全身组织器官。小鼠和肉鸡的饲养试验表明，低铁饲粮组十二指肠中与铁吸收转运相关基因 *Dcytb*、*DMT1*、*FPN1* 和 *TfR1* 的 mRNA 表达水平均提高，而高铁饲粮组中上述基因的 mRNA 表达水平则明显降低（Dupic et al.，2002；Tako et al.，2010）。

（二）铁对能量代谢相关基因表达的影响

机体的铁状态可影响血液中甲状腺素水平，并影响机体的能量代谢。解偶联蛋白（uncoupling protein，UCP）是与机体产热作用有关的一类线粒体载体蛋白，其作用是消除线粒体膜电位，使氧化磷酸化解偶联，从而抑制 ADP 合成腺苷三磷酸（adenosine triphosphate，ATP），能量以热能形式散失。补充适量的铁能改善机体甲状腺素水平，促进肥胖大鼠骨骼肌中 UCP2、UCP3 的 mRNA 表达，有利于脂肪动员，增加能量消耗。高剂量铁能增强高能诱导肥胖大鼠白色脂肪 *UCP2* 基因的表达，并可以降低肥胖大鼠的脂肪比例。Ma 等（2019）研究报道，给遗传性肥胖小鼠饲喂高铁日粮，鼠肝脏中与脂肪合成相关的基因 *Hmger* 和 *Srebp1* 的表达量显著降低，表明高铁可以抑制脂肪的形成。

（三）铁对肉色相关基因表达的影响

铁是血红蛋白和肌红蛋白的必要组成成分，对保持正常肉色具有重要的作用。甘氨酸铁能使仔猪背最长肌肌红蛋白（myoglobin，Mb）的表达上调，在一定程度上可以调控肌红蛋白基因表达，改善肉色。Zhou 等（2019）研究表明，血红素铁可以使仔猪背最长肌中的 Mb 含量增加，从而提高肉的红度值。

（四）铁对泌乳相关基因表达的影响

在小鼠饲粮中补充铁，显著增加了哺乳期乳铁蛋白（lactoferrin，Lf）的 mRNA 表达水平（Wang，2005）。体外试验表明，铁能提高原代培养的小白鼠乳腺细胞乳铁蛋白 mRNA 的表达量（王静华，2004）。

（五）铁对免疫功能相关基因表达的影响

铁和机体的免疫存在密切的关系，可以通过调节免疫因子的表达，影响机体的免疫功能。Guo 等（2019）研究发现，缺铁会下调草鱼鱼鳃中抗菌肽、抗炎细胞因子（IL-4/13B 除外）、κBα 抑制剂（IκBα）、雷帕霉素靶蛋白（TOR）和核糖体蛋白 S6 激酶 1（S6K1）的 mRNA 水平，上调促炎细胞因子（IL-6 和 IFN-γ2 除外）、核因子 κB p65（NF-κB p65）、IκB 激酶（IκB kinase，IKK，包括 1KKα、IKKβ 和 IKKγ）的 mRNA 水平，从而损伤草鱼鱼鳃的免疫功能。铁对 γ 干扰素（interferon-γ，IFN-γ）介导的信号途径具有直接的抑制作用，包括抑制诱导性一氧化氮合酶（inducible NO synthase，iNOS）、TNF-α、MHC Ⅱ 和细胞间黏附因子（intercellular adhesion molecule，ICAM-1）的基因表达（Weiss et al.，1992；Recalcati et al.，1998）。过量的铁可以通过抑制 IFN-γ 与其受体的结合，降低巨噬细胞 iNOS 活性及 TNF-α 和 IL-12 等细胞因子的分泌，从而降低巨噬细胞对沙门氏菌的清除能力（Nairz et al.，2013，2017；Kortman et al.，2014）。

第二节　铜与动物基因表达调控

铜是动物机体必需的微量元素之一，通过作为几种金属酶的组分在机体氧化还原反应、氧和电子的传递及抵抗氧化应激方面发挥重要作用。铜参与机体细胞呼吸、组织色素沉积、血红蛋白形成及结缔组织发育等代谢反应，在维持机体造血功能、促进动物生长发育、增强机体免疫力等方面均具有重要作用。铜缺乏会导致动物出现小红细胞贫血、骨骼发育异常、毛发脱色及心血管障碍等问题；另外，高剂量铜可通过催化芬顿反应产生超阴负离子与过氧化氢合成有毒的羟自由基，导致肠道氧化损伤，降低动物免疫力。因此，动物体内有一个复杂而精妙的系统来维持机体铜代谢平衡。近年来，关于铜与畜禽基因表达调控的研究主要集中在铜对机体铜稳衡代谢调控相关基因表达的影响，以及铜对动物生长、机体免疫及脂代谢等相关基因表达调控的影响等方面。

一、机体铜代谢调控

为防止铜缺乏和过量，机体内存在很多转运蛋白和伴侣蛋白调节铜的获取及细胞内分布和利用（图 6-1）。饲粮中铜大部分以 Cu^{2+}形式存在，其首先被位于小肠刷状缘上的腺体分泌的铜还原酶还原为能够被吸收的 Cu^{+}，之后 Cu^{+}通过铜转运蛋白 1（copper transport protein 1，CTR1）、铜转运蛋白 2（copper transport protein 2，CTR2）或二价金属转运蛋白（divalent metal transporter，DMT）1 穿过顶端膜进入肠上皮细胞。CTR1 是主要的铜摄入转运蛋白，其对铜的亲和性比其他两个铜转运蛋白（CTR2 和 DMT1）高。在肝脏中，Cu^{+}也通过位于细胞膜中的 CTR1 吸收。一旦 Cu^{+}由肠细胞和肝细胞吸收，铜将与铜伴侣蛋白或储存蛋白结合。金属硫蛋白（metallothionein，MT）在肠道中螯合铜防止过量铜流出，在肝脏中其是铜的主要储存蛋白。细胞色素 c 氧化酶组装蛋白 17（cytochrome c oxidase assembly protein 17，COX17）是一种在细胞质和线粒体中存在的铜伴侣蛋白，负责将铜传递给电子传递链中末端酶细胞色素氧化酶；细胞内铜的另一个传递途径是通过超氧化物歧化酶伴侣蛋白（chaperone for superoxide dismutase，CCS）将铜传递给位于细胞质的超氧化物歧化酶（superoxide dismutase，SOD）1；最后，铜可以与抗氧化蛋白 1（antioxidant 1，ATOX1）结合，并被传递给铜依赖 ATP 酶 ATP7A（小肠）和 ATP7B（肝脏）。在肠道中，ATP7A 参与基底外侧铜转运及含铜酶（赖氨酰氧化酶、酪氨酸酶）的合成。在肝脏中，ATP7B 负责铜蓝蛋

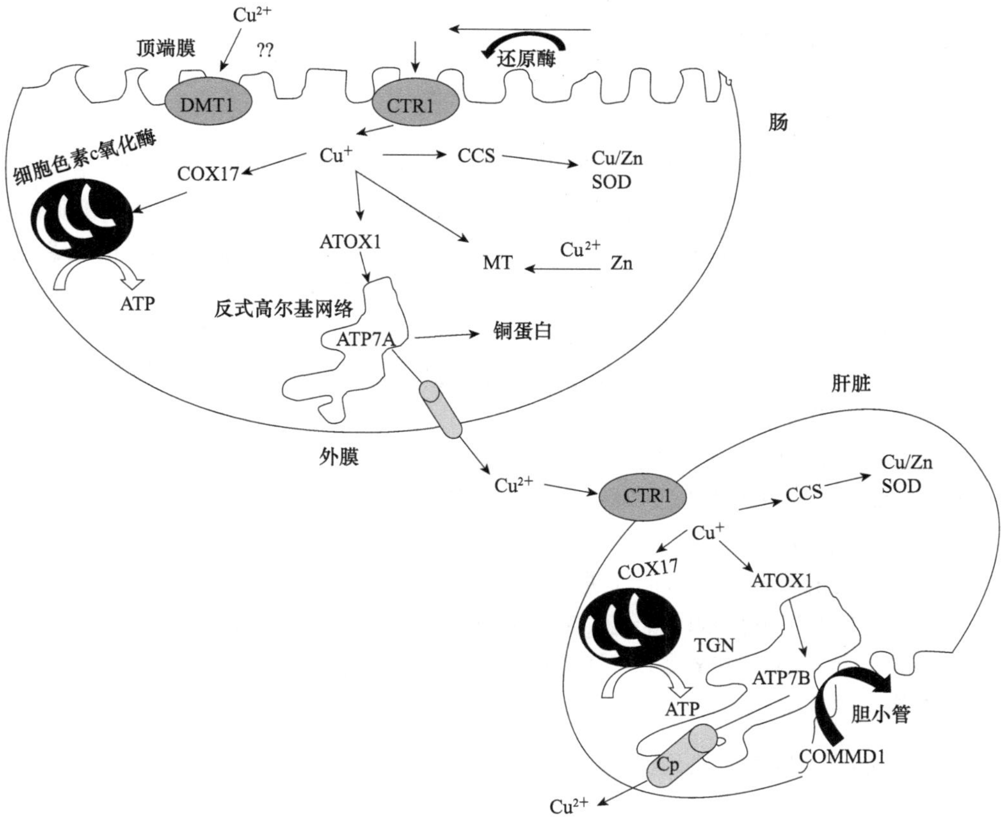

图 6-1　参与动物体铜稳衡调控的铜转运蛋白和伴侣蛋白（Kim et al.，2008）

白（ceruloplasmin，Cp）的合成。铜蓝蛋白是一种铜依赖性铁氧化酶，参与铁的氧化和铁从肝脏的流出。胆汁是铜排泄的主要途径。ATP7B 和铜代谢 MURR1 结构域 1（Cu metabolism MURR1 domain 1，COMMD1）负责胆汁铜排泄。

目前研究者在铜对参与机体铜稳衡调控的铜转运蛋白和伴侣蛋白基因或蛋白质表达的影响方面已开展一些研究。虽然研究结果存在一定差异，但大多研究表明，机体铜缺乏时负责铜摄入的主要铜转运蛋白 CTR1 的 mRNA 或蛋白质表达升高，而铜过高时，其表达则下调。Nose 等（2010）发现铜缺乏大鼠肠道和心脏 CTR1 的蛋白质表达比铜充足大鼠的表达高。Han 等（2009）研究表明 CTR1 的 mRNA 表达与肝脏铜含量呈负相关，细胞内高铜下调肝脏 CTR1 的 mRNA 表达。铜伴侣蛋白 ATOX1 将细胞内铜传递给肠道中的铜依赖 ATP 酶 ATP7A 和肝脏中的 ATP7B。肠 ATP7A 参与肠道基底外侧铜转运，ATP7B 和 COMMD1 负责胆汁铜排泄。Huang 等（2015）研究发现，与对照组相比，饲喂 225mg/kg Cu 组断奶仔猪十二指肠 ATOX1 的 mRNA 表达下调，而肝脏 ATP7B 的 mRNA 表达上调，这表明猪在此状态下减少肠道铜的吸收并增加肝脏铜的排出来维持体内铜的平衡。另有一些研究发现，高铜降低肝 HepG2 细胞中 COMMD1 的基因和蛋白质表达（Muller et al.，2007）。

二、铜对基因表达的调控

（一）铜对生长相关基因表达的调控

高铜可以促进断奶仔猪的生长，其原因可能与高铜可以调节与生长及采食相关基因的表达有关。Yang 等（2012）研究表明，饲粮中来源于蛋氨酸铜（Cu-Met）和硫酸铜（$CuSO_4$）的高水平铜（125mg/kg）均可通过增加血清生长激素（growth hormone，GH）的含量和胃促生长素（ghrelin）的 mRNA 表达，从而促进仔猪的体重增加。Gonzalez-Esquerra 等（2019）的研究得到了类似的结论。其研究表明，饲粮中添加 160mg/kg 来源于 $CuSO_4$、碱式氯化铜（TBCC）或蛋氨酸羟基类似物螯合铜（Cu-MHAC）的铜均提高了仔猪的增重和采食量，其中，来源于 $CuSO_4$ 的铜提高了胃促生长素的 mRNA 表达，但并未增加血清 GH 的含量，来源于 Cu-MHAC 的铜则同时提高了胃促生长素的 mRNA 表达和血清 GH 的含量，而来源于 TBCC 的铜则对胃促生长素的 mRNA 表达和血清 GH 的含量均没有影响，这也表明不同铜源在对基因的调节上可能存在差异。另外，铜还可以通过调节食欲相关基因来影响动物的采食量，从而促进动物的生长。Li 等（2008）报道，饲喂 125mg/kg 和 250mg/kg Cu 饲粮的猪下丘脑中神经肽 Y（neuropeptide Y，NPY）浓度和 NPY 的 mRNA 表达水平比对照组动物高。NPY 是由下丘脑产生的神经肽，在调节食欲中起重要作用，被认为是采食诱导剂。

（二）铜对脂代谢相关基因表达的调控

饲粮铜可以通过调节脂代谢相关酶的 mRNA 或蛋白质表达影响动物的脂代谢，但研究结果存在一定差异。Liu 等（2017）研究发现饲粮添加 45mg/kg 源于硫酸铜的铜上调了兔肝脏中肉碱棕榈酰基转移酶 1（carnitine palmitoyltransferase1，CPT1）、CPT2 及 PPARα 的 mRNA 表达，上调了骨骼肌中 CPT1、CPT2、脂肪酸转运蛋白（fatty acid transport protein，FATP）、脂肪酸结合蛋白（fatty acid binding protein，FABP）、PPARα 的 mRNA 表达，并上调了脂肪组织中 CPT1、CPT2、PPARα 及激素敏感性脂肪酶（hormone-sensitive lipase，HSL）的 mRNA 表达，说明铜可能通过肝脏、骨骼肌和脂肪组织中的 PPARα 信号通路调节兔脂代谢，提高脂肪的氧化利用，减少脂肪沉积。与 Liu 等（2017）的结果类似，Espinosa 等（2020）在生长猪饲粮中添加 150mg/kg 源于碱式氯化铜的铜，结果发现，与不添加铜的对照组相比，铜的添加有增加肝脏 FABP1 和骨骼肌中 PPARα mRNA 表达的趋势，上调了皮下脂肪组织中 FABP4 的 mRNA 表达并倾向于增加 CPT1B 的 mRNA 表达。由此认为，铜的添加通过增加骨骼肌中 PPARα 的 mRNA 表达提高了脂肪的氧化及 ATP 的合成，因此骨骼肌细胞从脂肪酸中获取了更多的能量，促进了蛋白质的合成，从而促进了仔猪骨骼肌的生长。Espinosa 等（2021）认为高铜对仔猪的促生长作用也可能是由于铜的添加提高了机体脂类氧化代谢和能量利用效率。但与 Espinosa 等（2020）的研究结果不同，Coble 等（2018）在肥育猪饲粮中添加 150mg/kg 源于碱式氯化铜的铜，发现铜添加减少了肠道 FABP 的 mRNA 表达。Zhang 等（2022）在肉羊上的研究也得到了类似的结论，肉羊饲粮中添加 20mg/kg 源于硫酸铜的铜降低了背最长肌中 FABP4 的 mRNA 表达，并倾向于降低 CPT1 的 mRNA 表达，肝脏 PPARα 和 CPT1 的 mRNA 表达也降低，表明铜降低了脂肪氧化相关基因的表达。总之，目前的研究存在差异，有些研究表明饲粮铜的添加可以提高与脂肪氧化相关基因的 mRNA 表达，为机体提供更多的能量，促进动物生长，而有的研究结果则相反，表明饲粮铜的添加降低了脂肪氧化相关基因的表达，造成这种差异的原因可能与动物年龄、铜的添加剂量及动物种类有关，关于铜对不同年龄、不同种类动物脂代谢的影响尚需进一步研究。

（三）铜对抗氧化和免疫相关基因表达的调控

铜参与动物体内抗氧化酶的形成，适量铜添加有助于改善机体的抗氧化及免疫功能（Yan et al.，2016；Varzaneh et al.，2017），但当铜添加量过高时，铜可以通过促进活性氧和羟自由基的形成导致动物体出现氧化应激（Huang et al.，2015；Yang et al.，2020），引发炎性反应甚至导致细胞凋亡（Nie et al.，2020），从而降低机体的免疫力（Cholewinska et al.，2018）。Yan 等（2016）报道，与不添加铜的对照组相比，在饲粮中以柠檬酸铜形式添加 20mg/kg 铜，增加了断奶仔猪血清溶菌酶含量，提高抗菌肽 protegrin-1（NPG1）的 mRNA 表达水平，说明适宜剂量铜添加可以提高动物的免疫力。Huang 等（2015）报道，与不添加铜的对照组相比，断奶仔猪饲粮中添加 225mg/kg 铜增加了十二指肠过氧化产物丙二醛（malondialdehyde，MDA）的含量，提示机体存在氧化应激。Yang 等（2020）研究发现，肉鸡饲粮中超过 110mg/kg 源于硫酸铜的高铜添加，降低了 SOD、CAT 及 GPX 这些抗氧化酶的活性，增加了 MDA 的含量，且免疫器官胸腺、脾脏和法氏囊中的炎症因子 TNF-α、IFN-γ、IL-1、IL-1β、IL-2、iNOS、COX2、NF-κB 的 mRNA表达增加，TNF-α、IFN-γ、NF-κB 及磷酸化 NF-κB 的蛋白质表达水平增加，表明高铜可能通过 NF-κB 通路诱导机体产生氧化应激。Nie 等（2020）和 Liu 等（2020）的研究得到了相似的结论，其研究发现在肉鸡饲粮中添加 300mg/kg 源于硫酸铜的铜，导致肉鸡产生氧化应激，脑部和法氏囊中炎症因子的 mRNA 和蛋白质表达水平上升引发炎性反应，并提高了细胞凋亡调控蛋白 p53 和促细胞凋亡因子 Bax 和 caspase-3 的 mRNA 和蛋白质表达，降低了抗细胞凋亡因子 Bcl-2 的 mRNA 表达，说明高铜除造成机体发生氧化应激、诱发炎性反应外，还可以导致细胞凋亡。

第三节　锌与动物基因表达调控

一、锌稳态代谢与调节

锌是动物机体必需的微量元素，存在于骨、牙、肌肉和皮肤等动物组织中组织；锌作为重要金属酶的组成成分或辅因子，参与动物机体的生长发育、免疫应答和抗氧化等代谢过程。畜禽机体内锌稳态主要受以下双重机制调节：一是通过小肠对饲粮中外源性锌的吸收；二是通过对胰腺及肠道等组织的内源锌的保留。畜禽细胞内锌稳态主要由锌转运蛋白（zinc transporter，ZnT）和锌铁调控蛋白（ZRT，IRT-like protein，Zip）两种转运蛋白维持，其中，ZnT 通过促进锌从细胞外或囊泡内流出而减少胞内的锌含量，ZiP 通过促进细胞外或囊泡内锌的吸收来增加胞内的锌含量。

二、锌对基因表达的调控

（一）锌对生长发育相关基因表达的影响

锌是畜禽生长发育所必需的微量元素。当锌缺乏时会导致严重的不良反应，包括生长迟缓、食欲减退、免疫和神经功能受损等（Sharma et al.，2014）。锌营养可调节机体生长激素（GH）和胰岛素样生长因子 1（IGF-1）基因表达影响畜禽的生长发育（Chevenne and Porquet，1995）。研究发现，饲粮添加高剂量氧化锌（2500mg/kg）可提高在断奶仔猪回肠 IGF-1 mRNA 的表达（Song et al.，2018）。此外，Hou 等（2021）发现饲粮添加壳聚糖螯合锌可提高大肠杆菌攻毒条件下断奶仔猪回肠 IGF-1 mRNA 表达量，降低攻毒引起的肠道炎症。家禽方面同样发现，饲粮添加蛋氨酸锌或纳米氧化锌显著上调鹌鹑睾丸 IGF-1 mRNA 表达水平（Khoobbakht et al.，2020）。Elokil 等（2021）通过胚蛋注射载锌蒙脱石显著提高鸡胚肝脏和肾脏中 GH 和 IGF-1 mRNA 的表达水平。

（二）锌对吸收转运相关基因表达的影响

机体内的锌稳态主要由锌转运蛋白 Zip 和 ZnT 家族共同维持。ZnT 家族基因表达方面，饲粮添加 40～80mg/kg 锌可降低肉鸡胰腺、十二指肠、空肠及回肠中 ZnT1、ZnT2 及 ZnT5 mRNA 表达及提高十二指肠的 Zip1 和 Zip5 mRNA 表达。与无机锌相比，添加载锌斜发沸石、载锌蒙脱石及氨基酸络合锌可显著降低十二指肠 ZnT1 mRNA 表达及提高空肠 ZnT5 的表达（He et al.，2019，2022；Wang et al.，2019）。饲粮添加 80～120mg/kg 锌可提高蛋鸡肠道及胰腺中 ZnT1、ZnT2 和 ZnT5 mRNA 表达量（Li et al.，2019；Lin et al.，2020）。Zip 家族基因表达方面，饲粮添加 30～100mg/kg 硫酸锌或碱式硫酸锌显著上调仔猪组织 Zip4 mRNA 相对表达水平（Deng et al.，2017）；而饲喂高剂量氧化锌（3000mg/kg）显著降低仔猪空肠 *Zip4* 基因表达（Karweina et al.，2015）。与无机锌源相比，饲粮添加有机锌显著提高猪十二指肠中 *Zip4* 基因表达水平（Liu et al.，2020）。

（三）锌对免疫与炎症相关基因表达的影响

肉鸡方面，研究发现饲粮添加有机锌（如甘氨酸锌）可显著提高肉鸡盲肠、扁桃体中白细胞介素-1β（IL-1β）和脾脏脂多糖诱导的肿瘤坏死因子（LITAF）mRNA 表达（Ttn et al.，2022）；母代饲粮添加高剂量有机锌可降低子代肉鸡空肠 p65、TNF-α、IL-1β mRNA 表达，抑制 NF-κB 通路的激活，从而提高子代肉鸡的空肠黏膜免疫功能（李昌武，2015）。此外，饲粮添加锌可降低肉鸭肝脏 IL-1β 和 IL-6 mRNA 的表达量，并下调机体炎性反应（Zhang et al.，2020）。猪方面，随着饲粮氧化锌添加水平增加，断奶仔猪结肠中 TLR4 和 IL-8 mRNA 表达显著下调，且高锌饲粮饲喂（2425mg/kg）仔猪的结肠 IL-8 mRNA 表达最低（Liu et al.，2014）。体外试验发现，培养液添加锌可提高猪上皮细胞 β-防御素 1、2、3 和 IL-8 mRNA 和蛋白质表达，并介导抑制 NF-κB 通路，提高免疫功能，减少炎性反应（Mao et al.，2013；Sargeant et al.，2011）。

（四）锌对细胞抗氧化和抗凋亡相关基因表达的影响

金属硫蛋白（metallothionein，MT）对锌具有高度亲和性，可有效清除自由基，表现出强抗氧化活性。家禽方面，体内外试验均表明自然饲喂、胚蛋注射或原代细胞培养液中添加锌可提高组织或肝细胞中 MT mRNA 表达水平，且有机锌效果要优于无机锌（Li et al., 2021；Sun et al., 2018； 黄艳玲，2007）。Zhu 等（2017）发现种母鸡饲粮添加锌可提高鸡胚肝脏中 MT4 mRNA 表达，并缓解母代热应激引起的鸡胚肝脏氧化损伤。Wen 等（2019）和 Chang 等（2022）先后证实饲粮添加无机锌和蛋氨酸锌均显著提高肉鸭胸肌或空肠组织中 CuZnSOD mRNA 表达量。Liu 等（2015）发现饲粮添加锌提高肉鸡肝脏和腿肌的 CuZnSOD mRNA 表达量。此外，饲粮添加适宜水平锌可通过提高机体抗氧化能力来抑制细胞凋亡。Hou 等（2021）发现饲粮添加壳聚糖螯合锌可降低大肠杆菌攻毒条件下断奶仔猪十二指肠和空肠中 Bax、caspase-3 和 caspase-8 mRNA 表达水平。Zhou 等（2017）通过体外培养液添加高锌（1000μmol/L）可刺激上皮细胞抗凋亡因子 Bax、Cycs、caspase-3、caspase-8 和 LC3-Ⅱ mRNA 表达上升，诱导上皮细胞凋亡。

第四节　锰与动物基因表达调控

锰是动物体所必需的微量元素之一，在畜禽生长、繁殖、疾病抵御等方面起着重要的作用。锰的生理功能主要包括以下几个方面：①酶的组成成分及激活剂。锰是丙酮酸羧化酶、精氨酸酶、谷氨酰胺合成酶、超氧化物歧化酶等多种酶的重要组成成分，同时也是半乳糖基转移酶、羧化酶、水解酶、磷酸化酶等的激活剂。②参与脂代谢。锰与胆碱、生物素之间有协同作用，因而影响脂代谢；锰具有特异性抗脂肪肝功能，能促进脂肪利用及防止肝脏脂肪发生变性。③参与免疫调节。一定剂量的锰可刺激免疫器官的细胞生成，从而增强细胞免疫功能；锰还可以增加体内干扰素的含量，从而增强巨噬细胞的吞噬能力；锰与钙相互协调，共同调节淋巴细胞的免疫功能。④调控生殖功能。锰是促进动物性腺发育和内分泌功能的重要元素之一，适量的锰可以刺激机体胆固醇及其前体物质的合成，维持正常的生殖周期。⑤维持骨骼正常发育。锰是合成硫酸软骨素所必需的两种重要酶——多糖聚合酶和半乳糖基转移酶的激活剂，而硫酸软骨素是骨有机质主要构成成分——黏多糖的组成成分，缺锰易引起骨骼受损、骨质松脆。⑥其他生物学功能。锰可刺激胰岛素的分泌；锰可在吡哆醛、磷酸盐参与下与氨基酸结合成螯合物，加快氨基酸的吸收代谢；锰还可参与造血功能。

一、锰对锰超氧化物歧化酶基因表达的调控

锰超氧化物歧化酶（manganese superoxide dismutase，MnSOD）是动物体内最重要的含锰关键酶，主要存在于动物细胞的线粒体中，其功能是将细胞代谢产生的超氧阴离子自由基歧化为过氧化氢，过氧化氢再由谷胱甘肽过氧化物酶或过氧化氢酶移去，从而保护富含不饱和脂肪酸的线粒体等亚细胞器膜的结构完整和维持其功能正常。Kim 等（1999）对人 *MnSOD* 基因的启动子区进行了分析，并认为特异蛋白-1（specificity protein-1，SP-1）、激活蛋白-1（activator protein-1，AP-1）、激活蛋白-2（activator protein-2，AP-2）和 NF-κB 等转录因子可能在 *MnSOD* 基因表达调节中发挥着重要作用。Xu 等（2002）的研究发现，SP-1 在人 *MnSOD* 基因的转录中起正调控作用，而 AP-2 则相反。

研究表明，饲粮添加锰，尤其是中等螯合强度有机锰，可显著提高肉鸡心肌和腿肌 MnSOD mRNA 表达水平，进而提高心肌和腿肌 MnSOD 活性，减少腿肌脂质过氧化物含

量，改善肉品质（Li et al.，2004；Lu et al.，2007）。Li 等（2011）研究了锰对肉鸡心肌 *MnSOD* 基因转录和翻译的调控机制，发现心肌锰含量、MnSOD mRNA 及其蛋白质表达水平随饲粮锰添加水平的升高而显著升高，心肌 SP-1 的 DNA 结合活性和 MnSOD RNA 结合蛋白（MnSOD RNA-binding protein，MnSOD-BP）活性也随饲粮锰添加水平的升高而显著升高，而心肌 AP-2 的 DNA 结合活性则随饲粮锰添加水平的升高显著降低。上述结果说明锰可通过正调控肉仔鸡心肌细胞线粒体中 SP-1 的 DNA 结合活性和负调控 AP-2 的 DNA 结合活性来提高 *MnSOD* 基因的转录，并可通过正调控 MnSOD-BP 结合活性来提高 MnSOD 的蛋白质表达。进一步的研究表明，锰对肉鸡心肌细胞 *MnSOD* 基因翻译的调节很可能是通过活性氧自由基介导的蛋白酪氨酸激酶（PTK）和蛋白激酶（PKC）信号转导途径而实现的（Li et al.，2016）。体外研究表明，锰对原代培养肉鸡鸡胚心肌细胞 *MnSOD* 基因的表达具有剂量依赖性和时间依赖性，且锰可在转录、翻译和 / 或翻译后水平上调节 *MnSOD* 的表达（Gao et al.，2011；Qin et al.，2017）；添加锰，特别是中等螯合强度有机锰可降低肉鸡鸡胚心肌细胞 *MnSOD* 启动子区 DNA 甲基化水平，这可能与 MnSOD mRNA 的高表达有关（秦士贞，2017）。在种禽方面，Zhu 等（2017）研究发现，在肉种母鸡饲粮中添加无机锰和中等螯合强度有机锰均可提高鸡胚心肌 MnSOD mRNA 的表达水平，这与其启动子区低 DNA 甲基化和高 AcH3K9 乙酰化有关。在其他动物方面，孟轲音（2005）的研究结果表明，饲粮锰添加水平显著影响生长獭兔心肌 MnSOD mRNA 表达，且随锰添加水平的升高而显著升高。

二、锰对炎症因子和细胞凋亡相关基因表达的调控

当动物摄入过量锰时，不仅能够对机体产生不同程度的损伤，还能够引起机体锰中毒，并导致炎性反应和细胞凋亡。

常见的炎症因子有 TNF-α、NF-κB、诱导型一氧化氮合酶（inducible nitric oxide synthase，iNOS）、环氧合酶 2（cyclooxygenase 2，COX2）等。吕昕兴（2013）研究了饲粮添加高剂量锰对体外鸡脾淋巴细胞炎症因子和细胞因子 mRNA 表达的影响，发现淋巴细胞中炎症因子 TNF-α、NF-κB、iNOS、COX2 和前列腺素 E 合酶（prostaglandin E synthase，PTGES）的 mRNA 表达水平随着锰浓度的增加先升高后降低，表明过量锰可促进炎性反应的发生。赵鑫（2015）研究表明，饲粮添加高剂量锰能引起鸡肝脏炎性反应，使 NF-κB、TNF-α、iNOS、COX2 和前列腺素 E2 mRNA 的表达水平增加。

死亡受体 Fas 是肿瘤坏死因子受体超家族的一员，通过与其配体 FasL 结合，在多种细胞凋亡中发挥关键作用，其介导的肝细胞凋亡是各型肝病的肝细胞损伤与死亡的主要机制之一。唐洪鹏等（2010）初步探讨了过量锰对公鸡肝细胞凋亡的影响，发现随着锰添加水平的增加，肝细胞中 Fas mRNA 表达水平基本呈升高趋势，且凋亡细胞的数量增多。有关鸡支持-生精细胞的研究表明，过量锰可提高促细胞凋亡基因 *Bak* 的 mRNA 表达，抑制抗细胞凋亡基因 *Bcl-x* 的 mRNA 表达，导致细胞凋亡（毕明玉等，2010）。

三、锰对其他基因表达的调控

锰可调节畜禽脂代谢、骨发育有关的基因表达。体内和体外试验结果表明，锰可能通过直接抑制肉鸡肝细胞中苹果酸酶的基因转录而降低其酶活性，进而减少肉鸡脂肪的合成，降低腹脂沉积，且中等螯合强度有机锰与无机锰的作用效果相似（王美玲等，2011；Lu et al.，

2017）。另有研究表明，饲粮添加锰显著降低生长獭兔脂肪组织中脂肪酸合成酶和乙酰辅酶A的mRNA表达量，同时提高了脂肪组织中肉碱棕榈酰基转移酶1和肝脏组织中过氧化物酶体增殖物激活受体的mRNA表达量，进而促进脂肪的氧化分解及抑制脂肪的合成，减少獭兔的脂肪沉积（陈晓阳等，2020）；饲粮添加锰还可提高生长獭兔腿骨中骨保护素的mRNA表达量，从而提高骨的硬度（Chen et al.，2020）。

锰可调节锰转运载体的基因表达，进而影响锰的吸收。DMT1是位于动物肠上皮细胞顶端膜上转运二价锰离子的唯一载体蛋白，而FPN1是动物肠上皮细胞基底膜上将锰由细胞内转出进入血液循环系统的跨膜转运蛋白，它与DMT1协同完成锰的跨膜转运。研究表明，饲粮添加锰可显著提高肉鸡十二指肠DMT1和FPN1 mRNA，以及空肠的DMT1 mRNA表达水平，且与无机锰相比，中等和强螯合强度有机锰均显著上调肉鸡十二指肠中的DMT1 mRNA表达水平，从而增加中等和强螯合强度有机锰的吸收，且有机锰的螯合强度越大，DMT1 mRNA表达水平越高，有机锰吸收越多（Bai et al.，2012；Liao et al.，2019）。

锰还可调节一些生殖激素的基因表达。促性腺激素释放激素（gonadotropin-releasing hormone，GnRH）和促卵泡激素（follicle stimulating hormone，FSH）在动物生殖的神经调节中发挥重要作用。Xie等（2014）研究表明，饲粮添加锰可通过激活肉种母鸡下丘脑GnRH-1和FSH的mRNA表达来参与对生殖系统的中枢调节；与有机锰相比，无机锰能更有效地诱导下丘脑GnRH-1的mRNA表达，可能是由于后者更易透过血脑屏障。

在热应激条件下，锰可调节与细胞凋亡有关的一些基因表达，从而提高动物的抗热应激及抗凋亡能力。热应激肉种母鸡饲粮中添加120mg/kg锰可通过下调鸡胚心肌 ***miR-1551*** 和 ***miR-34c*** 的表达来分别上调B细胞淋巴瘤2家庭蛋白基因和NF-κB-诱导激酶基因的表达，进而提高鸡胚的抗凋亡能力（Liao et al.，2019）。

第五节　硒与动物基因表达调控

硒是人和动物必需的微量元素之一，其在提高机体抗氧化能力、增强免疫功能和预防疾病等方面具有重要作用。据世界卫生组织统计，全世界有40多个国家的部分地区缺硒，而我国有72%的地区缺硒，其中29%为严重缺硒地区，长期以来严重影响畜牧业生产（Reis et al.，2017；苏琪等，1991）。畜禽生产中易发缺硒的症状，可表现为肝脏坏死、肌肉营养不良、白肌病、渗出性素质和胰腺纤维变性等。饲粮中一般添加无机亚硒酸钠形态硒，但其存在利用率低和毒性大的缺点。近年来，利用率高和低毒的有机形态硒饲料添加剂的研发及应用成为畜禽硒营养研究的重要方向。关于硒与畜禽基因表达调控的研究，主要集中在饲粮添加不同硒水平和硒源对硒蛋白基因表达及免疫和应激等相关基因表达调控的影响等方面。

一、硒与硒蛋白基因表达调控

硒主要通过硒蛋白的形式发挥各种生物学功能，硒蛋白的特征为硒以硒代半胱氨酸的形式存在。硒代半胱氨酸有一套和其他氨基酸不同的合成和掺入蛋白质的机制，其插入多肽链中与蛋白质共同翻译是由硒蛋白mRNA在开放阅读框内的UGA决定的。目前功能研究较为清楚的硒蛋白主要包括谷胱甘肽过氧化物酶家族（GPX）、硫氧还蛋白还原酶家族（TXNRD）、脱碘酶家族（DIO）及硒蛋白P（SELENOP）等。近年来，大量研究表明，硒蛋白基因表达水平可敏感地反映机体硒营养状况，还可作为评价畜禽对硒营养需要量和不同硒源相对生物学利用率的功能性敏感新指标。

（一）硒水平对基因表达调控的影响

前人关于饲粮硒缺乏对畜禽基因表达调控方面开展了大量研究。Huang 等（2011）研究表明，饲粮硒缺乏可降低肉鸡肝脏和肌肉中 GPX1、GPX4、SELENOW1、SELENON1、SELENOP1、SELENOO、SELENOK 的 mRNA 表达水平，饲粮添加硒可通过提高硒蛋白的基因表达而避免发生缺硒性疾病。黄家强（2015）研究发现，25 种硒蛋白基因在肉鸡缺硒性胰腺中均有表达，并发现硒蛋白 GPX4 在缺硒性胰腺萎缩症中发挥着重要的作用，还明确了 GPX4-Cytc-caspase-9-caspase-3 是缺硒性胰腺萎缩症的分子信号通路。

研究表明，硒蛋白基因表达水平可作为评价畜禽对其营养需要量的功能性分子新指标。Lei 等（1998）通过分子生物学手段研究了猪对硒的最适添加量，发现饲粮添加 0.20mg/kg 硒即可使猪肝脏和心脏 GPX1 和 GPX4 活性及肝脏 GPX1 和 GPX4 mRNA 水平得到充分表达。Li 和 Sunde（2016）研究发现，以含硒酶（血浆、肝脏和胰腺 GPX）的活性和硒蛋白（肝脏和胰腺 GPX1、GPX4、SELENOP1、SELENOU 或 SELENOH 等 25 种）基因的 mRNA 表达水平为评价指标，获得饲喂纯合饲粮 1～29 日龄肉鸡对无机亚硒酸钠形态硒的营养需要量为 0.02～0.21mg/kg。Liao 等（2021）研究发现，以血浆、肝脏和胰腺 DIO 活性，肝脏、肾脏和胰腺 TXNRD 活性，肝脏 GPX1、GPX4、SELENOP、SELENOU、SELENOH 和 DIO1，肾脏 GPX4、TXNRD1、TXNRD2、SELENOP、SELENOU、SELENOH 和 DIO1，胰腺 GPX1、GPX4、SELENOU 和 SELENOH 的 mRNA 表达水平，以及肝脏和肾脏 GPX4 蛋白质表达水平等指标评价获得 1～21 日龄肉鸡实用饲粮硒适宜水平为 0.36～0.46mg/kg。Wang 等（2022）进一步研究发现，以 42 日龄肉鸡血浆、肝脏及肾脏 GPX 活性与肝脏 GPX4、肝脏 SELENOU 和 SELENOH 及肾脏 SELENOP 和 SELENOH 的 mRNA 表达水平及肝脏和肾脏 GPX4 蛋白表达水平等指标评价获得 22～42 日龄肉鸡实用饲粮硒适宜水平为 0.37mg/kg。

（二）硒源对基因表达调控的影响

王秀娜等（2010）研究发现，饲粮添加 0.50mg/kg 纳米硒和 0.30mg/kg 酵母硒可显著提高仔猪肝脏 GPX1 的 mRNA 表达水平。Chen 等（2017）研究发现，随着酵母硒添加水平的增加（0、0.15mg/kg 和 0.50mg/kg），7 日龄、14 日龄、21 日龄肉鸡血浆和肝脏 GPX 活性及肝脏 GPX1 和 GPX4 的 mRNA 表达显著增加。Zhang 等（2018）在肉鸡对超微粉碎亚硒酸钠相对于普通亚硒酸钠源硒的生物学利用率研究中发现，14 日龄胰脏 GPX mRNA 水平是其特异功能性敏感指标，以该敏感指标评价获得的超微粉碎亚硒酸钠形态硒对肉鸡的相对生物学利用率为 158%。Liu 等（2020）发现 21 日龄肉鸡胰脏 GPX mRNA 水平也是评价酵母硒相对于无机亚硒酸钠生物学利用率的特异功能性敏感指标。刘国庆（2021）还研究了 1～21 日龄肉仔鸡对不同硒源（亚硒酸钠、酵母硒、硒代蛋氨酸、硒代蛋氨酸羟基类似物和纳米硒）的生物学利用率，发现 21 日龄肉鸡肾脏、胰脏 GPX 活性可作为评价肉仔鸡对不同硒源生物学利用率的敏感指标。

二、硒与免疫和应激等相关基因表达调控

硒还可影响畜禽免疫和应激等相关基因的表达。Xu 等（2015）研究表明，与未添加硒

的感染肉鸡相比，添加硒组肉鸡的肠道和脾脏中 IL-1β、IL-6、IL-8、诱导型一氧化氮合酶（iNOS）和肿瘤坏死因子诱导蛋白（LITAF）mRNA 水平增加，而肠道中肿瘤坏死因子超家族成员 15（TNFSF15）的 mRNA 水平降低。Liu 等（2015）研究发现，缺硒组肉鸡肝脏热应激蛋白（HSP）mRNA 和蛋白质表达水平显著增加，表明肉鸡肝中的氧化应激和 HSP 表达水平可能会受到饲粮硒水平的影响。Wu 等（2016）研究表明，低硒组（0.028mg/kg）H_2S 产生酶（CSE、CBS 和 3-MST）的 mRNA 表达降低，而肠道中炎症因子（TNF-α、NF-κB p50、COX2 和 PTGES）的 mRNA 表达升高，表明低硒饲粮可以通过影响小肠中的 H_2S 产生酶和炎症因子而调控肠道免疫功能。Cao 等（2018）研究表明，低硒组鸡血管炎症因子和炎症相关细胞因子的 mRNA 和蛋白质表达水平在静脉中发生了显著变化，缺硒通过调节炎症因子和炎症相关细胞因子诱发炎性反应，而添加硒可以增加内皮细胞的抗炎能力。

（黄艳玲，西南民族大学；白世平，四川农业大学；朱勇文，华南农业大学；吕林、廖秀冬，中国农业科学院北京畜牧兽医研究所）

参 考 文 献

毕明玉，张子威，陈蕾，等. 2010. 氯化锰对鸡支持-生精细胞凋亡及 *Bak* 和 *Bcl-x* 基因表达的影响. 中国兽医科学，40（5）：518-522.

陈晓阳，杨国雨，李凡，等. 2020. 饲粮添加锰对 3～4 月龄獭兔脂肪沉积和脂肪组织脂质代谢的影响. 动物营养学报，32（4）：1836-1841.

韩巍，王朝旭，苏畅，等. 2008. 高铁饲料对大鼠铁水平及铁调素 mRNA 表达的影响. 卫生研究，37（4）：474-476.

黄家强. 2015. 缺硒诱导雏鸡胰腺萎缩的分子机制. 北京：中国农业大学博士学位论文.

黄艳玲. 2007. 肉仔鸡实用饲粮中锌适宜水平及有机锌源相对生物学利用率研究. 北京：中国农业科学院博士学位论文.

李昌武. 2015. 肉种鸡锌营养对子代肉鸡免疫机能的影响及其分子机制. 北京：中国农业大学博士学位论文.

李美荃，张春勇，计乔平，等. 2017. 血红素铁对妊娠母鼠繁殖成绩及组织铁调基因表达的影响. 动物营养学报，29（6）：14.

刘国庆. 2021. 肉仔鸡实用饲粮中硒适宜水平、生物学利用率及其在小肠中的吸收规律研究. 北京：中国农业科学院博士学位论文.

吕昕兴. 2013. 锰对体外鸡脾淋巴细胞炎症因子和细胞因子 mRNA 表达的影响. 哈尔滨：东北农业大学硕士学位论文.

孟轲音. 2005. 锰对生长獭兔生产性能、生化指标及锰超氧化物歧化酶基因表达的影响. 长春：吉林大学硕士学位论文.

秦士贞. 2017. 锰对原代培养鸡胚心肌细胞的抗热应激效应及其分子机制研究. 兰州：甘肃农业大学博士学位论文.

苏琪，金月英，段玉琴，等. 1991. 我国天然低硒饲料对畜禽生产、健康与疾病的影响. 中国农业科学，24：69-76.

唐洪鹏，王巧红，吕朝辉，等. 2010. 锰中毒诱导鸡肝细胞凋亡及细胞内 *Fas* 基因 mRNA 转录分析. 畜牧兽医学报，41（1）：99-104.

王静华. 2004. 哺乳小白鼠在不同泌乳阶段乳铁蛋白（Lactoferrin）基因表达的差异及铁对其表达影响的研究. 杭州：浙江大学硕士学位论文.

王美玲，陈仲建，吕林，等. 2011. 不同形态锰对肉仔鸡脂肪代谢关键酶活性及其基因表达的影响. 中国农业科学，44（18）：3850-3858.

王秀娜，耿忠诚，王燕，等. 2010. 饲粮硒来源及添加水平对仔猪组织中细胞内谷胱甘肽过氧化物酶基因 mRNA 表达的影响. 动物营养学报，22（6）：1630-1635.

赵鑫. 2015. 锰中毒导致鸡肝脏炎症相关因子 mRNA 表达增加以及肝脏损伤. 哈尔滨：东北农业大学硕士学位论文.

Bai S P, Lu L, Wang R L, et al. 2012. Manganese source affects manganese transport and gene expression of divalent metal transporter 1 in the small intestine of broilers. Br J Nutr, 108(2): 267-276.

Cao C, Fan R, Chen M, et al. 2018. Inflammatory response occurs in veins of broiler chickens treated with a selenium deficiency diet. Biol Trace Elem Res, 183: 361-369.

Chang Y, Tang H, Zhang Z, et al. 2022. Zinc methionine improves the growth performance of meat ducks by enhancing the antioxidant capacity and intestinal barrier function. Front Vet Sci, 31(9): 774160.

Chen F, Zhu L, Qiu H, et al. 2017. Selenium-enriched *Saccharomyces cerevisiae* improves growth, antioxidant status and selenoprotein gene expression in Arbor Acres broilers. J Anim Physiol An N, 101: 259-266.

Chen, X Y, Yang G Y, Zhang B, et al. 2020. Effects of manganese-supplemented diets on growth performance, blood biochemistry, nitrogen metabolism and skeletal development of rex rabbits. J Trace Elem Med Bio, 61: 126543.

Chevenne D, Porquet D. 1995. Hormone de croissance (GH) et insulin-like growth factor 1 (IGF 1) dans les états nutritionnels [Growth hormone (GH) and insulin-like growth factor 1 (IGF-1) in nutritional status]. Ann Biol Clin (Paris), 53(10-11): 527-538.

Cholewinska E, Juskiewicz J, Ognik K. 2018. Comparison of the effect of dietary copper nanoparticles and one copper (Ⅱ) salt on the metabolic and immune status in a rat model. J Trace Eleme Med Bio, 48: 111-117.

Coble K F, Burnett D D, DeRouchey J M, et al. 2018. Effect of diet type and added copper on growth performance, carcass characteristics, energy digestibility, gut morphology, and mucosal mRNA expression of finishing pigs. J Anim Sci, 96: 3288-3301.

Deng B, Zhou X, Wu J, et al. 2017. Effects of dietary supplementation with tribasic zinc sulfate or zinc sulfate on growth performance, zinc content and expression of zinc transporters in young pigs. Anim Sci J, 88(10): 1556-1560.

Dupic F, Fruchon S, Bensaid M, et al. 2002. Duodenal mRNA expression of iron related genes in response to iron loading and iron deficiency in four strains of mice. Comparative Study, 51(5): 648-653.

Elokil A, Darwish A M, Wei J, et al. 2021. Study the effect of microinjection of Zn, Fe, and Cu loaded in montmorillonite on development activities in fertilized chicken eggs. Biol Trace Elem Res, 199(10): 3837-3845.

Espinosa C D, Fry R S, Kocher M E, et al. 2019. Effects of copper hydroxychloride on growth performance and abundance of genes involved in lipid metabolism of growing pigs. J Anim Sci, 97(12): 4904-4911.

Espinosa C D, Stein H H. 2021. Digestibility and metabolism of copper in diet for pigs and influence of dietary copper on growth performance, intestinal health, and overall immune status: a review. J Anim Sci Biotechno,

12(1): 13.

Gao G, Li J, Zhang Y, et al. 2019. Cellular iron metabolism and regulation. Adv Exp Med Biol, 1173: 21-32.

Gao T F. Wang S, Li, X, et al. 2011. Manganese regulates manganese-containing superoxide dismutase (MnSOD) expression in the primary broiler myocardial cells. Biol Trace Elem Res, 144(1): 695-704.

Gonzalez-Esquerra R, Araujo R B, Haese D, et al. 2019. Effect of dietary copper sources on performance, gastric ghrelin-RNA expression and growth hormone concentrations in serum in piglets. J Anim Sci, 97(10): 4242-4247.

Guo Y L, Feng L, Jiang W D, et al. 2019. Dietary iron deficiency impaired intestinal immune function of on-growing grass carp under the infection of *Aeromonas hydrophila*: regulation of NF-κB and TOR signaling. Fish Shellfish Immunol, 93: 669-682.

Han H, Archibeque S L, Engle T E. 2009. Characterization and identification of hepatic mRNA related to copper metabolism and homeostasis in cattle. Biol Trace Elem Res, 129: 130-136.

He B, Bortoluzzi C, King W D, et al. 2019. Zinc source influences the gene expression of zinc transporters in jejunum and cecal tonsils during broiler challenge with *Eimeria maxima* and *Clostridium perfringens*. Poult Sci, 98(3): 1146-1152.

Hou G, Zhang M, Wang J, et al. 2021. Chitosan-chelated zinc modulates ileal microbiota, ileal microbial metabolites, and intestinal function in weaned piglets challenged with *Escherichia coli* K88. Appl Microbiol Biotechnol, 105(19): 7529-7544.

Hu Y, Wang C, Wu W, et al. 2022. Organic zinc with moderate chelation strength enhances zinc absorption in the small intestine and expression of related transporters in the duodenum of broilers. Front Physiol. 22(13): 952941.

Huang J Q, Li D L, Zhao H, et al. 2011. The selenium deficiency disease exudative diathesis in chicks is associated with downregulation of seven common selenoprotein genes in liver and muscle. J Nutri, 141: 1605-1610.

Huang Y L, Ashwell M S, Fry R S, et al. 2015. Effect of dietary copper amount and source on copper metabolism and oxidative stress of weanling pigs in short-term feeding. J Anim Sci, 93: 2948-2955.

Karweina D, Kreuzer-Redmer S, Müller U, et al. 2015. The zinc concentration in the diet and the length of the feeding period affect the methylation status of the ZIP4 zinc transporter gene in iglets. PLoS One, 10(11): e143098.

Khoobbakht Z, Roostaei-Ali M M, Mohammadi M, et al. 2020. Supplementation of various zinc sources modify sexual development and testicular IGF family gene expression in pre-pubertal male Japanese quail. Res Vet Sci, 130: 87-92.

Kim B E, Nevitt T, Thiele D J. 2008. Mechanisms for copper acquisition, distribution, and regulation. Nat Chem Biol, 4: 176-185.

Kim H P, Roe J H, Chock P B. et al. 1999. Transcriptional activation of the human manganese superoxide dismutase gene mediated by tetradecanoylphorbol acetate. J Biol Chem, 274(52): 37455-37460.

Lei X G, Dann H M, Ross D A, et al. 1998. Dietary selenium supplementation is required to support full expression of three selenium-dependent glutathione peroxidases in various tissues of weanling pigs. J Nutri, 128: 130-135.

Li J, Yan L, Zheng X, et al. 2008. Effect of high dietary copper on weight gain and neuropeptide Y level in the hypothalamus of pigs. J Trace Elem Med Bio, 22: 33-38.

Li J L, Sunde RA. 2016. Selenoprotein transcript level and enzyme activity as biomarkers for selenium status and selenium requirements of chickens (*Gallus gallus*). PLoS One, 11: e0152392.

Li L, Li H, Zhou W, et al. 2019. Effects of zinc methionine supplementation on laying performance, zinc status, intestinal morphology, and expressions of zinc transporters' mRNA in laying hens. J Sci Food Agric, 99(14): 6582-6588.

Li S, Lu L, Hao S, et al. 2011. Dietary manganese modulates expression of the manganese-containing superoxide dismutase gene in chickens. J Nutr, 141(2): 189-192.

Li S, Lu L, Liao X, et al. 2016. Manganese elevates manganese superoxide dismutase protein level through protein kinase C and protein tyrosine kinase. Biometals, 29(2): 265-274.

Li S F, Luo X G, Liu B, et al. 2004. Use of chemical characteristics to predict the relative bioavailability of supplemental organic manganese sources for broilers. J Anim Sci, 82: 2352-2363.

Li T, He W, Liao X, et al. 2021. Zinc alleviates the heat stress of primary cultured hepatocytes of broiler embryos via enhancing the antioxidant ability and attenuating the heat shock responses. Anim Nutr, 7(3): 621-630.

Liao X, Zhu Y, Lu L, et al. 2019. Maternal manganese activates anti-apoptotic-related gene expressions via miR-1551 and miR-34c in embryonic hearts from maternal heat stress (*Gallus gallus*). J Therm Biol, 84: 190-199.

Liao X D, Liu G Q, Sun G M, et al. 2021. Determination of optimal dietary selenium levels by full expression of selenoproteins in various tissues of broilers from 1 to 21 d of age. Anim Nutri, 7: 1133-1144.

Liao X D, Wang G, Lu L, et al. 2019. Effect of manganese source on manganese absorption and expression of related transporters in the small intestine of broilers. Poult Sci, 98(10): 4994-5004.

Lin X, Meng T, Yang T, et al. 2020. Circadian zinc feeding regime in laying hens related to laying performance, oxidation status, and interaction of zinc and calcium. Poult Sci, 99(12): 6783-6796.

Liu C P, Fu J, Xu FP, et al. 2015. The role of heat shock proteins in oxidative stress damage induced by Se deficiency in chicken livers. Biometals, 28: 163-173.

Liu G, Zhao Y, Cao S, et al. 2020. Relative bioavailability of selenium yeast for broilers fed a conventional corn-soybean meal diet. J Anim Physiol An N, 104: 1052-1066.

Liu J J, Wang Y, Zhao H J, et al. 2020. Arsenic (Ⅲ) or/and copper (Ⅱ) exposure induce immunotoxicity through trigger oxidative stress, inflammation and immune imbalance in the bursa of chicken. Ecotox Environ Safe, 190: 110127.

Liu L, Sui X Y, Li F C. 2017. Effect of dietary copper addition on lipid metabolism in rabbits. Food Nutr Res, 61: 1348866.

Liu P, Pieper R, Rieger J, et al. 2014. Effect of dietary zinc oxide on morphological characteristics, mucin composition and gene expression in the colon of weaned piglets. PLoS One, 9(3): e91091.

Liu Z H, Lu L, Wang R L, et al. 2015. Effects of supplemental zinc source and level on antioxidant ability and fat metabolism-related enzymes of broilers. Poult Sci, 94(11): 2686-2694.

Lu L, Luo X G, Ji C, et al. 2007. Effect of manganese supplementation and source on carcass traits, meat quality, and lipid oxidation in broilers. J Anim Sci, 85: 812-822.

Lu L, Wang M, Liao X, et al. 2017. Manganese influences the expression of fatty acid synthase and malic enzyme in cultured primary chicken hepatocytes. Brit J Nutr, 118: 881-888.

Ma W, Feng Y, Jia L, et al. 2019. Dietary iron modulates glucose and lipid homeostasis in diabetic mice. Biol Trace Elem Res, 189(1): 194-200.

Mao X, Qi S, Yu B, et al. 2013. Zn^{2+} and L-isoleucine induce the expressions of porcine β-defensins in IPEC-J2 cells. Mol Biol Rep, 40(2): 1547-1552.

Muller P, van Bakel H, van de Sluis B, et al. 2007. Gene expression profiling of liver cells after copper overload *in vivo* and *in vitro* reveals new copper-related genes. J Bio Org Chem, 12: 495-507.

Nie X P, Wang Y, Zhao H J, et al. 2020. As^{3+} or/and Cu^{2+} exposure triggers oxidative stress imbalance, induces inflammatory response and apoptosis in chicken brain. Ecotox Environ Safe, 203: 110993.

Nose Y, Wood L K, Kim B E, et al. 2010. Ctr1 is an apical copper transporter in mammalian intestinal epithelial cells *in vivo* that is controlled at the level of protein stability. Journal of Biology Chemistry, 285: 32385-32392.

Pu Y, Guo B, Liu D, et al. 2015. Iron supplementation attenuates the inflammatory status of anemic piglets by regulating hepcidin. Biol Trace Elem Res, 167: 28-35.

Qin S, Liao X, Lu L, et al. 2017. Manganese enhances the expression of the manganese superoxide dismutase in cultured primary chick embryonic myocardial cells. J Integr Agr, 16(9): 2038-2046.

Reis A R D, El-Ramady H, Santos E F, et al. 2017. Overview of selenium deficiency and toxicity worldwide: affected areas, selenium-related health issues, and case studies. Plant Ecophysiology Selenium in Plants, 11: 209-230.

Sargeant H R, Miller H M, Shaw M A. 2011. Inflammatory response of porcine epithelial IPEC J2 cells to enterotoxigenic *E. coli* infection is modulated by zinc supplementation. Mol Immunol, 48(15-16): 2113-2121.

Sharma U, Pal D, Prasad R. 2014. Alkaline phosphatase: an overview. Indian J Clin Biochem, 29(3): 269-278.

Song Y M, Kim M H, Kim H N, et al. 2018. Effects of dietary supplementation of lipid-coated zinc oxide on intestinal mucosal morphology and expression of the genes associated with growth and immune function in weanling pigs. Asian-Australas J Anim Sci, 31(3): 403-409.

Sun X, Lu L, Liao X, et al. 2018. Effect of in ovo zinc injection on the embryonic development and epigenetics-related indices of zinc-deprived broiler breeder eggs. Biol Trace Elem Res, 185(2): 456-464.

Tako E, Rutzke M A, Glahn R P. 2010. Using the domestic chicken (*Gallus gallus*) as an *in vivo* model for iron bioavailability. Poult Sci, 89(3): 514-521.

Ttn A, Mm A. 2022. Effects of zinc glycinate on growth, immunity, and intestinal health in broiler chickens. Anim Feed Sci Tech, 285: 115207.

Varzaneh M B, Rahmania H, Jahaniana R, et al. 2017. The influence of oral copper-methionine onmatrix metalloproteinase-2 gene expression and activation in right-sided heart failure induced by cold temperature: a broiler chicken perspective. J Trace Elem Med Biol, 39: 71-75.

Wang C L, Wang L S, Zhang L Y, et al. 2022. Determination of optimal dietary selenium levels by full expression of selenoproteins in various tissues of broilers from 22 to 42 d of age. Anim Nutri, 8: 18-25.

Wang Y, Tu Y, Han F, et al. 2005. Developmental gene expression of lactoferrin and effect of dietary iron on gene regulation of lactoferrin in mouse mammary gland. J Dairy Sci, 88(6): 2065-2071.

Wang Z C, Yu H M, Xie J J, et al. 2019. Effect of dietary zinc pectin oligosaccharides chelate on growth performance, enzyme activities, Zn accumulation, metallothionein concentration, and gene expression of Zn transporters in broiler chickens1. J Anim Sci, 97(5): 2114-2124.

Wen M, Wu B, Zhao H, et al. 2019. Effects of dietary zinc on carcass traits, meat quality, antioxidant status, and tissue zinc accumulation of pekin ducks. Biol Trace Elem Res, 190(1): 187-196.

Wu C, Xu Z, Huang K. 2016. Effects of dietary selenium on inflammation and hydrogen sulfide in the gastrointestinal tract in chickens. Biol Trace Elem Res, 174(2): 428-435.

Xie J C, Tian Y, Zhu L, et al. 2014. Effects of inorganic and organic manganese supplementation on gonadotropin-releasing hormone-Ⅰ and follicle-stimulating hormone expression and reproductive performance of broiler breeder hens. Poult Sci, 93(4): 959-969.

Xu S Z, Lee S H, Lillehoj H S, et al. 2015. Dietary sodium selenite affects host intestinal and systemic immune response and disease susceptibility to necrotic enteritis in commercial broilers. Brit Poult Sci, 56(1): 103-112.

Xu Y, Porntadavity S, Clair D K. 2002. Transcriptional regulation of the human manganese superoxide dismutase gene: the role of specificity protein 1 (Sp1) and activating protein-2 (AP-2). Biochem J, 362(2): 401-412.

Yan J Y, Zhang C, Tang L, et al. 2016. Effect of dietary copper sources and concentration on serum lysozyme concentration and protegrin-1 gene expression in weaning piglets. Ital J Anim Sci, 14(3): 471-475.

Yang F, Liao J Z, Yu W L, et al. 2020. Copper induces oxidative stress with triggered NF-κB pathway leading to inflammatory responses in immune organs of chicken. Ecotox Environ Safe, 200: 110715.

Yang W, Wang J, Zhu X, et al. 2012. High lever dietary copper promote ghrelin gene expression in the fundic gland of growing pigs. Biol Trace Elem Res, 150: 154-157.

Zhang S M, Liao X D, Ma X L, et al. 2018. Relative bioavailability of ultrafine sodium selenite for broilers fed a conventional corn-soybean meal diet. J Anim Sci, 96: 4755-4767.

Zhang Y, Chang Y, Yang T, et al. 2020. The hepatoprotective effects of zinc glycine on liver injury in meat duck through alleviating hepatic lipid deposition and inflammation. Biol Trace Elem Res, 195(2): 569-578.

Zhang Y M, Ao D, Lei K W, et al. 2023. Dietary copper supplementation modulates performance and lipid metabolism in meat goat kids. J Integr Agric, 22: 214-221.

Zhou F, Jongberg S, Zhao M, et al. 2019. Antioxidant efficiency and mechanisms of green tea, rosemary or maté extracts in porcine longissimus dorsi subjected to iron-induced oxidative stress. Food Chemistry, 298: 125030.

Zhou X, Li Y, Li Z, et al. 2017. Effect of dietary zinc on morphological characteristics and apoptosis related gene expression in the small intestine of Bama miniature pigs. Acta Histochem, 119(3): 235-243.

Zhu Y, Liao X, Lu L, et al. 2017. Maternal dietary zinc supplementation enhances the epigenetic-activated antioxidant ability of chick embryos from maternal normal and high temperatures. Oncotarget, 8(12): 19814-19824.

Zhu Y, Lu L, Liao X, et al. 2017. Maternal dietary manganese protects chick embryos against maternal heat stress via epigenetic-activated antioxidant and anti-apoptotic abilities. Oncotarget, 8(52): 89665-89680.

第七章　维生素与动物基因表达调控

维生素是指维持动物机体正常功能所必需，但在体内不能合成或合成量很少，必须由食物供给的一组低分子质量的有机化合物。维生素是细胞发育、生长和新陈代谢等基本活动所必需的营养元素。维生素对免疫系统正常功能的重要作用已被广泛研究和理解。维生素水平不足还可能导致免疫系统功能紊乱，从而导致感染或炎症发生率增加，最终导致生长减慢。近年来，维生素与基因表达的相互作用已成为研究的热点。

第一节　脂溶性维生素的分子营养

许多研究表明脂溶性维生素（fat-soluble vitamin，FSV），包括维生素 A、维生素 D、维生素 E、维生素 K 都会影响与其相关的基因表达，在畜禽饲料中添加适量的维生素，可改善生长性能、生产性能、调节免疫及促进神经系统发育等。

一、维生素 A

维生素 A 对胚胎发育、组织分化、生长、上皮完整性、红细胞生成、生殖、免疫功能和视觉系统至关重要。维生素 A 有两种形式，即视黄醇（预制维生素 A）和维生素原 A 类胡萝卜素。视黄醇（主要以视黄醇酯的形式）天然存在于动物食品中，可被生物体完全吸收。相比之下，植物性食品中的类胡萝卜素（主要以 β-胡萝卜素的形式存在）的生物利用度要低得多。并非所有类胡萝卜素都具有维生素原 A 活性。考虑到胡萝卜素体内转化为视黄醇的生理功效和肠道吸收能力，目前在正常混合日粮中广泛接受的转化值是 6μg β-胡萝卜素转化为 1μg 视黄醇。通常，参考膳食需求量以视黄醇当量（μg）表示。

（一）维生素 A 对动物生长性能相关基因的表达调控

维生素 A 对于视觉发育、生长、生殖生理及上皮和骨骼完整性的维持是必需的。维生素 A 在 16 000IU/kg 的日粮水平下可改善生长性能。日粮中添加维生素 A 可防止对可能缺乏该维生素的家禽生长性能的抑制（Yuan et al.，2014）。

同源异型盒基因（homeobox genes，Hox）家族参与动物肢体结构的发育和生长，其中 Hoxa 基因簇在脊椎动物肢体正常发育过程中必不可少。Hoxa 基因簇反义 RNA2（Hoxa-AS2）是位于 Hoxa 基因簇中的一段长链非编码 RNA，其转录物在人急性早幼粒细胞白血病细胞系 NB4 中表达。Zhao 等（2013）发现，Hoxa-AS2 基因沉默会诱导细胞凋亡，而反式视黄酸（ATRA）可使 Hoxa-AS2 表达水平升高，降低细胞凋亡水平。因此，在 ATRA 诱导的人急性早幼粒细胞白血病细胞系 NB4 髓样分化过程中，Hoxa-AS2 介导的负调控参与细胞凋亡过程的微调。

通过制作维生素 A 缺乏模型，检测新生鼠枕颈部骨骼转化生长因子-β1（transforming

growth factor-β1，TGF-β1）的表达情况，探讨枕颈部发育中维生素A对TGF-β1的影响。将健康的雌性C57BL/6小鼠30只随机分成2组，即正常对照组（normal control group，N组）和维生素A缺乏组（vitamin A deficiency group，VAD组），每组各15只。N组给予AIN-93M配方饲料喂养，VAD组给予缺乏维生素A的饲料（根据AIN-93M配方修改）喂养。造模成功后，取新生鼠枕颈部骨骼，采用免疫组织化学方法检测新生胎鼠枕颈部TGF-β1的表达情况。结果显示，经过10周的维生素A缺乏饲料喂养，VAD组小鼠出现维生素A缺乏症状，酶联免疫吸附测定（ELISA）检测发现VAD组血清维生素A水平显著低于N组。结果表明，维生素A缺乏导致新生胎鼠枕颈部骨骼中TGF-β1表达降低，可能和维生素A与TGF-β1信号通路的相互作用有关（刘楚吟等，2015）。

（二）维生素A对动物繁殖性能相关基因的表达调控

补充高于美国NRC（1994）营养标准建议水平的维生素A有助于维持蛋鸡在热应激下生殖器官的正常发育和膜完整性（Kaya and Yildirim，2011）。在雌性鹌鹑的日粮中添加促卵泡素，可促进生殖系统的发育和生长，同时提高促卵泡素水平（Fu et al.，2000）。

通过研究饲粮中维生素A添加水平对黄羽肉种鸡繁殖性能、维生素A沉积等的影响，以探讨黄羽肉种鸡维生素A需要量及维生素A影响繁殖性能的可能作用机制。试验选取528只46周龄岭南黄肉种母鸡随机分成4个处理组，每个处理组设置6个重复，每个重复采用22只种鸡，试验采用玉米-豆粕型基础饲粮，分别在基础饲粮中添加0、5400IU/kg、10 800IU/kg、21 600IU/kg维生素A，试验9周。从第7周开始，每个重复收集60枚种蛋孵化。研究发现，饲粮添加维生素A显著提高产蛋率、蛋料比和雏鸡初生重，随着饲粮维生素A添加水平的增加，肉种鸡与出生雏鸡肝脏中棕榈酸视黄酯含量随之提高。添加维生素A显著提高卵巢基质和黄色卵巢壁中胰岛素样生长因子1受体（IGF-1R）、白色和黄色卵泡壁的卵泡刺激素受体（FSHR）及黄色卵泡壁促黄体生成素受体P（LHR）和生长激素受体（GHR）mRNA表达水平。随着饲粮维生素A水平提高，卵巢基质和白色、黄色卵巢壁中的caspase-3、脂肪酸合成酶（FAS）mRNA表达水平显著降低。添加5400IU/kg维生素A显著上调白色卵泡壁视黄酸脱氢酶10（RDH10）mRNA表达水平，添加21 600IU/kg维生素A显著上调卵巢基质和白色卵泡壁细胞色素P450家族成员26A1（CYP26A1）mRNA表达水平。添加维生素A显著提高卵巢基质视黄酸受体α（RAR-α）和黄色卵泡壁RAR-α mRNA表达水平。结果表明，饲粮添加维生素A可以提高肉种鸡繁殖性能和肝脏维生素A储存，其影响繁殖性能的可能作用机制是：维生素A通过其活性代谢物视黄酸，提高核受体表达，上调激素受体表达，下调凋亡因子表达，减少卵泡闭锁，促进卵泡成熟排卵（陈芳，2016）。

（三）维生素A对动物免疫调节相关基因的表达调控

维生素A通过调节免疫反应，降低病原体的易感性。饲料中高水平的12 000IU/kg膳食维生素A可提高热应激下母鸡抗新城疫病毒的抗体滴度（Lin et al.，2002）。维生素A是上皮组织完整性所必需的，上皮组织完整性是抵抗病原体进入的主要防御。此外，维生素A有助于增加能够进入人体的病原体的抗体合成。维生素A促进对T细胞依赖性抗原的抗体反应，也可通过一些机制诱导保护性抗肿瘤免疫，如增强淋巴结的迁移和诱导细胞分化（Mullin，2011）。

在维生素 A 调节黏膜免疫机制的研究中发现，维生素 A 缺乏的大鼠肠黏膜 RAR-α mRNA 表达水平降低，树突状细胞数量增加，IL-12 分泌水平增加，而 IFN-γ 和 IL-10 分泌减少。在体外培养的派尔斑中，全反式视黄酸促进树突状细胞成熟，提高 *RAR-α* 和 *IL-10* 基因表达水平，降低 *IL-12* 和 *IFN-γ* 基因表达水平；当与 Ro41-5253（RAR-α 的特异性拮抗剂）共同培养时，全反式视黄醇的这些作用出现逆转。上述研究揭示在维生素 A 缺乏的情况下，补充维生素 A 在减轻肠道炎症和恢复受损抗体反应方面有效。维生素 A 对树突状细胞的影响可能是导致黏膜免疫改变的重要影响因素，RAR-α 在其中发挥关键作用（Dong et al., 2010）。

雏鸡的免疫系统在刚孵化后是不成熟的，通过研究日粮维生素 A 补充水平对雏鸡呼吸道黏蛋白和 IgA 产生的影响，发现补充维生素 A 可通过下调 TNF-α 和 EGFR mRNA 的表达，上调 TGF-β、MUC5AC 和 IL-13 mRNA 的表达，从而提高雏鸡呼吸道免疫能力（Fan, 2015）。

二、维生素 D

维生素 D 在维持骨骼和牙齿的正常矿化、肌肉收缩、神经传导和身体所有部位的一般细胞功能方面起着至关重要的作用，主要以麦角钙化醇（维生素 D_2）和胆钙化醇（维生素 D_3）这两种形式存在。维生素 D 不仅具有调节钙稳态的作用，还可能抑制癌症进展和某些自身免疫病，对心血管、皮肤和免疫系统也有积极影响。此外，维生素 D 与各种生理过程有关，包括骨动员和矿物质化及磷和钙吸收（Garcia et al., 2013）。正常饮食提供了只有大约 20% 的维生素 D，所以剩余的必须来自阳光。若维生素 D 缺乏，其后果十分严重，包括引起佝偻病、抑制生长和生产及免疫反应的减弱。

（一）维生素 D 对动物生长性能相关基因的表达调控

补充维生素 D 可诱导肠道对磷和钙的吸收，促进黏膜中钙结合蛋白的产生，通过增加血浆钙浓度激活受钙调节的复合物（Garcia et al., 2013）。此外，它还增加了肾小管对钙和磷的重吸收，并通过促进骨骼对矿物质的吸收而影响钙化过程（Weber, 2009）。日粮中较高水平的维生素 D 可增加钙和磷的吸收，提高骨骼强度，从而改善腿部健康。日粮中添加 25-羟维生素 D_3 [25（OH）D_3] 可降低胫骨软骨发育不良的发生率，并对肉鸡的骨骼质量产生积极影响。Driver 等（2006）指出，添加维生素 D_3 可通过诱导软骨细胞成熟来缓解胫骨软骨发育不良疾病的临床症状。在蛋鸡中，维生素 D 在骨骼系统的正常发育中发挥作用，如加强爪子、喙和骨骼的发育。维生素 D 调节甲状旁腺激素的分泌，并通过维生素 D 受体刺激多种组织。因此，缺乏维生素 D 会导致繁殖能力下降和出现代谢紊乱（Garcia et al., 2013）。

维生素 D 对 Ca^{2+} 具有多种调控途径。研究膳食钙和 / 或维生素 D 补充对 *CaBP-9k* 和 / 或 *CaBP-28k* 敲除小鼠十二指肠紧密连接基因（*occludin*、*ZO-1* 和 *claudin-2*、*claudin-10b*、*claudin-12* 和 *claudin-15*）表达的影响。结果发现，在正常日粮条件下，与野生型（WT）动物相比，*CaBP-9k* 敲除小鼠十二指肠中大多数紧密连接基因的表达显著增加。在钙和维生素 D 缺乏的日粮中，*CaBP-9k* 敲除小鼠十二指肠的紧密连接基因表达显著降低。结果表明，细胞外紧密连接基因的表达受跨细胞钙结合蛋白（CaBP）调控，表明主动和被动钙转运途径可能协同发挥作用（Hwang, 2013）。

构象灵活的 1α,25（OH）$_2$ 维生素 D_3 [1α,25（OH）$_2D_3$] 通过与维生素 D 受体（VDR）结

合启动生物反应。VDR 包含两个重叠的配体结合位点，一个基因组口袋（VDR-GP）和一个替代口袋（VDR-AP），分别结合碗状配体构型（基因转录）或平面状配体形状（快速反应）。当 VDR-GP 被 1α,25（OH）$_2$D$_3$ 占据时，VDR-GP 与视黄酸 X 受体相互作用，形成异二聚体，与 1α,25（OH）$_2$D$_3$ 直接控制的基因区域中的维生素 D 反应元件结合。激活的 VDR 通过招募辅激活子或辅抑制子的复合物，调节编码蛋白质的基因转录，这些蛋白质揭示了维生素 D 的传统基因组功能，包括通过肠道钙和磷吸收信号通路来影响骨骼和钙稳态（Haussler，2011）。

（二）维生素 D 对动物免疫调节相关基因的表达调控

维生素 D$_3$ 可调节哺乳动物的先天性和适应性免疫反应，但关于其对禽类免疫系统细胞影响的研究甚少。有人研究了维生素 D$_3$ 对鸡巨噬细胞的影响。鸡巨噬细胞表达维生素 D 受体（VDR），脂多糖（LPS）刺激增加其 VDR 表达。在存在或不存在 Toll 样受体配体（如 LPS 和 Pam3CSK4）的情况下，用 1α,25（OH）$_2$D$_3$ 处理巨噬细胞。随后，通过测量一氧化氮（NO）、CXCL8 和 IL-1β 的表达来评估巨噬细胞的活化，并检测主要组织相容性复合体Ⅱ（MHC-Ⅱ）和 CD86 的变化。用 1α,25（OH）$_2$D$_3$ 处理细胞可提高巨噬细胞对刺激的反应能力并产生 NO，但单独使用维生素 D$_3$ 不能激活巨噬细胞，并导致 CD86、MHC-Ⅱ、CXCL8 和 IL-1β 表达下调。这些发现表明维生素 D$_3$ 对鸡巨噬细胞具有免疫调节作用（Shojadoost et al.，2015）。

维生素 D 诱导促炎和抗炎细胞因子表达上调，因此高剂量的维生素 D$_3$ 或其衍生物高于推荐水平对免疫系统有积极影响。在对高剂量维生素 D 补充对接受最佳及钙磷缺乏日粮的肉鸡先天性免疫应答的影响研究中，300 只雄性肉鸡随机分为 60 只笼，每笼 5 只，采用 3×2 析因设计，每只笼饲喂 10 只（10 个重复）和 3 种水平的维生素 D 和 2 种水平的 Ca/P。定量反转录 PCR（n=5）用于评估外周血单个核细胞（PBMC）、脾脏和法氏囊中的 Toll 样受体（TLR2b 和 TLR4）、细胞因子/趋化因子（IL-12、IFN-γ、IL-10、IL-4、IL-13、IL-18、CxCLi2）和 cathelicidin（CATH1、CATHB1、CATH3）mRNA 表达水平。钙磷缺乏日粮中补充维生素 D 显著增加了脾脏中 TLR2b、TLR4、CATH1 和 CATHB1 转录，主要是 Th2 细胞因子。对照日粮补充维生素 D 可下调 TLR4 转录，并呈剂量依赖性增加 CATH1、CATHB1、Th1 和 Th2 细胞因子转录（Th2＞Th1）。所有日粮均下调 CATH3 转录。结果表明，维生素 D 或其衍生物 25（OH）D$_3$ 都具有显著的免疫调节特性，具有更有利的 Th2 反应，同时在肉鸡日粮中最佳和较低的 Ca 和 P 内含物水平下，可观察到 Th2 细胞因子反应增强（Rodriguez-Lecompte et al.，2016）。

研究日粮高水平维生素 D$_3$ 对断奶仔猪生长性能、血清抗氧化、血清和肠道免疫性能的影响，共选择 25 日龄断奶仔猪 120 头，随机分为 2 组，每组 3 个重复，每个重复 20 头猪。对照组饲喂基础日粮，日粮维生素 D$_3$ 含量为 250IU/kg，试验组在基础日粮中添加维生素 D$_3$，使其含量为基础日粮的 10 倍（2500IU/kg），实验从仔猪断奶后开展 21d。实验组较对照组提高了断奶仔猪第 7 天绒毛高度，显著提高了 28.77%，同时显著提高了断奶仔猪 14d 血清 IgM 的含量及回肠内容物 IgM、IgG 和 IgA 的含量。结果表明日粮中添加适量的维生素 D$_3$ 可以提高断奶仔猪生长早期和后期的免疫性能（张振祥，2018）。

评估维生素 D$_3$ 在正常和脂多糖（LPS）条件下对鸡肠道 β-防御素基因的调节作用，使用

4 个治疗组，包括阴性对照组、维生素 D_3 注射组、LPS 注射组、维生素 D_3 和 LPS 注射组。在注射后 4h、24h 和 48h，收集肠道并分离 RNA，用定量聚合酶链反应测定含有假定的维生素 D 反应元件的鸡 β-防御素基因。在肠道中检测到所有 7 种鸡 β-防御素基因（*GAL-3*、*GAL-4*、*GAL-5*、*GAL-6*、*GAL-7*、*GAL-9*、*GAL-10*）的表达。注射 LPS 4h、24h 和 48h 后，*GAL-6*、*GAL-7* 和 *GAL-9* 表达均显著增加，而维生素 D_3 注射在正常条件下不影响任何研究基因的表达。然而，维生素 D_3 与 LPS 联合作用可协同上调 *GAL-4*、*GAL-5*、*GAL-6* 和 *GAL-10* 的表达。结果表明，当禽类暴露于免疫应激源时，维生素 D_3 通过诱导鸡 β- 防御素基因的表达来增强 LPS 攻击期间的免疫反应（Lu et al.，2015）。

三、维生素 E

维生素 E 主要来源于植物性油脂。在维生素 E 家族中，α-生育酚具有最高的生物潜能。因此，在人类营养中，维生素 E 活性以 α-生育酚当量表示。维生素 E 的生物学作用主要基于其抗氧化特性，尤其是在防止脂质过氧化方面。细胞不断暴露于自由基，自由基有可能引起氧化应激，并对生物系统和结构造成损害。氧化应激和脂质过氧化增加与多种疾病有关，如心血管疾病、癌症、白内障、黄斑变性和包括阿尔茨海默病在内的神经退行性疾病。维生素 E 主要位于细胞膜的磷脂双层内，作为自由基清除剂，保护细胞成分，如多不饱和脂肪酸、DNA 和低密度脂蛋白免受脂质过氧化。因此，维生素 E 对上述疾病的产生和发展具有抑制作用。

（一）维生素 E 对动物抗氧化性能相关基因的表达调控

维生素 E 是一种众所周知的强力抗氧化剂。随着脂质过氧化过程的终止，维生素 E 可以保护细胞膜免受氧化。DL-α-生育酚在清除脂质氧化过程中的自由基方面具有很高的生物效率，在减轻家禽氧化应激中具有显著的作用。膳食维生素 E 已被证明能增强肉鸡的肠道抗氧化能力和减少肠道炎性反应（Pitargue et al.，2019）。此外，维生素 E 和 *n*-3 脂肪酸在降低氧化应激和改善免疫功能方面具有协同作用（Taulescu et al.，2011）。因此，维生素 E 和 *n*-3 脂肪酸极有可能通过抗炎和抗氧化作用改善肠道健康。

有人研究了日粮中不同维生素 E 水平对广西三黄鸡抗氧化功能的影响。将 256 只 80 日龄三黄鸡随机设为 4 个组，每组设 4 个重复，分别在基础日粮中添加 0、50mg/kg、100mg/kg、150mg/kg 维生素 E，依次为对照组，试验Ⅰ、Ⅱ、Ⅲ组，试验至 120 日龄结束，测定抗氧化指标。结果显示在日粮中添加 150mg/kg 维生素 E 显著降低鸡血清中丙二醛含量，显著提高超氧化物歧化酶活性，添加 50mg/kg 维生素 E 显著提高鸡血清中还原性谷胱甘肽活性，表明添加高水平的维生素 E 有助于改善广西三黄鸡生长性能及抗氧化功能（刘敏燕等，2017）。

研究表明，氧化应激可引起氧化损伤，降低种鸡的抗氧化能力和免疫反应。饲粮中添加维生素 C（300mg/kg）、维生素 E（200mg/kg）或二者组合均可消除上述不良影响。地塞米松（dexamethasone，DEX）诱导的氧化应激降低了 SOD 或 GPX mRNA 的表达，而维生素 E 或维生素 E＋维生素 C 可通过上调氧化应激条件下 GPX mRNA 的相对表达来提高机体的抗氧化能力和免疫功能（Min，2018）。

有研究探讨了维生素 E 对激素性股骨头坏死早期骨髓造血细胞凋亡和 DNA 氧化损伤的

影响。通过组织病理学和苏木精-伊红染色证实骨坏死。采用 TUNEL 法分析骨坏死细胞凋亡率。采用免疫组织化学方法分析 caspase-3 和 Bcl-2 的表达水平，以及骨髓造血细胞的 DNA 氧化损伤。结果发现维生素 E 通过降低 caspase-3 表达和上调 Bcl-2 表达，以及减轻激素诱导股骨头坏死早期骨髓造血细胞 DNA 氧化损伤，有效干预细胞凋亡（Jia et al.，2017）。

（二）维生素 E 对动物繁殖性能相关基因的表达调控

作为一种重要的微量营养素，维生素 E 可优化家畜的繁殖性能。在日粮中补充维生素 E 可降低雄性肉鸡的死亡率。富含维生素 E 的日粮可以通过抑制体内的分解代谢反应来减轻压力，从而改善生产指数（Rymer and Givens，2005）。此外，它保护卵泡免受氧化损伤，并通过促进肝脏释放卵黄前体（卵黄蛋白原）在产卵过程中发挥重要作用（Weber，2009）。

维生素 E 在家禽繁殖过程中不可或缺，对鹅产蛋基因、卵泡发育调控基因、生殖器官及反季节繁殖卵泡发育过程中细胞凋亡基因 *Dicer* 和产蛋性能候选基因（*CGLP*）等的表达有积极影响（李思明，2017）。有研究评估了维生素 E 对阿霉素诱导的卵巢和子宫毒性及大鼠模型中的继发性骨相关效应的影响，结果发现维生素 E 对阿霉素引起的卵巢组织学改变、细胞凋亡率增加、卵巢芳香化酶和雌激素受体 α（estrogen receptor，ER-α）编码基因表达降低、雌孕激素水平降低、碱性磷酸酶降低和骨钙素升高有明显的改善作用（Mohammad et al.，2020）。

补充硒和维生素 E 对生育力低下犬精子抗氧化状态和精液质量具有显著的改善作用。使用计算机辅助精液分析（computer assisted semen analysis，CASA）系统和显微镜评估精子质量参数，测定血液中硒和维生素 E 的浓度，以及精子中谷胱甘肽过氧化物酶（GSH-Px）活性和总抗氧化能力（TAC）。结果发现每天补充硒（6μg/kg 有机硒酵母）和维生素 E（5mg/kg）的实验组精子浓度、大多数运动指标、正常形态和活精子的百分比显著增加，并检测到血液中硒和维生素 E 的浓度及精子中 GPX 活性和 TAC 的增加（Domoslawska，2018）。

（三）维生素 E 对动物免疫调节相关基因的表达调控

维生素 E 缺乏已被证明会损害动物和人类免疫系统的正常功能，这可以通过补充维生素 E 来改善。尽管缺乏维生素 E 的情况很少见，但超过当前日粮建议的维生素 E 补充已被证明能增强免疫系统的功能，降低感染风险（Levis et al.，2019）。维生素 E 通过直接影响 T 细胞膜完整性、信号转导和细胞分裂，以及间接影响其他免疫细胞产生的炎性介质来调节 T 细胞功能。维生素 E 对免疫功能的调节具有临床意义，因为它影响宿主对呼吸道感染等传染病的易感性，以及哮喘等过敏性疾病的易感性（Lewis et al.，2019）。此外，在对维生素 E 对老年人免疫力影响的研究中，其同样具有改善整体免疫反应的潜力（Maggini et al.，2008）。

日粮中添加维生素 E 补充剂显著改善了肉鸡免疫反应和肝脏中的抗氧化剂水平（Karadas et al.，2016）。此外，α- 生育酚通过巨噬细胞活化和抗体产生对免疫系统的调节作用，有助于抵抗和预防许多疾病（Weber，2009）。膳食维生素 E 水平（40IU/kg 或 80IU/kg 饲料）可能会改变免疫功能，包括肉鸡的固有细胞氧化免疫（Perez-Carbajal et al.，2010）。维生素 E 对免疫系统的直接影响是通过抑制淋巴细胞和单核细胞中的蛋白激酶 C，减少过氧化氢等免疫抑制因子的分泌实现的。通过补充维生素 E 改善肉鸡的免疫应答可能是由于其抗氧化特性和降低血浆皮质酮浓度的能力（Puthpongsiriporn et al.，2001）。

维生素 E 缺乏会使猪易患包括大肠杆菌感染在内的各种疾病。在接种了大肠杆菌的断奶仔猪中，可观察到肝脏 α-生育酚浓度显著降低，这表明可能在大肠杆菌感染时，为了提升吞噬细胞活性，维生素的消耗量增加（Lauridsen et al.，2011）。补充维生素 E（300mg/kg 饲料）可降低肌内注射 LPS 猪血浆中前列腺素 E2（prostaglandin E2，PGE2）的浓度（Upadhaya et al.，2015）。一项针对猪的研究发现，维生素 E 可以降低实验感染产肠毒素大肠杆菌（ETEC）断奶猪的急性炎性反应（Kim et al.，2016）。α-生育酚在膳食补充剂中很容易被纳入细胞膜，断奶日粮中维生素 E 剂量的增加反映为 3 周后上皮和黏膜中 α-生育酚的增加（Lauridsen，2010）。因此，控制猪免疫细胞和上皮细胞中维生素 E 的浓度可以作为一种营养策略，尤其是在炎性和氧化应激反应的肠道传染病条件下。

四、维生素 K

维生素 K 有两种主要形式，称为天然维生素 K 的同效维生素，即维生素 K_1（叶绿基甲萘醌，简称叶绿醌）和维生素 K_2（甲基萘醌），此外还有另一种人工合成生产的维生素体，即维生素 K_3。维生素 K_1 具有类异戊二烯侧链，而维生素 K_2 具有植基侧链，其特征是连接的类异戊二烯单元数量可变，而作为合成类似物的维生素 K_3 没有侧链。人类无法在体内合成维生素 K，依赖日粮获得所需的维生素。维生素 K 的来源因维生素的不同而不同。维生素 K_1 的主要膳食来源为植物源性食物。维生素 K_2 存在于肉类、乳制品和发酵产品中。由于维生素 K 在食物中分布广泛，除新生儿和特殊群体（如妊娠、疾病）外，临床上几乎不存在维生素 K 缺乏症，因此维生素 K 的补充主要应用于上述人群中。

维生素 K 是凝血和维持健康骨组织所必需的，其缺乏会导致凝血功能障碍、出血性疾病等。维生素 K 不仅仅具有凝血相关的功能，目前已知维生素 K 还有参与骨骼代谢、改善骨质量、防止动脉钙化、缓解炎症、调节脂代谢和提高免疫等功能（Halder et al.，2019）。

（一）维生素 K 对动物生长性能相关基因的表达调控

维生素 K 在骨形成和重建模型方面也很重要，这可能是因为骨钙素（主要骨蛋白之一）形成依赖于维生素 K（Weber，2009）。骨基质蛋白的维生素 K 依赖性羧化被认为是骨基质钙化的重要因素。有研究表明，日粮中添加维生素 K_3（10mg/kg 日粮）会导致蛋鸡跗跖骨近端松质骨体积增加（Fleming et al.，2003）。有人对雄性肉鸡进行了为期 7 周的研究，在对照组日粮基础上分别添加 8mg/kg 和 2mg/kg 维生素 K，以评估日粮维生素 K 水平对骨骼质量和生长性能的影响。结果表明，不同浓度的维生素 K 改善了骨钙素的羧化，提高了血清骨钙素的羟基磷灰石结合能力，从而改善了骨质量（Zhang et al.，2003）。

研究维生素 K_2 在骨骼和血管中的作用发现，维生素 K_2 通过促进成骨细胞分化和骨钙素羧化，提高碱性磷酸酶、胰岛素样生长因子-1、生长分化因子-15 和锡钙蛋白-2 的水平，从而刺激骨形成。此外，维生素 K 降低成骨细胞中促凋亡蛋白 Fas 和 Bax 表达量，并通过增加骨保护素和减少 NF-κB 配体的受体激活剂来降低破骨细胞分化。在血管中，维生素 K_2 通过基质 γ 羟基谷氨酸（Gla）蛋白和富含 Gla 蛋白的羧化作用减少羟基磷灰石的形成，通过提高生长停滞特异性基因 6 的表达水平，抑制血管平滑肌细胞的凋亡，并减少血管平滑肌细胞向成骨细胞的分化转移（Villa et al.，2017）。

（二）维生素 K 对动物繁殖性能相关基因的表达调控

一些研究人员研究了维生素 K 缺乏日粮对 28 周蛋鸡的影响，观察到骨骼 / 骨蛋白-γ羧基谷氨酸（Gla）浓度降低和血液凝结改变。但是，尽管维生素 K 水平不足，但蛋鸡及其生长后代胚胎和雏鸡的骨骼代谢并未受到明显的不利影响（Lavelle et al.，1994）。

维生素 K 是激活肝凝血的必要辅因子，也是凝血因子Ⅱ、凝血因子Ⅶ、凝血因子 IX、凝血因子Ⅹ合成的必需物质。此外，抗凝蛋白质 C、蛋白质 S，以及蛋白质 Z（PZ）和蛋白质 M 也是依赖维生素 K 的凝血因子（Marchili et al.，2018）。蛋白质 Z 在怀孕期间也受到调节，前三个月 PZ 含量增加，直到分娩时才开始下降。低水平的 PZ 会增加患血栓栓塞性疾病的风险（Sofi et al.，2004），并且与胎儿宫内生长受限和胎儿死亡的风险增加有关（Bretelle et al.，2005）。在胚胎阶段，骨膜素会影响胚胎期的心脏发育和心脏重塑（Stansfield et al.，2009）。

（三）维生素 K 对动物免疫调节相关基因的表达调控

有研究表明，给予维生素 K_1 可增加化疗药物 Regorafenib 对肝细胞癌（HCC）细胞系的疗效（Refolo et al.，2017），它通过增加 Regorafenib 对 HCC 细胞的抑制作用来增强其疗效。Orlando 等（2015）首次研究维生素 K_1 对结肠癌（CRC）细胞系多胺代谢的影响，发现维生素 K_1 在肝脏、结肠、肺、胃、乳腺等多种肿瘤细胞中显示出抗癌作用。有趣的是，它通过下调 Bcl-2（一种抗凋亡因子）而不是激活胱天蛋白酶（促凋亡因子）来诱导细胞凋亡。另外，多胺影响与细胞增殖、肿瘤侵袭和转移相关的不同基因，是肿瘤细胞增殖的重要标志物。用维生素 K_1 处理大肠癌细胞导致多胺含量显著降低。维生素 K_2 可诱导人类癌细胞系分化和凋亡（Sibayama-Imazu et al.，2008）。维生素 K_3 在体外和体内对多种癌细胞都有明显的细胞毒性。当维生素 K_3 与其他抗癌分子结合时，具有治疗潜力。在人结直肠癌中，维生素 K_3 抑制上皮-间充质-转化（EMT）和 Wnt 信号通路（Kishore et al.，2019）。有人研究了钙和维生素 K_3 联合在化学诱导肝癌发生中的有益作用，体外研究也表明这种联合诱导人急性 T 淋巴细胞白血病细胞 Jurkat 和人慢性髓原白血病细胞 K562 凋亡，应该有助于通过类似的氧化应激信号机制治疗白血病（Bonilla-Porras et al.，2011）。乳腺癌化疗中线粒体相关通路启动维生素 K_3 诱导的细胞凋亡（Akiyoshi et al.，2009）。维生素 K 衍生物对多药耐药癌细胞的抗癌作用在维生素 K_3 和维生素 K_5 上鲜见报道，它们部分通过诱导细胞凋亡来抑制人慢性髓原白血病细胞 MOLT-4 和耐柔红霉素人慢性髓原白血病细胞 MOLT-4/DNR 的增殖，这些维生素 K 衍生物可以克服 P-糖蛋白表达导致的耐药性（Nakaoka et al.，2015）。对维生素 K_1、维生素 K_2 和维生素 K_3 作用的比较研究表明，维生素 K_3 比维生素 K_2 能更有效地抑制肿瘤细胞生长，并有可能作为抵抗多形性胶质母细胞瘤的抗癌药物的替代药物（Oztopçu et al.，2004）。

第二节　水溶性维生素的分子营养

目前，已有不少关于维生素对基因表达调控作用的研究报道。在 72 周龄的蛋鸡饲粮中分别添加脂溶性维生素、水溶性维生素或两者联合添加 13 周后，TNF-α 表达均显著增加；

水溶性维生素组细胞膜 Ca^{2+}-ATPase（PCMA）编码基因表达量低于对照组。日粮中同时添加脂溶性维生素与水溶性维生素组和只添加水溶性维生素组卵白素（avidin）的表达高于单独添加脂溶性维生素组和对照组。在蛋鸡衰老过程中，肾脏中 1-α-羟化酶、乙二醛酶（GLO）和钠离子依赖的维生素 C 转运蛋白 1（SVCT1）的编码基因表达水平降低。然而，与对照组相比，增加饲粮维生素添加 13 周后逆转了这一趋势，显著提高了肾脏 1-α-羟化酶编码基因的表达。与对照组比较，只添加水溶性维生素组和同时添加脂溶性维生素与水溶性维生素组实验蛋鸡的 GLO 和 SVCT1 表达水平显著升高（Gan et al.，2020）。

一、维生素 B_1

维生素 B_1（硫胺素）具有抗炎作用，抑制氧化应激诱导的 NF-κB 活化。硫胺素能抑制 LPS 诱导的 TLR4 下游信号通路 NF-κB 的激活，从而减少炎症因子的释放（Pan et al.，2018）。维生素 B_1 缺乏症与 ROS 生成增加及血红素加氧酶 1（HO-1）和内皮型一氧化氮合酶（eNOS）表达增加有关，维生素 B_1 可以逆转与维生素 B_1 缺乏无关的氧化应激。急性缺氧条件下，给实验小鼠补充维生素 B_1、维生素 B_2 和烟酸可以通过调控肝脏基因表达谱来改善营养物质的代谢（Liu et al.，2018）。高精料饲粮中添加维生素 B_1 对山羊瘤胃发酵产生了显著影响，部分原因是颤杆菌克属（*Oribacterium*）、厌氧螺菌属（*Anaerobiospirillum*）、纤维杆菌属（*Fibrobacter*）和不可培养普氏菌科（uncultured Prevotellaceae）丰度的增加，以及普氏菌_1（*Prevotella*_1）丰度的降低。添加硫胺素可能通过改变细菌群落结构，改变碳水化合物、氨基酸、脂肪酸、生物胺和有机酸的代谢，从而缓解高精料所致亚急性瘤胃酸中毒（Ma et al.，2021）。在高精饲粮中添加硫胺素可使奶牛瘤胃 LPS 含量减少，血浆中 IL-6 含量降低（Pan et al.，2017）。

二、维生素 B_2

维生素 B_2（核黄素）是两种主要辅酶黄素腺嘌呤二核苷酸（FAD）和黄素单核苷酸（FMN）的基本成分。这些辅酶在动物发育、生长、细胞功能、能量产生，以及类固醇、脂肪和药物代谢中发挥着重要作用（Said and Ross，2014）。维生素 B_2 在肠黏膜吸收过程中被磷酸化为 FMN，然后在肝脏中转化为 FAD。维生素 B_2 是黄素酶（黄素蛋白）的必需因子，其参与呼吸链内氢的转移和运输，从而有助于能量的产生。维生素 B_2 有利于维持血液中同型半胱氨酸的正常水平。它是鸡细胞抗氧化保护、代谢和神经系统等正常运作所必需的营养素。因此，维生素 B_2 是维持家禽生长和整体健康所必需的一种维生素。添加 B 族维生素显著提高了催产素受体、黏蛋白 5B、黏蛋白 1、IL-1β 和叶酸受体-1 等编码基因的表达，引起子宫内环境的改变，为促进胚胎定植奠定基础（Kaur et al.，2019）。维生素 B_2 能够显著影响冬毛期水貂肝脏中肉碱棕榈酰基转移酶 1（CPT1）和乙酰辅酶 A 脱氢酶（ACADS）的表达量，极显著影响谷胱甘肽还原酶（GR）表达量。当维生素 B_2 添加水平为 10mg/kg 时，水貂肝脏中 *CPT1* 基因表达量最高，添加水平为 5mg/kg 时，肝脏中 *ADACS* 和 *GR* 基因表达量最高（穆琳琳，2019）。

三、烟酸

饲粮中添加烟酸可以降低热应激牦牛的炎性反应，降低血清白细胞数、IL-1β 和 TNF-α 的含量（王雪莹等，2020）。饲粮中添加烟酰胺和丁酸钠可通过上调肌原性基因的表达，抑制蛋白质泛素化，从而改善高饲养密度下肉鸡的肉品质（Wu et al.，2020）。烟酰胺可以上调抗氧化基因的表达，提高抗应激能力（Tran et al.，2016）。烟酰胺可改善肉仔鸡的肌肉品质，饲粮中添加高剂量烟酰胺（150mg/kg）可提高高饲养密度肉鸡胸肌中不饱和脂肪酸的含量，饲粮中添加 60mg/kg 烟酸（烟酰胺的前体）可减少肉鸡胸肌的滴水损失（Jiang et al.，2011）。高水平的烟酸引起人和大鼠骨骼肌中转录因子如 PPARγ 共激活因子（PGC）-1α 和 PGC-1β 的表达上调（Ringseis et al.，2013）。在生长猪的日粮中添加 750mg/kg 烟酸显著提高了背最长肌中 PGC-1β 和参与线粒体脂肪酸分解代谢（*CACT*、*FATP1*、*OCTN2*）、柠檬酸循环（*SDHA*）、氧化磷酸化（*COX4/1*、*COX6A1*）和产热（*UCP3*）相关基因的 mRNA 水平（Khan et al.，2013）。烟酸通过与 G 蛋白偶联受体 109a（GPR109a）结合激活 AMPK 进而促进乙酰辅酶 A 羧化酶（ACC）的分泌，从而降低脂肪酸合成，还可以通过抑制 AMPK 抑制雷帕霉素靶蛋白 / 核糖体蛋白 S6 激酶（mTOR/S6K）信号通路抑制脂肪酸合成（Wang et al.，2020）。

四、泛酸

泛酸是畜禽所必需的维生素之一，具有水溶性，也是机体内多种生理和生化过程所必需的辅因子，泛酸广泛参与多种基因的表达调控。肉仔鸡饲粮中泛酸的添加水平为 10mg/kg 时，可以提高粗蛋白质、粗脂肪等的代谢率，促进脂肪酸的合成，促进肉仔鸡体重的增加（祁凤华等，2009）。在 1～4 周龄五龙鹅饲粮中添加泛酸显著影响了五龙鹅的生长性能、屠宰性能、脂代谢和抗氧化功能（Wang et al.，2016）。孔敏等（2016）研究了泛酸对 5～16 周龄五龙鹅肝脏中脂肪甘油三酯脂肪酶（ATGL）和长链脂酰辅酶 A 合成酶 1（ACSL1）编码基因表达的影响，并分析其与生长性能、屠宰性能、肉品质的相关性，结果表明，饲粮泛酸添加水平对鹅肝脏中 ATGL 和 ACSL1 mRNA 表达量影响显著，饲粮泛酸添加水平为 13.86mg/kg 时，ATGL mRNA 表达量最低；添加水平为 22.07mg/kg 时，ACSL1 mRNA 表达量最高。对北京鸭十二指肠的蛋白质组学研究结果表明，泛酸缺乏导致 198 个蛋白质表达上调，223 个蛋白质表达下调，进一步鉴定发现，泛酸缺乏组与糖酵解和糖异生、脂肪酸 β 氧化、三羧酸循环、氧化磷酸化、氧化应激和肠道吸收相关的蛋白质表达受到抑制，此外，在参与肌动蛋白细胞骨架调控的 11 个蛋白质中，有 9 个蛋白质上调（Tang et al.，2021）。

五、维生素 B_6

维生素 B_6 已被证实可以通过降低丝氨酸羟甲基转移酶（SHMT）的活性和通过硫代谢途径抑制同型半胱氨酸分解代谢来改变同型半胱氨酸的代谢。在发情期猪的饲粮中添加 0.3mg/kg 富硒酵母和 10mg/kg 维生素 B_6 盐酸盐显著提高了肝脏和肾脏中 GPX1、GPX3、GPX4 和硒代半胱氨酸裂合酶的编码基因表达水平，提示维生素 B_6 可调控发情前后猪体内有机硒向 GPX 系统的代谢途径（Dalto et al.，2015）。维生素 B_6 参与红细胞的形成和生长激素、胰岛素、甲状腺素、促性腺激素和肾上腺激素的活性调节（El-Kholy et al.，2019）。研究表明，维生素 B_6 能够通过抑制 ocu-miR-205-5p 的表达，激活 PI3K/Akt、Wnt 和 Notch 等信号通路中相关基因和蛋白质的表达，使毛囊生长期延长，推迟休止期的到来，从而提高獭兔被毛密度（刘公言，2019）。在断奶仔猪高蛋白质饲粮中添加维生素 B_6 可能通过改变肠道炎症因子和氨基酸转运蛋白的表达，从而影响断奶仔猪的肠道形态和蛋白质的吸收和代谢（Li et al.，

2019）。在断奶仔猪低蛋白质饲粮中添加维生素 B_6 显著下调了空肠炎性细胞因子和氨基酸转运体的 mRNA 表达水平，而添加 4mg/kg 维生素 B_6 显著上调了回肠中炎性细胞因子和氨基酸转运体的 mRNA 表达水平（Yin et al.，2020）。

六、维生素 B_9

维生素 B_9 是高水平表达维生素 B_9 受体（叶酸受体 4）的调节性 T（Treg）细胞的生存因子。在维生素 B_9 减少的条件下，Treg 细胞可以从初始 T 细胞分化出来，但无法存活，Treg 细胞存活、受损与抗凋亡蛋白 Bcl-2 的表达降低有关，且不依赖于 IL-2。体内实验发现，日粮中维生素 B_9 的缺乏会导致小肠中 Treg 细胞的减少（Kunisawa et al.，2012）。日粮中添加叶酸显著改变了肉仔鸡肝脏中基因的表达水平，并且腹脂中 PPARγ 和 FAS 的 mRNA 水平显著降低（Zhang et al.，2021）。种鸡产蛋期日粮叶酸水平可影响子代胚期固醇类调节元件结合蛋白、FAS 和乙酰辅酶 A 羧化酶等脂代谢相关蛋白编码基因的表达（喻小琼等，2014）。叶酸对鸡胚的生长发育至关重要。基于动物模型的系列研究表明，在发育早期的关键时期，叶酸补充剂通过调控某些特定基因的启动子 DNA 甲基化状态和随后的 mRNA 表达丰度，诱导不同的代谢表型。叶酸影响小鸡中枢神经系统的 DNA 甲基化模式，与性别无关（Ouchi et al.，2021）。在胚胎孵化的第 11 天，向鸡蛋中注射 150μg 叶酸通过调节基因启动子区 DNA 低甲基化和染色质可及性，上调胰岛素样因子 2（IGF-2）的表达，进而促进胚胎生长和器官发育（Liu et al.，2016）。饲粮中添加叶酸显著提高了断奶仔猪空肠黏膜乳糖酶和蔗糖酶的活性。溶质载体家族 6 成员 19（SLC6A19）、溶质载体家族 7 成员 1（SLC7A1）、肿瘤坏死因子-α（TNF-α）的 mRNA 表达量及 Ki67 阳性细胞数、细胞脱落率在膳食叶酸组中呈显著的线性对比，提示添加叶酸可通过维持上皮细胞更新的平衡，改善断奶仔猪的生长性能和肠道形态（Wang et al.，2021）。饲粮添加 2mg/kg 叶酸显著降低了产蛋鸡十二指肠、空肠和回肠 TLR4、NF-κB、TNF-α 和 IL-1β 的 mRNA 相对表达量，显著提高了十二指肠、空肠和回肠 IL-13 mRNA 相对表达量（武笑天等，2021）。

七、维生素 B_{12}

维生素 B_{12}（又称为钴胺素）是参与多种代谢反应酶系统的重要组成部分。饲粮中添加不同水平叶酸和维生素 B_{12} 均能使五龙鹅肝脏中 *ELOVL7* 基因表达量高于对照组，且肝脏中 *ELOVL7* 基因表达量与屠宰率呈显著负相关，与血清甘油三酯（TG）、低密度脂蛋白胆固醇（LDL-C）含量呈显著负相关，与血清总胆固醇（TC）含量呈极显著负相关，与肌间脂带宽呈显著正相关，与皮脂率、腹脂率、腿肌肌内脂肪率呈显著负相关（王宝维等，2018）。饲粮中添加不同水平的叶酸和维生素 B_{12} 及其互作对五龙鹅肝脏中 *Lpin1* 基因表达量有显著影响，且 *Lpin1* 基因表达量与血清脂代谢、脂肪沉积和肉品质指标有一定的相关性（程漫漫等，2019）。饲粮添加叶酸和维生素 B_{12} 及其互作效应对蛋鸡十二指肠和空肠中 occludin 和 MUC2 的 mRNA 相对表达量影响显著。饲粮添加 25μg/kg 维生素 B_{12} 显著降低了蛋鸡十二指肠、空肠和回肠中 TLR4 和 TNF-α 的 mRNA 相对表达量，显著提高了十二指肠、空肠和回肠中 IL-10 的 mRNA 相对表达量（武笑天等，2021）。在缺乏钴胺素的苏格兰黑脸羊中，卵泡刺激素受体（FSHR）的表达量与卵泡数量呈正相关，钴胺素对卵泡发育的影响可能是通过卵泡刺激素信号蛋白增强而产生的（Kanakkaparambil et al.，2009）。

八、维生素 C

维生素 C（又称为抗坏血酸）可通过直接调控基因的翻译水平而实现对基因表达的影响。维生素 C 能显著降低Ⅳ型胶原蛋白浓度和增加酪氨酸羟化酶的基因表达量（Arrigoni and de Tullio，2002）。饲粮中添加维生素 C 显著降低了地塞米松诱导的氧化应激肉鸡脾脏中 IL-1β、IL-6 和 IFN-γ 的 mRNA 表达水平（EI-Senousey et al.，2017）。EI-Senousey 等（2018）评估了在蛋中注射维生素 C 对刚孵出的肉仔鸡脾脏中免疫系统相关基因表达的调控作用效果，结果表明，与对照组相比，在胚胎孵化的第 18 天，鸡蛋中注射 3mg 维生素 C 导致 IL-1β 和 IL-6 的表达量下降。此外，添加比养殖业使用量更多的维生素 C 显著增加了 1-α-羟化酶、GLO 和 SVCT1 的表达，且 GLO 的表达量与产蛋率呈正相关，提示维生素 C 的水平与老年蛋鸡的产蛋率呈正相关（Hooper et al.，2001）。在肉鸡的发育、生长和育成阶段分别向基础日粮中添加 0.2% 维生素 C 和 0.46%、0.36% 和 0.32% 羟基蛋氨酸类似物，显著降低了肉鸡在热应激状态下热激蛋白 P70 基因（*HSP70*）的表达水平（Erfani et al.，2021）。维生素 C 能够抑制前蛋白转化酶枯草溶菌素 /kexing 型（PCSK9）的表达而增强低密度脂蛋白受体（LDLR）的表达（Wang et al.，2020）。通过调节 *GPX* 等基因的表达，维生素 C 能够发挥预防氧化应激、改善免疫反应、调节生理功能等作用（EI-Senousey et al.，2018）。

九、生物素

生物素对基因表达具有一定的调控作用，动物缺乏生物素导致细胞增殖减缓、免疫功能受损和胚胎发育畸形。生物素能显著提高肉仔鸡脾细胞增殖细胞核抗原（PCNA）的 mRNA 表达（于会民等，2006）。生物素以羧化酶等辅酶的形式，参与糖异生、脂肪酸的合成和氨基酸的分解代谢。生物素以辅酶形式，维持乙酰辅酶 A、丙酮羟化酶、丙酰辅酶 A 和 β-甲基巴豆酰辅酶 A 的功能。大鼠缺乏生物素时，氨基酸转氨甲酰酶（OTC）的活性下降，肝中 *OTC* 基因表达量减少 40%。研究发现，生物素通过生物素-腺苷一磷酸（B-AMP）途径调控全羧化酶合成酶、乙酰辅酶 A 羧化酶和丙酰辅酶 A 羧化酶编码基因的表达（周明，2017）。B-AMP 是羧化全酶合成中的一个中间体，受羧化全酶合成酶催化，B-AMP 能活化可溶性鸟苷酸环化酶，活化后的鸟苷酸环化酶能使环磷酸鸟苷（cGMP）的生成量增加。cGMP 能激活蛋白激酶 G，然后激活乙酰辅酶 A 羧化酶、丙酰辅酶 A 羧化酶和羧化全酶合成酶，从而提高基因的转录活性。生物素缺乏，导致羧化全酶合成酶活性降低，因而基因表达障碍。口服生物素可以通过抑制 NF-κB 信号通路，阻止炎性细胞因子的产生，维持肠道屏障的完整性，从而有效缓解葡聚糖硫酸钠（DSS）诱导的小鼠结肠炎（Skupsky et al.，2020）。已有研究发现，生物素均能够诱导表皮细胞的角蛋白特异性增加，但层状上皮细胞中细胞角蛋白表达不受影响，表明生物素可直接刺激表皮细胞的分化及角蛋白和细胞黏合物质的合成，以提高牛蹄的硬度（Riveron-Negrete and Fernandez-Mejia，2017）。

（韩菲菲，浙江工商大学；徐春兰，西北工业大学）

参考文献

陈芳. 2016. 饲粮添加维生素 A 通过调控卵巢激素受体、caspase-3 和 Fas 的表达提高肉种鸡繁殖性能. 广东饲料,(3):51-52.

程漫漫,王宝维,张廷荣,等. 2019. 叶酸和维生素 B_{12} 对五龙鹅肝脏中磷脂酸磷酸酯酶 1 基因表达量的影响及其与血清脂类代谢、脂肪沉积和肉品质指标的相关性分析. 动物营养学报,2:669-680.

孔敏,王宝维,葛文华,等. 2016. 泛酸干预脂肪甘油酯脂肪酶和长链脂酰辅酶 A 合成酶 1 基因表达对鹅生长和脂类代谢的反向调控. 动物营养学报,28(5):1433-1441.

李思明,肖海红,郭小泽,等. 2017. 维生素 E 对鹅反季节繁殖卵泡发育的调节作用及研究现状. 动物营养学报,29(12):4245-4248.

刘楚吟,麻昊宁,董亮,等. 2015. 维生素 A 缺乏对新生鼠枕颈部 TGF-β1 蛋白表达的影响. 中国中医骨伤科杂志,23(7):5-7,13.

刘公言. 2019. 维生素 B_6 通过 miRNA 调控獭兔毛囊发育作用机制的研究. 泰安:山东农业大学博士学位论文.

刘敏燕,甘书灏,宋明杰,等. 2017. 日粮维生素 E 水平对三黄鸡生长性能、抗氧化功能及 PPARs 基因表达的影响. 中国家禽,(17):31-34.

穆琳琳. 2019. 饲粮维生素 B_2 水平对水貂生产性能影响研究. 北京:中国农业科学院硕士学位论文.

祈凤华,陈瑶,徐春生. 2009. 泛酸对肉仔鸡营养物质代谢率影响的研究. 黑龙江畜牧兽医,9(8):36-37.

王宝维,程漫漫,孔敏,等. 2018. 饲粮中添加叶酸和维生素 B_{12} 对五龙鹅生长性能、屠宰性能、脂肪沉积及极长链脂肪酸延长酶 7 基因表达的影响. 动物营养学报,30(11):4433-4443.

王雪莹,王之盛,薛白,等. 2020. 烟酸对热应激牦牛生长性能、营养物质表观消化率和血液指标的影响. 动物营养学报,32(5):2228-2240.

武笑天,温嬰,李锐瑞,等. 2021. 叶酸和维生素 B_{12} 对产蛋鸡生产性能、小肠屏障功能及相关基因表达的影响. 动物营养学报,33(5):2616-2630.

于会民,蔡辉益,马书宇,等. 2006. 生物素对肉仔鸡脾脏细胞 *PCNA* 基因的 mRNA 表达的影响. 畜牧兽医学报,37(11):1232-1235.

喻小琼,刘冉冉,赵桂苹,等. 2014. 叶酸对种鸡子代胚胎期脂代谢基因表达及甲基化的影响. 动物营养学报,26(7):1796-1806.

张振祥. 2018. 维生素 D_3 对断奶仔猪生长性能、抗氧化性能和免疫功能的影响. 中国饲料,(18):53-57.

周明. 2017. 营养因子对动物基因表达的调控作用. 安徽农业大学学报,44(6):986-991.

Akiyoshi T, Matzno S, Sakai M, et al. 2009. The potential of vitamin K_3 as an anticancer agent against breast cancer that acts via the mitochondria-related apoptotic pathway. Cancer Chemot Pharm, 65(1): 143-150.

Arrigoni O, de Tullio M C. 2002. Ascorbic acid: much more than just an antioxidant. BBA-Gen Subjects, 1569(1-3): 1-9.

Bonilla-Porras A R, Jimenez-Del-Rio M, Velez-Pardo C. 2011. Vitamin K_3 and vitamin C alone or in combination induced apoptosis in leukemia cells by a similar oxidative stress signalling mechanism. Cancer Cell Int, 11: 19.

Bretelle F, Arnoux D, Shojai R, et al. 2005. Protein Z in patients with pregnancy complications. Am J Obstet Gynecol, 193(5): 1698.

Dalto D B, Roy M, Audet I, et al. 2015. Interaction between vitamin B_6 and source of selenium on the response of the selenium-dependent glutathione peroxidase system to oxidative stress induced by oestrus in pubertal pig. Trace Elem Med Biol, 32: 21-29.

Domoslawska A, Zdunczyk S, Franczyk M, et al. 2018. Selenium and vitamin E supplementation enhances the antioxidant status of spermatozoa and improves semen quality in male dogs with lowered fertility. Andrologia, 50(6): e13023.

Dong P, Tao Y H, Yang Y, et al. 2010. Expression of retinoic acid receptors in intestinal mucosa and the effect of vitamin A on mucosal immunity. Nutrition, 26(7-8): 740-745.

Driver JP, Atencio A, Pesti G M, et al. 2006. The effect of maternal dietary vitamin D_3 supplementation on performance and tibial dyschondroplasia of broiler chicks. Poult Sci, 85(1): 39-47.

El-Kholy M S, Ibrahim Z A E G, El-Mekkawy M M, et al. 2019. Influence of in-ovo administration of some water-soluble vitamins on hatchability traits, growth, carcass traits and blood chemistry of Japanese quails. Ann Anim Sci, 19(1): 97-111.

El-Senousey H, Chen B, Wang J Y, et al. 2017. Effects of dietary vitamin C, vitamin E, and alpha-lipoic acid supplementation on the antioxidant defense system and immune-related gene expression in broilers exposed to oxidative stress by dexamethasone. Poult Sci, 97: 30-38.

El-Senousey H K, Chen B, Wang J Y, et al. 2018. In ovo injection of ascorbic acid modulates antioxidant defense system and immune gene expression in newly hatched local Chinese yellow broiler chicks. Poult Sci, 97: 425-429.

El-Senousey H K, Chen B, Wang J V, et al. 2018. Effect of dietary vitamin C, vitamin E and alpha-lipoic acid supplementation on the antioxidant defense system and immune related gene expression in broilers exposed to oxidative stress by dexamethasone. Poult Sci, 97(1): 30-38.

Erfani M, Eila N, Zarei A, et al. 2021. The effects of vitamin C and methionine hydroxy analog supplementation on performance, blood parameters, liver enzymes, thyroid hormones, antioxidant activity of blood plasma, intestine morphology, and HSP70 gene expression of broilers under heat stress. Trop Anim Health Prod, 53(2): 296.

Fan X X, Liu S Q, Liu, G H, et al. 2015. Vitamin A deficiency impairs mucin expression and suppresses the mucosal immune function of the respiratory tract in chicks. PLoS One, 10(9): e0139131.

Fleming R H, McCormack H A, McTeir L, et al. 2003. Effects of dietary particulate limestone, vitamin K_3 and fluoride and photostimulation on skeletal morphology and osteoporosis in laying hens. Brit Poult Sci, 44(5): 683-689.

Fu Z, Kato H, Sugahara K, et al. 2000. Retinoic acid accelerates the development of reproductive organs and egg production in Japanese quail (*Coturnix japonica*). Biol Reprod, 63(6): 1795-1800.

Garcia A F, Murakami A E, Duarte C R, et al. 2013. Use of vitamin D_3 and its metabolites in broiler chicken feed on performance, bone parameters and meat quality. Asian-Australas J Anim Sci, 26(3):408-415.

Gross W. 1992. Effects of ascorbic acid on stress and disease in chickens. Avian Dis, 36: 688-692.

Halder M, Petsophonsakul P, Akbulut A C, et al. 2019. Vitamin K: double bonds beyond coagulation insights into differences between vitamin K_1 and K_2 in health and disease. Int J Mol Sci, 20(4): 896-910.

Haussler M R, Jurutka P W, Mizwicki M, et al. 2011. Vitamin D receptor (VDR)-mediated actions of 1α, 25 $(OH)_2$ vitamin D_3: genomic and non-genomic mechanisms. Best Pract Res Cl En, 25(4): 543-559.

Hooper C L, Maurice D V, Lightsey F, et al. 2001. Factors affecting ascorbic acid biosynthesis in chickens. I. Adaptation of an assay and the effect of age, sex and food deprivation. J Anim Physiol Anim Nutr, 84: 48-56.

Hwang I, Yang H, Kang H S, et al. 2013. Alteration of tight junction gene expression by calcium- and vitamin D-deficient diet in the duodenum of calbindin-null mice. Int J Mol Sci, 14(11): 22997-23010.

Jia Y B, Jiang D M, Ren Y Z, et al. 2017. Inhibitory effects of vitamin E on osteocyte apoptosis and DNA oxidative damage in bone marrow hemopoietic cells at early stage of steroid-induced femoral head necrosis. Mol Med Rep, 15(4): 1585-1592.

Jiang R R, Zhao G P, Chen J L, et al. 2011. Effect of dietary supplemental nicotinic acid on growth performance, carcass characteristics and meat quality in three genotypes of chicken. J Anim Physiol, 95: 137-145.

Kanakkaparambil R, Singh R, Li D, et al. 2009. B-vitamin and homocysteine status determines ovarian response to gonadotropin treatment in sheep. Biol Reprod, 80(4): 743-752.

Karadas F, Erdoğan S, Kor D, et al. 2016. The effects of different types of antioxidants (Se, vitamin E and carotenoids) in broiler diets on the growth performance, skin pigmentation and liver and plasma antioxidant concentrations. Rev Bras Cienc Avic, 18(1): 101-115.

Kaur M, Hartling I, Burnett T A, et al. 2019. Rumen-protected B vitamin complex supplementation during the transition period and early lactation alters endometrium mRNA expression on day 14 of gestation in lactating dairy cows. J Dairy Sci, 102(2): 1642-1657.

Kaya S, Yildirim H. 2011. The effect of dried sweet potato (*Ipomea batatas*) vines on egg yolk color and some egg yield parameters. Int J Agric Biol, 13(5): 766-770.

Khan M, Ringseis R, Mooren F C, et al. 2013. Niacin supplementation increases the number of oxidative type I fibers in skeletal muscle of growing pigs. BMC Vet Res, 9: 177.

Kim J C, Mullan B P, Black J L, et al. 2016. Acetylsalicylic acid supplementation improves protein utilization efficiency while vitamin E supplementation reduces markers of the inflammatory response in weaned pigs challenged with enterotoxigenic *E. coli*. J Anim Sci Biotechno, 7(1): 58.

Kishore C, Sundaram S, Karunagaran D. 2019. Vitamin K_3 (menadione) suppresses epithelial-mesenchymal-transition and Wnt signaling pathway in human colorectal cancer cells. ChemBiol Interact, 309: 108725.

Kunisawa J, Hashimoto E, Ishikawa I, et al. 2012. A pivotal role of vitamin B_9 in the maintenance of regulatory T cells *in vitro* and *in vivo*. PLoS One, 7(2): e32094.

Lauridsen C. 2010. Evaluation of the effect of increasing dietary vitamin E in combination with different fat sources on performance, humoral immune responses and antioxidant status of weaned pigs. Anim Feed Sci Tech, 158(1-2): 85-94.

Lauridsen C, Vestergaard E M, Højsgaard S, et al. 2011. Inoculation of weaned pigs with *E. coli* reduces depots of vitamin E. Livest Sci, 137(1-3): 161-167.

Lavelle P A, Lloyd Q P, Gay C V, et al. 1994. Vitamin K deficiency does not functionally impair skeletal metabolism of laying hens and their progeny. J Nutr, 124(3): 371-377.

Lewis E D, Meydani S N, Wu D Y. 2019. Regulatory role of vitamin E in the immune system and inflammation.

IUBMB Life, 71(4): 487-494.

Li J, Yin L M, Wang L, et al. 2019. Effects of vitamin B_6 on growth, diarrhea rate, intestinal morphology, function, and inflammatory factors expression in a high-protein diet fed to weaned piglets. J Anim Sci, 97(12): 4865-4874.

Lin H, Wang L F, Song J L, et al. 2002. Effect of dietary supplemental levels of vitamin A on the egg production and immune responses of heat-stressed laying hens. Poult Sci, 81(4): 458-465.

Liu J, Gao W N, Pu L L, et al. 2018. Modulation of hepatic gene expression profiles by vitamin B_1, vitamin B_2, and niacin supplementation in mice exposed to acute hypoxia. Appl Physiol Nutr Metab, 43(8): 844-853.

Liu Y L, Zhi L H, Shen J, et al. 2016. Effect of in ovo folic acid injection on hepatic IGF2 expression and embryo growth of broilers. J Anim Sci Biotechnol, 7: 40.

Lu L, Li S M, Zhang L, et al. 2015. Expression of β-defensins in intestines of chickens injected with vitamin D_3 and lipopolysaccharide. Genet Mol Res, 14(2): 3330.

Ma Y, Wang C, Zhang H, et al. 2021. Illumina sequencing and metabolomics analysis reveal thiamine modulation of ruminal microbiota and metabolome characteristics in goats fed a high-concentrate diet. Front Microbiol, 12: 653283.

Maggini S, Wintergerst E S, Beveridge S, et al. 2008. Contribution of selected vitamins and trace elements to immune function. P Nutr Soc, 67(1): E84.

Marchili M R, Santoro E, Marchesi A, et al. 2018. Vitamin K deficiency: a case report and review of current guidelines. Ital J Pediatr, 44(1): 1.

Min Y N, Niu Z Y, Sun T T, et al. 2018. Vitamin E and vitamin C supplementation improves antioxidant status and immune function in oxidative-stressed breeder roosters by up-regulating expression of *GSH-Px* gene. Poult Sci, 97(4): 1238-1244.

Mohammad S N, Fatemeh Z, Solmaz S. 2020. Primary and secondary markers of doxorubicin-induced female infertility and the alleviative properties of quercetin and vitamin E in a rat model. Reprod Toxico, 96: 316-326.

Mullin G E. 2011. Vitamin A and immunity. Nutr Clin Pract, 26(4): 495-496.

Nakaoka E, Tanaka S, Onda K, et al. 2015. Effects of vitamin K_3 and K_5 on daunorubicin-resistant human T lymphoblastoid leukemia cells. Anticancer Res, 35(11): 6041-6048.

Orlando A, Linsalata M, Tutino V, et al. 2015. Vitamin K_1 exerts antiproliferative effects and induces apoptosis in three differently graded human colon cancer cell lines. BioMed Res Int, 3: 296721.

Ouchi Y, Chowdhury V S, Bungo T. 2021. Effects of thermal conditioning and folic acid on methylation of the BDNF promoter region in chicks. J Poult Sci, 58(4): 280-285.

Oztopçu P, Kabadere S, Mercangoz A, et al. 2004. Comparison of vitamins K_1, K_2 and K_3 effects on growth of rat glioma and human glioblastoma multiforme cells *in vitro*. Acta Neurol Belg, 104(3): 106-110.

Pan X H, Han X M, Yang L, et al. 2018. Thiamine status, metabolism and application in dairy cows: a review. Brit J Nutr, 120(5): 491-499.

Pan X H, Yang L, Beckers Y, et al. 2017. Thiamine supplementation facilitates thiamine transporter expression in the rumen epithelium and attenuates high-grain-induced inflammation in low-yielding dairy cows. J Dairy Sci, 100(7): 5329-5342.

Perez-Carbajal C, Caldwell D, Farnell M, et al. 2010. Immune response of broiler chickens fed different levels of arginine and vitamin E to a coccidiosis vaccine and *Eimeria* challenge. Poult Sci, 89(9): 1870-1877.

Pitargue F M, Kim J H, Goo D, et al. 2019. Effect of vitamin E sources and inclusion levels in diets on growth performance, meat quality, alpha-tocopherol retention, and intestinal inflammatory cytokine expression in broiler chickens. Poult Sci, 98(10): 4584-4594.

Puthpongsiriporn U, Scheideler S E, Sell J L, et al. 2001. Effects of vitamin E and C supplementation on performance, *in vitro* lymphocyte proliferation, and antioxidant status of laying hens during heat stress. Poult Sci, 80(8): 1190-1200.

Refolo M G, D'Alessandro R, Lippolis C, et al. 2017. IGF-1R tyrosine kinase inhibitors and vitamin K_1 enhance the antitumor effects of regorafenib in HCC cell lines. Oncotarget, 8(61): 103465-103476.

Ringseis R, Rosenbaum S, Gessner D K, et al. 2013. Supplementing obese Zucker rats with niacin induces the transition of glycolytic to oxidative skeletal muscle fibers. J Nutr, 143: 125-131.

Riveron-Negrete L, Fernandez-Mejia C. 2017. Pharmacological effects of biotin in animals. Mini-Rev Med Chem, 17(6): 529-540.

Rodriguez-Lecompte J C, Yitbarek A, Cuperus T, et al. 2016. The immunomodulatory effect of vitamin D in chickens is dose-dependent and influenced by calcium and phosphorus levels. Poult Sci, 95(11): 2547-2556.

Rymer C, Givens D I. 2005. *n*-3 fatty acid enrichment of edible tissue of poultry: a review. Lipids, 40(2): 10.

Said H M, Ross A C. 2014. Modern Nutrition in Health and Disease. 11th ed. Baltimore: Lippincott Williams & Wilkins: 325-330.

Shojadoost B, Behboudi S, Villanueva A, et al. 2015. Vitamin D_3 modulates the function of chicken macrophages. Res Vet Sci, 100: 45-51.

Sibayama-Imazu T, Fujisawa Y, Masuda Y, et al. 2008. Induction of apoptosis in PA-1 ovarian cancer cells by vitamin K_2 is associated with an increase in the level of TR3/Nur77 and its accumulation in mitochondria and nuclei. J Cancer Res Clin, 134(7): 803-812.

Skupsky J, Sabui S, Hwang M, et al. 2020. Biotin supplementation ameliorates murine colitis by preventing NF-κB activation. Cell Mol Gastroenterol Hepatol, 9(4): 557-567.

Sofi F, Cesari F, Fedi S, et al. 2004. Protein Z: "light and shade" of a new thrombotic factor. Clin Lab, 50(11-12): 647-652.

Stansfield W E, Andersen N M, Tang R H, et al. 2009. Periostin is a novel factor in cardiac remodeling after experimental and clinical unloading of the failing heart. The Annals of Thoracic Surgery, 88(6): 1916-1921.

Tang J, Feng Y L, Zhang B, et al. 2021. Severe pantothenic acid deficiency induces alterations in the intestinal mucosal proteome of starter Pekin ducks. BMC Genomics, 22: 491.

Taulescu C, Mihaiu M, Bele C, et al. 2011. Antioxidant effect of vitamin E and selenium on omega-3 enriched poultry meat. Veterinary Medicine, 68(2): 293-299.

Tran M T, Zsengeller Z K, Berg A H, et al. 2016. PGC1alpha drives NAD biosynthesis linking oxidative metabolism to renal protection. Nature, 531: 528-532.

Upadhaya S D, Kim J C, Mullan B P, et al. 2015. Vitamin E and omega-3 fatty acids independently attenuate plasma concentrations of proinflammatory cytokines and prostaglandin E_2 in *Escherichia coli* lipopolysaccharide-challenged growing-finishing pigs. J Anim Sci, 93(6): 2926-2934.

Villa J K D, Diaz M A N, Pizziolo V R, et al. 2017. Effect of vitamin K in bone metabolism and vascular calcification: a review of mechanisms of action and evidences. Crit Rev Food Sci, 57(18): 3959-3970.

Wang B W, Zhang X, Yue B, et al. 2016. Effects of pantothenic acid on growth performance, slaughter performance, lipid metabolism, and antioxidant function of Wulong-geese aged one to four weeks. Anim Nutri, 2(4): 312-317.

Wang D D, Yang X X, Chen Y L, et al. 2020. Ascorbic acid enhances low-density lipoprotein receptor expression by suppressing proprotein convertase subtilisin/kexin 9 expression. J Bio Chem, 295(47): 15870-15882.

Wang J X, Cao Y, Fu S P, et al. 2020. Niacin inhibits the synthesis of milk fat in BMECs through the GPR109A-mediated downstream signaling pathway. Life Sci, 260: 118415.

Wang L, Tan X, Wang H R, et al. 2021. Effects of varying dietary folic acid during weaning stress of piglets. Anim Nutr, 7: 101-110.

Weber K, Bergow C, Hirmer S, et al. 2009. Vitamin D-independent therapeutic effects of extracellular calcium in a mouse model of adult-onset secondary hyperparathyroidism. J Bone Miner Res, 24(1): 22-32.

Wu C, Dorairajan T, Lin T L. 2000. Effect of ascorbic acid supplementation on the immune response of chickens vaccinated and challenged with infectious bursal disease virus. Vet Immunol Immunopathol, 74: 145-152.

Yin L M, Li J, Wang H R, et al. 2020. Effects of vitamin B_6 on the growth performance, intestinal morphology, and gene expression in weaned piglets that are fed a low-protein diet. J Anim Sci, 98(2): 1-9.

Yuan J M, Roshdy A R, Guo Y M, er al. 2014. Effect of dietary vitamin A on reproductive performance and immune response of broiler breeders. PLoS One, 9(8): 1-9.

Zhang C Y, Li D F, Wang F L, et al. 2003. Effects of dietary vitamin K levels on bone quality in broilers. Archiv für Tierernaehrung, 57(3): 197-206.

Zhang Y J, Zhang N B, Liu L, et al. 2021. Transcriptome analysis of effects of folic acid supplement on gene expression in liver of broiler chickens. Front Vet Sci, 8: 686609.

Zhao H, Zhang X, Frazao J B, et al. 2013. HOX antisense lincRNA HOXA-AS2 is an apoptosis repressor in all trans retinoic acid treated NB4 promyelocytic leukemia cells. J Cell Biochem, 114(10): 2375-2383.

第八章　反刍动物消化道微生物与基因表达调控

反刍动物是地球上数量及种类最多的草食动物之一，目前存在约 200 个物种。反刍动物消化道内存在数百种微生物，其中一些有益肠道微生物在维持宿主健康和疾病调节方面具有重要作用。消化道菌群失衡可能会导致消化紊乱和微生物感染，最终导致动物死亡和经济损失。另外，这些微生物通过降解宿主自身难以消化的植物纤维组织（纤维素、半纤维素），为宿主提供生长和生产所必需的养分和能量。研究发现，不同消化道部位的微生物菌群结构和生理功能存在不同，且受到日粮类型、精粗比例及宿主差异的影响。因此深入了解及阐明各部位肠道微生物结构与功能，对于提高反刍动物饲料利用率具有重要意义。

第一节　反刍动物消化道微生物

一、全肠道微生物群落结构与功能

饲料在反刍动物瘤胃内被初步降解，而营养物质消化吸收的场所主要是肠道，栖居在胃肠道内的微生物在饲料消化吸收过程中具有重要作用。目前，国内外已有大量关于反刍动物肠道内微生物多样性的研究。研究人员主要对牛、骆驼、牦牛、山羊及绵羊等反刍动物的不同肠段微生物进行比较。反刍动物的十二指肠、空肠和回肠的微生物群落组成类似，而与盲肠存在显著差异，表明肠道细菌群落的差异以小肠和盲肠为分界点（Malmuthuge et al.，2012）。小肠是食糜消化及营养、水和电解质吸收的主要场所，盲肠发酵产物主要包括挥发性脂肪酸（VFA）及氨态氮（ammonia-N）等。食糜在盲肠的还原电位、氧张力及 pH 与瘤胃类似，并且脂肪的消化都可以忽略不计。两者在食糜发酵的相似性说明，盲肠和瘤胃微生物存在一定的相似性。盲肠和瘤胃的微生物数量相似，都在 10^{10}～10^{12} 个 /mL，其中 95% 以上都是厌氧菌。盲肠的微生物包括附着在食糜上的微生物及上皮微生物，反刍动物盲肠微生物多样性高于小肠（空肠和回肠），但是盲肠核心菌群是厚壁菌门、拟杆菌门和变形菌门，附着在肠道黏膜上微生物的相对丰度显著高于内容物，这与人类和其他哺乳动物的肠道微生物群相似（Jami et al.，2013）。小肠内容物核心菌群则为厚壁菌门，牛的肠道黏膜样品中，除了空肠内优势菌门为厚壁菌门和变形菌门外，其余肠道内则为拟杆菌门。盲肠微生物核心菌群之一的厚壁菌门和拟杆菌门微生物负责碳水化合物和蛋白质的消化，牦牛盲肠内厚壁菌门和拟杆菌门微生物的丰度较高可能与高原高能量消耗有关。此外，变形菌门微生物具有高度多样的代谢功能，在寒冷的环境中可以帮助宿主满足对较高能量和营养的需求（Sun et al.，2016）。这表明变形菌门在不同动物物种中的定植存在差异，这种变化可能在牦牛生态系统中起着关键作用。另外，有研究通过对比犊牛整个肠道食糜微生物和黏膜微生物后发现，黏膜微生物的丰度显著高于食糜微生物（Malmuthuge et al.，2012）。目前，关于反刍动物直肠微生物的报道较少，奶牛直肠内微生物以厌氧菌群为主，主要包括梭菌属（*Clostridium*）、巨型球菌属（*Megasphaera*）和双歧杆菌属（*Bifidobacterium*）。Dowd 等（2008）以 20 头荷斯坦奶牛为研究对象，探究全混合日粮饲养条件下荷斯坦奶牛直肠内微生物属水平上的多样性，同样发现荷斯坦奶牛直肠内存在一定量的梭菌属（*Clostridium*）、拟杆菌属（*Bacteroides*）、肠球菌属（*Enterococcus*）及另枝菌属（*Alistipes*）等。

日粮类型的改变会影响反刍动物后肠道微生物组成，在反刍动物集约化生产过程中，为了提高动物生产性能包括泌乳量及日增重，一般以易于发酵的高精料日粮为主，这有助于在短期内提高经济收益。但是当反刍动物长期以高精料日粮为主时，会加强盲肠发酵进而提高 VFA 的浓度，这说明高精料日粮增加了后肠的能量供应。然而盲肠内高浓度 VFA 会进一步降低肠腔内 pH，并破坏盲肠的正常菌群结构（Liu et al.，2014）。有研究表明，当山羊长期采食高精料日粮后，盲肠内容物中苏黎世杆菌属（*Turicibacter*）和盲肠黏膜梭菌属（*Clostridium*）的相对丰度增加，而肠腔内的拟杆菌属（*Bacteroides*）和肠黏膜中的牧斯皮氏菌属（*Mucispirillum*）相对丰度降低，这表明高谷物日粮不仅影响了后肠食糜微生物的组成，也影响后肠黏膜微生物的组成（Liu et al.，2014）。而最近研究表明，高精料日粮能够提高湖羊盲肠肠腔内乙酸生成菌［布劳特氏菌（*Blautia* spp.）和阿克曼氏菌（*Akkermansia* spp.）］和丁酸生成菌［粪厌氧棒杆菌（*Anaerostipes* spp.）和罗斯氏菌（*Roseburia* spp.）］的相对丰度，进而导致乙酸和丁酸含量升高。

二、瘤胃微生物群落结构与功能

反刍动物依赖瘤胃微生物降解纤维素和半纤维素的能力使其区别于单胃动物。瘤胃是反刍动物重要的厌氧生物发酵器，栖息着瘤胃细菌、原虫、厌氧真菌、古菌及病毒等微生物。瘤胃中植物纤维的降解需要通过复杂的微生物群落对宿主摄入的植物纤维进行定植，随后微生物通过物理破坏及其分泌的纤维素、半纤维素降解酶等联合降解木质纤维素，产生挥发性脂肪酸（乙酸、丙酸、丁酸）、甲酸、乳酸、氢气及二氧化碳，同时微生物将非蛋白氮转化为微生物蛋白，为反刍动物提供生长所必需的能量。反刍动物瘤胃内的微生物根据其分布在瘤胃内的位置不同被分为三类：①附着于内容物即饲料颗粒上的微生物，即固相微生物；②附着于瘤胃上皮的微生物；③游离在瘤胃液体中的微生物，即液相微生物。

（一）瘤胃细菌群落结构与功能

瘤胃液中细菌浓度高达 10^{10}～10^{11} 个 /mL，纤维降解细菌是瘤胃内重要的微生物。当反刍动物采食植物纤维后，大量的纤维降解细菌在 5min 内就会利用细菌糖萼的多糖纤维黏附到已经破碎的植物组织断层面，随后利用自身分泌的纤维降解酶对植物组织进行降解。最初 Hungate 基于体外培养的方法，共分离鉴定到约 200 种可培养的瘤胃细菌。之后通过宏基因组组装技术从 282 头牛的瘤胃中又获得 913 个新微生物基因组（Stewart et al.，2018）。通过 Hungate 1000 项目所获得的可培养的微生物基因组仅占宏基因组组装微生物基因组的小部分，而大部分的瘤胃细菌是不可分离培养的。

反刍动物的区域分布、日粮类型及宿主类型会导致瘤胃细菌群落组成存在一些差异，但是 90% 以上的反刍动物含有 30 个相对丰度最高的核心细菌群，包括普氏菌属（*Prevotella*）、丁酸弧菌属（*Butyrivibrio*）、瘤胃球菌属（*Ruminococcus*）、未分类的毛螺菌科（unclassified Lachnospiraceae）、未分类的瘤胃球菌科（unclassified Ruminococcaceae）、未分类的拟杆菌目

（unclassified Bacteroidales）及未分类的梭菌目（unclassified Clostridiales）等。尤其是丁酸弧菌属几乎是所有反刍动物瘤胃的优势菌。一般来说，以粗饲料为主的反刍动物，其瘤胃内未分类的拟杆菌和瘤胃球菌的丰度更高，这些拟杆菌的基因组显示其能够编码多种纤维素酶和半纤维素酶。此外，未分类的芽孢杆菌及纤维杆菌在以粗饲料为主的牛的瘤胃内更高。瘤胃微生物区系组成的改变主要发生在动物断奶期间或者从粗饲料向精料过渡的适应过程。高谷物日粮会导致瘤胃内 VFA 累积，进而引起瘤胃 pH 下降。瘤胃内环境的改变最终影响瘤胃内微生物区系的组成。瘤胃 pH 降低会导致耐受低 pH 的革兰氏阴性球菌和杆菌数量增加，对低 pH 敏感的纤维降解菌数量减少（Ertl et al.，2015）。以精料为主的反刍动物，其瘤胃内拟杆菌和变形杆菌的丰度较高，尤其是普氏菌属和未分类的琥珀酸拟杆菌科，因为这些微生物能更加有效地发酵谷物日粮中易降解的碳水化合物，生成丙酸及其前体物琥珀酸，因此以精料为主的反刍动物瘤胃内丙酸含量高于以粗饲料为主的，然而这种差异在山羊、鹿和骆驼瘤胃内不明显。普氏菌属是瘤胃中最常见的微生物之一，其占瘤胃细菌总数的 60%，能够降解纤维素、半纤维素及淀粉（Bekele et al.，2010）。另外，在宿主由粗饲料向高谷物日粮过渡期间，牛链球菌及乳酸生成菌的相对丰度增加，这是因为其分泌的酶能够在酸性条件下保持较高活性。当瘤胃酸中毒发生时，具有发酵淀粉和产乳酸作用的牛链球菌快速生长，但瘤胃中耐受低 pH 的反刍兽新月形单胞菌（*Selenomonas ruminantium*）和埃氏巨型球菌（*Megasphaera elsdenii*）等乳酸利用菌也生长加剧，因此可有效防止乳酸在瘤胃中积累。而饲喂高谷物日粮的公牛瘤胃内的厌氧菌及淀粉分解菌数量增加，说明高谷物日粮对瘤胃微生物区系具有较大影响。

除了日粮谷物水平对瘤胃内细菌菌群的种类和数量会产生影响外，日粮进入瘤胃内时间的长短也有影响。Piao 等（2014）研究发现，饲粮在瘤胃内消化 30min 时，黏附在底物上的细菌菌群主要是拟杆菌门及梭状芽孢杆菌门。而在消化 30min 至 4h，甲烷菌的数量增加；瘤胃内细菌菌群的优势菌属普氏菌属在前 30min 的数量呈上升趋势，随后降低，直至 4h 后再次增加。这一结果说明胃肠道内细菌菌群的组成结构受饲料降解时间的影响。在瘤胃内消化 16h 后，螺旋体属及纤维杆菌在附着于纤维上微生物中的比例升高。

（二）瘤胃原虫群落结构与功能

原虫个体较大，是另一种重要的纤维降解微生物，在瘤胃液中的浓度为 10^5～10^6 个 /mL，即使原虫占据瘤胃微生物生物数量的 50%，其在瘤胃微生物生态系统中的作用仍不清楚。当反刍动物采食粗纤维后，大量原虫会在 15min 内定植到植物组织表面，一方面通过其胞口直接将植物组织（含叶绿素）撕裂成颗粒碎片，将其吞噬消化；另一方面利用自身所分泌的多种纤维素酶（木聚糖酶和羧甲基纤维素酶等）来降解纤维素。反刍动物通常从出生起瘤胃内就拥有不同种类的原虫，瘤胃中的大多数原生动物是纤毛虫，有少量鞭毛虫。刺甲双毛属（*Enoploplastron*）和头毛虫属（*Ophryoscoplex*）主要存在于绵羊和牛瘤胃内，在分布于 18 个国家和地区的水牛、山羊、鹿、绵羊和长颈鹿瘤胃中均发现了头毛虫属。通过利用 18S rRNA 基因测序有助于阐明瘤胃纤毛虫的系统发育，然而不同原虫属之间核糖体 RNA 基因的拷贝数差异则限制了 18S rRNA 扩增子测序的应用。此外，原虫无法在体内单独分离培养，体外一般仅可获得细菌和原虫的共培养。原虫对瘤胃 pH 较为敏感，当日粮由粗饲料过渡到精料后，pH 降低导致瘤胃内原虫的数量大幅度减少，包括真双毛属（*Eudiplodinium*）、厚毛属（*Dasytricha*）、两腰纤毛虫属（*Diplodinium*）、后毛虫属（*Metadinium*）、头毛虫属

（*Ophryoscolex*）和硬甲属（*Ostracodinium*）（Williams and Coleman，2012）。

（三）瘤胃厌氧真菌群落结构与功能

厌氧真菌在瘤胃和瓣胃的数量最多，从皱胃到大肠末端以指数的形式骤减，关于其在后肠的组成仍需进一步探索。厌氧真菌是瘤胃内重要的纤维降解菌，占瘤胃微生物总量的20%左右。厌氧真菌因其独特的假根系统在反刍动物消化和降解粗饲料的过程中发挥重要作用。当反刍动物采食粗纤维后，一方面，带有鞭毛的游动孢子通过趋化反应以阿米巴样运动去搜寻受损的植物组织表面或气孔，找到合适的位置后，定植、出芽，随后形成假根系统侵袭纤维组织（植物厚壁和维管束组织）。另一方面，在假根系统侵袭纤维组织后，真菌利用自身所分泌的纤维素酶、木聚糖酶、酯酶、果胶酶及蛋白酶对植物组织进行降解、消化。厌氧肠道真菌最开始是在反刍动物瘤胃中被发现的，随后在后肠发酵型草食哺乳动物（如马、斑马）、前肠发酵型反刍动物（如双峰驼、美洲驼）、前肠发酵型非反刍动物（如袋鼠）、大型草食啮齿动物（如兔豚鼠）及草食爬行动物（如美洲蜥蜴）中都发现了厌氧真菌的存在，宿主肠道类型、地域和日粮等因素都影响着厌氧真菌的多样性（Gruninger et al.，2014）。

目前已被分离、鉴定及报道的厌氧真菌几乎全部来自反刍动物胃肠道或者粪便。利用来源不同（野生或非野生、食糜或粪便等）的接种物分离得到的厌氧真菌也会存在较大差异。在已分离及鉴定的厌氧真菌中，梨囊鞭菌属（*Piromyces*）、新美鞭菌属（*Neocallimastix*）、根囊鞭菌属（*Orpinomyces*）及厌氧鞭菌属（*Anaeromyces*）加起来的比例超过了90%。由于反刍动物瘤胃体积庞大、能让摄入体内的植物组织长时间滞留及pH适中，使得其瘤胃内含有相当数量的厌氧真菌。相较于养殖的反刍动物，野生草食动物（如野牛、野牦牛）生存的环境比较恶劣，它们主要采食低质牧草，因此其消化道内栖息的厌氧真菌具有很强的粗纤维降解能力。相比于在非野生宿主中分离到的厌氧真菌，在野生动物宿主中分离到的厌氧真菌，*Piromyces*、*Neocallimastix*和*Orpinomyces* 3属所占比例较高。*Piromyces*和*Neocallimastix*能快速定植到植物组织上，同时在短时间内产生大量游动孢子和植物细胞壁降解酶；相对于以可溶性糖类为底物，*Piromyces*和*Neocallimastix*在以粗纤维为底物时生长速度更快。*Orpinomyces*和*Anaeromyces*也具有较高的粗纤维降解能力，其降解能力低于*Piromyces*和*Neocallimastix*。然而，盲肠鞭菌属（*Caecomyces*）和枝梗鞭菌属（*Cyllamyces*）则倾向于利用可溶性碳水化合物（Weimer，2015）。综上，通过大量分离厌氧真菌在一定程度上可以反映其在栖息环境中的多样性。

厌氧真菌对pH非常敏感，由于高精料日粮会降低瘤胃pH，因此高精料日粮条件下不适合厌氧真菌的生长（Fonty et al.，1987）。有研究人员利用厌氧真菌*Orpinomyces* sp.（C-14）的培养物饲喂10月龄的荷斯坦奶牛，结果发现厌氧真菌培养物提高了奶牛的平均日增重、粗纤维、中性洗涤纤维和酸性洗涤纤维的降解率，表明厌氧真菌培养物可以提高奶牛对饲料的降解率并提高生长性能。另外，以从绵羊和山羊瘤胃及粪便中分离出的16种厌氧真菌菌株为接种物，通过体外试验研究真菌对麦秸降解效率的影响，结果表明试验组的干物质和中性洗涤纤维降解率相比对照组都有一定程度的增加。

（四）瘤胃甲烷菌群落结构与功能

甲烷菌是完全不同于细菌、系统进化独特的一类微生物——古菌（archaea），占瘤胃微生物总量的 0.3%～3%（Janssen and Kirs，2008）。甲烷短杆菌（*Methanobrevibacter*）、甲烷微菌（*Methanomicrobium*）和甲烷球菌（*Methanosphaera*）是瘤胃甲烷菌的优势菌群，分别占瘤胃甲烷菌的 50%、15% 和 13%。甲烷短杆菌是丰度最高的甲烷菌，其可以利用瘤胃原虫、细菌和真菌产生的氢气和二氧化碳生成甲烷（Janssen and Kirs，2008），而可利用甲胺生成甲烷的非甲基营养型甲烷菌（甲烷八叠球菌、甲烷菌目、甲烷八叠球菌科）的数量较少。有研究发现瘤胃内存在大量未分类的古菌，目前关于这类古菌的大多数报道仅限于 16S rRNA 基因序列分析，Janssen 和 Kirs（2008）将这类古菌称为瘤胃古菌 C 簇（RCC），占甲烷菌克隆文库的 80% 以上。

一般认为甲烷菌的丰度及菌群结构与甲烷产生之间存在直接相关性。Zhou 等（2011）研究发现，在泌乳奶牛的全混合日粮（TMR）中补充外源纤维蛋白溶解酶后，甲烷产量与外源纤维蛋白溶解酶之间呈正相关关系，但是并未显著影响甲烷菌的数量和菌群结构，然而 PCR-变性梯度凝胶电泳（DGGE）结果表明，随着甲烷产量的增加，*Methanogenic archaeon* CH1270 和 *Methanobrevibacter gottschalkii* HO 的条带分布受到影响，这暗示 *Methanogenic archaeon* CH1270 和 *Methanobrevibacter gottschalkii* HO 与此泌乳牛瘤胃甲烷产量密切相关。Kittelmann 等（2014）研究发现，具有低产甲烷表型的绵羊瘤胃甲烷菌数量与高产甲烷表型绵羊没有显著差异，但是其瘤胃内甲烷球菌属的相对丰度较低，表明甲烷球菌属与绵羊瘤胃甲烷产量之间紧密相关。由此可见，虽然瘤胃内甲烷菌的数量与甲烷产量之间并无确切的关系，但是在特定条件下甲烷菌菌群的变化与甲烷产量密切相关。

宿主是影响瘤胃微生物菌群结构的因素，部分细菌和古菌的丰度具有明显的宿主遗传效应（Roehe et al.，2016）。研究表明，饲喂荷斯坦奶牛和泽西牛相同的日粮后，其瘤胃微生物组成存在显著差异。但是目前来说，宿主影响瘤胃微生物菌群的机制尚不完全清楚，普遍认为宿主的反刍速度、瘤胃体积大小是主要因素。另外，反刍动物幼龄阶段的饲养因素也是影响成年瘤胃微生物菌群的另一因素。幼龄反刍动物在其出生 10d 后未采食粗饲料之前，其未发育成型的瘤胃细菌和古菌的数量就已经与成年动物的相似（Yáñez-Ruiz et al.，2015），而瘤胃真核生物在出生后的第 8～10 天才会逐步建立，原虫在出生后 15～46d 出现（Fonty et al.，1987）。

第二节　瘤胃微生物及代谢产物与基因表达调控

瘤胃是反刍动物的重要消化器官，其中包含一个复杂的微生物群落结构，从而为宿主提供消化植物性饲料的能力。瘤胃微生物包括细菌、真菌、纤毛原虫、噬菌体等，其中以细菌种类和数量最为丰富。这些微生物之间存在广泛的互作关系，能够将饲料中难以降解的植物组织分解利用，产生挥发性脂肪酸、氨态氮、微生物蛋白、维生素等代谢物，从而为宿主动物提供所需要的营养。瘤胃微生物组的功能与宿主生理存在密切的关系，如参与瘤胃上皮发育、宿主基因调控（Malmuthuge et al.，2019）等。Choi 等（2021）综述了肠道微生物作为日粮信号的传感器，从而调节宿主代谢的机制，并且总结出微生物通过三方面介导宿主代谢过程及基因表达，分别是：①微生物代谢物，如短链脂肪酸（SCFA）、胆汁酸；②微生物的结构成分，如鞭毛蛋白、脂多糖（LPS）；③核受体，即传递微生物信号的分子介质。肠道微生物群落是影响肠道内环境稳态和宿主健康的关键因素，因此，结合现有研究，本节着重介绍瘤胃微生物对瘤胃上皮基因表达的调控，以及血液中的微生物源物质对外周组织基因表达的影响。

一、瘤胃微生物对瘤胃上皮基因表达的调控

（一）微生物代谢产物

瘤胃微生物能发酵日粮产生短链脂肪酸（SCFA），以满足瘤胃上皮细胞所需能量的70%～80%和宿主所需能量的50%～70%，从而稳定机体能量平衡。消化道微生物通过SCFA等代谢物调控宿主基因表达在单胃动物已有广泛的研究。Krautkramer等（2021）综述了肠道菌群代谢物如SCFA、氨基酸、胆酸等与宿主的互作关系及调控通路。在反刍动物中，瘤胃微生物的代谢物如SCFA同样可以作为微生物信号，影响宿主基因表达。

1. SCFA调控瘤胃上皮转运 据报道，瘤胃上皮细胞吸收SCFA通过两种形式：①SCFA以未游离的质子化形式通过简单扩散进入上皮细胞；②游离的SCFA离子（$SCFA^-$）在转运载体的作用下进入细胞。瘤胃上皮顶端细胞膜上的腺瘤下调因子（downregulated in adenoma，DRA）、假定阴离子转运蛋白1（putative anion transporter 1，PAT1）能够将$SCFA^-$转运至上皮细胞，而位于细胞底端细胞膜上的阴离子交换蛋白2（anion exchanger 2，AE2）和单羧酸转运蛋白1（monocarboxylate transporter 1，MCT1）能够将细胞内的$SCFA^-$转运至血液内。结合体内和体外试验显示，SCFA显著提高山羊瘤胃上皮组织/上皮细胞MCT1、DRA、PAT1和AE2等转运载体的mRNA表达，从而提高瘤胃SCFA的吸收。

SCFA除了影响瘤胃上皮$SCFA^-$转运载体的表达外，同样影响其他营养物质转运。正丁酸除上调体外绵羊瘤胃上皮组织的$SCFA^-$转运载体表达外，还显著上调葡萄糖转运体1（glucose transporter 1，GLUT1）的mRNA表达，表明丁酸可能促进瘤胃上皮对葡萄糖的吸收。Abdoun等（2010）使用尤斯灌流法（Ussing chamber）研究混合SCFA（25mmol/L乙酸、10mmol/L丙酸、5mmol/L丁酸）对绵羊瘤胃上皮尿素转运的影响，其结果显示瘤胃内添加SCFA能够调节瘤胃上皮尿素转运B族（urea-transport B group，UT-B）的根皮素敏感蛋白表达，从而促进血浆尿素向瘤胃内转运，为瘤胃微生物提供更多氮源。Lu等（2015）报道，体外添加20mmol/L混合SCFA显著上调原代瘤胃上皮细胞UT-B的mRNA和蛋白质表达，但是体内试验结果显示，饲喂等氮日粮时增加日粮中非纤维碳水化合物，显著提高山羊瘤胃内SCFA和氨态氮浓度，从而通过上调G蛋白偶联受体41（GPR41）和GPR4，诱导瘤胃上皮组织UT-B的表达。

2. SCFA调控瘤胃上皮细胞增殖 早期研究发现，瘤胃微生物发酵产生的SCFA能够促进瘤胃上皮细胞生长与增殖，其中以丁酸的效果最明显。灌注0.3g丁酸钠/kg代谢体重快速提高瘤胃上皮细胞周期蛋白D1的mRNA表达，短暂地促进瘤胃上皮细胞周期的进程，从而增加山羊瘤胃乳头的长度、宽度、密度及表面积。日粮精料水平增加能够提高山羊瘤胃内SCFA浓度，从而提高多种细胞周期蛋白（B1、D1、E1）和细胞周期蛋白激酶（CDK1、CDK2、CDK4和CDK6）的mRNA表达，从而改变瘤胃上皮细胞周期进程。进一步研究发现，瘤胃微生物源SCFA通过调控G蛋白偶联受体和组蛋白脱乙酰酶，调控瘤胃上皮细胞生长和代谢。据报道，补饲开食料不仅改变羔羊瘤胃菌群结构，还显著上调瘤胃上皮转录组中与细胞生长模块相关的基因表达，而下调与细胞死亡相关的*BAD*基因表

达。这些差异基因表达与瘤胃内乙酸和丁酸浓度显著相关，表明补饲开食料能够通过改变瘤胃微生物菌群结构，使得微生物能够通过它们的代谢物与宿主进行互作。此外，有报道称补饲开食料促进犊牛瘤胃丁酸产生菌的生长，进而上调瘤胃上皮转录组中 PI3K/Akt 信号通路，从而影响犊牛瘤胃上皮细胞功能，特别是瘤胃上皮细胞的生长和上皮的发育（Wu et al., 2021）。Malmuthuge 等（2019）报道，出生犊牛瘤胃内存在具有高度活性的微生物组，这些微生物能够影响宿主瘤胃 miRNA 的表达，从而促进瘤胃发育，以达到宿主与微生物的互作。

（二）微生物结构成分

微生物结构成分包括细菌细胞壁的成分，如脂多糖（革兰氏阴性菌）、多肽糖（革兰氏阴性菌）、酵母细胞壁的甘露糖、微生物的鞭毛蛋白、多糖等。微生物结构成分对上皮细胞基因表达的调控主要包括两个方面。一方面，在胃肠道中，宿主细胞的不同 Toll 样受体（Toll-like receptor，TLR）能够特异性识别微生物的结构成分，因而肠道微生物组成的改变能够造成 TLR 表达的改变，从而造成宿主的免疫应答。另一方面，反刍动物采食高精料后，瘤胃 pH 大大降低（5.0～5.5），进而导致亚急性瘤胃酸中毒（subacute ruminal acidosis）。在此状态下瘤胃内的革兰氏阴性菌大量死亡崩解，然后释放内毒素如脂多糖、组胺，最终影响宿主瘤胃上皮及机体整体的健康（王洪荣，2020）。

1. 微生物结构成分调控瘤胃上皮细胞 Toll 样受体表达　Toll 样受体（TLR）是模式识别受体（pattern recognition receptor，PRR）家族中的一个主要家族，属于细胞膜上的受体，与宿主细胞的免疫应答密切相关。据报道，TLR 能感知宿主肠道上皮的细菌及细菌的代谢物，并触发免疫反应，从而维持单胃动物宿主与肠道微生物的稳态（Hooper et al.，2012）。TLR 不仅能识别细菌细胞壁成分，如多肽糖、脂多糖等，还能识别鞭毛蛋白、细菌 DNA 和病毒的双链 RNA 等物质。

反刍动物瘤胃上皮细胞同样存在多种 TLR 表达，因此瘤胃微生物的结构变化同样可能影响瘤胃上皮细胞的 TLR 表达。Liu 等（2015）发现，山羊瘤胃上皮组织 TLR2、TLR3、TLR4、TLR5 的 mRNA 表达量与部分上皮细菌菌属相对丰度具有显著的相关性，其中 TLR2、TLR3、TLR5 的表达量均与瘤胃球菌属（*Ruminococcus*）、琥珀酸菌属（*Succiniclasticum*）、丁酸弧菌属（*Butyrivibrio*）呈显著正相关，与未分类的瘤胃球菌科（unclassified Ruminococcaceae）、未分类的丹毒丝菌科（unclassified Erysipelotrichaceae）、未分类的柔膜菌纲（unclassified Mollicutes）呈显著负相关。据报道，TLR2 能识别革兰氏阳性菌细胞壁成分，TLR5 能识别菌鞭毛蛋白，TLR3 能感应微生物的核酸，而 TLR4 则可以感应革兰氏阴性菌细胞壁的脂多糖。Shen 等（2016）报道，山羊瘤胃液疣微菌门亚门 5 中的共生细菌相对丰度与宿主上皮 TLR10 的 mRNA 表达呈显著正相关，但是具体机制尚不清楚。

2. 微生物释放 LPS 调控瘤胃上皮炎症因子表达　高精料日粮能够诱导反刍动物亚急性瘤胃酸中毒，造成革兰氏阴性菌大量崩解，从而提高瘤胃内 LPS 的浓度，并诱发瘤胃上皮的炎症（Plaizier et al.，2012）。体外试验报道，LPS 不仅影响原代瘤胃上皮细胞 TLR2 和 TLR4 表达，同时上调编码促炎细胞因子 TNF 和 IL-1β、趋化因子 CXCL2 和 CXCL8 等的表达。Kent-Dennis 和 Penner（2021）进一步研究发现，LPS 不仅能导致原代瘤胃上皮细胞炎症因子表达提高，还会造成上皮细胞代谢功能转变，如提高葡萄糖代谢，使细胞对葡萄糖的需要量增加。高精料日粮上调奶牛瘤胃上皮多种炎症因子的 mRNA 表达，但是结合体外试验的结果，IL-1β、IL-2、IL-6 和 IL-8 表达量的上调是由 LPS 造成的，而 TNF-α 表达量的上调则与瘤胃内的低 pH 有关。上述研究表明，瘤胃微生物释放 LPS 会导致瘤胃上皮炎症因子表达上调，从而造成上皮的炎症损伤。

除了造成炎性反应外，LPS 也可能影响上皮的屏障功能。体外试验报道，高浓度的 LPS 促进小肠上皮细胞的凋亡，抑制紧密连接蛋白-1 产生，从而造成上皮通透性增加。反刍动物上也有类似的报道，使用尤斯灌流法研究 pH 与 LPS 对体外奶山羊瘤胃上皮紧密连接蛋白的影响，其结果显示 LPS 浓度从 0 提高到 60kEU/mL，上皮细胞多种紧密连接蛋白（claudin-1、claudin-7 和 occludin）的 mRNA 表达量显著降低，紧密连接蛋白 zonula occludens-1（ZO-1）的 mRNA 表达量显著提高。而体内试验结果显示，高精料日粮导致反刍动物瘤胃上皮 claudin-1、claudin-4、occludin 和 ZO-1 的 mRNA 和蛋白质表达量均显著降低（Zhang et al., 2019），但是，高精料日粮诱导的瘤胃酸中毒不仅提高瘤胃内 LPS 的浓度，还提高其他细菌内毒素如组胺的浓度，且 SCFA 和乳酸的积累造成瘤胃 pH 降低（王洪荣，2020）。综上，LPS 具有影响瘤胃上皮紧密连接蛋白表达能力，但是具体的调控机制仍需要通过动物试验在体内进一步验证。

二、血液中的微生物源物质对外周组织基因表达的调控

（一）血液中的 SCFA 及其代谢物

日粮组成能够调控瘤胃微生物区系，影响微生物发酵产物在瘤胃内的浓度，但是研究发现，高淀粉日粮与高纤维日粮对奶牛血液中乙酸、丙酸、葡萄糖浓度没有显著的影响（Beckett et al., 2018），这与预期的瘤胃发酵模式改变可能影响血液中 SCFA 浓度的想法相悖。因此，使用日粮调控瘤胃微生物，通过血液中的微生物源乙酸和丙酸调控外周组织基因表达的方式似乎无法实现。此外，在 Beckett 等（2018）的研究中，淀粉含量不影响奶牛血液 β-羟基丁酸浓度，但是可降解纤维的补饲显著提高血液中的 β-羟基丁酸浓度（$P=0.002$）。据报道，SCFA 在瘤胃上皮细胞吸收过程中约 50% 的丙酸被代谢，而超过 90% 的丁酸被氧化成酮体，主要是 β-羟基丁酸，在单羧酸转运载体的作用下从细胞内转运到血液中。早期研究发现，丁酸和葡萄糖均能够为瘤胃上皮细胞供能，但这两种能量底物同时提供时，体外瘤胃上皮细胞对丁酸具有趋向性，且丁酸的氧化速率是葡萄糖氧化速率的近 10 倍。上述研究表明，通过日粮措施调控瘤胃丁酸产生，如添加乳糖，具有提高血液中 β-羟基丁酸浓度，从而影响外周组织基因表达的潜力。但是，β-羟基丁酸浓度与酮病密切相关，奶牛血液中 β-羟基丁酸浓度高于 1.2mmol/L 则为酮病，其中浓度在 1.2～2.9mmol/L 为亚临床酮病，大于 3.0mmol/L 为临床酮病。体外研究发现，高浓度 β-羟基丁酸（2.4mmol/L）促进奶牛肝细胞的氧化应激，p38 丝裂原活化蛋白激酶（p38 mitogen-activated protein kinase, p38 MAPK）的激活与磷酸化，从而提高体外肝细胞 p53 的表达与转录活性，而降低 Nrf2 的表达，但是低浓度 β-羟基丁酸（0.6mmol/L）没有上述的不利影响（Song et al., 2016）。Loor 等（2007）通过动物试验，进一步说明了高浓度血液 β-羟基丁酸对围产期奶牛肝脏代谢和信号的相关基因网络的影响，以及肝脏对能量负平衡与高血液酮体的适应性和相关基因。肝脏中多种基因的 mRNA 表达与奶牛血液中 β-羟基丁酸浓度呈显著正相关，包括 *ACSL1*、*PPARA*、*TFAP2A*。

（二）血液中的脂多糖

瘤胃酸中毒后，微生物崩解释放出脂多糖（LPS），瘤胃液中 LPS 浓度提高。但是，对于外周血液中 LPS 浓度的报道并不一致。有研究报道，外周血液中能够检测到 LPS，而在另一个动物试验中，酸中毒条件下外周血液中无法检测到 LPS，上述差异可能是由检测方法的灵敏度较低导致的（Plaizier et al.，2012）。血液中的 LPS 能够引起全身性的炎性反应，当门静脉血液中过多的 LPS 进入肝脏后，与肝细胞的 TLR 受体结合，促使炎性反应的发生，并干扰肝脏对养分代谢的能力。高精料饲喂导致进入山羊肝脏的 LPS 浓度提高，能够提高肝脏对 LPS 的清除速率，但是，由于大量 LPS 上调肝脏细胞的炎症因子表达，如 IL-1α、IL-1β、IL-6 等，造成了肝脏细胞病变，导致肝脏对 LPS 清除比例显著降低。Zebeli 和 Ametaj（2009）报道，高精料诱导奶牛亚急性酸中毒，提高血液 LPS 浓度，而降低产奶量、乳脂率等指标。可能原因是 LPS 造成的机体炎性反应通过损伤肝脏等器官，造成宿主代谢紊乱，从而影响乳成分的前体物质（Wang et al.，2017）；另外，血液中的 LPS 还能通过血液循环进入乳腺，诱发乳腺的炎性反应，导致产奶量和乳品质下降。动物试验发现，颈静脉灌注 LPS 显著上调泌乳奶牛乳腺 IL-1β、IL-6、TNF-α 和 iNOS 的 mRNA 表达，导致乳腺炎症，从而减少乳蛋白产量和乳中酪蛋白的浓度。体外试验发现，LPS 能够通过上调奶牛乳腺上皮细胞的 IL-1β、IL-6 等炎症因子的 mRNA 和蛋白质表达，抑制 PI3K 和 mTOR 通路的表达，从而抑制乳腺上皮细胞 β- 酪蛋白和总酪蛋白合成。综上，LPS 进入血液后不仅会对反刍动物肝脏造成损伤，影响肝脏代谢，而且能够进入乳畜的乳腺组织，从而造成乳腺炎症，降低乳腺细胞的蛋白质合成能力。此外，Li 等（2019）研究报道，犊牛出生后灌注成年奶牛瘤胃液显著提高瘤胃壁 8 个菌属的相对丰度，包括嗜酸菌属（*Acidiphilium*）、假脱硫弧菌属（*Pseudodesulfovibrio*）、微杆菌属（*Microbacterium*）等，这些微生物在瘤胃壁的定植造成犊牛肝脏 338 个基因存在差异表达，其中上调幅度最高的 25 个基因与固有免疫响应和鞘脂类代谢相关。表明瘤胃壁微生物的种类与反刍动物肝脏基因表达存在一定的相关性，但是具体机制尚不清楚。

第三节　总结与展望

近年来，研究报道肠道微生物能够作为日粮线索的传感器，从而调节宿主代谢。肠道微生物能够通过多种机制介导宿主代谢及基因表达。在反刍动物研究中，瘤胃是反刍动物的重要消化器官，栖居在瘤胃内的复杂且数量巨大的微生物群落对宿主具有重要作用。瘤胃微生物能够通过多种途径调控宿主瘤胃上皮细胞基因表达：①微生物发酵日粮产生的 SCFA 可以调节瘤胃上皮细胞离子转运载体、细胞周期等相关基因的表达；②微生物的结构成分直接影响瘤胃上皮细胞的 TLR 表达，不同 TLR 识别的微生物结构成分存在差别，因此，通过日粮调节瘤胃微生物区系能够起调节上皮细胞 TLR 表达的效果；③饲喂高精料日粮时，反刍动物瘤胃内细菌大量崩解，释放微生物细胞结构中的内毒素，如 LPS 和组胺，LPS 能够诱发瘤胃上皮的炎性基因表达，且具有下调上皮细胞紧密连接蛋白表达的作用。

肠道微生物对肝脏等外周组织基因调控作用在单胃动物的研究报道较多，但是在反刍动物上的研究很少，这一方面可能是大动物试验和采样难度较高，另一方面是反刍动物研究多为提高动物生产能力、动物产品品质及动物健康等方面，因此当前的研究多集中于瘤胃发酵调控、瘤胃健康、养分利用等。根据现有研究，发现通过日粮调控提高瘤胃丁酸含量，能够提高血液β-羟基丁酸浓度，从而通过β-羟基丁酸调节外周组织基因表达的潜力。此外，瘤胃内的LPS经瘤胃上皮吸收进入血液后，能够提高肝脏，甚至是奶畜乳腺的炎症因子表达，从而对动物健康和生产性能不利。近期研究报道，瘤胃壁微生物种类与牛肝脏转录组基因表达存在一定的相关性，但是当前的报道尚未解析其中的机制，未来可能需要进一步研究瘤胃微生物组成对反刍动物肝脏基因表达和代谢功能的影响，为通过日粮调控瘤胃菌群，从而改善肝脏代谢功能提供理论依据，也具有提高反刍动物养分利用与生产性能的潜力。

（成艳芬，南京农业大学）

参考文献

王洪荣．2020．反刍动物碳水化合物代谢利用机制及消化道健康的系统营养调控研究进展．动物营养学报，32（10）：4686-4696.

Abdoun K, Stumpff F, Rabbani I, et al. 2010. Modulation of urea transport across sheep rumen epithelium *in vitro* by SCFA and CO_2. Am J Physiol Gastrointest Liver Physiol, 298: G190-G202.

Beckett L, Bedford A, White R R. 2018. Blood glucose, acetate, propionate, and beta-hydroxybutyrate (BHB) responses to ruminally degradable starch and fiber. J Anim Sci, 96(S1): 46.

Bekele A Z, Koike S, Kobayashi Y. 2010. Genetic diversity and diet specificity of ruminal *Prevotella* revealed by 16S rRNA gene-based analysis. FEMS Microbiol Lett, 305(1): 49-57.

Choi H, Rao M C, Chang E B. 2021. Gut microbiota as a transducer of dietary cues to regulate host circadian rhythms and metabolism. Nat Rev Gastroenterol Hepatol, 18(10): 679-689.

Ertl P, Knaus W, Metzler-Zebeli B U, et al. 2015. Substitution of common concentrates with by-products modulated ruminal fermentation, nutrient degradation, and microbial community composition *in vitro*. J Dairy Sci, 98(7): 4762-4771.

Fonty G, Gouet P, Jouany J P, et al. 1987. Establishment of the microflora and anaerobic fungi in the rumen of lambs. Microbiology, 133(7): 1835-1843.

Gruninger R J, Puniya A K, Callaghan T M, et al. 2014. Anaerobic fungi (phylum Neocallimastigomycota): advances in understanding their taxonomy, life cycle, ecology, role and biotechnological potential. FEMS Microbiol Ecol, 90(1): 1-17.

Hooper L V, Littman D R, Macpherson A J. 2012. Interactions between the microbiota and the immune system. Science, 336(6086): 1268-1273.

Jami E, Israel A, Kotser A, et al. 2013. Exploring the bovine rumen bacterial community from birth to adulthood. ISME J, 7(6): 1069-1079.

Janssen P H, Kirs M. 2008. Structure of the archaeal community of the rumen. Appl Environ Microb, 74(12): 3619-3625.

Kittelmann S, Pinares-Patino C S, Seedorf H, et al. 2014. Two different bacterial community types are linked with the low-methane emission trait in sheep. PLoS One, 9(7): e103171.

Kent-Dennis C, Penner G B. 2021. Effects of a proinflammatory response on metabolic function of cultured, primary ruminal epithelial cells. J Dairy Sci, 104(1): 1002-1017.

Krautkramer K A, Fan J, Bäckhed F. 2021. Gut microbial metabolites as multi-kingdom intermediates. Nat Rev Microbiol, 19(2): 77-94.

Li W, Edwards A, Riehle C, et al. 2019. Transcriptomics analysis of host liver and meta-transcriptome analysis of rumen epimural microbial community in young calves treated with artificial dosing of rumen content from adult donor cow. Sci Rep, 9(1): 790.

Liu J, Xu T, Zhu W, et al. 2014. High-grain feeding alters caecal bacterial microbiota composition and fermentation and results in caecal mucosal injury in goats. Brit J Nutr, 112(3): 416-427.

Liu J H, Bian G R, Zhu W Y, et al. 2015. High-grain feeding causes strong shifts in ruminal epithelial bacterial community and expression of Toll-like receptor genes in goats. Front Microbiol, 6: 167.

Loor J J, Everts R E, Bionaz M, et al. 2007. Nutrition-induced ketosis alters metabolic and signaling gene networks in liver of periparturient dairy cows. Physiol Genomics, 32: 105-116.

Lu Z, Gui H, Yao L, et al. 2015. Short-chain fatty acids and acidic pH upregulate UT-B, GPR41 and GPR4 in rumen epithelial cells of goats. Am J Physiol Regul Integr Comp Physiol, 308(4): R283-R293.

Malmuthuge N, Li M, Chen Y, et al. 2012. Distinct commensal bacteria associated with ingesta and mucosal epithelium in the gastrointestinal tracts of calves and chickens. FEMS Microbiol Ecol, 79(2): 337-347.

Malmuthuge N, Liang G, Guan L L. 2019. Regulation of rumen development in neonatal ruminants through microbial metagenomes and host transcriptomes. Genome Biol, 20: 172.

Piao H, Lachman M, Malfatti S, et al. 2014. Temporal dynamics of fibrolytic and methanogenic rumen microorganisms during *in situ* incubation of switchgrass determined by 16S rRNA gene profiling. Front Microbiol, 5: 307.

Plaizier J C, Khafipour E, Li S, et al. 2012. Subacute ruminal acidosis (SARA), endotoxins and health consequences. Anim Feed Sci Technol, 172: 9-21.

Roehe R, Dewhurst R J, Duthie, C A, et al. 2016. Bovine host genetic variation influences rumen microbial methane production with best selection criterion for low methane emitting and efficiently feed converting hosts based on metagenomic gene abundance. PLoS Genet, 12(2): e1005846.

Shen H, Lu Z, Chen Z, et al. 2016. Rapid fermentable substance modulates interactions between ruminal commensals and Toll-like receptors in promotion of immune tolerance of goat rumen. Front Microbio, 17: 1812.

Song Y X, Li N, Gu J M, et al. 2016. β-hydroxybutyrate induces bovine hepatocyte apoptosis via an ROS-p38 signaling pathway. J Dairy Sci, 99: 9184-9198.

Stewart R D, Auffret M D, Warr A. 2018. The genomic and proteomic landscape of the rumen microbiome revealed by comprehensive genome-resolved metagenomics. BioRxiv, DOI: 10. 1101/489443.

Sun B, Wang X, Bernstein S, et al. 2016. Marked variation between winter and spring gut microbiota in free-ranging Tibetan macaques (*Macaca thibetana*). Sci Rep-UK, 6(1): 1-8.

Wang L F, Jia S D, Yang G Q, et al. 2017. The effects of acute lipopolysaccharide challenge on dairy goat liver metabolism assessed with ^{1}HNMR metabonomics. J Anim Physiol Anim Nutr (Berl), 101(1): 180-189.

Weimer P J. 2015. Redundancy, resilience, and host specificity of the ruminal microbiota: implications for engineering improved ruminal fermentations. Front Microbiol, 6: 296.

Williams A, Coleman G S. 2012. The Rumen Protozoa. Berlin: Springer Science & Business Media.

Dowd S E, Callaway T R, Wolcott R D, et al. 2008. Evaluation of the bacterial diversity in the feces of cattle using 16S rDNA bacterial tag-encoded FLX amplicon pyrosequencing (bTEFAP). BMC Microbiol, 8(1): 1-8.

Wu S R, Cui Z H, Chen X D, et al. 2021. Diet-ruminal microbiome-host crosstalk contributes to differential effects of calf starter and alfalfa hay on rumen epithelial development and pancreatic α-amylase activity in yak calves. J Dairy Sci, 104(4): 4326-4340.

Yáñez-Ruiz D R, Abecia L, Newbold C J. 2015. Manipulating rumen microbiome and fermentation through interventions during early life: a review. Front Microbiol, 6: 1133.

Zebeli Q, Ametaj B N. 2009. Relationships between rumen lipopolysaccharide and mediators of inflammatory response with milk fat production and efficiency in dairy cows. J Dairy Sci, 92(8): 3800-3809.

Zhang K, Meng M J, Gao L P. 2019. Rumen-derived lipopolysaccharide induced ruminal epithelium barrier damage in goats fed a high-concentrate diet. Microb Pathogenesis, 131: 81-86.

Zhou M, Chung Y H, Beauchemin K A, et al. 2011. Relationship between rumen methanogens and methane production in dairy cows fed diets supplemented with a feed enzyme additive. J Appl Microbiol, 111(5): 1148-1158.

第九章　单胃动物消化道微生物与基因表达调控

肠道微生物被认为是畜禽的第二基因组。肠道微生物组与机体基因组相互作用，通过多种方式影响宿主健康。肠道微生物组在宿主免疫功能调控、营养物质消化吸收、肠道内分泌功能和神经信号调节、药物功能和代谢、影响宿主健康相关物质的产生等方面扮演重要角色。近年来，肠道微生物已成为畜牧学、微生物学、医学等领域最引人关注的研究焦点之一。最新的研究也逐渐揭示了肠道微生物如何影响肠道发育与宿主健康，解析肠道微生物结构、功能及其作用机制对于保障动物生产具有重要的意义。本章分别从单胃动物肠道微生物概述、肠道微生物与肠道上皮互作和与宿主基因表达的关系、肠道微生物对肠外组织基因表达的调节、调控微生物组成和宿主基因表达的营养策略 4 个方面进行介绍。

第一节　单胃动物肠道微生物概述

一、肠道微生物组成

动物肠道微生物主要由细菌、真菌、古菌等组成，其中细菌为主要微生物，由于肠道菌群的复杂性，其具有多种不同的分类方式，通常分为革兰氏阳性菌和革兰氏阴性菌。前者包括葡萄球菌、链球菌等，后者则包含大肠杆菌、变形杆菌等。在单胃动物肠道中的微生物大多属于革兰氏阴性菌，可将其进一步细分为厌氧菌和需氧菌。因肠道中厌氧环境的存在，微生物多以专性厌氧菌为主，如双歧杆菌属、梭形杆菌属和乳杆菌属；其次为兼性厌氧菌和好氧菌，如大肠杆菌、葡萄球菌和链球菌。根据细菌对机体是否有益还可将其分为共生菌、条件致病菌和致病菌。共生菌一般指拟杆菌、梭菌、双歧杆菌、乳杆菌等，将肠道维持在偏酸的环境，抑制病原菌的增殖；一般情况下，条件致病菌的生长繁殖在体内受到共生菌的抑制，如大肠杆菌等，对机体不产生危害，但当肠道环境发生变化时，共生菌被破坏而使抑制作用减弱，这些条件致病菌大量繁殖，肠道菌群失衡，过多的条件致病菌聚集将有可能破坏机体肠道健康；致病菌则会直接对机体产生有害作用，如沙门氏菌可使动物出现严重腹泻等病理表现。

肠道内栖息的菌群是微生物与宿主在长期进化过程中双向选择的结果，其中以拟杆菌门和厚壁菌门两大类为主，二者比例高达 70%。肠道微生物参与宿主的许多生理生化反应，包括抵御病原体入侵肠道，通过分子机制对机体进行免疫调节，促进肠道微绒毛生长、不能被消化的膳食纤维等的酵解及某些维生素的合成。微生物多样性受物种、环境等的影响，在体内因不同日龄、不同部位，其组成也存在较大差异。健康成年猪的结肠微生物多样性最高，细菌群落中厚壁菌占 35%、拟杆菌占 21%、变形杆菌仅占 3%。在空肠和回肠中，变形菌占比约 70%，其次是厚壁菌，约占 20%。不同的是，在盲肠和结肠中，厚壁菌为优势菌群，占 75% 以上，变形菌约占 13%（Zhao et al.，2015）。

典型肠道微生物有大肠杆菌、乳酸杆菌、双歧杆菌等。多数大肠杆菌是无害的，非致病性大肠杆菌是肠道正常微生物群的一部分，可以通过生产维生素 K_2 和防止肠道内病原菌定植使宿主受益，与宿主具有共生关系。但是致病性大肠杆菌则可以在其宿主中引起腹泻或其他胃肠道以外的疾病，因此又被分为肠道致病性大肠杆菌（intestinal pathogenic *Escherichia coli*，IPEC）和肠外致病性大肠杆菌（extraintestinal pathogenic *E. coli*，ExPEC）。而双歧杆菌则是主要存在于肠道中的一种典型益生菌。

（一）大肠杆菌

大肠杆菌的血清型相当复杂，引起腹泻的大肠杆菌根据携带的特定毒力基因组和引起的疾病特征分为肠致病性大肠杆菌（EPEC）、产肠毒素大肠杆菌（ETEC）、肠侵袭性大肠杆菌（EIEC）、肠聚集性大肠杆菌（EAEC）、产志贺氏毒素大肠杆菌（STEC）、弥漫性黏附性大肠杆菌（DEAC）和与克罗恩病相关的黏附侵入性大肠杆菌（AIEC）。混合致病型包括肠聚集性出血性大肠杆菌（EAHEC）。引起家禽疾病的肠外致病性大肠杆菌被称为禽致病性大肠杆菌（APEC）。由 APEC 引起的禽大肠杆菌病不仅会造成家禽极高的发病率和死亡率，更是导致全球家禽业重大经济损失的主要原因。产志贺氏毒素大肠杆菌的 O157：H7 血清型是引起猪出血性腹泻和结肠炎的大肠杆菌代表菌株，同时也是溶血性尿毒症综合征的一种病原体，该血清型与特定的致病型相关，该种大肠杆菌通常被称为肠出血性大肠杆菌。STEC 还参与猪内皮细胞损伤过程，在猪水肿病的发病机制中起重要作用。

（二）双歧杆菌

双歧杆菌可以调节肠道环境，抑制或杀灭胃肠道病原体，改善肠道微生物平衡，调节肠黏膜免疫，维持肠道屏障功能，有益于保护动物的肠道健康。产生这些作用的相关机制主要涉及三种途径：产生对胃肠道病原体和其他有害微生物有抑制作用的杀菌物质；在肠道上皮细胞表面与病原体竞争黏蛋白的结合位点；调节先天性和适应性免疫相关的特定信号通路以刺激免疫系统。研究表明，短双歧杆菌 M-16V 和长双歧杆菌 BB536 参与调节 JNK 信号通路，改善葡聚糖硫酸钠（DSS）诱导对体外上皮屏障的损伤作用，减少炎性反应。此外，双歧杆菌可在猪单核细胞和肠系膜细胞中被 Toll 样受体 2 识别进而介导 IL-10 产生，同时参与 B 族维生素的产生，对蛋白质、碳水化合物、脂代谢都起到不可忽视的作用。

二、肠道微生物的主要功能

越来越多的证据表明，肠道微生物群在调节宿主的营养物质代谢方面起着关键作用。除了代谢作用外，共生细菌还具有促进宿主免疫稳态、免疫反应和防止病原体定植等多种功能。因此，了解肠道微生物的结构组成、功能作用及优化方式对于维持动物整体健康状态具有重要意义。研究表明，通过益生菌调节优化断奶仔猪的肠道菌群有助于提高微生物群落的多样性和丰富度，进一步增加支链氨基酸的生物合成和丁酸盐代谢，促进肠道健康发育。

（一）参与营养物质代谢

肠道微生物群通过调节短链脂肪酸（SCFA）、内毒素、胆汁酸等代谢物影响宿主代谢，或通过介导消化系统和多个器官之间的相互作用从而保护肠道健康。不可消化物质的分解吸收、必需维生素的产生及短链脂肪酸的产生均与肠道细菌的代谢作用存在密切关系。例如，肠道中发现的微生物可以通过短链脂肪酸产生量来决定宿主的能量平衡。猪结肠中毛螺菌科为一种典型的纤维降解细菌，能够将纤维素降解为单糖和短链脂肪酸。短链脂肪酸通过单羧酸转运蛋白-1（MCT1）和钠偶联单羧酸转运蛋白-1（sodium coupled monocarboxylate transporter 1，SMCT1）被宿主肠上皮细胞摄取利用，通过三羧酸循环和糖异生等途径参与宿主肠上皮细胞能量代谢。梭菌属（*Clostridium*）和消化链球菌属（*Peptostreptococcus*）作为蛋白质降解菌，通过降解赖氨酸、丝氨酸和天冬氨酸产生短链脂肪酸，并通过激活 G 蛋白偶联受体（G protein-coupled receptor, GPCR）调节肠道免疫功能，进而影响肠道健康（Voltolini et al.，2012）。

当动物肠道微生态的平衡状态受到破坏时，与葡萄糖、脂质和氨基酸等多种必需营养素相关的代谢过程随着炎症、免疫反应和氧化应激的进展而改变，继而影响肠道环境和机体代谢情况，并调节肠道微生物的组成和活性。其他微生物代谢物，如蛋白质发酵产物、胆碱及肽聚糖等，在多种营养代谢性疾病中起关键作用。肠道菌群及其代谢物通过一系列细胞受体和信号通路参与上皮细胞代谢，维持肠黏膜屏障功能，两者之间的关系对于调节肠道微生物组成和代谢活性的作用同样至关重要。

（二）抑制病原微生物生长

动物肠道微生物群通常以共生关系与宿主共同进化，维持胃肠道健康并影响其所需生理功能。共生细菌抑制病原体定植的能力可通过多种机制介导，包括直接杀死、竞争有限的营养物质和增强免疫反应。即使在肠道微生物群存在的情况下，病原体仍然具有很强的复制能力，因此环境和遗传因素对肠道微生物群结构的破坏会增加病原体感染的风险，促进有害病原体的过度生长和炎性疾病的发展。

已有研究表明小肠内丰富的微生物多样性可以有效抑制某些肠道致病细菌菌株对机体的损伤作用。定植抗性是肠道微生物群的原始功能之一，在黏膜表面占据病原菌的生物结合位点并防止外来病原体的入侵（Thaiss et al.，2016）。

肠道微生物群还通过产生抗菌化合物来防止病原菌的定植，同时保护肠道上皮屏障免受病原体的有害影响，从而控制细菌的过度生长，降低动物对肠道疾病的易感性。在肠腔内，微生物群通过去羟基化、脱氢等方式转化胆汁酸的存在形式。肠道微生物群参与消化其他不易消化的碳水化合物以产生 SCFA，防止上皮损伤，以及合成必需氨基酸、调节脂代谢、诱导肠道运动、改善肠道血管生成和调节免疫系统功能（Hooper and Gordon，2001）。大多数乳酸菌能抑制病原微生物和腐败微生物的活性，主要是因为它们分泌和产生抗菌物质，如有机酸、细菌素和过氧化氢。肠道内乳酸产生菌能够通过产生有机酸来降低肠道 pH，进而抑制病原菌的生长。有机酸是乳酸菌产生的重要抗菌化合物，可促进病原微生物穿透细胞膜进入细胞质，破坏细菌细胞并释放其内容物。革兰氏阳性菌主要通过抑制病原菌细胞壁的形成或在膜上产生孔洞来影响靶细胞膜的稳定性，从而诱导细胞死亡。一些革兰氏阳性细菌素还可以诱导靶细胞自溶，从而发挥抗菌作用。乳酸菌在宿主肠道定植后，会产生许多超氧阴离子自由基，这些自由基可以通过呼吸作用转化为毒性较小的过氧化氢。过氧化氢的持续积累会抑制其他细菌的生长。一些经过异质发酵的乳酸菌通过代谢已糖，降低环境中的 O_2 浓度，产生厌氧环境，从而抑制有害好氧菌的生长。乳酸菌还可以通过糖酵解代谢柠檬酸产生双乙酰，从而抑制多种有害微生物（Marko，2009）。

另外，肠道细菌通过形成天然防御屏障参与调节肠上皮细胞更新，促进上皮恢复和紧密连接的重组，加强肠道屏障功能，从而维持肠道免疫功能。由上皮细胞和黏液层组成的物理屏障、主要成分为抗菌肽的化学屏障及包括分泌型 IgA 在内的免疫屏障被认为是防止微生物传播的三大防御屏障。当屏障作用受到破坏后发生细菌入侵，则会激活固有层中的免疫细胞（包括吞噬细胞和淋巴细胞）发挥抗菌作用。肠上皮细胞通过紧密连接将微生物群与固有层分开，同时可分泌促炎细胞因子和活性氧以应对病原体入侵和代谢应激，并作为潜在的免疫细胞抵抗病原体。肠道微生态失衡将继发一系列病理反应，其作用机制相当复杂，如肠黏膜中异常的细菌脂多糖介导的信号转导可能与慢性炎症和癌变的发病机制具有相关性。

（三）促进干细胞增殖

肠道干细胞（ISC）是黏膜屏障的基本组成部分，其通过不断增殖分化以取代上皮细胞，而上皮细胞与肠道疾病密切相关。肠道微生物群，如乳酸杆菌，直接和间接地与 ISC 交流以调节 ISC 的增殖和分化。肠道共生菌与肠上皮细胞接触后迅速产生活性氧（ROS），可作为信号分子介导细胞增殖和分化，并调节先天性免疫信号。研究表明，乳酸杆菌是一种高 ROS 刺激性细菌，可能具有特定的膜成分，或具有激活吞噬细胞和上皮细胞 ROS 产生的分泌因子，对肠道干细胞增殖起促进作用（Yan et al.，2007）。在沙门氏菌感染肠道类器官的实验中发现沙门氏菌显著降低了肠道干细胞标志物 Lgr5 和 Bmi1 的表达，说明沙门氏菌对肠道干细胞的增殖分化存在潜在的抑制作用（Hou et al.，2017）。

三、肠道微生物时空发育规律

单胃动物肠道微生物组成通常保持相对稳定，日龄的增加、日粮成分和饲养环境的改变等因素会使肠道微生物结构发生一定范围内的动态变化。动物肠道微生物区系的平衡是保持机体健康状态的基本条件，是畜牧生产中提高生产效率、减少饲料损耗、保障动物健康的重要切入点。已有研究指出，肠道微生物群的分布和组成可能与宿主共同进化，并可能受到宿主生理状态、外部环境等多种因素的影响，在肠道中则受时间和空间的影响。

（一）肠道微生物的时间变化规律

2 日龄仔猪样本中含有与大肠杆菌、福氏志贺菌、罗伊氏乳杆菌和嗜酸乳杆菌相关的细菌群。罗伊氏乳杆菌是新生仔猪和未断奶仔猪回肠中的优势菌，发挥促进母乳消化的作用，断奶后，回肠中罗伊氏乳杆菌含量显著降低。此外，出生后 14 日龄仔猪肠道中开始出现梭状芽孢杆菌和大肠杆菌，主要微生物群的组成和代谢活动发生变化，与纤维消化密切相关的普氏菌属逐渐取代初生仔猪肠道中的优势菌属拟杆菌。育肥猪肠道微生物的组成和结构保持相对稳定，但仍处于一种动态变化的状态，随着育肥期的进行，猪粪便中厚壁菌门水平升高，拟杆菌门水平降低（Ban-Tokuda et al.，2017）。

（二）肠道微生物的空间变化规律

由于解剖结构、环境、生理功能和肠道微生物群的差异，猪的肠道具有明显的区室化特征。例如，小肠（十二指肠、空肠、回肠等）内的微生物主要参与营养物质的消化吸收（如大多数蛋白质、脂质、氨基酸、单糖和一些寡糖的吸收）。相比之下，大肠内的微生物主要参与小肠中难以消化的营养物质降解，如不溶性纤维（抗性淀粉和木质素）。微生物的数量从小肠向大肠呈增长趋势，回肠微生物组成与盲肠和结肠有显著差异。

在十二指肠和空肠中，优势菌属是乳酸杆菌和拟杆菌；梭杆菌属和埃希氏-志贺氏菌属在回肠中数量最多。Quan 等（2018）探索了不同部位下肠道细菌的分类分布情况。根据前 10 门的细菌相对丰度，发现厚壁菌门是最普遍的类型，占回肠微生物群的 56.0%，其次是变形菌门，占微生物群的 41.2%。然而，变形菌在盲肠的相对丰度占 9.27%，在结肠仅占 2.78%。回肠、盲肠和结肠中拟杆菌的相对丰度分别为 1.34%、46.4% 和 29.2%。此外，在盲肠中观察到梭杆菌属和疣微菌属的比例均低于 3%。在属水平上，大肠杆菌（23.1%）、土孢杆菌属（*Terrisporobacter*，17.9%）、罗氏菌属（*Romboutsia*，13.7%）和梭状芽孢杆菌（12.9%）在回肠中最为普遍。拟普氏菌（7.2%）、乳酸杆菌（5.0%）和 NK3B31 型普氏菌（4.4%）是盲肠中最常见的 3 属。链球菌属（10.4%）、乳杆菌属（8.8%）和梭菌属（8.0%）在结肠中普遍存在。这些结果表明，回肠中细菌的相对丰度较高，主要由几个属组成，而盲肠中的细菌分布更均匀。

单胃动物肠道微生物定植是一个渐进过程，受日粮、母体、基因型和环境等多种因素的影响，建立良好的肠道菌群不仅有利于新生期的健康成长，更对生长期、育肥期有积极的影响，探究单胃动物肠道微生物的时空发育规律对研究肠道微生态平衡十分重要，有助于探索开发可有效改善动物菌群结构和生长情况的干预手段，在养殖业生产与实践中具有重要意义。

第二节　肠道微生物与肠道上皮互作及对宿主基因表达的调控

一、肠道微生物对肠道基因的调控

肠道具有较大的比表面积，其为肠道微生物提供了丰富的微生态位点。肠道菌群拥有非常高的遗传多样性，不同的物种与胃肠道的特定部分相关，此外其在宿主的营养代谢、生长发育与免疫内分泌中扮演着重要的作用。大量研究表明，肠道微生物与机体的胰岛素抵抗、脂代谢异常、内分泌紊乱和肠道炎症性病变存在着密切相关性。

（一）肠道微生物调节肠道营养物质吸收与代谢

结肠菌群是一个庞大而复杂的微生物群落，总共有超过 1000 种细菌被鉴定出来，其中许多仍未被培养。据估计，肠道菌群的基因组约有 300 万个基因，是人类基因组的 150 倍。这种庞大而多样的微生物群落具有同样广泛的代谢库，可维持 / 增强哺乳动物肝脏和肠道黏膜中酶的活性，进一步调节肠道营养物质的吸收与代谢。肠道菌群通过分泌未被人类基因组编码的酶，如分解多糖、多酚和合成维生素的酶，对机体新陈代谢做出重要贡献。此外，肠道微生物以肠道上皮、胆汁酸及肠道内营养物质为代谢底物，进一步产生中间代谢物调节肠道上皮能量和营养物质吸收。结肠微生物具有相当大的蛋白质水解能力，将摄入的膳食蛋白质及肠道细胞中丢弃的蛋白质转化为短肽、氨基酸、短支链脂肪酸、氨气、H_2、CO_2 和 H_2S，表明肠道微生物能进一步调节肠道的消化与代谢功能。

（二）肠道微生物抑制病原微生物的生长

肠道微生物的共生能抑制病原微生物的定植。最近的研究表明，肠道内共生菌通过产生抑菌物质，如乳酸杆菌能产生乳酸、过氧化氢、细菌素等，抑制病原菌的增殖与分化；此外，肠道微生物通过与病原微生物竞争肠道微生态位，进一步抑制病原微生物定植。研究发现，屎肠球菌 YQH2（*Enterococcus faecium* YQH2）能够通过 Wnt/β-catenin 信号和 TLR4/NF-κB 信号通路促进肠道上皮增殖和抑制炎症，进一步抑制鼠伤寒沙门氏菌（*Salmonella typhimurium*）诱导肠道黏膜损伤；肠道有益菌嗜黏蛋白阿克曼氏菌（*Akkermansia muciniphila*）能够通过促进肠道上皮增殖分化，免受鸡伤寒沙门氏菌（*S. pullorum*）诱导肠道黏膜屏障的损伤。香菇多糖重塑的肠道微生物能通过肠道免疫屏障途径进一步抑制造血坏死病毒诱导的机体损伤（Ren et al.，2022）。此外，肠道内乳酸产生菌和短链脂肪酸产生菌能够产生乳酸和短链脂肪酸，降低肠道 pH，促进有益菌占据肠道生态位及调节肠道微生物的重塑，进一步抑制有害微生物的定植。

（三）肠道微生物促进肠道干细胞增殖分化

肠道干细胞是位于肠道基底膜内的多功能干细胞，其能够分化成杯状细胞、帕内特细胞、内分泌细胞、结肠吸收细胞和小肠上皮细胞等，这些细胞与所分泌的黏液和细胞因子形成肠道屏障。肠道微生物与肠道类器官之间有双重调节作用，共同维持机体健康与生理代谢。研究发现，临近隐窝中的肠道干细胞有细菌定植，表明肠道微生物可能参与调控肠道干细胞的增殖与分化。罗伊氏乳杆菌（*Lactobacillus reuteri*）通过其代谢物吲哚-3-醛激活固有层淋巴细胞分泌 IL-22，进一步激活肠道上皮细胞 STAT3 磷酸化，从而促进肠道上皮和黏膜损伤修复（Hou et al.，2021）。并且，罗伊氏乳杆菌能维持干细胞标志分子 $Lgr5^+$肠道干细胞的稳态，以及通过 Wnt/β-catenin 信号通路修复肠道黏膜损伤，进一步维护肠道上皮完整与抑制肠道菌群易位侵袭（Wu et al.，2020）。

肠道微生物除了直接影响宿主机体代谢外，还能与肠道上皮、肠道内容物及胆汁酸等底物相互作用产生代谢物，进一步对肠道上皮产生重要的调控作用。高脂日粮诱导小鼠盲肠拟杆菌和双歧杆菌丰度减少，诱导肠道微生物向有害菌群区系分化，增加肠道内容物脂多糖（LPS）浓度，诱导肠道紧密连接蛋白和黏蛋白表达水平降低，进而加剧肠道黏液紧密连接损伤，诱发机体产生系统性炎症。移植高脂饲料诱导小鼠的肠道菌群可加剧小鼠脂质易位沉积，而灌胃嗜黏蛋白阿克曼氏菌可通过修复肠道屏障损伤，降低血液循环 LPS 浓度，进而抑制脂质易位沉积及胰岛素抵抗。肠道菌群以胆汁酸为底物代谢产生短链脂肪酸，进一步调节肠道上皮代谢水平和肠道通透性。此外，肠道微生物的菌体膜蛋白及分泌因子等也能间接通过重塑肠道菌群或者直接调节肠道上皮细胞促进肠道健康。

二、肠道微生物对肠道内基因的调控

肠道微生物会以肠道上皮细胞、肠道内容物及胆汁酸等为代谢底物产生大量代谢物，其中很多具有生物活性，如短链脂肪酸、吲哚、生物胺等，而这些代谢物对宿主肠道生理具有重要的调控作用。肠道黏膜上皮是宿主与环境的交界面，肠细胞稳态影响宿主生理功能，包括发育、代谢和免疫。

（一）短链脂肪酸

肠道微生物的主要代谢物为短链脂肪酸，它是肠道微生物发酵日粮纤维、可溶性低聚糖、寡糖及内源性产物黏蛋白而产生。除了细菌发酵外，短链脂肪酸还来源于食源性植物油和动物脂肪中，而动物性黄油中含有 3%～4% 的丁酸，该丁酸以丁酸酯前体的形式存在于肠道内容物中，会进一步被肠道上皮吸收转化为丁酸释放到肠道中。乙酸、丙酸与丁酸属于肠道的主要短链脂肪酸代谢物。这些代谢物无论对菌群的重塑还是对宿主的肠道健康都具有重要的调控作用。SCFA 既可以为肠上皮细胞提供能量，也可以作为重要的信号调节分子，调节肠道的免疫转导、生理代谢和黏膜屏障功能等。

乙酸是结肠中含量最多的短链脂肪酸，其含量占短链脂肪酸的比例超过 50%。它由双歧杆菌属和乳杆菌属的肠道细菌产生，也由嗜黏蛋白阿克曼氏菌、普氏菌属和瘤胃球菌属等微生物产生（Dao et al.，2016）。乙酸是合成胆固醇的主要底物，其可转化为乙酰辅酶 A，从而被纳入外周组织的三羧酸循环。大量研究表明，乙酸与机体的脂代谢调节有关，其能通过表观遗传机制（组蛋白乙酰化）增加脂肪酸的合成，也能通过影响 AMPK 的磷酸化增加氧化能力（Maruta et al.，2016）。

丙酸由肠道菌与各种底物相作用而产生，包括氨基酸、碳水化合物、乳酸和 1,2-丙二醇。大多数已糖和戊糖进入琥珀酸途径并产生琥珀酸，这是丙酸的前体。琥珀酸途径存在于拟杆菌门和一些厚壁菌门，如韦荣氏球菌属（*Veillonella*）和考拉杆菌属（*Phascolarctobacterium*）。然而在其他厚壁菌门，如巨单胞菌属（*Megasphaera*）、毛螺菌属（*Lachnospiraceae*）和瘤胃球菌属（*Ruminococcaceae*），微生物可通过丙烯酸酯途径产生丙酸。此外，变形杆菌和螺杆菌通过丙二醇途径并且以脱氧己糖为底物产生丙酸。据报道，疣微菌门（Verrucomicrobia）中的共生细菌嗜黏蛋白阿克曼氏菌也能产生丙酸（Belzer et al.，2017）。丙酸主要在肝脏中被代谢利用，其具有调节肝脏脂代谢、降低胆固醇及降低肠道通透性等效果。丙酸对糖异生的抑制作用可能与代谢中间体甲基丙二酰 CoA 和琥珀酰 CoA 的活性有关，这两种中间体是丙酮酸羧化酶的特异性抑制剂。在免疫调节方面，丙酸通过抑制脂多糖诱导的共刺激分子 CD40 的表达，以及 IL-6 和 IL-12 P40 的分泌来抑制小鼠骨髓来源树突状细胞（BMDC）的活化。丙酸还通过抑制组蛋白脱乙酰酶（histone deacetylase，HDAC）影响肠道固有层淋巴细胞 Th1、Th2 和 Th17 的极化和活化，调节肠道炎症介质的激活改善肠道炎症（Trompette et al.，2014）。此外，丙酸能够调节动物机体的饮食，丙酸能刺激回肠和结肠中的 L 细胞，使其分泌胃肠道激素胰高血糖素样肽-1（GLP-1）和肽 YY（peptide YY，PYY）。这两种激素能增加饱感，从而减少动物的采食量。GLP-1 除了能控制肌细胞中肝糖原合成外，还能促进胰岛素分泌和胰腺 β 细胞的增殖，而 PYY 可以减少胃排空。除了 GLP-1 和 PYY 外，瘦素也是一种重要的由丙酸触发的饱感信号，这种潜在的厌食激素能通过结合中枢神经系统中的相关受体而抑制采食。

丁酸是由乙酸、乳酸、氨基酸和各种碳水化合物通过丁基辅酶 A、乙酸辅酶 A 转移酶或磷酸转丁基酶和丁酸激酶两个不同途径的糖酵解产生的。厚壁菌门特定家族具有产生丁酸的能力，主要包括：粪球菌属（*Coprococcus*）、真杆菌属（*Eubacterium*）、罗氏菌属（*Roseburia*）、粪杆菌属（*Faecalibacterium*）、罕见小球菌属（*Subdoligranulum*）和霍尔德曼氏菌属（*Holdemanella*）。丁酸是结肠上皮细胞的一种重要能量物质，在维持结肠稳态方面发挥着重要作用，丁酸被肠道上皮吸收并在线粒体中通过β氧化被氧化，提供给结肠上皮细胞73%～75%的能量。当丁酸缺乏时，会造成结肠上皮的营养性缺陷，引起短期性黏膜萎缩和长期性营养性结肠炎。此外，丁酸在肠道上皮的脂代谢调控中扮演着重要的作用，维持肠道内分泌稳态。据报道，丁酸作为一种重要的转录因子调节剂，作用于结肠上皮细胞芳香烃受体，调节肠道上皮的生理代谢功能。丁酸在肠道菌群与宿主肠道上皮细胞信息调控中发挥多种细胞调节作用，其主要调控肠道上皮细胞的增殖与分化。此外，丁酸可作用肠道上皮细胞的GPR43、GPR41和GPR109A受体，进一步通过丝裂原激活蛋白激酶（MAPK）介导的信号路径调控炎性反应，包括抑制脂多糖（LPS）和细胞因子诱导的促炎细胞因子TNF-α、IL-6和NO的生成，以及增加抗炎细胞因子IL-10的释放（Larraufie et al.，2017）。同样，丁酸依赖的GPR109A激活结肠巨噬细胞和增加DC的耐受性反应，抑制结肠炎症并促进平衡。

（二）生物胺

肠道中的生物胺是由微生物发酵蛋白质而产生的一类代谢物，主要包括腐胺、尸胺、精胺、亚精胺、组胺和色胺等。粪便样本分析表明，腐胺是人类结肠中含量最多的多胺，其次是精胺、亚精胺和尸胺。研究表明，微生物产生腐胺是一个复杂的过程，不同的细菌种类交换多胺中间体，最终产生腐胺（Xiao et al.，2016）。人类的微生物群主要由厚壁菌门和拟杆菌门组成，在猪等其他物种中，厚壁菌门和拟杆菌门也最丰富，占总菌群的比例较高。虽然这些细菌对猪总菌群的贡献较低，但猪和人的功能代谢途径相似，表明微生物多胺代谢可能与人类相当。肠道中亚精胺含量的增加与肠细胞组蛋白的低乙酰化有关，亚精胺通过改变蛋白质组的乙酰化状态导致自噬相关基因表达上调，诱导线粒体自噬，去除受损的线粒体，从而改善细胞存活率和肠道上皮的代谢功能（Eisenberg et al.，2009）。亚精胺通过多种方式调节肠道生理，包括在肠道上皮细胞中维持肠道屏障功能及调控线粒体自噬等。研究表明，50μmol/L亚精胺暴露可导致线粒体去极化和ROS爆发，这有助于激活共济失调毛细血管扩张突变（ATM）蛋白激酶。精胺可增加线粒体代谢率，暴露于精胺后，大鼠肝脏分离的线粒体中丙酮酸产生的CO_2量呈剂量依赖性增加，在0.5～1mmol/L精胺时，增幅最大。研究还进一步表明，精胺可以通过增加线粒体内的钙水平来影响丙酮酸脱氢酶复合物。此外，精胺对复合物的E1α-亚基有直接影响。由于E1α-亚基的去磷酸化，当精胺浓度达到0.5mmol/L时，会导致CO_2产量的增加。此外，在哺乳期补充精胺可提高仔猪断奶时的隐窝-绒毛比。最近的研究发现了几种多胺介导的调节肠道屏障的机制，在mRNA转录水平上，多胺被证明是转录因子骨髓组织增生蛋白（MYC）的重要调控因子。在小肠上皮IEC-6细胞中，多胺缺失导致细胞质Ca^{2+}浓度下降，然而细胞内Ca^{2+}水平的恢复使E-cadherin的表达恢复到正常水平。在IEC-6细胞中，多胺缺失时紧密连接蛋白1和2、occludin、claudin-2和-3与E-cadherin表达下调（Guo et al.，2005）。多胺在早期的肠道发育中也起着重要作用，研究表明，仔猪配方奶中添加多胺可增加小肠成熟标志物的表达（Plaza-Zamora et al.，2013）。

（三）吲哚

吲哚由色氨酸通过色氨酸酶（TnaA）在大量革兰氏阳性菌和革兰氏阴性菌中合成。大肠杆菌和霍乱弧菌液体培养的细胞外吲哚浓度可达0.5mmol/L，而在小鼠、大鼠和人肠道中产吲哚的细菌浓度可达 1.1mmol/L。吲哚是一种著名的信号分子，调节革兰氏阳性菌株孢子行程、质粒稳定性、细胞分裂、抗生素耐受性和毒力，以及大肠杆菌和霍乱弧菌生物膜的形成（Vega et al.，2012）。肠道细菌衍生的吲哚，如吲哚基硫酸酯、吲哚-3-丙酸和 5-羟基吲哚，主要存在于血液、外周组织、尿液，甚至脑组织中，其能影响疾病，如细菌感染、肠道炎症、神经系统疾病、糖尿病和癌症（Wikoff et al.，2009）。在无菌小鼠模型中，口服吲哚和 7-羟基吲哚可以增加结肠上皮紧密连接和黏附连接蛋白的表达，降低细胞炎性水平，表明吲哚和吲哚产生细菌在建立上皮屏障和预防肠道炎症方面发挥着有益的作用（Bansal et al.，2010）。宏基因组学、代谢组学、蛋白质组学等方法揭示了吲哚在炎性肠病（IBD）中的治疗作用。研究发现，吲哚或产生吲哚的微生物可能会影响 2 型糖尿病等代谢疾病，其主要通过调节肠内 L 细胞分泌 GLP-1，缓解机体胰岛素抵抗（Chimerel et al.，2014）。然而在高糖高脂饮食中，葡萄糖能抑制色氨酸酶的分解代谢进一步抑制吲哚生物合成，诱发代谢性疾病。大量研究表明吲哚在肠道菌群和神经退行性疾病发展之间存在紧密的联系，吲哚和吲哚产生细菌对人类行为和神经退行性疾病产生积极的影响。从十字花科蔬菜中提取的吲哚-3-甲醇和 3,3′-二吲哚甲烷已经被证明对几种癌症有活性（Fan et al.，2013）。吲哚-3-甲醇已被证明可以调节多种癌细胞系的细胞信号转导，包括 Akt、NF-κB、JNK、MEK 和 p53 信号调节通路，进一步抑制癌细胞的增殖和转移（Choi et al.，2010）。3,3′-二吲哚甲烷是一种有效的辐射保护剂和缓解剂，通过刺激 DNA 修复和 NF-κB 存活信号转导发挥作用。

第三节　肠道微生物对肠外组织基因表达的调节

一、肠道微生物与免疫器官基因表达

（一）肠道微生物影响免疫器官的发育

微生物生态系统在机体的生物过程中起着至关重要的作用，如免疫细胞的发育和成熟、代谢过程的调节及通过影响上皮更新和分化来调节肠道稳态（Belkaid and Hand，2014）。研究表明，肠道微生物能够向肠外细胞传递生物大分子进而影响与其没有直接接触的远端器官，如肝脏、脾脏和大脑。肠道中的共生菌能移位至肠外组织器官从而引发自身免疫病，还可以通过免疫细胞和免疫分子对肠外其他免疫组织的免疫应答起调节作用（Maynard et al.，2012；Yang et al.，2022）。

微生物可以影响免疫细胞的数量，这意味着免疫细胞的发育和功能受菌群的影响。机体的免疫器官主要包括中枢（胸腺和骨髓）和外周（脾脏、淋巴结等）免疫器官两大部分，肠道免疫属于外周免疫器官的一部分。肠道中的共生菌群是免疫系统正常发育所必需的。早期研究发现无菌小鼠的淋巴器官（脾脏、胸腺、淋巴结和肠道相关淋巴组织）发育不全，如肠道相关淋巴组织未成熟，IgA 产生受阻，肠淋巴细胞减少及效应 T 细胞亚群失衡，血液、脾脏中的 LY6Chi 单核细胞、LY6Cmid、$CCR2^+$ 单核细胞和粒细胞水平下降，胸腺、脾脏中黏膜相关恒定 T 细胞的数量减少（Legoux et al.，2019），早幼粒细胞白血病蛋白锌指（promyelocytic leukemia zinc finger，PLZF）相关的先天性胸腺发育受损，而上述表现均可通过菌群的重新定植实现逆转（Knauf et al.，2019）。进一步的研究发现，浆细胞样树突状细胞介导肠道微生物与发育中的胸腺之间的通信，来自肠黏膜的抗原呈递细胞将细菌和细菌相关

产物携带到次级淋巴组织，改变前体 T 细胞的发育。致病性和机会性物种促进血清中早熟性 IgA 和肠道中分泌性 IgA 的出现，并延迟形成脾脏中滤泡树突状细胞网络的构建，sIgA 通过促进定植的肠道微生物多样性来调节新生儿脾脏的发育（Rosado et al.，2018）。肠道微生物是骨量正常化和免疫状态正常化所必需的，同时肠道微生物相关的模式分子可以起到激活骨髓中造血功能相关基因表达的作用（Sjogren et al.，2012）。

肠道微生物调节肠外免疫器官发育的方式主要是通过血液循环和信号转移。微生物的代谢物，如肽聚糖、维生素、多胺和脂质等通过黏膜转移到循环中，作用于全身发挥作用。例如，在先天性免疫应答中，反式微生物肽聚糖从肠黏膜通过血液到骨髓，并通过 NOD1 信号通路激活嗜中性粒细胞的杀伤功能。此外，微生物不仅可以通过将信号从黏膜部位转移到非黏膜部位来调节免疫系统，还可以激活肠道中的免疫细胞在非黏膜部位发挥作用。例如，黏膜部位的抗原呈递细胞可以感知微生物信号，进一步调节非黏膜部位 T 细胞的分化。

（二）肠道微生物对肠外自身免疫病的影响

肠道微生物生态失调表现为肠道微生物被破坏及微生物代谢物的改变，会打破宿主和肠道菌群的共生关系，使机体的免疫平衡受到影响，最终导致各种免疫相关疾病的发生，包括自身免疫病、癌症和其他疾病。因此，微生物可以成为调节免疫网络的重要治疗靶点，预防和治愈动物疾病。

肠外自身免疫病的发生常常伴随着肠道微生物及其代谢物的改变。相关研究揭示了几种肠外自身免疫病中肠道微生物及其代谢物具有独特的组成结构，包括多发性硬化症、类风湿性关节炎、系统性红斑狼疮和 1 型糖尿病等。多发性硬化症患者中梭菌属、普氏菌属、拟杆菌属及其他产生 SCFA 的细菌和脆弱拟杆菌减少，促炎肠杆菌科和甲醇短杆菌属富集（Calvo-Barreiro et al.，2018）。类风湿性关节炎患者中的普氏菌属丰度较高，微生物的代谢物如盲肠中的丁酸盐浓度下降，会影响自身免疫性关节炎的发生（Berer et al.，2017）。虽然狼疮样疾病的发作和严重程度在无菌小鼠中的改变不如多发性硬化症和类风湿性关节炎的发展那么明确，但是近年来的研究发现在许多狼疮模型中存在肠道微生态的失调。狼疮小鼠粪便微生物多样性提高，毛螺菌科（Lachnospiraceae）丰度增加，乳酸菌科（Lactobacillaceae）丰度下降，LPS 生物合成通路富集，支链氨基酸生物合成通路减少。1 型糖尿病患者的肠道菌群特征显著不同于健康对照，普雷沃氏菌属 *Prevotella copri*、惰性真杆菌（*Eubacterium siraeum*）在 1 型糖尿病患者的肠道菌群中富集，与宿主血糖控制有关的代谢显著降低（Shilo et al.，2022）。

肠道微生物通过影响免疫细胞功能参与肠外自身免疫病的炎性反应。此外，肠通透性的增加，使得腔内抗原和细菌产物异常进入固有层，在肠外起致病作用（Buscarinu et al.，2021）。多发性硬化症患者中诱导结肠 Treg 细胞的芽孢形成梭菌属的物种显著减少。分段丝状细菌附着在上皮细胞上并诱导小肠 Th17 反应，无菌小鼠中单定植分段丝状细菌导致肠道中 Th17 细胞水平升高，并加剧自身免疫性脑脊髓炎（EAE）、关节炎和系统性红斑狼疮的发生。其他细菌，如未分类的丹毒菌科细菌，能激活肠道 Th17 细胞并促进自身免疫性脑脊髓炎小鼠脊髓的炎性反应（Miyauchi et al.，2020）；组织普氏菌（*Prevotella histicola*）通过诱导 EAE 小鼠肠系膜淋巴结、颈部淋巴结和脾脏 Treg 细胞，抑制 Th1 和 Th17 自身免疫反应；狄氏副拟杆菌（*Parabacteroides distasonis*）还能诱导 Treg 细胞在 EAE 小鼠中定植（Calvo-

Barreiro et al.，2018）。肠道微生物组成的变化也会影响自身免疫病的发生。研究表明，多发性硬化症患者肠道菌群的改变可能是由于 Treg 细胞的功能障碍（Takewaki et al.，2020）。多发性硬化症患者粪便和血清中丙酸含量降低，通过给 EAE 小鼠补充丙酸可以改善对 Treg 细胞的抑制作用和缓解相关的临床症状（Duscha et al.，2020）。

二、微生物-肠-肝轴与宿主基因表达

（一）肠道和肝脏之间的相互作用

肠道和肝脏通过胆道、门静脉和体循环的双向通信网络进行交流。肝脏会产生能被肠道吸收的有益物质和许多生物活性介质，通过胆道将胆汁盐和抗菌物质（免疫球蛋白 A 和血管生成素）输送到肠腔，该过程通过控制不受限的细菌过度生长来维持肠道平衡。胆汁盐通过核受体作为重要的信号分子，如法尼醇 X 受体（FXR，也称为 NR1H4）和 G 蛋白偶联受体（GPBAR1，也称为 TGR5）调节肝胆汁酸合成、葡萄糖代谢、脂代谢和膳食中的能量利用。肠道微生物、肠道代谢物及微生物相关分子模式（MAMP）通过门静脉转移到肝脏并影响肝脏功能，由于肝脏中 70% 的血液供应来自经门静脉的肠静脉，因此能够时刻接触肠道菌群及其衍生物（Compare et al.，2012）。此外，来自膳食、内源性物质的肝脏代谢物（如游离脂肪酸、胆碱代谢物和乙醇代谢物）通过毛细血管系统进入体循环输送到肠道，从而延长肠-肝轴。研究发现，调节肝功能和缓解肥胖诱导的代谢功能障碍的左旋肉碱由肠系膜淋巴系统独立运输，因此肠系膜淋巴系统可能是肠-肝轴中从肠道向肝脏运输代谢物的第二通路（Yu et al.，2022）。肠-肝轴描述了肝脏、胃肠道和常驻肠道微生物群落的相互作用。

近年来，人们逐渐认识到肠道和肝脏之间的关系，尤其是肝脏疾病与胃肠道发病率的平行上升加强了人们对这两者的关注。研究表明各类肝脏疾病具有共同的关键特征，如肠道微生态失调，肠道通透性及胆汁酸、乙醇和胆碱代谢物水平改变（Tripathi et al.，2018）。在动物上的研究发现，肠道微生物组成的改变会影响猪肝脏中的脂代谢水平，并且在给予猪高脂高糖饲料的情况下血糖仍能维持稳定的原因是猪体内的一类胆汁酸（占猪总胆酸的 70% 以上）的调节作用（Zheng et al.，2021）。因此，“微生物-肠-肝轴”对于理解各种肝脏代谢和疾病的发生发展至关重要，了解肠道和肝脏之间的相互作用有利于为动物生产提供理论基础。

（二）肠道微生物和代谢物介导肠-肝轴对宿主机体健康的影响

肠道与肝之间的双向关系及其相关的微生物创造了一个相互依存的环境。炎症和门静脉高压或肠道微生物组成的变化引起肠道通透性增加、内毒素易位，导致肝脏中各种促炎基因和细胞因子的转录激活（Miele et al.，2009）。同时由于肠道屏障受损，大量细菌及其衍生物如脂多糖（LPS）通过肝肠循环进入肝脏，导致促炎细胞因子的产生，诱导肝损伤。相反，肝脏通过胆道在肠道中释放胆汁酸和其他生物活性介质，被肠道微生物转化吸收并释放到体循环中。肠-肝轴生态系统反映了肠道微生物和肝脏之间的直接和间接相互作用。

肠道微生物群及其代谢物通过直接或间接作用调节肝脏基因表达，影响机体健康。研究发现在非酒精性脂肪性肝病（NAFLD）患者肠道中微生物显著变化，如另枝菌属（*Alistipes*）

和普氏菌属（*Prevotella*）的丰度较低，厌氧杆菌、大肠杆菌、链球菌和乳酸杆菌丰度较高（Loomba et al.，2019）。肠道紧密连接降低、微绒毛异常排列、T 淋巴细胞减少和细胞因子（TNF-α、IFN-γ 和 IL-6）升高揭示了肠道微生物介导的 NAFLD 发病机制。肝硬化患者中胆汁酸分泌水平低影响肠道微生物的组成，并且微生物产生的有毒物质（氨、酚类、硫醇等）会进一步导致认知功能障碍。研究表明，无菌小鼠的肝癌发生减少，丙酸参与抑制肝癌细胞的增殖。因此，微生物生态失调会导致与肝脏有关的疾病发生，肠道微生物和代谢物通过肠-肝轴维持个体健康方面发挥着关键作用。

1. 胆碱代谢物 胆碱（choline）是一种常量营养素，对肝功能、大脑发育、神经功能、肌肉运动和维持健康的新陈代谢很重要。已有研究报道，给啮齿动物饲喂缺乏胆碱的饮食已被用于构建人类非酒精性脂肪性肝炎（NASH）模型（Han et al.，2017）。一方面，胆碱在宿主酶活性的作用下加工成磷脂酰胆碱（卵磷脂），有助于极低密度脂蛋白从肝脏排出，进而防止甘油三酯的肝脏积累。另一方面，胆碱在肠道微生物作用下转化为三甲胺（TMA），TMA 通过门静脉循环转移到肝脏，进一步转化为三甲胺 *N*-氧化物（TMAO），这一过程可能会降低胆碱的生物利用水平，容易引发肝损伤（Velasquez et al.，2016）。

2. 短链脂肪酸 微生物发酵产生的 SCFA 可为宿主提供 10%～15% 的能量，在宿主肝脏代谢过程中发挥重要作用。酒精性肝损伤的标志是丁酸盐和丙酸盐水平降低和乙酸盐水平升高（Chen et al.，2015；Cresci et al.，2017）。丁酸盐是肠细胞的能量来源，有助于维持黏膜稳态和肠道内壁的完整性，还可通过 G 蛋白偶联受体结合形成组蛋白脱乙酰酶抑制剂发挥抗炎作用（Chang et al.，2014）。乙酸盐通过门静脉到达肝脏触发脂肪从头生成。SCFA 进入肝脏还能够激活 AMPK 途径，进而抑制肝脏脂肪酸合成及促进脂肪酸氧化过程（Cresci et al.，2017；Zhao et al.，2020）。

3. 乙醇和乙醛 胃肠道的黏膜通过简单扩散吸收乙醇。在胃肠道内，大部分乙醇被胃和小肠吸收，大肠中的乙醇主要来自体循环。非酒精性和酒精性肝病（ALD）的特征是腔内和循环中乙醇及其代谢物乙醛和乙酸盐水平升高，这些代谢物产生 ROS 引起肝损伤。肠道菌群和肠细胞分泌乙醇代谢酶，如乙醇脱氢酶，肝脏通过上调其乙醇代谢途径来对循环中的乙醇做出反应。无菌小鼠肝脏中乙醇代谢基因的表达增加、肝脏脂肪变性恶化，表明肠道微生物参与肠-肝轴的重要性。

（三）微生物介导的胆汁酸肠-肝循环

胆汁酸代谢是反映肝脏和肠道微生物之间双向相互作用的重要回路之一，胆汁酸的微生物修饰是微生物与宿主相互作用的重要机制。胆汁酸（BA）在肝脏中以甘氨酸或牛磺酸偶联物的形式产生，并由胆固醇分泌到小肠中，共轭和未结合的胆汁酸在回肠远端重吸收返回肝脏，这些胆汁酸与回肠胆汁酸结合蛋白（IBABP）结合，IBABP 介导胆汁酸通过肠细胞转运到基底外侧膜，其中肠 OSTα-OSTβ 复合物促进其转运到门静脉（Wang et al.，2008）。结肠中的微生物通过化学修饰生成次级胆汁酸，可从拟杆菌属（*Bacteroides*）、梭菌属（*Clostridium*）、乳酸杆菌属（*Lactobacillus*）、双歧杆菌属（*Bifidobacterium*）和李斯特菌属（*Listeria*）检测到胆盐水解酶基因（*BSH*），表明其可参与胆汁酸的去共轭；拟杆菌属（*Bacteroides*）、真杆菌属（*Eubacterium*）、梭菌属（*Clostridium*）、大肠杆菌（*Escherichia*）和瘤胃球菌属（*Ruminococcus*）含有编码胆汁酸羟基类固醇脱氢酶（HSDH）的基因，能够参与催化 C3、C7 和 C12 上羟基（—OH）基团的氧化和差向异构化（Gerard，2013）；梭菌属和真杆菌属参与 7α-去羟基化。因此，肠道微生物将肠道胆汁酸生物转化为非结合形式的能力是胃肠道代谢稳态的核心。

1. 胆汁酸作为信号分子调节宿主-微生物互作　胆汁酸（BA）是重要的信号分子，可以激活胆汁酸信号转导受体，如核受体法尼醇 X 受体（FXR）、孕烷 X 受体（PXR）、组成型雄烷受体（CAR）、维生素 D 受体（VDR）和 G 蛋白偶联受体 5（TGR5）。未结合的胆汁酸，如鹅去氧胆酸（CDCA）、石胆酸（LCA）、去氧胆酸（DCA）和胆酸（CA），可作为 FXR 的高亲和力配体激动剂，比共轭胆汁酸具有更大的激活 FXR 的潜力。TGR5 是一种胆汁酸特异性 G 蛋白偶联受体（GPCR），与胆汁酸相互作用激活细胞内信号通路，微生物诱导的次级胆汁酸 LCA 和 DCA 及其共轭形式是 TGR5 较强的激活剂。肠道微生物可以通过胆汁酸信号转导受体 TGR5 和 FXR 修改和增强胆汁酸信号转导（Kawamata et al.，2003）。胆汁酸在肠上皮细胞中与 FXR 结合，增加抗菌蛋白血管生成素 1 和核糖核酸酶家族成员 4 的产生，防止细菌过度生长并促进上皮细胞的完整性。PXR 主要在肝脏和肠道中表达，而 CAR 主要在肝组织中表达，这两种受体都是肝脏中药物代谢的主要调节因子。PXR 激活胆汁酸羟基化酶 CYP3A 和 CYP2B、胆汁酸缀合酶 SULT2A1 和 UGT、小管转运蛋白 MRP2 和基底外侧转运蛋白 OATP2，CAR 可以激活 CYP3A、CYP2B 和 SALT73。CAR 和 PXR 在维持体内胆汁酸稳态方面具有协同作用，可能是通过 CYP3A4 和 SULT2A1 的联合诱导（Uppal et al.，2005）。VDR 作为配体调节的转录因子，在大肠中高度表达，特别是在免疫细胞中。VDR 主要作为肠道胆汁酸传感器，可以被 LCA 激活以诱导 CYP3A 和 SULT2A1 的表达，从而保护肠道免受胆汁酸毒性的影响。VDR 也可能激活肠道中的 FGF19-FGFR4 轴，有助于胆汁酸肠-肝循环的正常化。

2. 微生物-胆汁酸互作调节机体健康　胆汁酸和肠道微生物相互影响。胆汁酸具有直接的抑菌作用，肝硬化患者中肠道细菌过度生长可能是由总粪便胆汁酸减少所致，用共轭胆汁酸治疗肝硬化大鼠后，发现胆汁分泌正常化，肠道细菌过度生长和易位减少（Kakiyama et al.，2013；Lorenzo-Zuniga et al.，2003）。患有肝脏疾病（如脂肪肝、纤维化、肝硬化和肝细胞癌）的患者经常表现出肠道微生态失调，一些能够增加次级胆汁酸量的细菌丰度显著升高，如肠杆菌、肠球菌和梭状芽孢杆菌。患有肠道疾病（如 IBD）的个体微生物多样性减少和厚壁菌门细菌丰度减少，尤其是普拉梭菌的缺乏，导致肠道中次级胆汁酸水平降低和共轭胆汁酸水平升高。高脂肪诱导的小鼠肠道微生物发生变化，肝脏 DCA 水平提高，而 DCA 的升高会诱导肝星状细胞中衰老相关的分泌表型（SASP）产生及各种炎症和肿瘤促进因子的分泌，这些因子促进暴露于化学致癌物二羟甲基丁酸（DMBA）中的小鼠肝细胞癌的发展。高脂饲喂和诱导 1 型糖尿病表型的小鼠发生肝肿瘤，且小鼠胆汁酸水平升高。益生菌改变肠道微生物结构，增加胆汁酸的粪便排泄，并促进了小鼠肝脏胆汁酸的合成，其机制涉及减少胆汁酸从回肠再吸收和抑制肠肝 FXR-FGF15 轴。肠道微生物通过调节胆汁酸信号转导影响肝脏疾病的发生。在胃肠道中，肝脏胆汁酸的肠肝循环中断可引起肝脏炎症，NF-κB 的活化导致促炎细胞因子（如 TNF 和 IL-1β）的表达增加，从而减少 FXR 靶基因的转录。这些靶基因的下调导致胆汁酸通过 IBABP 和 OSTα-OSTβ 复合物从肠细胞转运回门静脉的减少，进而引起胆汁酸积聚在肠黏膜和肝细胞中。*FXR* 敲除小鼠比野生型小鼠更容易发生肝脏炎症，而 FXR 激动剂抑制了促炎性 NF-κB 靶基因的表达，如肿瘤坏死因子（TNF）、诱导一氧化氮合酶（iNOS）和环氧合酶 2（COX2）在肝细胞中的表达（Degirolamo et al.，2015）。

三、微生物-肠-脑轴介导的神经相关基因调控

（一）微生物-肠-脑轴

19 世纪 40 年代，威廉·博蒙特通过实验表明，情绪状态会影响消化率，因此大脑会影响肠道，并且存在脑-肠轴。20 世纪早期到中期，首次进行了科学记录的观察，将肠道生理变化与情绪变化联系起来（Mayer，2011）。随着测序和代谢组学技术的进步和成本的降低，逐步证实了大脑和肠道健康之间的联系。胃肠道（GI）功能和胃肠道症状的改变伴随着越来越多的中枢神经系统（CNS）疾病，如肠易激综合征（IBS）通常与心理症状和精神病诊断有关。此外，随着大脑成像的出现，相互作用得以首次可视化，表明肠道刺激可以激活参与情绪调节的关键大脑区域。自上而下的信号转导来自大脑，通过迷走神经的传入纤维影响胃肠道的运动、感觉和分泌功能。自下而上的交流通过传出的迷走神经纤维影响大脑的功能，特别是杏仁核和下丘脑。

肠道微生物组已成为肠脑通信中不可或缺的参与者，同时科学家提出了微生物-肠-脑轴的概念。肠道微生物影响神经系统的发育，利用无菌小鼠重新定植不同年龄段的肠道微生物，断奶后定植比后期再定植更有效地恢复了大脑或免疫功能和行为特定方面的缺陷，而具有神经传递功能的 5-羟色胺（5-hydroxytryptamine，5-HT）水平无法通过在断奶时再定植恢复（Heijtza et al.，2011）。此外与正常定植微生物的小鼠相比，无菌小鼠运动功能障碍增加，缺乏适当的焦虑样行为。无菌饲养、用抗生素处理及受环境因素改变的母体或出生后早期微生物组的研究发现，子代的大脑免疫、血脑屏障通透性、大脑结构和神经回路在调节神经元的产生、特性和成熟方面出现异常，这些影响可以持续到成年，并倾向于导致长期行为缺陷，这显现出在关键的神经发育窗口期维持肠道微生物平衡的重要性（Agirman and Hsiao，2021）。总体而言，包括发育、髓鞘形成、神经发生和小胶质细胞激活在内的基本中枢神经过程已被证明取决于微生物群的组成。

（二）肠道微生物和中枢神经系统的双向通信途径

1. 免疫途径　肠道微生物与肠道免疫系统之间存在密切的互作。代谢物如短链脂肪酸，膜成分如多糖 A 等均可影响免疫稳态，形成促炎或抗炎的局部免疫反应。微生物与局部免疫细胞的相互作用，可改变进入体循环的细胞因子的释放，或调节位于其他身体部位（如大脑）的免疫细胞。肠道微生物还可以调节位于大脑的小胶质细胞的发育、成熟。神经炎症导致血脑屏障通透性的改变，促进微生物通过，造成外周免疫细胞对脑实质的侵袭。中风等疾病引起的大脑炎症会导致肠道微生物失调，进一步加剧神经免疫反应的发生，从而加重大脑病理的严重程度。

2. 内分泌途径　微生物相关的代谢物，如次级胆汁酸、吲哚衍生物和 SCFA，通过肠道内分泌细胞（EEC）和肠嗜铬细胞（ECC）发出信号，调节神经肽的分泌。此外，一些肠道细菌可以直接合成和释放神经递质和神经调节剂，并被吸收和释放到门静脉中。它们对中枢神经元活动的影响程度取决于它们穿越血脑屏障的能力。肠道微生物还与下丘脑-垂体-肾上腺（HPA）轴介导的神经内分泌信号通路有双向互作。压力诱导的 HPA 轴激活会影响肠

胃功能，进而改变肠道微生物的组成。菌群缺陷小鼠在平衡期和压力反应中的糖皮质激素水平变化表明肠道微生物的变化也会改变 HPA 轴的功能。

3. 神经途径　胃肠道受到神经控制是通过一个巨大的内在肠神经元和神经胶质网络发挥作用，该网络横跨肠神经系统（ENS）、胃肠道平滑肌和黏膜固有层，以及连接肠道到脊髓和大脑的初级传入和自主纤维的外部神经支配。虽然 ENS 可以在很大程度上独立于 CNS 调节 GI 运动，但 GI 运动也受到脑和其他部分的自主神经系统（ANS）、肠道相关免疫系统和肠道微生物调控（Browning and Travagli，2019）。此外，肠道也通过复杂的途径向这些系统发送信息，这些信息作为内稳态的双向通道，同时这种通信的改变与疾病有关。由动物肠道内分泌系统感应肠道内环境的改变而分泌产生的脑肠肽激素，如 5-羟色胺和脑源性神经营养因子（brain derived neurotrophic factor，BDNF）等，将神经信号沿迷走神经上传至 CNS，进而调控机体情绪管理、摄食行为、能量代谢、肠道营养吸收，以及参与肠道渗透性、蠕动、排空等生理功能的调控（Margolis et al.，2021）。

（三）微生物-肠-脑轴介导的行为调控

肠道微生物主要通过神经免疫和代谢途径介导的双向通信影响行为过程。胃肠道中的细菌发酵和代谢导致代谢物的产生，如神经递质和 SCFA。SCFA 通过结合和激活迷走神经上表达的游离脂肪酸受体（FFAR）间接影响脑生理和行为。此外，它们在胃肠道系统内局部抑制组蛋白脱乙酰酶的能力可能间接影响各种介质向大脑的信号转导。迷走神经是微生物与大脑交流的另一条途径。革兰氏阴性菌和革兰氏阳性菌的细胞壁上表达的细菌肽聚糖能够通过激活在大脑中表达的特定病原体识别受体（如 PGLYRP2）来影响社会行为的发展。微生物群还可以通过排泄作为嗅信息素的代谢物来影响社会互动。小鼠尿液中分泌的三甲胺可以通过激活嗅觉受体促进小鼠的社会凝聚力。通过给孕鼠及子代鼠灌胃益生菌发现，有益菌的早期定植可缓解子代成年期焦虑样行为，上调海马和杏仁核中脑源性神经营养因子和 γ-氨基丁酸受体表达，活化结肠表皮生长因子受体（EGFR），上调 5-HT 转运体（SERT）进而调节 5-HT 系统，阻断 EGFR 则抑制 SERT 和紧密连接蛋白水平的上调（Zhou et al.，2022）。粪肠球菌可通过增强小胶质细胞中的 NF-κB p65 及海马体中 X-连锁凋亡蛋白 / 性连锁凋亡抑制蛋白抗原（X-linked inhibitor of apoptosis protein，XIAP）的表达缓解表现出抑郁样行为的 DSS 诱导的结肠炎小鼠（Takahashi et al.，2019）。肠道菌群是维持社会优势地位的关键。研究发现以丁酸和组蛋白脱乙酰酶 HDAC2 为关键靶点的肠-脑轴途径，并且 HDAC2 的脑区特异性、细胞特异性的表达及对内侧前额叶皮层兴奋性突触传递的调控作用是影响等级结果的关键因素之一（Wang et al.，2022）。这些不同的途径证明肠道微生物调节多个中枢生理过程，如神经炎症、血清素周转和髓鞘形成，从而为肠道细菌如何影响动物行为提供机制见解。

第四节　调控微生物组成和宿主基因表达的营养策略

近些年，肠道微生物及其与宿主的互作机制逐渐成为研究重点，微生物区系被认为与宿主各项生理活动密切相关，包括新陈代谢、免疫反应和肠道健康等。与宿主基因组不同，微生物组表现出极强的可塑性，这使得通过各种手段调节宿主微生物区系以适应环境和宿主来源的刺激成为可能。在众多环境因素中，日粮被广泛认为是影响肠道菌群组成和代谢功能的关键因素，因此可以通过调整日粮组成或添加特定添加剂来调整肠道微生物和肠道生理功能。

一、改变日粮组成

在多种宿主-内源性和宿主-外源性因素中，饲料成分及其比例是决定肠道微生物群落结构和肠道功能的关键因素。改变日粮中的常量组分如蛋白质、脂肪、碳水化合物等的来源和含量，可调控肠道微生物和宿主基因表达。

（一）日粮蛋白质

日粮蛋白质是动物必需的营养物质，其来源、浓度和组成是影响宿主肠道微生物结构和功能的主要因素。越来越多的研究表明，肠道微生物参与了日粮蛋白质在机体胃肠道中的消化、吸收、代谢和转化过程，并介导蛋白质代谢和宿主免疫反应。肠道微生物区系的变化可能会影响蛋白质代谢和微生物代谢物，两者均与宿主健康密切相关，合理的日粮蛋白质添加策略对于改善动物肠道屏障功能和免疫防御具有重要意义。

1. 蛋白质来源调节肠道微生物区系组成和功能 蛋白质饲料主要包括植物性蛋白质饲料、动物性蛋白质饲料、微生物蛋白质饲料和非蛋白氮饲料。日粮蛋白质的组成影响肠道微生物区系组成和微生物代谢物，不同类型的日粮蛋白质都有其独特的代谢特性，并根据所涉及的肠道微生物而有不同的代谢方式。

植物蛋白如豆类籽实、饼粕、糟渣等广泛用于饲料工业，其价格低廉，且在安全方面具备优势。研究表明，富含20%花生蛋白的日粮改变了肠道微生物区系多样性，增加了双歧杆菌属（*Bifidobacterium*），减少了肠杆菌属（*Enterobacteria*）和产气荚膜梭菌（*Clotridium perfringensa*），促进乙酸和乳酸等微生物代谢物的生成，降低肠道pH，从而抑制胺等有毒代谢物生成。然而大豆中的抗营养因子可能对生产性能产生负面影响，这限制了其在单胃动物中的应用。

与植物蛋白相比，动物蛋白往往具备更高的消化率。酪蛋白、脱脂奶粉和鱼粉通常用于猪饲料，其代谢特性有利于宿主健康，特别是对某些植物蛋白中的环境应激和抗营养因子引起的仔猪断奶后腹泻具有预防作用。酪蛋白作为饲料蛋白质来源可提高断奶仔猪的生长性能，对仔猪肠道乳酸杆菌（*Lactobacillus*）和双歧杆菌的生长具有促进作用（Rist et al., 2014）。

2. 蛋白质水平影响肠道微生物区系组成和功能 日粮蛋白质水平是影响蛋白质代谢和肠道微生物组成的重要因素，微生物代谢物的数量和种类都受到日粮蛋白质摄入量的影响。当日粮蛋白质含量较高时，未被小肠吸收的残留含氮化合物被转移到远端肠道并被微生物代谢，部分代谢物具有毒性且不利于宿主健康，如硫化氢、氨和吲哚化合物等。此外，日粮中高水平的蛋白质补充可能会导致微生态系统的紊乱，有益微生物减少，潜在病原体增加。研究发现，与低蛋白质日粮组（20.5%）相比，高蛋白质日粮组（22.5%）断奶仔猪末重、日增重和采食量均显著降低；日粮蛋白质水平的升高导致仔猪生长性能下降，十二指肠、空肠绒毛高度和绒毛高度与隐窝深度比降低，这可能与肠道完整性和功能受损相关。与低蛋白质日粮组（20.58%）相比，高蛋白质日粮组（39.04%）犬的体重、体脂率及血清甘油三酯（TG）含量显著降低，粪便中短链脂肪酸浓度降低，厚壁菌门（Firmicutes）

相对丰度升高，且主要富集梭菌属（*Clostridium*）、瘤胃球菌属（*Ruminococcus*）及普拉梭菌（*Faecalibacterium prausnitzii*）等微生物（陆江等，2021）。高蛋白质饲料明显降低了断奶后仔猪体重、采食量和饲料效率，降低了回肠微生物多样性，双歧杆菌属、乳球菌属（*Lactococcus*）和乳酸杆菌属丰度均下降，且代谢组结果发现高蛋白质饲料组仔猪结肠乙酸和异戊酸显著减少（Gao et al.，2022）。

低蛋白质日粮改变了仔猪盲肠微生物结构，增加了短链脂肪酸产生菌数量，减少了大肠杆菌等病原菌的定植数量。与正常蛋白日粮组相比，低蛋白质日粮组仔猪盲肠拟杆菌数量增加，异丁酸和异戊酸浓度下降（Chen et al.，2018）。通常异丁酸和异戊酸被认为是蛋白质发酵的最终产物，这表明难以消化的蛋白质被盲肠微生物蛋白酶逐步降解，且日粮的蛋白质水平会影响盲肠的微生物发酵，这些结果强调了肠道微生物区系与宿主健康之间的相互作用。

（二）日粮氨基酸平衡

动物对蛋白质的需求本质上是对氨基酸的需求，氨基酸是动物生长和发育的必需营养素，参与机体各项生理功能。氨基酸组成通过改变肠道形态从而影响肠道微生物区系，氨基酸平衡是影响蛋白质在体内消化率的主要因素。

大量畜禽研究表明，在低蛋白质日粮中添加某些合成氨基酸可以提高蛋白质的消化率，有效减少氮的排放，并节省饲料成本。此外，日粮添加一定量的甘氨酸、缬氨酸、异亮氨酸和蛋氨酸可以改善牲畜和家禽肠道微生物结构和组成，增加双歧杆菌和乳酸杆菌等有益微生物的丰度，维持肠道上皮屏障功能的完整性，改善肠道上皮的正常功能，增强动物的肠黏膜免疫力（Wu et al.，2015）。研究发现，在低蛋白质日粮中添加蛋氨酸（Met）增加了蛋鸡肠道中乳酸杆菌属丰度，并降低了粪杆菌属（*Faecalibacterium*）丰度，对蛋鸡的生产性能、生殖系统、新陈代谢和肠道微生物组成产生积极影响。母猪日粮补充 0.4% 半胱氨酸（Cys）可增加仔猪出生重，降低母猪的钙、甘油三酯和胆红素水平，增加母猪肠道微生物多样性和丰度（Ding et al.，2019）。

此外，大量研究表明肠道微生物代谢有助于支链氨基酸（BCAA）的合成、摄取和降解，而微生物群的变化，特别是肥胖宿主中拟杆菌属（*Bacteroides*）的减少可能与芳香族氨基酸（AAA）和支链氨基酸的高浓度相关（Liu et al.，2017；Moran-Ramos et al. 2021）。小鼠补充支链氨基酸混合补充物（BCAAem）后，肠道阿克曼氏菌和双歧杆菌属的丰度增加、肠杆菌科（Enterobacteriaceae）的比例降低，血清脂多糖浓度降低，这表明日粮补充支链氨基酸会影响肠道微生物群和宿主脂代谢，对宿主健康具有促进作用（Yang et al.，2016）。

（三）日粮脂肪

日粮脂肪是动物重要的能量来源，其总能和有效能远超谷物、糠麸等能量饲料，可提高机体抗热应激能力，改善日粮适口性，促进脂溶性维生素吸收，为机体提供必需脂肪酸等。日粮添加脂肪增加了仔猪空肠微生物多样性，空肠、回肠和盲肠普氏菌属（*Prevotella*）丰度增加，甲烷短杆菌属（*Methanobrevibacter*）和消化链球菌属（*Peptostreptococcus*）等与能量代谢相关的微生物丰度增加。乳化椰子粉可缓解断奶后仔猪空肠绒毛萎缩和回肠隐窝增生，并降低断奶仔猪盲肠大肠杆菌量，从而维持仔猪肠道微生态平衡（房正国，2012）。

1. 脂肪来源影响肠道微生物区系组成和功能　日粮脂肪的来源影响宿主机体代谢，

且部分脂肪介导的影响是通过肠道微生物诱导的变化传递的。早期研究发现，与富含不饱和脂肪的高脂日粮相比，富含饱和脂肪的高脂日粮更易促进宿主肥胖、脂肪肝和胰岛素抵抗的发展。添加棕榈酸的高脂日粮诱导小鼠体重增加、肝脏甘油三酯含量升高，减少了肠道微生物多样性，且提高了厚壁菌-拟杆菌比例（de Wit et al.，2012）。与饲喂鱼油的小鼠相比，饲喂猪油的小鼠体重显著增加、饲料效率提高，且盲肠拟杆菌属、苏黎世杆菌属和嗜胆菌属均增加，具有更高的空腹胰岛素和葡萄糖水平，激活 TLR 信号通路并增加白色脂肪组织（WAT）炎症及胰岛素敏感性受损（Caesar et al.，2015；Zmora et al.，2019）。

用富含大豆油的高脂日粮饲喂猪发现，与对照组相比，高脂组血浆丙二醛（MDA）浓度提高，回肠绒毛高度明显增加，且仔猪盲肠乳酸杆菌和普拉梭菌丰度提高。仔猪饲料添加鱼油或葵花籽油发现，盲肠微生物区系相似，葵花籽油饲喂组的拟杆菌比例高于鱼油饲喂组；母猪日粮中添加 *n*-3 多不饱和脂肪酸（*n*-3 PUFA）降低了厚壁菌门、放线菌门（Actinobacteria）和互养菌门（Synergistetes）相对丰度，增加了拟杆菌和螺旋体门（Spirochaetes）的相对丰度，且 *n*-3 PUFA 的补充增加了母猪初乳中蛋白质和脂肪的含量，降低了空肠黏膜髓样分化因子 88（myeloid differentiation factor 88，MyD88）表达，抑制 TLR4 信号转导并减少炎症，从而改善肠道健康（Chen et al.，2019）。

2. 日粮脂肪影响肠道微生物区系组成和功能的作用机制 肠道微生物群对宿主生理功能的调控依赖于微生物产物和各种代谢物，包括脂多糖、短链脂肪酸等。肠道微生物可将多不饱和脂肪酸（polyunsaturated fatty acid，PUFA）转化为各种必需脂肪酸（fatty acid，FA），如亚油酸（linolenic acid，LA）衍生代谢物和 α-亚油酸（alpha-linolenic acid，αLA）衍生代谢物。高脂饲料饲养小鼠的盲肠亚油酸衍生代谢物 10-羟基-顺-12-十八烯酸（10-hydroxy-cis-12-octadecenoic acid，HYA）、10-羟基十八酸（10-oxo-octadecanoic acid，HYB）水平降低，且盲肠乳酸杆菌科（Lactobacillaceae）丰度下降，HYA 产生菌唾液乳杆菌（*Lactobacillus salivarius*）、格氏乳杆菌（*Lactobacillus gasseri*）丰度下降；饲料补充亚油酸可缓解乳酸杆菌的下降，进一步促进肠道环境 GLP-1 的分泌并改善葡萄糖稳态（Miyamoto et al.，2019）。

除了对宿主能量代谢的影响外，肠道微生物区系还可将脂肪摄入量与宿主肠道炎症倾向的增加联系起来。高脂日粮诱导小鼠盲肠拟杆菌和双歧杆菌丰度减少，血浆脂多糖（LPS）增加，而双歧杆菌可降低宿主肠道脂多糖水平并改善黏膜屏障功能，脂多糖进一步通过 CD14 信号通路促进小鼠体重增加、白色脂肪组织炎症和胰岛素敏感性受损。高脂饲料诱导的小鼠动脉粥样硬化病变加重伴随着肠道嗜黏蛋白阿克曼氏菌显著减少，而灌胃嗜黏蛋白阿克曼氏菌可缓解载脂蛋白 E 缺乏小鼠的动脉粥样硬化病变（Li et al.，2016）。

（四）日粮纤维

日粮纤维是指可食用的碳水化合物聚合物，由三个或以上寡糖单位构成，不能被胃肠道消化吸收。日粮纤维的分类方式有很多种，主流观点认为，日粮纤维包括非淀粉多糖（non-starch polysaccharide，NSP）和木质素，其中非淀粉多糖主要由纤维素、半纤维素、果胶、抗性淀粉、寡聚糖、葡聚糖组成（Makki et al.，2018）。

日粮纤维的含量、来源、添加比例均会影响动物的生长性能、繁殖性能和肠道健康。研究表明，日粮中添加菊粉可以提高育肥猪平均日增重和出栏重，这与血清 IGF-1 和胰岛素水平升高密切相关。与低纤维日粮相比，饲喂以甜菜渣为主要来源的高纤维日粮降低了生长猪的平均日采食量、平均日增重、胴体重、背膘厚等生长性能和肉质性能，降低了血清甘油三酯、总胆固醇的含量，提高了盲肠和结肠内容物中总不饱和脂肪酸浓度（焦安然，2020）。妊娠期日粮添加功能性纤维可缓解母猪便秘，利于妊娠母猪膘情调整，提高母猪繁殖性能。研究发现，断奶仔猪日粮中添加低聚木糖可显著提高仔猪的平均日增重和末重，降低仔猪料重比和腹泻率。

根据日粮纤维的水溶性，可将其划分为不溶性纤维和可溶性纤维。不溶性日粮纤维可使粪便膨胀，不会或仅被肠道细菌缓慢消化，如纤维素和半纤维素；而大多数可溶性纤维可由特定结肠和盲肠微生物群发酵产生短链脂肪酸，如乙酸盐、丙酸盐和丁酸盐等，这些短链脂肪酸已被证明有益于宿主健康和能量代谢（Makki et al.，2018；Wang et al.，2018）。仔猪日粮中添加膳食纤维可降低腹泻率，增加盲肠细菌的组成和丰度，提高乙酸盐、丙酸盐和丁酸盐含量，从而改善断奶仔猪生长性能（Adams et al.，2019）。也有文献表明，短链脂肪酸可激活肠内分泌1细胞上的GPR43，以增加肠道激素合成（如PYY和GLP1），它们在肠-脑轴调节食欲中发挥重要作用（Wang et al.，2018；Zmora et al.，2019）。作为信号分子，短链脂肪酸通过两种主要途径调节肠道稳态，抑制组蛋白脱乙酰酶（HDAC）或作为几种G蛋白偶联受体和过氧化物酶体增殖物激活受体γ（PPARγ）的配体（Zmora et al.，2019）。

此外，膳食纤维能刺激肠道黏液分泌，在厌氧菌群发酵下产生乙酸盐和丁酸盐以维持黏液分泌平衡，在促进肠道屏障功能方面发挥着重要作用（Zmora et al.，2019）。例如，多行拟杆菌（*Bacteroides thetaiotaomicron*）是一种乙酸盐和丙酸盐产生菌，可促进杯状细胞分化和黏蛋白相关基因表达（Makki et al.，2018）。研究表明，菊粉可通过增加乳酸杆菌和双歧杆菌的数量和代谢活性以改善肠道微生物平衡，从而抑制病原微生物的生长（Illippangama et al.，2022）。长期缺乏膳食纤维会损害肠道黏液屏障，并与嗜黏蛋白阿克曼氏菌等黏蛋白降解细菌的丰度增加有关（Desai et al.，2016）。低纤维日粮导致肠道微生物群营养源从纤维转换为宿主黏液，增加了对病原体的易感性。有趣的是，日粮补充菊粉可缓解肠道黏液层的穿透性，低菊粉添加量（1%）可预防黏液层缺陷，高菊粉添加量（20%）阻止了微生物群的侵占，改善了肠道健康，并使与肥胖小鼠代谢参数改善相关的低度炎症消退（Zou et al.，2018）。

除了产生短链脂肪酸外，肠道微生物区系还可以通过其他机制调节纤维对健康的影响。日粮中补充以大麦为基础的日粮与改善葡萄糖耐量有关，这在普拉梭菌水平较高的个体中更为明显，普拉梭菌可以防止类杆菌介导的葡萄糖耐受，并促进小鼠肝脏糖原的储存（Kovatcheva-Datchary et al.，2015）。

二、添加益生元和益生菌

随着肠道微生物区系在动物生长和肠道健康中的重要性日益被认识到，人们愈发关注能够调节微生物区系及其与宿主相互作用的营养调控策略，以促进生长、改善健康，预防或治疗疾病。除饲料常量成分外，益生元和益生菌等添加剂对肠道菌群和肠道基因表达具有显著影响。

（一）益生元

益生元（prebiotics）这一概念最初由Gibson和Roberfroid在1995年提出；2016年，国

际益生菌与益生元科学协会（ISAPP）将其修订为“在有益于宿主健康的前提下，可被宿主肠道菌群选择性利用和转化的物质”，新的定义中益生元包括非碳水化合物，作用部位不仅限于胃肠道内，其类型也不仅限于食物（Salminen et al.，2021）。日粮纤维和益生元的概念容易混淆，这主要取决于日粮纤维及其宿主，只有部分纤维可发挥益生元作用，相比之下，大多数益生元可归类为纤维。常见益生元包括母乳低聚糖、菊粉、低聚果糖和低聚半乳糖，候选益生元包括果胶、阿拉伯木聚糖和抗性淀粉等，多数情况下益生元对乳酸杆菌属和双歧杆菌属有益。

研究发现，后肠菌群能将未被消化的碳水化合物代谢，生成短链脂肪酸等次级代谢产物，影响宿主生理过程，发挥调节免疫、抵抗病原体、改善肠道功能、增加矿物质吸收、影响代谢和饱腹感等作用。多项研究证明，饲料添加益生元如低聚木糖、菊粉后，宿主肠道乳酸杆菌和双歧杆菌属的相对丰度增加，微生物代谢物浓度变化，特别是丁酸和丙酸等短链脂肪酸增加，而短链脂肪酸具有抗菌活性，并通过影响结肠上皮完整性及代谢和免疫作用维持机体稳态（Holscher，2017）。新型天然益生元，如海藻多糖等，作为猪的饲料成分具有抗氧化、抗炎和免疫调节等益生作用。母猪日粮中补充褐海藻可以调节哺乳仔猪的生产性能和健康，仔猪日粮添加海藻可提高小肠乳酸杆菌-大肠杆菌比例，海藻酸低聚糖具有抗菌和抗生物膜活性，这些寡糖可以调节黏膜细胞因子表达和抗体产生，并促进乳酸杆菌生长。

（二）益生菌

益生菌（probiotic）一词源于希腊语，意为“为了生命”或“利于生命”。2016年，ISAPP将其定义为“摄入一定量时对宿主健康产生有益作用的活体微生物”（Salminen et al.，2021）。最常见的益生菌是乳酸杆菌和双歧杆菌，可加强肠黏膜屏障、预防腹泻，在改善宿主肠道微生物群、提高生长性能、调节机体免疫力等方面发挥重要作用。饲料中添加丁酸梭菌（*Clostridium butyricum*）和粪肠球菌（*Enterococcus faecalis*）可以改善仔猪平均日增加量、降低腹泻率，增加空肠绒毛高度，使肠道微生物丰度增加。乳酸杆菌补充剂可改善育肥猪平均日增重和饲料转化率，提高母猪产仔数和活力，同样地衣芽孢杆菌（*Bacillus licheniformis*）和枯草芽孢杆菌（*Bacillus subtilis*）可减少仔猪腹泻，降低仔猪断奶期死亡率（Liao and Nyachoti，2017）。

研究表明，益生菌也具有抗炎作用，益生菌通过Toll样受体与黏膜免疫系统结合，促进Th1细胞分化。普拉梭菌对动物机体炎症具有缓解作用，可在小鼠树突状细胞中诱导产生IL-10，并缓解肠屏障损伤、抑制慢性炎症（Martín et al.，2015）。

（汪以真、靳明亮，浙江大学）

参考文献

房正国. 2012. 不同脂肪来源的日粮对仔猪肠道发育及肠道微生物区系的影响. 南京：南京农业大学硕士学位论文.

焦安然. 2020. 饲粮纤维对猪脂质代谢与肉质性状的影响及短链脂肪酸的介导机制. 雅安：四川农业大学博士学位论文.

陆江，朱道仙，刘莉，等. 2021. 不同蛋白质水平饲粮对肥胖犬体况、血清生化指标、粪便短链脂肪酸浓度及肠道菌群结构的影响. 动物营养学报，33：2224-2234.

Adams S, Xiangjie K, Hailong J, et al. 2019. Prebiotic effects of alfalfa (*Medicago sativa*) fiber on cecal bacterial composition, short-chain fatty acids, and diarrhea incidence in weaning piglets. RSC Advances, 9(24): 13586-13599.

Agirman G, Hsiao E Y. 2021. SnapShot: the microbiota-gut-brain axis. Cell, 184(9): 2524-2525.

Bansal T, Alaniz R C, Wood T K, et al. 2010. The bacterial signal indole increases epithelial-cell tight-junction resistance and attenuates indicators of inflammation. P Natl Acad Sci USA, 107(1): 228-233.

Ban-Tokuda T, Maekawa S, Miwa T, et al. 2017. Changes in faecal bacteria during fattening in finishing swine. Anaerobe, 47: 188-193.

Belkaid Y, Hand T W. 2014. Role of the microbiota in immunity and inflammation. Cell, 157(1): 121-141.

Belzer C, Chia L W, Aalvink S, et al. 2017. Microbial metabolic networks at the mucus layer lead to diet-independent butyrate and vitamin B-12 production by intestinal symbionts. Mbio, 8(5): e00770-17.

Browning K N, Travagli R A. 2019. Central control of gastrointestinal motility. Curr Opin Endocrinol, 26(1): 11-16.

Buscarinu M C, Gargano F, Lionetto L, et al. 2021. Intestinal permeability and circulating $CD161^{+}CCR6^{+}CD8^{+}T$ cells in patients with relapsing-remitting multiple sclerosis treated with dimethylfumarate. Front Neurol, 12: 683398.

Caesar R, Tremaroli V, Kovatcheva-Datchary P, et al. 2015. Crosstalk between gut microbiota and dietary lipids aggravates WAT inflammation through TLR signaling. Cell Metab, 22(4): 658-668.

Calvo-Barreiro L, Eixarch H, Montalban X, et al. 2018. Combined therapies to treat complex diseases: the role of the gut microbiota in multiple sclerosis. Autoimmun Rev, 17(2): 165-174.

Chang P V, Hao L M, Offermanns S, et al. 2014. The microbial metabolite butyrate regulates intestinal macrophage function via histone deacetylase inhibition. P Natl Acad Sci USA, 111(6): 2247-2252.

Chen J, Kang B, Jiang Q, et al. 2018. Alpha-ketoglutarate in low-protein diets for growing pigs: effects on cecal microbial communities and parameters of microbial metabolism. Frontiers in Microbiology, 9: 1057.

Chen J, Xu Q, Li Y, et al. 2019. Comparative effects of dietary supplementations with sodium butyrate, medium-chain fatty acids, and *n*-3 polyunsaturated fatty acids in late pregnancy and lactation on the reproductive performance of sows and growth performance of suckling piglets. J Anim Sci, 97(10): 4256-4267.

Chen P, Torralba M, Tan J, et al. 2015. Supplementation of saturated long-chain fatty acids maintains intestinal eubiosis and reduces ethanol-induced liver injury in mice. Gastroenterology, 148(1): 203-345.

Chimerel C, Emery E, Summers D K, et al. 2014. Bacterial metabolite ndole modulates incretin secretion from intestinal enteroendocrine L cells. Cell Rep, 9(4): 1202-1208.

Choi H S, Cho M C, Lee H G, et al. 2010. Indole-3-carbinol induces apoptosis through p53 and activation of caspase-8 pathway in lung cancer A549 cells. Food Chem Toxicol, 48(3): 883-890.

Compare D, Coccoli P, Rocco A, et al. 2012. Gut-liver axis: the impact of gut microbiota on non alcoholic fatty liver disease. Nutr Metab Cardiovas, 22(6): 471-476.

Cresci G A, Glueck B, McMullen M R, et al. 2017. Prophylactic tributyrin treatment mitigates chronic-binge ethanol-induced intestinal barrier and liver injury. J Gastroenterol Hepatol, 32(9): 1587-1597.

Dao M C, Everard A, Aron-Wisnewsky J, et al. 2016. Akkermansia muciniphila and improved metabolic health during a dietary intervention in obesity: relationship with gut microbiome richness and ecology. Gut, 65(3): 426-436.

de Wit N, Derrien M, Bosch-Vermeulen H, et al. 2012. Saturated fat stimulates obesity and hepatic steatosis and affects gut microbiota composition by an enhanced overflow of dietary fat to the distal intestine. Am J Physiol Gastrointest Liver Physiol, 303(5): 589-599.

Degirolamo C, Modica S, Vacca M, et al. 2015. Prevention of spontaneous hepatocarcinogenesis in farnesoid X receptor-null mice by intestinal-specific farnesoid X receptor reactivation. Hepatology, 61(1): 161-170.

Desai M S, Seekatz A M, Koropatkin N M, et al. 2016. A dietary fiber-deprived gut microbiota degrades the colonic mucus barrier and enhances pathogen susceptibility. Cell, 167(5): 1339-1353.

Duscha A, Gisevius B, Hirschberg S, et al. 2020. Propionic acid shapes the multiple sclerosis disease course by an immunomodulatory mechanism. Cell, 180(6): 1067-1080.

Eisenberg T, Knauer H, Schauer A, et al. 2009. Induction of autophagy by spermidine promotes longevity. Nat Cell Biol, 11(11): 1305.

Fan S, Meng Q, Xu J, et al. 2013. DIM (3, 3'-diindolylmethane) confers protection against ionizing radiation by a unique mechanism. Proc Natl Acad Sci USA, 110(46): 18650-18655.

Gao J, Liu Z, Wang C, et al. 2022. Effects of dietary protein level on the microbial composition and metabolomic profile in postweaning piglets. Oxid Med Cell Longev, DOI.org/10.1155/2022/3355687.

Gerard P. 2013. Metabolism of cholesterol and bile acids by the gut microbiota. Pathogens, 3(1): 14-24.

Guo X, Rao J N, Liu L, et al. 2005. Polyamines are necessary for synthesis and stability of occludin protein in intestinal epithelial cells. Am J Physiol Gastrointest Liver Physiol, 288(6): G1159-G1169.

Han J, Dzierlenga A L, Lu Z, et al. 2017. Metabolomic profiling distinction of human nonalcoholic fatty liver disease progression from a common rat model. Obesity, 25(6): 1069-1076.

Heijtza R D, Wang S G, Anuar F, et al. 2011. Normal gut microbiota modulates brain development and behavior. P Natl Acad Sci USA, 108(7): 3047-3052.

Holscher H D. 2017. Dietary fiber and prebiotics and the gastrointestinal microbiota. Gut Microbes, 8(2): 172-184.

Hooper L V, Gordon J I. 2001. Commensal host-bacterial relationships in the gut. Science, 292(5519): 1115-1118.

Hou Q, Ye L, Huang L, et al. 2017. The research progress on intestinal stem cells and its relationship with intestinal microbiota. Front Immunol, 8: 599.

Hou Q H, Ye L L, Liu H F, et al. 2021. *Lactobacillus* accelerates ISCs regeneration to protect the integrity of intestinal mucosa through activation of STAT3 signaling pathway induced by LPLs secretion of IL-22. Cell Death Differ, 25(9): 1657-1670.

Illippangama A U, Jayasena D D, Jo C, et al. 2022. Inulin as a functional ingredient and their applications in meat products. Carbohyd Polym, 275: 118706.

Kakiyama G, Pandak W M, Gillevet P M, et al. 2013. Modulation of the fecal bile acid profile by gut microbiota in cirrhosis. J Hepatol, 58(5): 949-955.

Kawamata Y, Fujii R, Hosoya M, et al. 2003. A G protein-coupled receptor responsive to bile acids. J Biol Chem, 278(11): 9435-9440.

Knauf F, Brewer J R, Flavell R A. 2019. Immunity, microbiota and kidney disease. Nat Rev Nephrol, 15(5): 263-274.

Kovatcheva-Datchary P, Nilsson A, Akrami R, et al. 2015. Dietary fiber-induced improvement in glucose metabolism is associated with increased abundance of *Prevotella*. Cell Metab, 22(6): 971-982.

Larraufie P, Dore J, Lapaque N, et al. 2017. TLR ligands and butyrate increase Pyy expression through two distinct but inter-regulated pathways. Cell Microbiol, 19(2): e12648.

Legoux F, Bellet D, Daviaud C, et al. 2019. Microbial metabolites control the thymic development of mucosal-associated invariant T cells. Science, 366(6464): 494-499.

Li J, Lin S, Vanhoutte P M, et al. 2016. Akkermansia muciniphila protects against atherosclerosis by preventing metabolic endotoxemia-induced inflammation in apoe$^{-/-}$ mice. Circulation, 133(24): 2434-2446.

Liao S F, Nyachoti M. 2017. Using probiotics to improve swine gut health and nutrient utilization. Anim Nutr, 3(4): 331-343.

Liu R, Hong J, Xu X, et al. 2017. Gut microbiome and serum metabolome alterations in obesity and after weight-loss intervention. Nat Med, 23(7): 859-868.

Loomba R, Seguritan V, Li W, et al. 2019. Gut microbiome-based metagenomic signature for non-invasive detection of advanced fibrosis in human nonalcoholic fatty liver disease. Cell Metab, 30(3): 607.

Lorenzo-Zuniga V, Bartoli R, Planas R, et al. 2003. Oral bile acids reduce bacterial overgrowth, bacterial translocation, and endotoxemia in cirrhotic rats. Hepatology, 37(3): 551-557.

Makki K, Deehan E C, Walter J, et al. 2018. The impact of dietary fiber on gut microbiota in host health and disease. Cell Host Microbe, 23(6): 705-715.

Margolis K G, Cryan J F, Mayer E A. 2021. The microbiota-gut-brain axis: from motility to mood. Gastroenterology, 160(5): 1486-1501.

Marko D. 2009. Food-borne mycotoxins. Molecular Nutrition & Food Research, 53(4): 421.

Martín R, Miquel S, Chain F, et al. 2015. *Faecalibacterium prausnitzii* prevents physiological damages in a chronic low-grade inflammation murine model. BMC Microbiol, 15: 67.

Maruta H, Yoshimura, Y, Araki, A, et al. 2016. Activation of AMP-activated protein kinase and stimulation of energy metabolism by acetic acid in L6 myotube cells. PLoS One, 11(6): e0158055.

Mayer E A. 2011. Gut feelings: the emerging biology of gut-brain communication. Nat Rev Neurosci, 12(8): 453-466.

Maynard C L, Elson C O, Hatton R D, et al. 2012. Reciprocal interactions of the intestinal microbiota and immune system. Nature, 489(7415): 231-241.

Miele L, Valenza V, La Torre G, et al. 2009. Increased intestinal permeability and tight junction alterations in nonalcoholic fatty liver disease. Hepatology, 49(6): 1877-1887.

Miyamoto J, Igarashi M, Watanabe K, et al. 2019. Gut microbiota confers host resistance to obesity by metabolizing dietary polyunsaturated fatty acids. Nat Commun, 10(1): 4007.

Miyauchi E, Kim S W, Suda W, et al. 2020. Gut microorganisms act together to exacerbate inflammation in spinal cords. Nature, 585(7823): 102-106.

Moran-Ramos S, Macias-Kauffer L, López-Contreras B E, et al. 2021. A higher bacterial inward BCAA transport driven by *Faecalibacterium prausnitzii* is associated with lower serum levels of BCAA in early adolescents.

Mol Med, 27(1): 108.

Plaza-Zamora J, Sabater-Molina M, Rodriguez-Palmero M, et al. 2013. Polyamines in human breast milk for preterm and term infants. Br J Nutr, 110(3): 524-528.

Quan J, Cai G, Ye J, et al. 2018. A global comparison of the microbiome compositions of three gut locations in commercial pigs with extreme feed conversion ratios. Sci Rep, 8(1): 4536.

Ren G, Xu L, Zhao J, et al. 2022. Supplementation of dietary crude lentinan improves the intestinal microbiota and immune barrier in rainbow trout (*Oncorhynchus mykiss*) infected by infectious hematopoietic necrosis virus. Front Immunol, 13: 920065.

Rist V T, Weiss E, Sauer N, et al. 2014. Effect of dietary protein supply originating from soybean meal or casein on the intestinal microbiota of piglets. Anaerobe, 25: 72-79.

Rosado M M, Aranburu A, Scarsella M, et al. 2018. Spleen development is modulated by neonatal gut microbiota. Immunol Lett, 199: 1-15.

Salminen S, Collado M C, Endo A, et al. 2021. The international scientific association of probiotics and prebiotics (ISAPP) consensus statement on the definition and scope of postbiotics. Nat Rev Gastro Hepat, 18(9): 649-667.

Shilo S, Godneva A, Rachmiel M, et al. 2022. The gut microbiome of adults with type 1 diabetes and its association with the host glycemic control. Diabetes Care, 45(3): 555-563.

Sjogren K, Engdahl C, Henning P, et al. 2012. The gut microbiota regulates bone mass in mice. J Bone Miner Res, 27(6): 1357-1367.

Takahashi K, Nakagawasai O, Nemoto W, et al. 2019. Effect of enterococcus faecalis 2001 on colitis and depressive-like behavior in dextran sulfate sodium-treated mice: involvement of the brain-gut axis. J Neuroinflamm, 16(1): 201.

Takewaki D, Suda W, Sato W, et al. 2020. Alterations of the gut ecological and functional microenvironment in different stages of multiple sclerosis. Proc Natl Acad Sci USA, 117(36): 22402-22412.

Thaiss C A, Zmora N, Levy M, et al. 2016. The microbiome and innate immunity. Nature, 535(7610): 65-74.

Tripathi A, Debelius J, Brenner D A, et al. 2018. The gut-liver axis and the intersection with the microbiome. Nat Rev Gastroenterol Hepatol, 15(7): 397-411.

Trompette A, Gollwitzer E S, Yadava K, et al. 2014. Gut microbiota metabolism of dietary fiber influences allergic airway disease and hematopoiesis. Nat Med, 20(2): 159-166.

Uppal H, Toma D, Saini S P, et al. 2005. Combined loss of orphan receptors PXR and CAR heightens sensitivity to toxic bile acids in mice. Hepatology, 41(1): 168-176.

Vega N M, Allison K R, Khalil A S, et al. 2012. Signaling-mediated bacterial persister formation. Nat Chem Biol, 8(5): 431-433.

Velasquez M T, Ramezani A, Manal A, et al. 2016. Trimethylamine *N*-oxide: the good, the bad and the iunknown. Toxins, 8(11): 326.

Voltolini C, Battersby S, Etherington S L, et al. 2012. A novel antiinflammatory role for the short-chain fatty acids in human labor. Endocrinology, 153(1): 395-403.

Wang T, Xu J C, Xu Y, et al. 2022. Gut microbiota shapes social dominance through modulating HDAC2 in the medial prefrontal cortex. Cell Rep, 38(10): 110478.

Wang Y D, Chen W D, Wang M, et al. 2008. Farnesoid X receptor antagonizes nuclear factor kappaB in hepatic inflammatory response. Hepatology, 48(5): 1632-1643.

Wikoff W R, Anfora A T, Liu J, et al. 2009. Metabolomics analysis reveals large effects of gut microflora on mammalian blood metabolites. P Natl Acad Sci USA, 106(10): 3698-3703.

Wu H Q, Xie S, Miao J F, et al. 2020. *Lactobacillus reuteri* maintains intestinal epithelial regeneration and repairs damaged intestinal mucosa. Gut Microbes, 11(4): 997-1014.

Wu Y, Jiang Z, Zheng C, et al. 2015. Effects of protein sources and levels in antibiotic-free diets on diarrhea, intestinal morphology, and expression of tight junctions in weaned piglets. Anim Nutr, 1(3): 170-176.

Xiao L, Estelle J, Kiilerich P, et al. 2016. A reference gene catalogue of the pig gut microbiome. Nat Microbiol, 1(12): 16161.

Yan F, Cao H, Cover T L, et al. 2007. Soluble proteins produced by probiotic bacteria regulate intestinal epithelial cell survival and growth. Gastroenterology, 132(2): 562-575.

Yang Y, Nguyen M, Khetrapal V, et al. 2022. Within-host evolution of a gut pathobiont facilitates liver translocation. Nature, 607(7919): 563-570.

Yang Z, Huang S, Zou D, et al. 2016. Metabolic shifts and structural changes in the gut microbiota upon branched-chain amino acid supplementation in middle-aged mice. Amino Acids, 48(12): 2731-2745.

Yu Y, Liu B, Liu X, et al. 2022. Mesenteric lymph system constitutes the second route in gut-liver axis and transports metabolism-modulating gut microbial metabolites. J Genet Genomics, 49(7): 612-623.

Zhao S, Jang C, Liu J, et al. 2020. Dietary fructose feeds hepatic lipogenesis via microbiota-derived acetate. Nature, 579(7800): 586.

Zhao W, Wang Y, Liu S, et al. 2015. The dynamic distribution of porcine microbiota across different ages and gastrointestinal tract segments. PLoS One, 10(2): e0117441.

Zheng X J, Chen T L, Zhao A H, et al. 2021. Hyocholic acid species as novel biomarkers for metabolic disorders. Nat Commun, 12(1): 1487.

Zhou B Q, Jin G, Pang X Q, et al. 2022. Lactobacillus rhamnosus GG colonization in early life regulates gut-brain axis and relieves anxiety-like behavior in adulthood. Pharmacol Res, DOI: 10.1155/2021/3328505.

Zmora N, Suez J, Elinav E. 2019. You are what you eat: diet, health and the gut microbiota. Nat Rev Gastroenterol Hepatol, 16(1): 35-56.

Zou J, Chassaing B, Singh V, et al. 2018. Fiber-mediated nourishment of gut microbiota protects against diet-induced obesity by restoring IL-22-mediated colonic health. Cell Host Microbe, 23(1): 41-53.

第十章　表观遗传修饰与动物基因表达调控

表观遗传学，即在没有细胞核 DNA 序列改变的情况下，基因功能发生的可逆、可遗传的改变，是在研究与经典孟德尔遗传定律不相符的许多遗传现象过程中逐步发展起来的一门学科。表观遗传修饰包括 DNA 的修饰（如甲基化修饰）、RNA 甲基化修饰、非编码 RNA 调控、组蛋白的各种修饰、染色质重塑等。基因表达在时间和空间上的表观遗传修饰在动物的生长发育、机体免疫和糖脂代谢等过程中发挥着重要作用。本章主要从 DNA 甲基化修饰、RNA 甲基化修饰和组蛋白修饰三方面介绍表观遗传修饰在动物基因表达调控中的作用。

第一节　DNA 甲基化与动物基因表达调控

一、DNA 甲基化概述

DNA 甲基化是目前真核生物中研究最全面的表观遗传标记之一，它广泛存在于从细菌到植物和哺乳动物的各个物种当中，是指将甲基通过共价结合的方式添加到胞嘧啶（在哺乳动物中），生成 5-甲基胞嘧啶（m^5C）。但是，DNA 甲基化的修饰水平在不同物种之间有很大差异，例如，脊椎动物和植物通常具有较高比例的甲基化修饰，而无脊椎动物通常表现出中等水平或没有甲基化。随着更敏感方法学的发展，一些以前认为没有任何 DNA 甲基化的基因组（如黑腹果蝇的基因组）也被发现存在有限数量的甲基化胞嘧啶（Lyko et al., 2000）。

理解 DNA 甲基化的功能需要考虑甲基化在基因组中的分布。脊椎动物基因组中有一半以上的基因含有短（约 1kb）CpG 富集区，称为 CpG 岛，其余基因组中的 CpG 缺失。由于 m^5C 可以通过自发或酶脱氨基转化为胸腺嘧啶，因此认为基因组 CpG 的丢失是由于生殖系中甲基化序列的脱氨基所致；然而，对于 CpG 岛的确切定义有很多讨论，尽管哺乳动物基因组中启动子的 CpG 密度有双峰分布，但也存在 CpG 中间密度的区域。直到最近，DNA 甲基化的大部分研究工作都集中在转录起始位点（TSS）的 CpG 岛上，正是这项工作形成了人们对 DNA 甲基化功能的一般认识。随着全基因组 DNA 甲基化研究方法的日趋成熟，如使用亚硫酸氢盐处理 DNA（检测 m^5C 和羟甲基胞嘧啶），揭开了甲基化的位置与基因表达调控的关系。例如，TSS 附近的甲基化阻止启动，但基因体中的甲基化不会阻止，还可能刺激转录延长，甚至有相关证据表明，基因体甲基化可能对 mRNA 的剪接有影响。中心体等重复区域的甲基化对染色体稳定性很重要（如有丝分裂时的染色体分离），也可能抑制转座子的表达，从而对基因组稳定性起作用。甲基化在改变增强子和其他调节元件活性方面的作用逐渐被重视。此外，尽管有大量证据表明 TSS 附近甲基化的 CpG 与一些沉默基因相关，但重新甲基化和基因沉默的时间逐渐得到阐明。

DNA 甲基化的功能与甲基的建立、维持和清除机制有着内在联系。这些机制已在其他地方进行了研究，但需要记住一些关键点。多年来人们已经知道，DNA 甲基转移酶（DNMT），包括所谓的从头 DNA 甲基转移酶类 DNMT3A 和 DNMT3B，对于在早期发育中建立 DNA 甲基化模式至关重要。在某些情况下，新生甲基转移酶的底物是核小体 DNA，核小体内组蛋白的修饰深刻影响着这些酶诱导新生甲基化的能力，这对认识 DNA 甲基化是如何发生的有很大帮助。以前认为 DNMT1 本身可以维持 DNA 甲基化的既定模式，现在认识在进一步完善，DNMT3A 和 DNMT3B 的持续参与是甲基化维持的必要条件。

尽管 DNA 甲基化体在各种生物过程和物种中快速积累，但对这些数据集的解释往往缺乏对 DNA 甲基化水平动态变化的机制性理解。在表观遗传学领域，确定 DNA 甲基化和生理结果之间的因果关系仍然是一个挑战。在我们看来，对 DNA 甲基化进行机械理解的第一步是确定与 DNA 甲基化动力学相关的蛋白质-DNA 相互作用。换言之，DNA 甲基化“读取器”和“效应器”的识别，将甲基化信号转化为生物作用，对于解读甲基化介导的生物过程的表观遗传“代码”至关重要。

（一）转录起始位点的 DNA 甲基化

大约 60% 的人类基因在其启动子处有 CpG 岛，并且在转录起始位点（TSS）经常有核小体亏损区（nucleosome-depleted region，NDR）。TSS 两侧的核小体存在组蛋白 H3 在赖氨酸 4 处的三甲基化（H3K4me3，与活性转录相关）和组蛋白变体 H2A.Z（对 DNMT 具有拮抗作用）。基因表达水平由转录因子控制，CpG 岛启动子可以通过多种机制被抑制，而 DNA 甲基化就是其中重要的一种。例如，编码胚胎发育主调控因子的基因，如 *MYOD1* 或人类配对盒基因 6（paired box gene6，Pax6），它们在 TSS 处有 H3K27me3 修饰，在胚胎干细胞和不表达这些基因的分化细胞中其表达都受到抑制（Taberlay et al.，2011）。然而，虽然一些被抑制的基因确实存在启动子 CpG 岛的甲基化，但是启动子 CpG 岛的甲基化通常仅限于抑制状态长期稳定的基因，如非活性 X 染色体上的基因及仅在生殖细胞中表达的基因，这些基因可能不适合在体细胞中表达。

与 TSS 中含有 CpG 岛的基因相比，TSS 中 CpG 岛含量低的基因启动子甲基化水平则存在较大差异。在原始生殖细胞中，通常不含 CpG 岛的基因在 TSS 未甲基化，而在胚胎干细胞特异性表达的基因在精子中会出现甲基化，在卵母细胞或体细胞中特异性表达的基因则不会甲基化。众所周知的例子是，编码转录因子 OCT4 和 NANOG 的基因，OCT4 和 NANOG 启动子可通过 AID 和 / 或 TET3 进行活性去甲基化（Gu et al.，2011）；然而，这一现象仅在表达这些基因的特定组织中存在。一项全基因组研究表明，在不含 CpG 岛的基因中，其 DNA 甲基化与表达之间不存在反向关系（Gal-Yam et al.，2008）；不得不强调的一点是，我们仍然不清楚甲基化在控制不含 CpG 岛的基因 TSS 中的作用细节。

DNA 甲基化和转录起始之间的功能关系是什么？ TSS 处存在 CpG 岛甲基化的基因在 DNA 组装成核小体后不能启动转录（Venolia and Gartler，1983），但是，基因的转录抑制和甲基化哪一个首先出现一直是该领域的疑问。早期实验清楚地表明，非活性 X 染色体上 *Hprt* 基因的甲基化发生在染色体失活之后（Lock et al.，1987），换句话说，甲基化似乎起到了“锁”的作用，加强了 X 连锁基因先前的沉默状态。尽管常染色体基因上的大多数 CpG 岛在体细胞中仍未甲基化，但其中少数（$<10\%$）在正常组织和细胞中也存在甲基化，但关于沉默的从头甲基化时间尚未深入研究。而关于 DNMT3A 在造血干细胞分化中的作用的研

究结果对长期“锁定”模型的普遍性提出了质疑（Challen et al.，2011）。因为这项研究表明，DNA 甲基转移酶对于相当短寿命的细胞类型的分化至关重要，似乎 DNA 甲基化在启动沉默而不是加强沉默方面具有更具指导意义的作用。然而，对癌细胞的全基因组研究表明，含有 CpG 岛启动子的基因，如果已经被表观遗传控制因子 Polycomb 复合物沉默，那么在癌症中甲基化的可能性比其他基因大得多：也就是说，沉默状态先于甲基化（Widschwendter et al.，2007）。因此，沉默之前的甲基化似乎是一种普遍的机制，但目前的研究数据还不足以完全确定。

（二）基因体中的 DNA 甲基化

大多数基因体（gene body）缺乏 CpG 岛，但是存在广泛甲基化修饰，而且含有多种重复和转座元件。基因外显子中 CpG 位点的甲基化是 C → T 转换突变，导致生殖系统中的致病突变和体细胞中的致癌突变。从 DNA 甲基化研究的早期就知道，基因体甲基化是转录基因的一个特征。活性 X 染色体和动植物基因组的 DNA 甲基化测序结果证实了活性转录和基因体甲基化之间的广泛正相关。大多数基因体不含 CpG 岛，当 CpG 岛位于基因内区域时，除了少数例外，它们被认为仍然未甲基化。然而，Maunakea 等（2010）的研究改变了这种看法：在人类大脑中多达 34% 的基因内 CpG 岛存在甲基化。这种甲基化是组织特异性的，其作用尚不清楚。这很有趣，特别是因为 TSS 在很大程度上仍然未甲基化，基因内 CGI 也可能是从头甲基化的优先位点（Nguyen et al.，2001）。

尽管基因体 CpG 岛可以广泛甲基化，但这并不阻止转录延长。尽管如此，甲基化 CpG 岛由 H3K9me3 标记，并由甲基 CpG 结合蛋白 2（MECP2）结合，这是染色质特征，当它们存在于 TSS 时，与转录抑制相关。这导致一个明显的悖论，即启动子中的甲基化与表达呈负相关，而基因体中的甲基化与表达呈正相关。因此，在哺乳动物中，似乎对 DNA 甲基化沉默敏感的是转录的启动，而不是转录的延长。相比之下，一些原核生物，如粗糙脉孢菌（*Neurospora crassa*）CpG 和其他序列环境中的胞嘧啶甲基化阻止延伸，但不阻止起始。因此，其与转录的关系不仅仅与 DNA 甲基化本身相关，也取决于特定基因组和细胞环境。

二、DNA 甲基化对动物基因表达的影响

（一）DNA 甲基化对动物生长发育的影响

m^5C 广泛存在于脊椎动物基因组中，主要存在于 CpG 二核苷酸中。在早期哺乳动物的胚胎发育过程中会经历两轮 DNA 甲基化全局重编程，这种全局重编程被认为是哺乳动物特有的现象，但在脊椎动物体表形成过程中，远端调控元件上活跃的 DNA 去甲基化是一种进化上的保守特征（Bogdanović et al.，2016）。与 Wnt、Notch 和 TGF-β 等保守调控途径相关的数千个增强子上发生的 DNA 去甲基化，导致了脊椎动物系统发育期的转录变化和形态相似性，这是动物进化最高度保守的阶段（Bogdanović et al.，2016）。这种表观遗传重塑事件的必要性在 DNA 去甲基化酶 TET 突变的斑马鱼突变体中进一步得到了验证，TET 突变的斑马鱼表现出胚胎致死和严重的发育畸形，如短尾和混合尾、色素沉着减少和头部结构受损等。且在系统发育阶段的增强子 m^5C 水平增加，系统型增强子的染色质可及性显著降低，表明增强子 m^5C 水平的增加可能降低了增强子功能。同样的，在 TET2/TET3 功能缺失的哺乳

动物中得到了相似的结果（Reizel et al.，2018）。在早期胚胎发育过程中对小鼠和人类器官发育的研究中也发现，增强子的甲基化重编程几乎与所有人类器官的发育密切相关，显示了 m^5C 水平和增强子活性之间的典型负相关性。增强子去甲基化现象不仅发生于胚胎发育，其也会发生于动物产后。例如，早期生长反应蛋白 1（EGR-1）能够招募 TET1，导致产后额叶皮层发育过程中成千上万的调控区域去甲基化（Sun et al.，2019）。由此可见，发育增强子去甲基化的进化保守性和相关发育基因的表达似乎是脊椎动物及其他胚胎正常发育所必需的。

此外，也有研究表明，DNA 甲基转移酶（DNMT）缺陷小鼠表现出严重的发育异常，导致早期胚胎致死（Okano et al.，1999）。*DNMT3A* 基因变异会导致表现为脑室扩大和智力障碍的 Tatton-Brown-Rahman 综合征（TBRS）（Tatton-Brown et al.，2014），这可能与 DNMT3A 功能丧失而引起的动物各种组织中的干细胞过度增殖有关（Challen et al.，2011）。且有研究发现，DNMT3A 基因座与全基因组关联研究中的自然身高变异密切相关（Tatton-Brown et al.，2017），这表明 DNMT3A 可能在调控动物体型大小中发挥着重要作用。DNMT3C 仅在雄性胎儿的生殖细胞表达，尽管纯合 *Dnmt3C* 突变小鼠是可以存活的，但雄性小鼠的睾丸很小，而且不孕（Walsh et al.，1998）。以上研究结果表明，DNA 甲基化及其功能酶对于调控动物生长发育至关重要。

（二）DNA 甲基化对动物免疫的影响

由 DNA 甲基化介导的表观遗传学是调节免疫系统的重要机制。据报道，表观遗传修饰在先天性免疫反应过程中发挥着重要作用，包括调节 B 细胞命运和功能，以及控制 T 细胞分化和免疫记忆反应。免疫记忆的获得是保护性免疫反应的标志。在此过程中，新生 T 细胞和 B 细胞在初次感染期间暴露于抗原后，会分化为记忆细胞，获得特殊功能，使生物体能够更快地对相同病原体的二次感染做出反应。记忆 T 细胞和 B 细胞的分化涉及广泛的表观遗传变化，其中，DNA 甲基化是启动和维持遗传基因表达程序所必需的。经典的 Th1 和 Th2 分化分别伴随着 γ 干扰素（IFN-γ）和白细胞介素-4（IL-4）基因的去甲基化（Mueller et al.，2013）。Hashimoto 等（2013）在 $CD4^+T$ 细胞分化过程中发现了小鼠基因组中有 1144 个差异甲基化区域（DMR）。DNA 甲基化对于记忆 $CD4^+T$ 细胞在抗原清除后记住其先前的效应子谱系并在再次遇到抗原时重新获得其特异性效应子谱系功能中非常重要。这一现象在小鼠中进一步得到证实，颗粒酶 b 基因（*Gzmb*）在 Th1 效应细胞中和 Th1 记忆细胞中均未甲基化。相反，记忆滤泡辅助性 T 细胞（Tfh）中的 *Gzmb* 基因保留了甲基化程序，因此，*Gzmb* 的甲基化也可作为区分 $CD4^+Th1$ 细胞与 Tfh 的标志物。更多的证据表明记忆 T 细胞可以记住以前的效应子表型，FOXP3 是 Treg 细胞基因表达的关键调节因子，小鼠的 Treg 细胞可以瞬时下调但保留 *FOXP3* 基因表达的记忆。Treg 细胞特异性去甲基化区域（TSDR）的去甲基化状态可能能够为 FOXP3 的这种表观遗传记忆提供基础（Miyao et al.，2012）。此外，DNA 甲基化在记忆 $CD4^+T$ 细胞的肠道归巢受体整合素 α4β7 的表达中也很重要。整合素α4（Itga4）基因座特定调控区的 DNA 甲基化与小鼠的 α4β7 受体表达和记忆分化相关，在人类中，Itga4 基因座也表现出相似的 DNA 甲基化模式（Szilagyi et al.，2017）。

$CD8^+T$ 细胞介导的反应对细胞内病原体和肿瘤的免疫十分重要。反复感染李斯特菌的小鼠记忆 $CD8^+T$ 细胞的 DNA 甲基化状态在初次感染和再次感染之间是不同的，在再次感染期间，记忆 $CD8^+T$ 细胞中的非甲基化区域增加，甲基化谱的差异主要在转录起始位点的远端区域，其中包括转录增强子。还有一些研究描述了在记忆 $CD8^+T$ 细胞分化过程中与甲基化和去甲基化过程相关的酶的作用。TET2（Tet 甲基胞嘧啶双加氧酶 2）的缺失促进小鼠记忆 $CD8^+T$ 细胞的分化。T 细胞受体信号以 Ca^{2+}依赖性方式增加 TET2 mRNA 的表达。在病毒感染期间，TET2 的消耗增加了抗原特异性记忆 $CD8^+T$ 细胞的形成。这些记忆细胞在受到刺激后能有效控制病原体并表达与记忆分化相关的转录因子 Eomes。TET2 的缺失会导致控制记忆命运的几个区域的高度甲基化（Carty and Gohil，2018）。此外，在 *DNMT3A* 敲除（KO）的小鼠中，感染了淋巴细胞脉络丛脑膜炎病毒（LCMV）或流行性感冒病毒的记忆 $CD8^+T$ 细胞前体细胞（$CD127^+KLRG1^-$）的比例增加。也有研究表明，DNA 甲基化参与控制效应记忆 $CD8^+T$ 细胞中 CX3CR1 的表达。CX3CR1 是 fractalkine 趋化因子的受体，负责将 T 细胞迁移到炎症部位，当效应记忆 $CD8^+T$ 细胞的 CX3CR1 表达增加时，其启动子基因的 DNA 甲基化减少（Shin et al.，2015）。

表观遗传修饰对 B 细胞的分化和功能也至关重要。Barwick 和 Scharer（2018）发现 B 细胞中从头 DNA 甲基转移酶基因 *DNMT3A* 和 *DNMT3B* 的遗传缺失（*DNMT3* 缺陷）不影响 B 细胞的正常发育和成熟，但 *DNMT3A* 基因缺失增加了小鼠免疫后的细胞活化和生发中心的 B 细胞和浆细胞群的扩张。在人扁桃体 B 细胞亚群中发现，记忆 B 细胞和浆细胞在体内抗原暴露后对幼稚细胞具有不同的 DNMT 表达，生发中心的 B 细胞 DNMT1 和 DNMT3B 表达量升高，DNMT3A 的表达降低。而新生 B 细胞与生发中心的 B 细胞具有相反的 DNMT 表达。

此外，在免疫缺陷疾病患者中也可以观察到 DNA 甲基化的作用。在人类疾病中，免疫缺陷-着丝粒不稳定-面部异常综合征（ICF）是一种罕见的常染色体隐性遗传疾病，也是第一个与先天性 DNA 甲基化缺陷相关的遗传疾病，是由 *DNMT3B* 基因的一个点突变引起的免疫缺陷。ICF 患者有非典型免疫球蛋白缺乏症，这会导致病情反复发作且常常危及生命。现有研究表明，ICF 患者的 DNA 甲基化水平变化可能与含锌指和 BTB 结构域的蛋白质 24（*ZBTB24*）基因、细胞周期相关蛋白 7（*CDCA7*）基因和编码 LSH 的 *HELLS* 基因的突变有关（de Greef et al.，2011）。最近在 *ZBTB24* 突变的斑马鱼上的研究发现，在其胚胎发育过程中，染色体周围的低甲基化主要通过解除对染色体周围转录物的抑制来激活先天性免疫系统（Rajshekar et al.，2018）。

（三）DNA 甲基化对动物糖、脂代谢的影响

DNA 甲基化在调节血脂水平和脂代谢相关的表型和疾病中也发挥重要作用。在饲喂高脂肪日粮的妊娠小鼠肝脏中，*Cdkn1a*（细胞周期蛋白依赖性激酶抑制因子）基因 CpG 区域发生了去甲基化，导致后代小鼠患脂肪肝。在小鼠胚胎干细胞分化成胰岛素表达细胞的过程中，胰岛素启动子区域的 DNA 从甲基化状态变成了去甲基化状态。在脂代谢过程中，DNA 甲基化在脂肪细胞分化过程中是动态变化的，DNA 甲基化和去甲基化的比例决定了 3T3L1 细胞的分化程度。在脂肪酸氧化过程中，编码肉碱棕榈酰基转移酶 1 的 *CPT1A* 基因的内含子 1 中的 4 个 CpG 位点与低密度脂蛋白胆固醇（LDL-C）、极低密度脂蛋白胆固醇（VLDL-C）及甘油三酯密切相关。*FTO* 是与脂肪量和肥胖相关基因，其与肥胖发生和体重指数密切相关，*FTO* 基因第一个内含子 CpG 位点低甲基化会提高动物糖、脂代谢异常的概率。由此可见，DNA 甲基化的变化会影响动物的糖、脂代谢及肥胖的发生。

第二节　RNA 甲基化与动物基因表达调控

一、RNA 甲基化概述

在过去的几十年中，表观遗传学，包括 DNA 甲基化、组蛋白修饰和非编码 RNA，已被证明通过调节基因表达感知和应对外界各种刺激。近些年来，越来越多的证据表明 RNA 甲基化修饰在动态调节基因表达方面发挥着重要作用。目前在 RNA 上已经鉴定出超过 100 种类型的化学修饰，最丰富的是 N6-甲基腺嘌呤（m^6A）修饰，占 RNA 甲基化修饰的 80%，并且广泛参与 mRNA 生命周期的几乎每个方面。

RNA m^6A 甲基化，即腺嘌呤第 6 位氮原子上发生的甲基化修饰。1970 年，m^6A 作为 mRNA 中丰富的甲基化修饰首次被提出。m^6A 虽然相较于其他修饰是 mRNA 上最丰富、稳定的化学修饰，但其实其含量很低，仅占哺乳动物 mRNA 中所有腺苷的 0.2%～0.6%。因为缺少确定 m^6A 修饰基因和精确修饰位点的方法，m^6A 生物学功能的相关研究停滞了数十年。此后，两项进展推动了对 m^6A 修饰功能的研究。第一项是鉴定出脂肪量和肥胖相关蛋白（FTO），发现它能够作为去甲基化酶催化核内 RNA 上 m^6A 的氧化去甲基化（Jia et al., 2011），为 mRNA 可逆修饰发挥调节作用提供证据。第二项是 m^6A 修饰的高通量定位检测方法的建立。2012 年，利用 m^6A 特异性抗体富集技术结合第二代高通量测序手段建立了第一个 m^6A 修饰图谱，并发现 m^6A 以 G m^6A C（约 70%）和 A m^6A C（约 30%）两种基序在 CDS、3′-UTR（非翻译区）和终止密码子的上游显著富集（Dominissini et al., 2012；Meyer et al., 2012）。至此，随着研究方法的不断进步，m^6A 甲基化修饰在调节 mRNA 命运中的作用及其在各种细胞中的功能得到了广泛的研究；m^6A 甲基化正在成为一种广泛的调控机制，在不同的生理过程中控制基因表达。

和 DNA 甲基化类似，作为一种广泛参与各种生物学功能的动态可逆修饰，其生物学功能依赖于各种调控蛋白的参与。m^6A 甲基化的相关调控蛋白主要包括"erasers"（m^6A 去甲基化酶）、"writers"（m^6A 甲基转移酶）和"readers"（m^6A 效应蛋白）。

1. RNA m^6A 去甲基化酶　RNA m^6A 的去甲基化主要是依赖于去甲基化酶 FTO 和 α-酮戊二酸依赖性双加氧酶 ALKBH5 的催化。FTO 是第一个鉴定出的具有 m^6A 去甲基化活性的酶，以它为里程碑，确认 m^6A 以一种动态可逆的方式调控基因表达，参与生物学进程，如 FTO 调节 RUNX1T1 的可变剪接，参与脂肪生成，以及 293T 细胞中的 3′ 端 mRNA 加工。此外，FTO 除了具有 m^6A 去甲基化活性外，也能够对 m^6Am 去甲基化。ALKBH5 是第二个鉴定的去甲基化酶，但与 FTO 有着不同的作用机制，它特异性地针对 m^6A 去甲基化。ALKB 结构域通常位于 FTO 和 ALKBH5 的中间区域，由两个活性基序组成，称为 HXDXnH 和 RXXXXXR（X= 任何氨基酸），分别与 Fe（Ⅱ）及 α-酮戊二酸和底物结合。与 ALKBH5 相比，FTO 的 C 端独特折叠介导其与蛋白质相互作用。ALKBH5 的 N 端特征在于额外的富含 A 的基序，其负责在核斑点处定位 ALKBH5。

FTO 和 ALKBH5 均具有显著的组织特异性和多样的细胞内定位，如 FTO 在脂肪和脑组织中高度丰富，而 ALKBH5 主要在睾丸中表达。尽管 m^6A 去甲基化酶提供了以动态和信号依赖性方式调节 m^6A 修饰水平的手段，但 HeLa 细胞中的代谢标记试验显示 m^6A 水平在整个 mRNA 生命周期中基本保持不变（Darnell et al.，2018），表明动态的 m^6A 去甲基化可能仅限于特定条件或组织，RNA m^6A 去甲基化在其他生理过程中的潜在影响需要进一步评估。

2. RNA m^6A 甲基转移酶 RNA m^6A 修饰是通过由 METTL3-METTL14 异源二聚体和许多附加接头蛋白组成的多亚基 writers 复合体添加到 mRNA 中。甲基转移酶复合体主要包括具有催化活性的 METTL3、RNA 结合平台 METTL14、发挥辅助作用的 Wilms 肿瘤相关蛋白 WTAP 和 KIAA1429、甲基转移酶复合物的两个新亚基 RBM15 和含锌指 CCCH 结构域的蛋白质 ZC3H13。METTL3 作为核心甲基转移酶亚基，是一种高度保守的蛋白质，并且已被证明可在体外选择性甲基化合成单链 RNA 中的 GAC 或 AAC 基序。METTL14 在哺乳动物中也是高度保守的，并且可以与 METTL3 形成稳定的蛋白质异二聚体。Wang 等（2016）研究了 METTL3-METTL14 复合物的晶体结构，并计算出 METTL14 具有退化的甲基转移酶活性位点且不能催化 m^6A 的形成，但是 METTL14 可提供 RNA 结合支架，变构激活和增强 METTL3 的催化功能。作为 m^6A 甲基转移酶复合物的调节亚基，WTAP 是 METTL3-METTL14 复合物定位于富含各种前体 mRNA 加工因子的核斑所必需的，其能够通过增强 METTL3-METTL14 复合物与细胞核中的 mRNA 相互作用以提高 m^6A 修饰效率。在人 A549 细胞中敲除 KIAA1429 能够导致 m^6A 丰度减少至 1/4，表明 KIAA1429 在复合物中具有显著的调节作用（Schwartz et al.，2014）。最近，RBM15 及其旁系同源 RBM15B 显示为 m^6A 甲基转移酶复合物的成员，其将 METTL3-METTL14 复合物募集到 RNA 中的特定位点用于选择性甲基化。此外，ZC3H13 也是 m^6A 编码复合物的另一成员，并调节 m^6A 甲基化水平。

除了经典的 writers 复合物，其他几种酶也被证明可以作为 m^6A 甲基转移酶：METTL16 修饰 U6 小核 RNA、MAT2A 转录物和其他可能的 mRNA，ZCCHC4 和 METTL5 将 m^6A 添加到 18S 和 28S 核糖体 RNA 等，但目前尚未发现这些酶产生的 m^6A 修饰与免疫应答有关。随着研究的进行，可能会发现更多的 m^6A 甲基转移酶复合物的亚基，通过选择性识别候选 m^6A 位点来实现准确的转录后调控。

3. RNA m^6A 效应蛋白 m^6A 修饰对靶 mRNA 的功能被认为是由效应蛋白，也被称为 m^6A 的“阅读蛋白”介导的。在众多效应蛋白中，YT521-B 同源性（YTH）蛋白家族已得到很好的研究，包括位于细胞质中的 YTHDF1、YTHDF2 和 YTHDF3，以及两个 YTHDC 蛋白，分别是位于细胞核中的 YTHDC1 和位于细胞质中的 YTHDC2。YTHDF 蛋白具有保守的 YTH 结构域，能够在其 P/Q/N rich 结构域的共同作用下靶向性地结合 RNA 上的 m^6A。已证明 YTHDF1 通过与翻译起始因子相结合增强其 mRNA 的翻译效率（Wang et al.，2015b）。YTHDF2 的功能被认为是介导 mRNA 降解（Wang et al.，2014），其可通过直接募集 CCR4-NOT 脱腺苷酶复合物来加速 m^6A 修饰的 RNA 降解。YTHDF3 可以促进 YTHDF1 和 YTHDF2 的功能，当它与 YTHDF1 相互作用时，可通过与一些核糖体蛋白的相互作用而促进 mRNA 翻译，当它与 YTHDF2 相互作用时，可通过与 YTHDF2 的互作直接参与 mRNA 降解（Shi et al.，2017）。核内 m^6A 阅读蛋白 YTHDC1 被证明通过招募辅助剪接因子 SRSF3，抑制 SRSF10，促进外显子融合（Kasowitz et al.，2018）。在 HeLa 细胞中的另一项研究表明，YTHDC1 与 SRSF3 和 NXF1 的结合可促进 m^6A 靶 mRNA 的核输出（Roundtree et al.，2017）。YTHDC2 目前认为其有利于翻译效率，同时降低含 m^6A mRNA 的丰度。YTHDC2 是相对较大的蛋白质分子（约 160kDa），并含有许多解旋酶结构域和两个锚蛋白重复序列，这些特殊的结构特征可能使 YTHDC2 具有多种功能，包括调节 RNA 结合活性和改变 RNA

结构，以及与其他相互作用蛋白的结合或募集。另外一项研究报道，在人胚胎肾细胞中YTHDC2不能够结合mRNA上的m^6A，这一发现表明，YTHDC2可能通过与其他因子的相互作用间接调节m^6A修饰的RNA表达（Patil et al., 2016）。

除了YTH家族成员外，还有其他蛋白质被鉴定可以识别并结合m^6A。真核起始因子3（eIF3）复合物，通过多亚基界面与含m^6A的5′-UTR相互作用，直接将40S预先起始复合物募集到靶mRNA的5′-UTR以刺激翻译起始。hnRNPA2/B1和HNRNPG能够结合m^6A修饰的RNA以调节剪接和microRNA的成熟。家族性智力低下蛋白（FMRP）也被证明能够以序列依赖性方式结合含m^6A的转录物。最近，有研究发现胰岛素生长因子2结合蛋白（IGF-2BP），在正常和应激条件下能够通过结合靶mRNA m^6A促进mRNA的稳定性和储存（Huang et al., 2018）。

二、RNA甲基化对动物基因表达的影响

（一）RNA甲基化调控昼夜节律和细胞周期基因表达

最早确定的m^6A对细胞功能的影响之一是在对哺乳动物昼夜节律的研究中发现的。然而，只有1/5的节律基因是由从头转录驱动的，这表明转录后调控在昼夜节律控制中起着重要作用。许多时钟基因和时钟输出基因的mRNA被m^6A修饰。*Mettl3*敲低导致两个关键时钟基因——周期昼夜节律时钟2基因（*PER2*）和芳基烃受体核转位样基因（*ARNTL*）mRNA的m^6A减少，这延长了它们的核滞留时间，从而延长了昼夜节律的周期（Koike et al., 2012）。这些结果证明了mRNA修饰的变化具有长期的影响。同样，细胞周期是一个振荡过程，在功能上与昼夜节律相结合。在小鼠胚胎干细胞（ESC）中，转录因子mRNA被m^6A修饰后，细胞周期持续时间也发生了显著的变化（Aguilo et al., 2015）。需要更详细的研究来充分阐明m^6A调控细胞周期的机制。

（二）RNA甲基化调控动物生长发育基因表达

最近10年，m^6A在发育过程中的重要作用已经被广泛研究。其中许多研究强调了m^6A在胚胎和成体干细胞分化过程中调节转录组转换的作用。m^6A对发育至关重要的第一个证据是观察到敲除小鼠胚胎*Mettl3*会致死胚胎（Geula et al., 2015）。*Mettl3*基因缺失的胚胎在着床前表现正常，但着床后开始出现缺陷，并在胚胎形成的第8.5天被吸收。研究发现*Mettl3*缺失的ESC的基因表达发生显著变化，多能性退出相关基因表达受损，如多能因子Nanog。此外，多种多能性因子的mRNA会被甲基化（Batista et al., 2014; Geula et al., 2015），这会影响这些转录物在分化过程中的翻译和代谢。这些转录物中至少有一些，如细胞状态特异性转录因子Smad2和Smad3，会在转录过程中被甲基转移酶复合物添加m^6A修饰。因此，m^6A标记了编码重要发育调节因子的mRNA，以促进它们在细胞命运转变过程中的转换，从而使细胞能够正确地将它们的转录组从一种细胞状态转换为另一种细胞状态。

其他细胞类型的发育和分化也具有类似现象。$CD4^+$T细胞中*Mettl3*的条件性敲除通过稳定Socs家族基因来防止幼稚T细胞的增殖和分化（Li et al., 2017）。大脑中*Mettl14*的缺失会延迟皮层神经发育，并与较慢的细胞周期进程和参与皮层神经干细胞谱系的mRNA衰变受损有关（Yoon et al., 2017）。同样，*Ythdf2*的缺失会通过神经干细胞和祖细胞的增殖和

分化受损而延迟小鼠神经元发育（Li et al.，2018）。m^6A 介导的 RNA 衰变也会调节斑马鱼发育的各个阶段。例如，在母体向合子过渡期间，缺乏 *Ythdf2* 的胚胎表现出对母体转录物的清除受损，从而延迟了胚胎发育（Zhao et al.，2017）。*Mettl3* 的缺失阻止了斑马鱼的内皮细胞向造血细胞的转变，其机制是通过 YTHDF2 抑制了内皮细胞命运基因（如 *Notch1a* 和 *Rhoca*）mRNA 的降解。

尽管这些研究强调了 YTHDF2 介导的 mRNA 清除功能，但 *Ythdf2* 的缺失仅部分解释了与 *Mettl3* 缺失相关的表型。例如，*Mettl3* 的缺失会损害哺乳动物 ESC 的启动，而 *Ythdf2* 敲除胚胎能够退出多能性（Li et al.，2018）。同样，由于造血缺陷，斑马鱼中的 *Mettl3* 缺失是致命的，但成年 *Ythdf2* 敲除鱼是正常的。配子发生方面的研究强调了其他 m^6A 去甲基化酶和阅读蛋白在发育中的重要性，如 METTL3、METTL14、ALKBH5、YTHDF2 和 YTHDC2 编码基因的缺失都与生育能力受损和精子发生和/或卵子发生缺陷有关。这些缺陷与编码配子发生调控因子的甲基化 mRNA 的丰度改变、翻译效率和剪接有关。关于果蝇的研究表明，m^6A 在介导剪接中发挥重要作用，机制上发现 Ime4、METTL3 同源体和其他 m^6A 写入亚基的缺失，会导致性致死（sex lethal，*Sxl*）基因的不恰当剪接，从而降低雌性果蝇的生存能力（Haussmann et al.，2016）。

总之，这些研究表明，mRNA 甲基化的功能网络非常复杂，在一定程度上也表明了 m^6A 对于细胞分化程序的正确执行具有严格的要求。维持细胞状态的 mRNA 最有可能通过细胞状态特异性转录因子招募甲基转移酶复合物进行 m^6A 修饰。虽然 m^6A 促进了这些转录本的衰变，但主动转录可能使它们保持在稳态水平，而其他阅读蛋白可能会帮助调解它们的剪切和翻译。在接收到细胞分化和抑制这些因子转录的信号后，m^6A 协调这些 mRNA 衰变，从而允许细胞分化。虽然其他的转录后机制有助于促进细胞状态转换，但 m^6A 的 writer 和 reader 是这些转变所必需的，这表明 m^6A 调节基因表达的方式是其他类似机制所不能替代的。

（三）RNA 甲基化调控应激反应基因表达

在极端温度、缺氧或营养物质和暴露于毒素等应激条件下，mRNA 代谢的调节尤为重要，这是因为 mRNA 可以快速应对短期和长期的各种应激反应。早期研究表明，芽殖酵母关键 mRNA 上的 m^6A 修饰对氮饥饿反应下的减数分裂启动至关重要（Schwartz et al.，2013）。在亚砷酸诱导的氧化应激后，m^6A 阅读蛋白 YTHDF1 会定位于应激颗粒，导致翻译机制停滞，并通过促进翻译恢复促进应激后的恢复反应。在热休克反应过程中，YTHDF2 定位于细胞核，通过抑制 FTO 结合促进 5′-UTR 甲基化。尽管存在全局翻译抑制，但该过程能够在应激条件下实现选择性的翻译（Wang et al.，2015）。此外，低氧应激诱导缺氧诱导因子（HIF）依赖性的 ALKBH5 表达，并从编码多能因子 Nanog 的 mRNA 中去除 m^6A，导致 Nanog 表达增加和乳腺癌干细胞增殖（Zhang et al.，2016）。这些结果表明，m^6A 介导的 mRNA 代谢快速跟踪机制除了影响细胞状态转变外，还可以用于响应各种细胞应激。

（四）RNA 甲基化调控 T 细胞内稳态基因表达

现有的研究表明，m^6A 的缺失会破坏 T 细胞稳态和分化的各个方面。例如，研究发现在幼稚 T 细胞中，细胞因子信号抑制因子（SOCS）家族基因的 mRNA 上 m^6A 修饰水平的降低可以减缓 mRNA 的衰减，并增加 SOCS1、SOCS3 和 CISH 蛋白的表达（Li et al.，2017）。*SOCS* 基因表达的这些变化导致下游 IL-7/STAT5 信号的抑制，从而阻止新生 T 细胞的增殖和分化。在 Treg 细胞中，m^6A 也调节 *SOCS* 家族基因，调节 IL-2/STAT5 信号，敲除 *Mettl3* 会破坏 Treg 细胞的免疫调节功能。此外，敲除 m^6A 阅读蛋白基因 *Ythdf1* 可以通过增加肿瘤抗原的交叉呈递和 $CD8^+$ T 细胞的交叉引物来增强树突状细胞的抗肿瘤免疫。

（五）RNA 甲基化调控脂代谢基因表达

FTO 是第一个被鉴定证实的 RNA m^6A 去甲基化酶。*FTO* 基因是第一个通过全基因组关联分析筛选出来的与人类肥胖密切相关的基因，其单核苷酸多样性在脂肪沉积的模型中发挥重要作用。研究表明，相比于正常小鼠，过表达 *FTO* 的小鼠摄取更多的食物，脂肪组织和体重显著增加，而 *FTO* 敲除小鼠体型较瘦，在脑中可检测到的调控脂代谢相关基因的表达量降低，且伴随高水平的 m^6A 修饰（Fu et al.，2013）。

当猪的皮下脂肪细胞超表达 *FTO* 时，总 mRNA 的 m^6A 水平下降，脂肪沉积增强，这表明 mRNA 的 m^6A 水平与脂肪沉积存在负相关关系。Wang 等（2018）研究发现，金华猪的背脂沉积水平显著高于长白猪，而脂肪组织中的 m^6A 修饰水平显著低于长白猪；金华猪脂肪组织中的 FTO 表达量高于长白猪，而 METTL3 表达量低于长白猪。通过 m^6A 测序发现，不同猪种的脂肪组织及肌肉组织的甲基化谱均存在显著性差异，进一步分析筛选得到多个 m^6A 差异修饰基因，如 *UCP2*、*PNPLA2*、*MCTCH2* 和 *FAM134B* 等。对这些 m^6A 差异修饰基因功能进行研究，结果发现在脂肪细胞中，m^6A 负调控 UCP2 蛋白表达，促进脂肪沉积；m^6A 正调控 PNPLA2 蛋白表达，抑制脂肪沉积。而在肌肉组织中，m^6A 正调控 MTCH2 蛋白表达，促进肌内脂肪沉积，表明 m^6A 在调控脂肪沉积中发挥重要作用（Jiang et al.，2019）。

FTO 在脂肪形成的早期阶段起着重要作用。在猪前体脂肪细胞中，*FTO* 缺失会提高 *JAK2* 的 m^6A 水平，调控 *JAK2* mRNA 的稳定性，从而降低 JAK2 的表达水平，STAT3 磷酸化水平随之降低，减少 STAT3 进入细胞核，进而抑制了早期脂肪形成时必要的转录因子 CEBPβ 的转录（Wu et al.，2019）。另有研究表明，FTO 通过降低细胞周期关键基因——细胞周期素 A2（eyelin A2，*CCNA2*）基因和细胞周期蛋白依赖性激酶 2（cyclin-dependent kinase2，*CDK2*）基因的 mRNA m^6A 水平，提高其 mRNA 的稳定性和蛋白质表达水平，促进细胞周期进程，最终促进脂肪细胞分化。

除了 FTO 以外，m^6A 的其他调控元件在脂肪细胞分化过程中也具有重要功能。Jiang 等（2019）研究发现，m^6A 能够通过 YTHDF1 介导的翻译作用，提高 MTCH2 的表达水平，促进猪肌内脂肪细胞的成脂分化。Yao 等（2019）研究指出，METTL3 的表达与猪骨髓间充质干细胞的成脂分化呈负相关，干扰 *Mettl3* 可降低靶基因 *JAK1* 的 mRNA m^6A 水平，阻止 YTHDF2 的结合并介导 *JAK1* mRNA 的降解，从而促进 JAK1 蛋白表达和 STAT5 磷酸化，提高 CEBPβ 启动子的活性，最终激活 JAK1-STAT5-CEBPβ 通路，促进猪骨髓间充质干细胞向脂肪细胞的分化。Liu 等（2019）研究发现，ZFP217 能够降低 METTL3 的表达水平，降低细胞整体和细胞周期基因 *CCND1* 的 m^6A 修饰水平，促进细胞周期进程和脂肪沉积。同年，另一个研究团队则报道，ZFP217 能够增强 *FTO* 的转录和蛋白质表达，进而促进脂肪细胞分化（Song et al.，2019）。以上研究表明，m^6A 甲基化能够通过多种途径调控脂肪沉积。

第三节　组蛋白修饰与动物基因表达调控

一、组蛋白修饰概述

组蛋白修饰是一种重要的表观遗传调节机制，对染色质结构和基因转录过程的调控有重大影响。组蛋白是一个蛋白质家族（H1/H5、H2A、H2B、H3 和 H4），它们将 DNA 分子锚定并排列成称为核小体的结构单元。组蛋白的 N 端尾部经过各种转录后或翻译后修饰，具有 100 多种形式（如赖氨酸乙酰化、赖氨酸甲基化、泛素化、丝氨酸 / 苏氨酸磷酸化、巴豆酰化、苏木酰化等），对所调控基因的转录活性产生不同的影响。在相关修饰酶或调控因子的作用下，组蛋白甲酰化和乙基化通常发生在 N 端尾部的赖氨酸残基中。组蛋白甲基化的动态变化，通常分为赖氨酸残基的三甲基化、二甲基化和单甲基化，以及精氨酸残基的单甲基化，受组蛋白甲基转移酶和去甲基化酶的调控。组蛋白甲基化对转录活性的影响较复杂，取决于修饰的残基和甲基化状态。组蛋白乙酰转移酶负责组蛋白乙酰化，在开放染色质结构（组蛋白-DNA 相互作用）和促进转录活性方面发挥重要作用，而组蛋白脱乙酰酶导致脱乙酰化，抑制基因表达。此外，组蛋白磷酸化、泛素化和 ADP 核糖基化也参与调节 DNA 损伤及转录活动。营养作为动物发育最主要的环境因素之一，能够通过调控不同类型的组蛋白修饰反应影响生产表型。

二、蛋白质翻译后修饰与动物基因表达调控

组蛋白乙酰化是重要的表观遗传调控方式，其高乙酰化被认为是转录活性区域的标志。组蛋白赖氨酸残基乙酰化首先由 Phillips 于 1963 年发现，次年被证实正向调控基因转录。后续研究发现存在不同类型的乙酰化调控因子及主要作用机制，核小体内核心组蛋白氨基末端赖氨酸残基的乙酰基团共价修饰，可以改变染色质构象及反向作用因子可及性，进而调控遗传信息转录及 DNA 断裂修复等基本细胞生理活动。

组蛋白乙酰化修饰由组蛋白乙酰转移酶（HAT）催化。HAT 通常是多亚基复合物的一部分，包含一个 HAT 催化亚基、衔接蛋白，以及一种称为 TRRAP 的大型支架蛋白。乙酰化可发生在所有 4 种组蛋白的特定赖氨酸上。HAT 的现代分类使用结构标准，如染色质结构域、溴结构域、锌指结构域等。 这种分类将 HAT 分为两大家族：Gcn5 相关的乙酰转移酶（GNAT），以及 MOZ、Ybf2/Sas3、Sas2 和 Tip60（MYST）相关的帽子。 除了这些家族，还有一个可以添加 p300/CBP（KAT3A/B）HAT，一般转录包含 TFIID 亚基 TAFII250 的因子 HAT，以及核激素相关的 HAT——SRC1 和 ACTR（SRC3）。

而组蛋白脱乙酰酶调控脱乙酰化，抑制基因表达，有 4 个不同的组蛋白脱乙酰酶家族：Ⅰ类（Rpd3 样）和Ⅱ类（Hda1 样）组蛋白脱乙酰酶、Sir 家族的Ⅲ类 NAD 依赖性酶和单成员 HDAC11 的Ⅳ类。 它们参与多种信号通路调控，存在于许多抑制性染色质复合物中，对特定乙酰基不显示高特异性。而酵母酶 Hda1 似乎对 H3 和 H2B 具有更高的特异性，Hos2 对 H3 和 H4 具有特异性。裂变酵母Ⅲ类脱乙酰酶 Sir2 及其人类同源物 SIRT2 优先使 H4K16ac 和 H3K56ac 脱乙酰。

组蛋白乙酰化修饰中乙酰基供体为细胞合成代谢反应中产生的乙酰辅酶 A（acetyl-CoA），

糖原的乙酰辅酶 A 由柠檬酸盐在线粒体合成。脂肪酸氧化是另一种重要的代谢乙酸盐生成乙酰辅酶 A 的反应，乙酰辅酶 A 的亚细胞定位由两种酶维持，即 ATP-柠檬酸裂解酶和 AceCS1，分别代谢柠檬酸盐和乙酸盐，调控核内乙酰辅酶 A，促进组蛋白乙酰化修饰。

功能研究中最为广泛的是组蛋白乙酰化修饰参与基因转录调控，进而影响动物生理功能及生产性状。其核心机制为：首先，中和组蛋白电位，开放染色质结构，促进转录因子结合。其次，有证据表明组蛋白乙酰化可以作为招募转录调节因子的对接位点。再次，组蛋白乙酰化可能有助于形成“组蛋白密码”。来自生化和遗传学的研究表明 HAT 组分在 HAT 复合物状态下特异性地与不同的协同因子互作。最后，不同的 HAT 和乙酰化组蛋白残基同时富集主要在 TSS 和活性基因（*H2AK9ac*、*H2BK5ac*、*H3K9ac*、*H3K18ac*、*H3K27ac*、*H3K36ac* 和 *H4K91ac*）的启动子，而其他基因（*H2BK12ac*、*H2BK20ac*、*H2BK120ac*、*H3K4ac*、*H4K5ac*、*H4K8ac*、*H4K12ac* 和 *H4K16ac*）可以同时延伸到编码序列。作用于组蛋白乙酰化修饰的前体、底物与相关酶及其抑制因子，均可通过表观遗传修饰影响动物表型。

（一）日粮组分通过组蛋白乙酰化修饰调控动物表型

日粮主要营养素参与表观遗传调控的证据来自母体及胎儿的相关研究，母体怀孕期间的高脂肪饮食会影响后代的新陈代谢，部分通过调控肝脏表观遗传修饰，大鼠的母体高脂肪饮食会改变糖异生基因位点（*G6Pase*、*Cebpα*、*SREBP1a* 和 *PGC-1α*）的组蛋白尾部修饰，导致这些转录物水平显著增加，从而推动子宫内糖异生，如果糖异生基因的表达增加持续到成年期，将导致葡萄糖失调和 2 型糖尿病发展的可能性增加。与对照后代相比，在怀孕期间暴露于高脂肪饮食的小鼠在 2 周龄、12 周龄和 24 周龄时，后代脂肪组织中脂联素启动子的组蛋白甲基化增加，H3K9 乙酰化降低。在脂肪组织的瘦素启动子处，与对照后代相比，暴露于高脂肪饮食的后代在 2 周龄、12 周龄和 24 周龄的 H4K20 甲基化水平也有所增加。与所有时间点的对照组相比，这些组蛋白修饰伴随着高脂肪饮食暴露后代中瘦素显著增加和脂联素 mRNA 水平降低；在 12 周龄和 24 周龄时，血清甘油三酯和瘦素升高，而血清脂联素显著降低，表明宫内高脂肪饮食暴露可诱导 6 个月大的后代代谢改变。

怀孕期间母体蛋白质限制降低了 H3K9 在肝脏 X 受体 α 基因（*LXRα*）转录起始位点的乙酰化，导致 *LXRα* 表达降低，LXRα 通过抑制 *G6pase*、*11β-Hsd1* 和 *Pepck* 等糖异生基因来调节葡萄糖稳态。低水平的 *LXRα* 转录降低了 LXRα 与糖异生基因启动子区域中 LXR 反应元件（LXRE）的结合。如果这种表观遗传改变持续存在，随着后代年龄的增长，糖异生和葡萄糖不耐受将会增加。

喂食高浓度玉米秸秆日粮的中国荷斯坦奶牛，乳腺组织中的组蛋白 H3 乙酰化显著降低，与乳腺动脉血中的脂多糖（LPS）浓度呈负相关。

微量营养成分参与表观遗传调控的证据，主要来自模式实验动物的相关研究。维生素 D 的生物活性代谢物 1α,25（OH）$_2$D$_3$ 调节细胞生长和分化，从而影响动物许多生理过程包括骨形成、免疫功能和皮肤形成。1α,25（OH）$_2$D$_3$ 的调节作用是通过转录因子介导的，主要包括维生素 D 受体（VDR）、核受体（NR）超家族的成员。VDR 通过形成转录调节复合物调节靶基因表达。这些复合物包含控制表观遗传修饰的各种蛋白质，如当 VDR 的配体激活，辅助因子的募集诱导组蛋白乙酰化，从而促进靶基因启动子处染色质区域的结构改变及基因激活。相反，未结合配体的 VDR 募集辅助抑制因子（如 NCOR1、NCOR2），导致组蛋白脱乙酰化和靶基因转录沉默。组蛋白修饰状态也能够通过效应复合物调节染色质结构的其他方面，如组蛋白脱乙酰化可以诱导更稳定的 DNA CpG 甲基化。维生素 A 的活性形式为视黄酸（RA），干细胞中发现其能够诱导 H3K4/9 乙酰化，进而促进基因表达及细胞分化，而全反式视黄酸受脱乙酰酶抑制。

硒及其衍生物能够抑制 HDAC 活性，导致组蛋白 H3K9 乙酰化水平升高。在一系列发生高胰岛素血症的 *GPX1* 过表达小鼠中，这些小鼠的胰岛显示 *Pdx1* 基因启动子中的组蛋白 H3 和 H4 乙酰化增加，*Pdx1* 基因是 β 细胞分化的关键转录因子，导致 *Pdx1* 表达增加。

荷斯坦奶牛在泌乳中期补充亚麻籽油，导致乳脂产量减少 30%，显著抑制组蛋白脱乙酰酶（HDAC2、HDAC3、SIRT2 和 KAT2A）和组蛋白甲基转移酶（EHMT2）的表达，表明潜在的表观遗传调控乳脂肪酸合成机制。丁酸盐是一种短链脂肪酸，存在于黄油和奶酪中。它由肠道微生物群通过膳食纤维发酵大量产生，并通过大肠中离子交换转运蛋白的被动扩散和主动转运迅速吸收。丁酸盐是一种非竞争性的 HDAC 抑制剂，这意味着它不会直接与 HDAC 的催化位点结合。高脂肪饮食会损害小鼠的葡萄糖耐量和胰岛素敏感性。当 C57BL/6J 小鼠被喂食高脂肪饮食并添加 5% 丁酸盐 16 周时，尽管消耗的能量比对照组多，但它们的体重较轻，丁酸盐喂养的小鼠表现出能量消耗增加，这对应于棕色脂肪组织中 *PGC-1α* 和解偶联蛋白 1 基因（*UCP-1*）的 mRNA 和蛋白质水平的增加，这表明丁酸盐可能增加产热以将能量作为热量消散。与高脂肪对照组相比，丁酸盐补充剂还可以改善葡萄糖耐量，降低空腹血糖和血浆胰岛素水平。此外，丁酸盐喂养小鼠肌肉组织中的 HDAC 活性降低了 50%。食用富含可发酵为丁酸盐的纤维的食物可能会通过依赖 HDAC 的方式预防与肥胖相关的代谢疾病的发生。

姜黄素是一种多酚化合物，在香料姜黄中含量丰富，其主要来源于姜黄的根茎，被认为具有抗氧化、抗炎和抗癌特性。研究发现姜黄素是一种 HAT 抑制剂，姜黄素被证实可抑制 p300/CBP 介导乙酰辅酶 A 的乙酰基转移至纯化的核心组蛋白，姜黄素对 p300/CBP 的抑制可能会抑制 NF-κB 转录活性，进而诱导促炎基因表达。在链脲佐菌素诱导的糖尿病大鼠中，腹腔注射 150mg/（kg · d）的姜黄素可减弱肾脏内皮一氧化氮合酶（eNOS）和 TGF-β_1 的表达。eNOS 和 TGF-β_1 表达的降低与 p300/CBP 和 NF-κB 核转位的表达减少相关。体内研究也发现了姜黄素的抗炎作用，可能是通过调节 HAT 和 HDAC 活性实现的。高脂饮食 60d 的雄性 SD 大鼠出现高血糖、高胰岛素血症和胰岛素抵抗。然而，对大鼠以 80mg/kg 的每日剂量补充姜黄素，维持了与对照组大鼠相似的空腹血糖水平，此外，姜黄素能够减弱高脂肪诱导的血浆游离脂肪酸和 TNF-α 浓度的增加。虽然姜黄素抗炎作用的确切分子机制需要进一步研究，但抑制 p300/CBP 的表观遗传作用模式可能在其发挥抗炎作用中起重要作用。

（二）饲喂-饥饿循环影响代谢平衡及乙酰化动态

动物昼夜节律受生物钟机制调控，饲喂-饥饿循环及日粮组分产生能量平衡及血液激素浓度动态变化，影响节律系统及表观遗传修饰，进而改变动物生理活动及表型。

诸多证据表明，饮食的质量和时间明显改变了动物昼夜代谢。例如，对不同组织中转录差异振荡分析表明，在正常随意饮食下，大约 15% 的肝脏转录物和 4% 的肌肉转录物会发生振荡。高脂肪饮食，来自脂肪的能量超过 40%，会破坏正常振荡的基因并诱导从头振荡。高通量转录物组分析表明，大部分基因组可能受分子钟控制，饮食诱导的表达重塑会产生组织特异性效应。此外，研究证实改变常量营养素组成和特定营养素（川陈皮素、白藜芦醇和咖啡因）水平会影响外周时钟基因表达。

生物钟系统参与表观遗传修饰调控，生物钟背后的核心转录因子 CLOCK 本身具有昼夜节律功能所必需的内在组蛋白乙酰转移酶（HAT）活性。 CLOCK 的 HAT 活性优先与靶标 H3K9 和 H3K14 相关联。CLOCK 乙酰化与结合协同调控因子 BMAL1，这是昼夜节律的关键事件。此外，其他具有 HAT 活性的蛋白质，如 CBP 和 p300，可以与 CLOCK：BMAL1 结合并参与有节奏的组蛋白乙酰化，SIRT1 竞争性调节 CLOCK 目标上的乙酰化标记，包括 H3K9、H3K14，以及 BMAL1 的 K537。另外，根据 Katada（2010）和 Aguilar-Arnala（2015）的研究，昼夜节律激活转录依赖于 CLOCK：BMAL1 与 Set1/COMPASS 复合物成分混合谱系白血病 1（MLL1）相关蛋白的相互作用，其酶活性转录激活组蛋白标记 H3K4me3，H3K4me3 修饰有利于 CLOCK：BMAL1 募集到染色质，随后促进 H3K9/K14 乙酰化。

（沈清武，湖南农业大学；宗鑫，浙江大学）

参 考 文 献

Aguilar-Arnal L, Katada S, Orozco-Solis R, et al. 2015. NAD^+-SIRT1 control of H3K4 trimethylation through circadian deacetylation of MLL1. Nat Struct Mol Biol, 22(4): 312-318.

Aguilo F, Zhang F, Sancho A, et al. 2015. Coordination of m^6A mRNA methylation and gene transcription by ZFP217 regulates pluripotency and reprogramming. Cell Stem Cell, 17: 689-704.

Barwick B G, Scharer C D. 2018. B cell activation and plasma cell differentiation are inhibited by *de novo* DNA methylation. Nature Commun, 9 (1): 1900.

Batista P J, Molinie B, Wang J, et al. 2014. m^6A RNA modification controls cell fate transition in mammalian embryonic stem cells. Cell Stem Cell, 15: 707-719.

Bogdanović O, Smits A H, de la Calle M E, et al. 2016. Active DNA demethylation at enhancers during the vertebrate phylotypic period. Nat Genet, 48(4): 417-426.

Carty S A, Gohil M. 2018. The loss of TET2 promotes $CD8^+$ T cell memory differentiation. J Immunol, 200(1): 82-91.

Challen G A, Sun D, Jeong M, et al. 2011. Dnmt3a is essential for hematopoietic stem cell differentiation. Nat Genet, 44(1): 23-31.

Darnell R R, Ke S, Darnell J E. 2018. Pre-mRNA processing includes N-6 methylation of adenosine residues that are retained in mRNA exons and the fallacy of "RNA epigenetics". Rna, 24: 262-267.

de Greef J C, Wang J, Balog J, et al. 2011. Mutations in ZBTB24 are associated with immunodeficiency, centromeric instability, and facial anomalies syndrome type 2. Am J Hum Genet, 88(6): 796-804.

Dominissini D, Moshitch-Moshkovitz S, Schwartz S, et al. 2012. Topology of the human and mouse m^6A RNA methylomes revealed by m^6A-seq. Nature, 485: 201-284.

Fu Y, Jia G, Pang X, et al. 2013. FTO-mediated formation of N6-hydroxymethyladenosine and N6-formyladenosine in mammalian RNA. Nat Commun, 4: 1798.

Gal-Yam E N, Egger G, Iniguez L, et al. 2008. Frequent switching of polycomb repressive marks and DNA hypermethylation in the PC3 prostate cancer cell line. Proceedings of the National Academy of Sciences, 105(35): 12979-12984.

Geula S, Moshitch-Moshkovitz S, Dominissini D, et al. 2015. Stem cells m^6A mRNA methylation facilitates resolution of naive pluripotency toward differentiation. Science, 347: 1002-1006.

Gu T P, Guo F, Yang H, et al. 2011. The role of Tet3 DNA dioxygenase in epigenetic reprogramming by oocytes. Nature, 477 (7366): 606-610.

Hashimoto S, Ogoshi K, Sasaki A, et al. 2013. Coordinated changes in DNA methylation in antigen-specific memory CD4 T cells. J Immunol, 190(8): 4076-4091.

Haussmann I U, Bodi Z, Sanchez-Moran E, et al. 2016. m^6A potentiates Sxl alternative pre-mRNA splicing for robust *Drosophila* sex determination. Nature, 540: 301-304.

Huang H L, Weng H Y, Sun W J, et al. 2018. Recognition of RNA N-6-methyladenosine by IGF2BP proteins enhances mRNA stability and translation. Nat Cell Biol, 20: 285-295.

Jia G F, Fu Y, Zhao X, et al. 2011. N6-methyladenosine in nuclear RNA is a major substrate of the obesity-associated FTO. Nat Chem Biol, 7: 885-887.

Jiang Q, Sun B, Liu Q, et al. 2019. MTCH2 promotes adipogenesis in intramuscular preadipocytes via an m^6A-YTHDF1-dependent mechanism. Faseb J, 33: 2971-2981.

Kasowitz S D, Ma J, Anderson S J, et al. 2018. Nuclear m^6A reader YTHDC1 regulates alternative polyadenylation and splicing during mouse oocyte development. PLoS Genet, 14: e1007412.

Katada S, Sassone-Corsi P. 2010. The histone methyltransferase MLL1 permits the oscillation of circadian gene expression. Nat Struct Mol Biol, 17(12): 1414-1421.

Koike N, Yoo S H, Huang H C, et al. 2012. Transcriptional architecture and chromatin landscape of the core circadian clock in mammals. Science, 338: 349-354.

Li H B, Tong J, Zhu S, et al. 2017. m^6A mRNA methylation controls T cell homeostasis by targeting the IL-7/STAT5/SOCS pathways. Nature, 548: 338-342.

Li M, Zhao X, Wang W, et al. 2018. Ythdf2-mediated m^6A mRNA clearance modulates neural development in mice. Genome Biol, 19: 69.

Liu Q, Zhao Y, Wu R, et al. 2019. ZFP217 regulates adipogenesis by controlling mitotic clonal expansion in a METTL3-m^6A dependent manner. RNA Biol, 16: 1785-1793.

Lock L F, Takagi N, Martin G R. 1987. Methylation of the *Hprt* gene on the inactive X occurs after chromosome inactivation. Cell, 48(1): 39-46.

Lyko F, Ramsahoye B H, Jaenisch R. 2000. DNA methylation in *Drosophila melanogaster*. Nature, 408: 538-540.

Maunakea A K, Nagarajan R P, Bilenky M, et al. 2010. Conserved role of intragenic DNA methylation in regulating alternative promoters. Nature, 466(7303): 253-257.

Meyer K D, Saletore Y, Zumbo P, et al. 2012. Comprehensive analysis of mRNA methylation reveals enrichment in 3′UTRs and near stop codons. Cell, 149: 1635-1646.

Miyao T, Floess S, Setoguchi R, et al. 2012. Plasticity of $Foxp3^+$ T cells reflects promiscuous Foxp3 expression in conventional T cells but not reprogramming of regulatory T cells. Immunity, 36(2): 262-275.

Mueller S N, Gebhardt T, Carbone F R, et al. 2013. Memory T cell subsets, migration patterns, and tissue residence. Annu Rev Immunol, 31: 137-161.

Nguyen C, Liang G, Nguyen T T, et al. 2001. Susceptibility of nonpromoter CpG islands to *de novo* methylation in normal and neoplastic cells. J Nati Cancer I, 93(19): 1465-1472.

Okano M, Bell D W, Haber D A, et al. 1999. DNA methyltransferases Dnmt3a and Dnmt3b are essential for *de novo* methylation and mammalian development. Cell, 99(3): 247-257.

Patil D P, Chen C K, Pickering B F, et al. 2016. m^6A RNA methylation promotes XIST-mediated transcriptional repression. Nature, 537: 369-373.

Rajshekar S, Yao J, Arnold P K, et al. 2018. Pericentromeric hypomethylation elicits an interferon response in an animal model of ICF syndrome. Elife, 7: e39658.

Reizel Y, Sabag O, Skversky Y, et al. 2018. Postnatal DNA demethylation and its role in tissue maturation. Nature Commun, 9 (1): 2040.

Roundtree I A, Luo G Z, Zhang Z, et al. 2017. YTHDC1 mediates nuclear export of N (6)-methyladenosine methylated mRNAs. Elife, 6: e31311.

Schwartz S, Agarwala S D, Mumbach M R, et al. 2013. High-resolution mapping reveals a conserved, widespread, dynamic mRNA methylation program in yeast meiosis. Cell, 155: 1409-1421.

Schwartz S, Mumbach M R, Jovanovic M, et al. 2014. Perturbation of m^6A writers reveals two distinct classes of mRNA methylation at internal and 5′ sites. Cell Rep, 8: 284-296.

Shi H, Wang X, Lu Z, et al. 2017. YTHDF3 facilitates translation and decay of N(6)-methyladenosine-modified RNA. Cell Res, 27: 315-328.

Shin M S, You S, Kang Y, et al. 2015. DNA methylation regulates the differential expression of CX3CR1 on human IL-7R α low and IL-7R α high effector memory $CD8^+$ T cells with distinct migratory capacities to the fractalkine. J Immunol, 195(6): 2861-2869.

Song T, Yang Y, Wei H, et al. 2019. Zfp217 mediates m^6A mRNA methylation to orchestrate transcriptional and post-transcriptional regulation to promote adipogenic differentiation. Nucleic Acids Res, 47: 6130-6144.

Sun Z, Xu X, He J, et al. 2019. EGR1 recruits TET1 to shape the brain methylome during development and upon neuronal activity. Nature Commun, 10 (1): 3892.

Szilagyi B A, Triebus J, Kressler C, et al. 2017. Gut memories do not fade: epigenetic regulation of lasting gut homing receptor expression in $CD4^+$ memory T cells. Mucosal Immunol, 10(6): 1443-1454.

Taberlay P C, Kelly T K, Liu C C, et al. 2011. Polycomb-repressed genes have permissive enhancers that initiate reprogramming. Cell, 147(6): 1283-1294.

Tatton-Brown K, Loveday C, Yost S, et al. 2017. Mutations in epigenetic regulation genes are a major cause of overgrowth with intellectual disability. Am J Hum Genet, 100(5): 725-736.

Tatton-Brown K, Seal S, Ruark E, et al. 2014. Mutations in the DNA methyltransferase gene DNMT3A cause an overgrowth syndrome with intellectual disability. Nat Genet, 46(4): 385-388.

Venolia L, Gartler S M. 1983. Comparison of transformation efficiency of human active and inactive X-chromosomal DNA. Nature, 302(5903): 82-83.

Walsh C P, Chaillet J R, Bestor T H. 1998. Transcription of IAP endogenous retroviruses is constrained by cytosine methylation. Nat Genet, 20(2): 116-117.

Wang P, Doxtader K A, Nam Y. 2016. Structural basis for cooperative function of mettl3 and mettl14 methyltransferases. Mol Cell, 63: 306-317.

Wang X, Lu Z K, Gomez A, et al. 2014. N-6-methyladenosine-dependent regulation of messenger RNA stability. Nature, 505: 117-120.

Wang X, Sun B, Jiang Q, et al. 2018. mRNA m^6A plays opposite role in regulating UCP2 and PNPLA2 protein expression in adipocytes. Int J Obes, 42: 1912-1924.

Wang X, Zhao B S, Roundtree I A, et al. 2015. N(6)-methyladenosine modulates messenger RNA translation efficiency. Cell, 161: 1388-1399.

Widschwendter M, Fiegl H, Egle D, et al. 2007. Epigenetic stem cell signature in cancer. Nat Genet, 39(2): 157-158.

Wu R, Liu Y, Zhao Y, et al. 2019. m^6A methylation controls pluripotency of porcine induced pluripotent stem cells by targeting SOCS3/JAK2/STAT3 pathway in a YTHDF1/YTHDF2-orchestrated manner. Cell Death Dis, 10: 171.

Yao Y, Bi Z, Wu R, et al. 2019. METTL3 inhibits BMSC adipogenic differentiation by targeting the JAK1/STAT5/C/EBP β pathway via an m^6A-YTHDF2-dependent manner. Faseb J, 33: 7529-7544.

Yoon K J, Ringeling F R., Vissers C, et al. 2017. Temporal control of mammalian cortical neurogenesis by m^6A methylation. Cell, 171: 877-889.

Zhang C, Samanta D, Lu H, et al. 2016. Hypoxia induces the breast cancer stem cell phenotype by HIF-dependent and ALKBH5-mediated m^6A-demethylation of NANOG mRNA. Proc Natl Acad Sci USA, 113: E2047-E2056.

Zhao B S, Wang X, Beadell A V, et al. 2017. m^6A-dependent maternal mRNA clearance facilitates zebrafish maternal-to-zygotic transition. Nature, 542: 475-478.

第十一章　非营养性饲料添加剂与动物基因表达调控

非营养性饲料添加剂种类繁多，参与动物的多种代谢过程及生理功能的调节，包括改善动物的生长与繁殖性能、提高动物机体的免疫及抗氧化功能、降低炎症因子水平及炎性反应、参与调控多种营养物质的代谢过程等。在此过程中，非营养性饲料添加剂可通过直接或间接调控动物基因的表达进而参与调节动物的机体代谢和生理功能。本章就非营养性饲料添加剂对畜禽基因的表达调控作用及其涉及的关键信号通路及转导机制进行阐述。

第一节　非营养性饲料添加剂与动物免疫功能相关基因的表达调控

动物免疫系统的活动过程需要消耗机体内大量的物质与能量，抗体与细胞因子、免疫细胞的增殖及相关信号的传递过程对物质与能量的需求很大，充足的营养供给是维持正常免疫功能的必要条件，同时能够参与调控免疫系统正常活动各个环节的非营养性饲料添加剂，也对动物免疫功能起到重要的调控作用。大量研究表明，多种非营养性饲料添加剂如益生菌、中草药及其提取物、酶制剂等都可调控动物的免疫功能，参与动物免疫功能相关基因的表达调控。

基因表达调控可发生在遗传信息传递过程的任何环节，如基因扩增、转录后加工、翻译起始、翻译后加工，但这些都不是最重要的环节。调控基因表达的关键环节发生在转录水平，尤其是转录起始阶段的调控最为重要，即转录起始是基因表达调控的关键控制点。基因转录起始阶段启动子的激活需要转录因子的活化，外界不同信号可通过不同的信号转导途径活化或抑制特定的转录因子，从而调控相关基因的表达。

一、调控免疫功能相关基因表达的主要信号通路

（一）Toll 样受体（TLR）信号通路

1. TLR 种类及分布　TLR 在动物机体中广泛分布，在哺乳动物中至少已经发现 13 种 *tlr* 基因（*tlr1*～*tlr13*），在鱼类中共发现 23 种，鸟类中发现 10 种。TLR 广泛表达于各类免疫细胞，如单核细胞、树突状细胞、巨噬细胞、自然杀伤（NK）细胞等，同时在呼吸道、泌尿生殖道、血管内皮和肠上皮等上皮和内皮细胞也大量表达。TLR 是目前研究最多的一类模式识别受体（pattern recognition receptor，PRR），在动物机体抵御病原体入侵方面发挥重要作用。PRR 可通过模式识别特定的病原体相关分子模式（pathogen related molecular pattern，PRMP）并与之结合，启动下游 MyD88 或 TRIF 接头分子等信号通路的信号和效应分子，识别病原激活天然免疫细胞、诱导免疫细胞向感染部位迁移、激活下游免疫级联反应，启动机体的先天性免疫应答，同时也可上调 I 型干扰素、抗菌蛋白和趋化因子、细胞因子、活性氧和氮中间体、共同刺激分子的水平，激活获得性免疫系统，阻止或消灭入侵的病原体。因此

TLR 对动物先天性免疫和获得性免疫具有双重调节作用。

2. TLR 的结构 TLR 作为Ⅰ型跨膜蛋白，包含胞外域（LRR）、跨膜区域和胞内信号区域三部分。LRR 含有富亮氨酸重复序列，该重复序列与动物识别入侵病原体的反应特异性相关。跨膜区域富含半胱氨酸，该结构域决定了 TLR 分子的亚细胞定位。胞内信号区域与白细胞介素-1 受体家族的胞内区具有高度同源性，因此被称为 Toll-IL-1 受体（Toll-IL-1 receptor，TIR）结构域，结合部位位于胞内的髓样分化因子接头，能够和胞内含有相同结构域的接头蛋白相互作用激活相应的免疫应答反应。

3. TLR 信号通路的传递过程 TLR 信号通路的激活包括 MyD88 依赖信号通路和 MyD88 非依赖信号通路，二者对 T 细胞介导的启动起着至关重要的作用。MyD88 依赖信号通路中，TLR 的细胞质 TIR 结构域与 MyD88 作用，进而作用于白细胞介素受体相关激酶（IRAK）使其磷酸化，接着激活与接头分子肿瘤坏死因子受体相关因子 TRAF6，进一步激活 IκB 激酶 IKK，IKK 磷酸化 IκB 后，释放 NF-κB，NF-κB 进入细胞核内与靶基因的启动子结合，启动靶基因的转录表达。MyD88 非依赖信号通路也被称为 TRIF 依赖信号通路，配体与相应的 TLR 特异性结合后，以 TRIF 作为接头分子，与 TRAF3 或 TRAF6 作用使其激活，进而活化 IRF3、IRF7 二聚体化，激活 NF-κB 进入细胞核内，启动下游基因的转录。

（二）细胞因子受体与 JAK-STAT 信号通路

1. 成员及结构 细胞因子受体是细胞表面一类与酪氨酸蛋白激酶偶联的受体，这类受体蛋白单次跨膜，本身不具酶活性，但其胞内段具有与胞质酪氨酸蛋白激酶（Jak kinase）的结合位点，也就是说受体活性依赖于非受体酪氨酸蛋白激酶。

与细胞因子受体相连的胞质酪氨酸蛋白激酶属于 Janus 激酶（Janus kinase，JAK）家族，哺乳动物 JAK 成员包括 Jak1、Jak2、Jak3 和 Tyk2。JAK 包含 4 个结构域：①C 端的 JH1，具有磷酸转移酶的活性，是激酶结构域；②JH2，无催化活性，主要在受体诱导 JAK 活化过程中发挥调节作用；③SH2，主要负责稳定酶的结构；④N 端的 FERM，可正向调节激酶的催化活性，介导 JAK 与细胞因子受体结合。

信号转导及转录活化因子（signal transducer and activator of transcription，STAT）主要存在于细胞质中，在激活后转入核内与 DNA 结合，广泛参与生长因子、激素、多种细胞因子等表达过程中的信号转导和转录调控。STAT 家族成员已发现 7 种：STAT1、STAT2、STAT3、STAT4、STAT5α、STAT5β、STAT6。STAT 结构高度保守，主要包含以下结构域：① N 端结构域，能够介导 STAT 多聚体的形成，增加转录活性；②螺旋结构域，能够影响蛋白质的相互作用及核转录；③ DNA 结合结构域，决定了每个 STAT 的 DNA 结合特异性；④ SH2 结构域，能够介导 STAT 与特定受体的酪氨酸残基结合；⑤ C 端激活结构域，调控转录的激活。

2. 细胞因子受体与 JAK-STAT 信号通路的传递过程 细胞因子与细胞膜上的细胞因子受体特异性结合，引发受体改变并导致二聚化，形成同源二聚体，受体二聚化有助于各自结合的 JAK 互相靠近，使彼此酪氨酸氨基发生交叉磷酸化，从而激活 JAK 活性。活化的 JAK 继而磷酸化受体胞内段酪氨酸残基，使活化受体上的磷酸酪氨酸残基成为具有 SH2 结构域的 STAT 或具有 PTB 结构域的其他胞质蛋白的锚定位点。STAT 通过 SH2 结构域与受体磷酸化的酪氨酸残基结合，继而 STAT 的 C 端酪氨酸残基被 JAK 磷酸化。磷酸化的 STAT 分子即从受体上解离下来。两个磷酸化的 STAT 分子依靠各自的 SH2 结构域结合形成同源二聚体，从而暴露其核定位信号（NLS）。二聚化的 STAT 转位到细胞核内与特异基因的调控序列结合，调控相关基因表达。

二、微生态制剂对动物免疫功能相关基因的表达调控

微生态制剂是在微生态学理论的指导下，调整生态失调保持微生态平衡，提高宿主（人、动植物）健康水平或增进健康佳态的生理性活菌制品（微生物）及其代谢物，以及促进这些生理菌群生长繁殖的物质制品（王红等，2010）。微生态制剂具体包括益生菌、益生元、后生元及类生元等制剂，大量研究表明，这些物质对动物先天性和获得性免疫功能具有明显的改善作用，参与调控多种免疫功能相关基因的表达。

（一）益生菌对动物免疫功能相关基因的表达调控

益生菌也称为益生素，是指投入后通过改善宿主肠道菌群生态平衡而发挥有益作用，达到提高宿主（人和动物）健康水平和健康佳态的活菌制剂及其发酵产物。饲粮中补充益生菌可以调控免疫功能相关基因表达。益生菌能够激活动物肠道巨噬细胞，增加肠道上皮内淋巴细胞产生的细胞因子和免疫球蛋白（尤其是 IgA）来增强肠道免疫功能。饲粮中添加 200mg/kg 凝结芽孢杆菌，肉鸡十二指肠中 IFN-α、TLR3 和黑色素瘤分化相关基因-5（MDA-5）的水平提高，分泌型免疫球蛋白 A（sIgA）阳性细胞的数量增多（Xu et al.，2017）。Chen 等（2020）报道，在蛋鸡日粮中添加枯草芽孢杆菌显著降低了蛋鸡肠道中 TLR4、MyD88、NF-κB p65、IL-1β 和 TNF-α 的 mRNA 表达水平，抑制机体肠道的炎性反应，推断其机制为 TLR4、MyD88、NF-κB 信号通路抑制促炎细胞因子基因的表达。有研究显示，益生菌对机体免疫功能的影响与 TLR 密切相关，益生菌可通过影响 TLR 信号通路调节机体免疫反应，但不同益生菌对不同细胞 TLR 的调控作用不同，其调控作用与菌株种类和宿主细胞有关，如研究发现副干酪乳杆菌可显著上调 Caco-2 细胞 *TLR2* 基因的表达，但植物乳杆菌可下调除 *TLR2* 以外的 *TLR* mRNA 水平；植物乳杆菌与鼠李糖乳杆菌除对 HT29 细胞中的 TLR4 表达水平无明显影响外，能够上调其他多种 TLR 的蛋白质表达水平。

（二）益生元对动物免疫功能相关基因的表达调控

益生元也叫作“双歧增殖因子”和“化学益生素”，是指不能被宿主消化吸收却能够选择性促进体内有益菌的代谢和增殖，从而改善宿主健康的一类物质。目前作为益生元使用的主要物质为非淀粉多糖，此外，有些微藻类如节旋藻、螺旋藻等，天然植物中的中草药、蔬菜等提取物也可作为益生元。一方面益生元可改善肠道菌群结构，通过促进有益菌的增殖改善动物免疫功能，另一方面益生元如低聚寡糖可直接作用于免疫细胞，作为有效的免疫刺激化合物，促进 T 细胞和 NK 细胞的增殖和活化，以及促进 B 细胞的分化和抗体的生成，提高机体的免疫功能。壳寡糖促进细胞因子的基因转录和蛋白质分泌可能是其参与免疫调节的分子机制之一，甘露寡糖通过与巨噬细胞表面的膜受体（如 TLR4）相互作用从而发挥其免疫刺激活性。日粮添加适宜水平的甘露寡糖可显著降低肉鸡血清 TNF-α 和提高血清 IFN-γ 的含量，可不同程度地上调肉鸡组织中天然免疫相关基因 *TLR2*、*TLR4*、*AvBD9* 和 *Cath-Bl* 的表达，证明甘露寡糖可通过提高肉鸡组织 *TLR* 表达并由 TLR 介导上调防御素和 Cathelicidins 等抗

菌肽表达，提高肉鸡免疫防御功能。

（三）后生元对动物免疫功能相关基因的表达调控

后生元是指对宿主健康有益的无生命微生物体和 / 或其代谢物的总称，其成分复杂多样，包括磷壁酸、肽聚糖、有机酸、细菌素、胞外多糖和神经递质类物质等。研究发现，热灭活的肠球菌可通过诱导 TNF-α/IL-10 调节动物免疫功能，其分泌的短链脂肪酸 S 可通过提高黏蛋白水平、促进 claudin 形成调节肠道免疫。后生元还可通过与细胞模式识别受体结合调节宿主免疫功能，如植物乳杆菌的细胞壁成分肽聚糖及衍生多肽能够通过调控 *TLR2* 降低 IL-10 的水平，促进 Treg 细胞产生并参与调节 T 细胞介导的免疫反应（王岩等，2022）。

三、植物提取物对动物免疫功能相关基因的表达调控

植物提取物可通过多种途径作用于动物的免疫系统，改善动物免疫功能，有些可调节先天性免疫系统的活性，有些可作用于特定的获得性免疫细胞或细胞集；有些作用于体液免疫系统，有些可调节细胞免疫过程。植物提取物中可以调控动物免疫功能的成分主要有多糖类、皂苷类、多酚类、生物碱、挥发性成分等。多糖是许多中草药的主要免疫活性物质，如人参多糖、枸杞多糖、红芪多糖、淫羊藿多糖、黄芪多糖等；皂苷类和多酚类生物活性物质可作为免疫调节剂，通过非特异途径增强对入侵机体微生物及抗原的特异性反应，提高动物抗病力。

（一）植物多糖对动物免疫功能相关基因的表达调控

巨噬细胞表面存在较多跨膜蛋白识别受体，如 TLR，天然植物多糖主要通过结合细胞表面 TLR 等受体进入细胞，并通过 MAPK 或 NF-κB 激活下游不同的信号转导途径，进而促进 IL-1β、IL-6 及 TNF-α 等细胞因子的表达和释放，增强巨噬细胞的免疫活性（Schepetkin et al.，2005）。多糖被认为是通过 TLR2 及 TLR4 激活免疫细胞的关键候选物质，如蒿属植物多糖可通过增强 TLR2 和 TLR4 信号通路激活细胞因子的产生和共刺激分子的表达，诱导免疫细胞成熟。多糖结合膜受体也可激活 MyD88 及 IRAK，进而激活 TRAF6、JNK 和 NF-κB 等信号通路，提高巨噬细胞的胞饮和吞噬能力，如蛹虫草多糖成分 CMPB90-1 可结合 TLR2 转化免疫抑制性肿瘤相关巨噬细胞（TAM），促进 Ca^{2+} 的释放，激活 p38、Akt 和 NF-κB 或 ERK，这些因子释放或激活有效促进了 TAM 从 M2 表型向 M1 表型的两极分化（Yin et al.，2019）。同时，多糖有效成分可诱导 M0 型巨噬细胞的 M1 型极化，促进 M2 型巨噬细胞向 M1 型转化（Bi et al.，2020）。

（二）植物皂苷对动物免疫功能相关基因的表达调控

皂苷在自然界分布广泛、资源丰富，仅植物中已发现的甾体皂苷就已经有近百种，结构复杂多样，其由于具有多种功能成为目前的研究热点之一。皂苷对动物的免疫系统具有免疫促进和免疫抑制的双重调节作用。皂苷对免疫功能低下动物的非特异性免疫、体液免疫和细胞免疫均有增强并恢复至接近正常的作用，包括提高免疫器官指数、促进巨噬细胞及粒细胞的吞噬作用、增强 T 淋巴细胞中辅助性 T 细胞活性。免疫抑制作用表现为抑制细胞活化和对其他细胞的细胞毒作用。大量研究表明，多种植物皂苷可调控动物免疫功能相关基因的表

达，如竹节参皂苷可通过抑制 TLR4/NF-κB 信号通路激活，使 TRL4、NF-κB p65 和 COX2 蛋白表达水平下降，下调 TGF-β、IL-1、IL-6 和 TNF-α 等炎症因子水平，调节机体免疫反应；人参皂苷 Rg1 可通过 NF-κB 和 Akt/mTOR 途径提高先天性免疫功能及对病原体的特异性免疫应答。

（三）植物多酚对动物免疫功能相关基因的表达调控

酚类化合物是植物中最重要且分布最广泛的次生代谢物之一，在植物界已知有 8000 种以上，包括生物类黄酮、花色素苷、花色素原和单宁。近年来在植物多酚物质对动物抗菌肽的表达调控作用方面开展了大量研究工作。抗菌肽基因 5′ 端的调控区域存在多个调控元件结合位点，如在猪 *PR-39* 基因启动子序列 5′ 端区域发现 NF-κB、SP-1（锌指蛋白）、白细胞介素-6 反应因子、APRE（急性炎性反应因子）、γ 干扰素反应因子和 LPS 等结合位点（Wang et al.，2002），细胞因子及外源微量成分通过直接或间接方式作用于这些位点，调控 Cathelicidins 的表达。植物类黄酮具有类雌激素样作用，因此类黄酮物质如染料木素等可以与雌激素受体-β（ER-β）结合，诱导神经酰胺酶表达，使鞘氨醇磷酸化生成鞘氨醇磷酸酯（S1P），进而活化 NF-κB，诱导抗菌肽 LL-37 表达；染料木素还可同时抑制鞘氨醇激酶 2（SPHK2）的表达，避免 SPHK2 对 S1P 的降解，从而维持 S1P 依赖性信号通路的持续性，使 LL-37 表达水平上调。

四、功能性氨基酸对动物免疫功能相关基因的表达调控

功能性氨基酸的概念首先由美国得克萨斯农工大学的伍国耀教授提出，即除了合成蛋白质外，能够调节动物机体关键代谢通路以改善动物体健康、生长发育、繁殖性能的氨基酸。功能性氨基酸在营养学上有可能是必需氨基酸，也有可能是非必需氨基酸。多种功能性氨基酸如谷氨酰胺、精氨酸等可以改善胃肠道健康、促进肠黏膜免疫系统发育（单安山，2021），并与益生菌、植物多糖等产生更好的协同效应。在动物肠道黏膜免疫反应通路中，对防御素的表达调控作用尤为重要，蛋氨酸可激活机体防御素信号系统，产生免疫反应，日粮中添加蛋氨酸羟基类似物可提高肉鸡肠道多种防御素基因的表达水平，在缺乏蛋氨酸饲粮中补充适量蛋氨酸二肽，可增强幼草鱼 β-防御素基因表达，改善肠道、脾脏、头、肾脏及皮肤抵抗病原菌的功能。高剂量 5-羟色胺可抑制 IFN-γ 诱导的吞噬作用及抑制 IFN-γ 刺激的巨噬细胞的抗原呈递能力和 MHC Ⅱ 类分子表达。γ-氨基丁酸（GABA）作为一种新型功能性氨基酸类饲料添加剂，能降低经脂质体处理的 THP-1 源巨噬细胞分泌 TNF-α，其原因与 p38MAPK 和 NF-κB 信号通路被抑制有关。

第二节　非营养性饲料添加剂与动物炎症相关基因的表达调控

炎症是机体对刺激的一种防御反应，既可以是由感染引起的感染性炎症，也可以是由其他原因引起的非感染性炎症。适度的炎症能够引起机体的防御反应，一旦过度，则容易对动物机体造成一定的损伤。自然界中所有能够引起组织损伤的因素都可能成为炎症的原因，如生物因素、物理化学性因素、病理因素等。炎症作为一把“双刃剑”，其起到的损伤和修复作用往往不可分割。因此，如何通过非营养性饲料添加剂调控的方式，改变动物机体炎症状

态，对于动物模型研究和畜禽生产都有重要意义。已有研究表明，多种非营养性饲料添加剂均能调控动物炎症相关基因的表达，如益生菌、益生元、合生元、植物多酚、植物多糖及功能性氨基酸等都能够有效地通过调控体内炎症相关信号通路，进而修复由炎症引起的动物机体损伤。

一、调控炎症相关基因表达的主要信号通路

（一）NLRP3/caspase-1 信号通路

1. NLRP3 炎性小体 核苷酸结合寡聚化结构域样受体 3（NLRP3）炎性小体由 NLRP3、胱天蛋白酶 1 前体（pro-caspase-1）和接头蛋白组成，主要在固有免疫细胞，如单核细胞、巨噬细胞及适应性免疫细胞中存在。NLRP3 属于炎性复合体的传感蛋白，其 C 端的亮氨酸重复序列能够感知胞内多种内源性刺激物，如尿酸、ATP、病原微生物及其代谢物与胆固醇等。NLRP3 被激活后通过 N 端的热蛋白结构域（pyrindomain，PYD）与凋亡相关斑点样蛋白（ASC）的 PYD 相连，激活 ASC 的胱天蛋白酶募集结构域（caspase recruitment domain，CARD）招募胱天蛋白酶 1（caspase-1）。因此，NLRP3 的主要功能是炎性复合体的组装，ASC 则连接上游的 NLRP3 和下游的 caspase-1。这一多聚蛋白复合体形成后将无活性的 pro-caspase-1 转变成有活性的 caspase-1，进而促进 IL-18 和 IL-1β 的成熟和分泌，参与炎性反应。

2. NLRP3/caspase-1 信号通路的传递过程 各种外界刺激，如三磷酸腺苷（ATP）、活性氧（ROS）、胆固醇结晶等经过一系列的途径都会引起 NLRP3 炎性小体的激活。目前，NLRP3 炎性小体的活化主要依赖启动和激活的双信号模式，即第一个信号也称为启动信号，NLRP3 受 TLR 激动剂或某些细胞因子的激活后，可通过 NF-κB 信号通路启动 NLRP3 和 pro-IL-1β 等前体蛋白基因的转录；第二个信号为激活信号，包括损伤相关分子模式（DAMP）和病原相关分子模式（PAMP），推动 NLRP3 炎性小体的 3 个部分的组成及激活，实现对应的致炎因子的加工及成熟分泌。目前，关于 NLRP3 炎性小体的激活有 3 种活化模式假说。①钾离子外流：细胞外的 ATP 与细胞膜上的 P2X7 嘌呤受体相互作用，使离子通道开放，触发胞内钾离子外流，同时激活另一种 Pannexin-1 通道募集蛋白，促使胞膜上对应的通道开放，联合上调 NLRP3 炎性小体的表达。② ROS 的形成：PAMP 或 DAMP 的侵入可诱导 ROS 的产生，若向细胞液中加入 ROS 抑制剂乙酰半胱氨酸，细胞内的 caspase-1 活化程度及促炎细胞因子 IL-1β 的生成速度均明显下降。③溶酶体破坏：细胞将病原体和一些大颗粒物质吞噬后，溶酶体负担加重，造成溶酶体膜的破裂，释放组织蛋白酶 B，从而激活 NLRP3 炎性小体（龙丹和韦维，2022）。

caspases 可通过经典和非经典途径激活。经典途径是指通过活化 NLRP3 炎性小体激活。当受到内源性或外源性危险信号刺激时，PRR 组装成炎性小体，将 caspase 前体激活。炎性小体的形成是细胞焦亡区别于凋亡的重要形态学特征之一，在细胞质中存在 NLRP1、NLRP3、NLCR4 和 AIM2 等炎性小体，其中 NLRP3 炎性小体伴随多种机体的免疫反应和疾病发生过程，是 NLR 家族中研究最多、最重要的一个成员，在细胞焦亡经典途径中发挥重要的作用。非经典途径中，caspases 激活不需要炎性小体，如 LPS 可以直接与 capcase 结合，使其活化。

细胞焦亡是近年来新发现的一种伴随炎性反应，与细胞凋亡和坏死具有明显不同生物学特征的程序性细胞死亡，在动物炎性反应、癌症发生、病原体抵抗、代谢性疾病等发生与发展过程中扮演重要角色。细胞焦亡由活化后 caspase-1 造成 Gasdermin（GSDM）蛋白家族裂解，释放的 GSDM 蛋白的 N 端可介导细胞膜溶解，使细胞膜穿孔，导致细胞焦亡，同时 caspase 还可活化 IL-1 和 IL-18 前体形成有活性的 IL-1β 和 IL-18，并伴随细胞的溶解释放至胞外，诱发病理性炎症，因此细胞焦亡除了在细胞形态学、发生机制与凋亡存在明显差异外，还会释放大量的炎症因子，是机体的一种重要的天然免疫反应（Shi et al.，2015）。

（二）NF-κB 信号通路

1. NF-κB 分子结构　NF-κB 是细胞核内的一种转录因子，广泛存在于哺乳类动物细胞内。NF-κB 作为一个多效性转录因子家族，可以感知复杂多样的细胞外干扰信号，与多种信号通路网络互作，目前已明确 NF-κB 参与细胞不同生理功能（包括细胞增殖和分化、细胞凋亡、炎性反应、免疫过程等）相关基因的表达调控。NF-κB 信号通路由 NF-κB 家族和多种蛋白质家族共同组成，其中包括 NF-κB/Rel 家族、IκB 蛋白家族和 IKK 蛋白家族。哺乳动物中的 NF-κB 转录因子家族由 5 种蛋白质组成，彼此结合成具有独特转录活性的同型和异型二聚体复合物，研究中常用的 NF-κB 就是指 p50/p65 异源二聚体，其主要作用是调节炎症的产生和消退，通过经典途径和替代途径调控 NF-κB 的核易位。经典途径（classical pathway）的激活通常是快速和短暂的反应，而非经典也叫替代途径（alternative pathway），是对较小范围的刺激产生更延迟的反应。

2. NF-κB 信号通路的传递过程　正常情况下，NF-κB 在细胞质中是一种失活的状态，在一些胞外信号物质的介导下，IκB 激酶（IKK）被激活，进而磷酸化 IκBα 蛋白，导致其从 NF-κB 上脱离。被激活的 NF-κB 则暴露出核定位序列（NLS）并通过核孔进入细胞核，最终结合到 DNA 反应元件的特异性序列上。结合后的 DNA/NF-κB 复合体继续招募其他蛋白质并启动目的基因的转录直至翻译成蛋白质，这些翻译的蛋白质最终导致细胞功能发生改变。此外，替代途径是 NF-κB 信号通路的重要组成，其主要靶向激活 p52/Rel B NF-κB 复合体（Sun，2011）。替代途径的主要信号转导成分是 NF-κB 诱导激酶（NIK），它能够整合一部分 TNF 受体家族成员的信号并激活下游激酶 IKK，进而促使 p100 磷酸化和 NF-κB 的核转移。

已有大量研究发现 NF-κB 在各种疾病和动物模型的炎症过程中起着重要调节作用，NF-κB 能够启动先天性和获得性免疫的多种蛋白质表达，进而协调抵抗感染各方所需的免疫功能。例如，在病毒感染期间，细胞内 NF-κB 的表达水平升高，活性增强，而在敲除 NF-κB 家族基因的小鼠模型中更易受到病毒的感染，因此 NF-κB 信号通路的激活可理解为宿主被病原体感染后对细胞进行的保护性反应（Sha et al.，1995）。

（三）p38 MAPK 信号通路

1. p38 MAPK 分子结构　p38 丝裂原激活蛋白激酶（p38 mitogen-activated protein kinases，p38 MAPK）是存在于大多数真核细胞内，通过调控细胞的分化、增殖、凋亡等相关基因和蛋白质的表达，将细胞外的信号转导到细胞内，从而引起细胞反应的一类重要信号。p38 是一种由 360 个氨基酸残基构成的分子质量约为 38kDa 的蛋白质，其共有 4 个异构体，分别为 Mapk14、Mapk13、Mapk12 和 Mapk11，虽然不同异构体的氨基酸种类和个数均有所不同，但它们都有着高度同源性。

2. p38 MAPK 信号通路的传递过程 p38 MAPK 信号通路作为一个重要的炎性反应信号系统，对细胞应激反应和炎性反应具有重要的调控作用。其可以通过不同的途径被激活，从而相应地产生不同的生物学效应。p38 经外源信号激活后，促使效应细胞炎症因子基因表达水平增加，增加炎症因子释放，如肿瘤坏死因子 α（TNF-α）、IL-1、IL-6 等；此外，p38 MAPK 对细胞的分化、增殖与凋亡过程具有重要的调控作用。当宿主受到不同外界刺激时，p38 MAPK 通过多种途径，上调或抑制相关蛋白质的表达，促使细胞基因转录发生改变。

p38 MAPK 信号通路参与多种内毒素、炎症因子等信号的转导，调控炎症相关的基因表达。细胞内 p38 激酶的活性受细胞内多种因素和环境因子的综合调控，如多种特异性激酶的激活与磷酸酶的失活、多重信号通路整合应答等。p38 MAPK 信号通路是一种经典的三级酶促级联反应，是一种序贯蛋白激酶反应。在受到外界刺激后，通路最上游的 MAP3K（包括 MTK1、MLK2/MST、MLK3/PTK/SPRK、DLK/MUK/ZPK、TaK1、ASK1/MAPKKK5 等）被磷酸化信号激活，然后磷酸化，激活 MAP2K（包括 MKK3、MKK4、MKK6），接着作用于 p38 MAPK 残基，最后激活 p38 MAPK，使某些蛋白质表达水平上调，从而影响细胞的分化、增殖、凋亡等生物学过程（左建娇等，2022）。

二、微生态制剂对动物炎症相关基因的表达调控

对于动物，特别是畜禽动物来说，微生态制剂可以有效改善动物机体肠道内的有益菌群，促进胃肠道蠕动，提高消化率，增强机体免疫力，此外还具有改善养殖环境、预防疾病等功能。

（一）益生菌对动物炎症相关基因的表达调控

近年来，关于益生菌对动物炎症调控的研究趋于多样化。例如，对鸡肠道上皮细胞的研究发现，嗜酸乳杆菌能够有效地缓解产气荚膜梭菌感染造成的 IL-6、IL-8、iNOS、TNF-α、IL-1β 等促炎细胞因子 mRNA 表达上调，产生的这些有益作用与 NF-κB 信号通路有直接关系，嗜酸乳杆菌能够通过抑制 NF-κB 激活的方式缓解 IL-1β 刺激诱导的肠道上皮屏障功能下降。益生菌可通过多种机制对 p38 MAPK 途径、Toll 样受体、蛋白酶及 NF-κB 的活性调节发挥多种作用，特别是通过抑制 IκB 磷酸化和还原阻碍 NF-κB 的转移。在肉鸡上的研究显示，LPS 处理可激活肝脏中 LPS-TLR4-NF-κB 信号通路且上调下游 IL-6、IL-1β、IFN-γ 及 IL-10 的表达，而饲料中添加乳酸杆菌、双歧杆菌、酵母菌和粪链球菌的复合益生菌制剂能够显著上调抗炎细胞因子 IFN-γ、IL-10 的表达。NLRP3 活化被抑制，可降低促炎细胞因子的产生，从而在一定程度上缓解炎症进程，如热杀死的粪肠杆菌处理后的 THP-1 细胞系中 caspase-1 活化受到抑制，使得 NLRP3 的组装（激活）不能完成，从而抑制 IL-1β 前体的成熟，使 IL-1β 的产生量降低，细胞炎症进程得到显著缓解。在高脂饮食诱导的非酒精性脂肪肝大鼠肝脏脂肪变性和炎性反应中，乳酸双歧杆菌 V9 可抑制 ASC 和 NLRP3 的 mRNA 表达，且可以抑制促炎细胞因子，如 TNF-α、IL-6 和 IL-1β 的产生。此外，约氏杆菌 L531 预处理能抑制婴儿沙门氏菌诱导的小肠 NLRP3 和 NLR4 炎性小体的活化，进而降低炎性反应。

（二）益生元对动物炎症相关基因的表达调控

随着益生元的定义被不断精确与扩展，已经打破传统的观念，不再局限于寡糖类物质，其代谢部位也不再拘泥于结肠，而是已经扩展到整个消化道。益生元不仅可以间接地通过影响肠道菌群来调节机体免疫，同时也可以直接作用于肠道上皮细胞，调控炎性反应，从而对动物生产和健康产生有益影响。

有研究发现，母乳低聚糖（HMO）和低聚半乳糖（GOS）能有效地降低 H4 细胞中 TNF-α、IL-1β、巨噬细胞炎症蛋白-3α 及单核细胞趋化蛋白（MCP）-1 的表达。在 LPS 诱导的外周血单核细胞试验中发现，GOS 和 FOS 能够有效降低因 LPS 产生的炎性基因表达。此外，在 Caco-2 细胞上的研究发现，益生元能够促进 PPARγ 的表达来降低促炎细胞因子的表达量。果聚糖处理过的细胞可以同时降低 NF-κB 和 MAPK 信号通路的磷酸化程度，且果聚糖可以直接影响细胞磷酸化过程，从而调节动物免疫功能。

（三）合生元对动物炎症相关基因的表达调控

合生元既可以发挥益生菌的生理性细菌活性，又可以选择性地增加益生菌的数量，使益生菌的作用更显著持久。有研究表明，由嗜酸乳杆菌、枯草芽孢杆菌、啤酒酵母、中性蛋白酶及纤维素酶组成的一款微生态制剂能够有效降低小鼠空肠黏膜免疫细胞因子 IL-4、IL-10、IFN-γ 及 sIgA 的表达量（白培钿等，2022）。在荷斯坦奶牛上的研究发现，芽孢杆菌、乳酸菌、酵母菌及植物多肽组成的复合微生态制剂能够有效提高 IL-2 与 IFN-γ 等相关免疫及炎症因子的表达量（田猷良，2022）。由枯草芽孢杆菌、乳酸菌、木聚糖酶和中性蛋白酶组成的复合微生态制剂能够显著提高蛋鸡肝脏中 IL-4 水平并降低 TNF-α 的水平（何骥远等，2022）。

三、植物活性成分对动物炎症相关基因的表达调控

植物活性成分包括多酚类、多糖类、黄酮类、植物精油、皂苷类、生物碱、有机酸等物质，在提高畜禽生产性能、稳定肠道健康状态、改善畜产品品质、提高动物免疫力及对疾病的抵抗力等方面发挥重要作用。

（一）植物多酚对动物炎症相关基因的表达调控

多酚是一类具有多元酚结构单元的植物体次生代谢物，具有促生长、促免疫、抗氧化等功效。白藜芦醇是一种非黄酮类多酚有机化合物，可以调控促炎细胞因子的表达水平。白藜芦醇可抑制骨关节炎动物模型中磷酸化的 AMPK、SIRT1、NF-κB 和 iNOS 的表达，进而改善实验性动物骨关节炎症状。另外，白藜芦醇能够减少炎症因子的分泌和表达，通过抑制兔子血清 NF-κB、肿瘤坏死因子 α 和白细胞介素-6、巨噬细胞炎症蛋白-2 和环氧合酶 2 的活性水平、活性氧的产生和 caspase-3/9 的激活来改善急性咽炎引起的炎症。此外，白藜芦醇可以抑制 TNF-α 的产生和 NF-κB 的激活，减少肠道黏膜中性粒细胞的浸润，并通过调节抗炎基因的表达抑制肠道肿瘤的发生。

姜黄素是一种从姜黄中分离出来的低相对分子质量的多酚类化合物，可通过抑制机体内 ROS 的产生，抑制与凋亡相关的斑点样蛋白与 NLRP3 的结合，从而抑制 NF-κB 信号通路，

阻断 NLRP3 炎性小体和 pro-IL-1β 的产生。姜黄素能够通过上调肝脏中 miR-200a 的表达抑制 TXNIP/NLRP3 炎性小体的活化，减少肝脏中炎性细胞的浸润和促炎细胞因子 IL-1β 的表达，同时降低大鼠肝脏中 caspase-1、NLRP3、IL-1β 和 TXNIP 的蛋白质水平。

（二）植物多糖对动物炎症相关基因的表达调控作用

多糖是由 10 个以上单糖分子通过糖苷键连接构成的链状糖，广泛存在于天然植物中。近年来研究表明不同来源的植物多糖具有免疫调节、抗病毒、抗肿瘤、抗氧化等多种生物活性。例如，用香菇多糖饲喂大肠杆菌脂多糖（LPS）刺激的仔猪，可通过调节仔猪肠道菌群的组成和代谢物显著抑制炎症信号通路中信号分子 TLR4、NLR 的激活和促炎细胞因子 IL-1 及 IL-6 的释放，从而对 LPS 导致的仔猪肠道损伤起到良好的治疗效果。同时多糖经肠道菌群酵解转化产生短链脂肪酸，而短链脂肪酸如丁酸能够激活下游信号通路 FFAR2，抑制多种炎症因子的产生，促进免疫细胞分化，同时可促进抗炎细胞因子 IL-10 的水平升高，最终降低炎性反应。除此之外，灵芝多糖具有显著下调缓解 DSS 诱导的结肠炎小鼠的 TNF-α、IL-1β 和 IL-6 水平，抑制 MAPK 和 NF-κB 通路，从而缓解小鼠结肠炎症状。

四、功能性氨基酸对动物炎症相关基因的表达调控

功能性氨基酸各自具有独特的生理功能，在动物机体中的代谢极其复杂。例如，精氨酸能够通过自身及代谢物直接参与调控激活哺乳动物雷帕霉素靶蛋白（mTOR）信号，维持线粒体完整性和促进伤口愈合等；色氨酸可以参与调节免疫反应如淋巴细胞的增殖和细胞因子与抗体的产生，还能够通过其代谢物 5-羟色胺参与神经调节及抑制炎症因子的产生和氧化；谷氨酰胺则在营养代谢调控、蛋白质代谢及肠道黏膜免疫等方面起重要调控作用，可以为小肠和免疫细胞提供能源，同时能够调控机体免疫反应，调控细胞周期和功能等。近年来，关于功能性氨基酸的研究和实践，拓展了人们对于氨基酸和蛋白质代谢的认知，随着营养学的深入研究，且鉴于功能性氨基酸在人和动物体内的巨大生理功能，对于功能性氨基酸的应用和研究将会取得新的突破。

五、酸化剂对动物炎症相关基因的表达调控

酸化剂是饲料工业中极为常见的饲料添加剂，作为一种环保、安全的饲料添加剂，在畜禽生产中广泛、长期使用。酸化剂种类较多，可按不同的原则进行分类：①按照物理状态分为固体型和液体型；②按照加工工艺可分为包被型和非包被型；③按照组成可以分为单一型酸化剂和复合型酸化剂两种。单一型酸化剂包括无机酸和有机酸：目前在饲料中作为无机酸化剂使用的主要是盐酸、硫酸和磷酸，有机酸是一类含有羧基的酸性有机化合物（氨基酸除外），在自然界中广泛存在；目前在饲料中作为有机酸化剂使用的主要是柠檬酸、苹果酸和延胡索酸等。近年来有研究发现，饲料中添加复合有机酸能够显著缓解由大肠杆菌 K88 攻毒造成的肠道炎性反应，降低 IFN-α、LITAF、AVBD-2、AVBD-9 等肠道促炎细胞因子的表达（Ateya et al.，2019）。

六、酶制剂对动物炎症相关基因的表达调控

在饲料中使用酶制剂可以更加有效地去除饲料原料中抗营养因子的不良作用进而提升饲

料的消化率，特别是对于消化吸收能力较差的幼龄动物来说，更是能够提升饲料的利用率和报酬。现在饲料工业中使用的酶制剂，按照畜禽能否合成可分为消化酶和非消化酶，按照组成酶制剂还可以分为单一酶制剂和复合酶制剂，现在生产中广泛使用的为复合酶制剂。尽管有许多种类的酶制剂，其作用机制主要体现在以下几个方面：①补充动物体内源酶的不足，提高饲料消化利用率；②破坏抗营养因子，提高饲料消化利用率；③减少肠道有害微生物，维护肠道健康；④提高机体免疫力；⑤直接杀菌抑菌，维持机体健康。近年来的研究还发现，添加溶菌酶这种机体非特异性免疫因子还能够提高机体的抗炎功能，其作用方式主要为阻止细菌内毒素的释放，同时减少细菌降解产物对巨噬细胞的激活，抑制 TNF-α 与 IL-6 等炎症因子的产生进而发挥抗炎作用（Mann et al.，2020）。

第三节　非营养性饲料添加剂与动物抗氧化功能相关基因的表达调控

动物机体代谢会产生自由基，正常情况下机体产生和清除自由基的速率通常处于动态平衡状态，当动物机体处于氧化应激状态时，体内产生的自由基数量超过了抗氧化防御体系能够消除的数量时，则会导致机体脂类、蛋白质、DNA 及其他大分子物质发生氧化损伤，因此氧化应激与多种病理现象都存在着紧密联系。多种非营养性饲料添加剂能够促进动物抗氧化功能相关基因的表达水平，提高机体抗氧化体系清除自由基的能力，从而提高动物机体的健康水平。

一、Keap1-Nrf2-ARE 信号通路

（一）成员及结构特征

核转录因子红系 2 相关因子 2（Nrf2）是调控抗氧化功能相关基因表达最为关键的转录因子之一。Nrf2 由 605 个氨基酸残基组成，共包含 7 个结构域（Neh1～Neh7）。Neh1 含有一个高度保守的亮氨酸拉链式结构 bZIP，能与小分子肌腱纤维瘤蛋白（Maf）形成异源二聚体，进而识别并结合抗氧化反应元件 ARE。Neh2 是主要的调节结构域，位于 N 端区域，包含 DLG 和 ETGE 两个基序及 7 个可受泛素化修饰的赖氨酸残基，该结构域与 Kelch 样环氧氯丙烷相关蛋白-1（kelch-like epichiorohydrin-associated protein 1，Keap1）Kelch 结构域结合，同时对 Nrf2 的稳定性及 Nrf2 泛素化至关重要。Neh3 位于 C 端，通过与 Nrf2 转录辅助激活子染色质解螺旋酶 DNA 结合蛋白 6（CHD6）结合从而促进 ARE 依赖基因的转录。Neh4 和 Neh5 是两个独立转录结构域，进入细胞核内的 Nrf2-Maf 与 ARE 结合后，还需要 Neh4、Neh5 结构域与环磷酸腺苷（cAMP）反应原件结合，协同启动下游基因转录。Neh6 为富含丝氨酸的区域，是不依赖 Keap1 的 Nrf2 降解区域，负调控 Nrf2。Neh7 是近几年新发现的结构域，可通过与视黄酸 X 受体 a（RXRa）相互作用抑制 Nrf2 的表达（张晓慧等，2022）。

Keap1 属于 Kelch 家族多区域阻遏蛋白，分子质量为 69kDa，包含 5 个结构域：N 端结构域（NTR）、BTB 区、DGR 区、连接片段干预区（IVR）、C 端结构域（CTR）。其中 BTB、DGR、IVR 为三个主要功能区。DGR 区又叫作 Kelch 区，是负责与 Nrf2 及胞质内肌动蛋白结合的位点。IVR 区是 Keap1 蛋白的功能调节区，是与氧化剂和亲电试剂发生反应的

区域，富含半胱氨酸，其中的两个 Cys288 和 Cys297 对于 Nrf2 活性的抑制尤其关键。BTB 区与 Keap1 同源二聚有关，Keap1 通过其 BTB 区结合 Cul3、Kelch 区结合 Nrf2，与 Cul3 的泛素 E3 连接酶复合体相互作用促进 Nrf2 泛素化，泛素化的 Nrf2 被迅速降解。

（二）Keap1-Nrf2-ARE 信号通路的传递过程

在生理状态下，Nrf2 主要以 Keap1-Nrf2 复合体形式存在于细胞质内。Keap1 作为 Nrf2 负性调控因子，使 Nrf2 处于低活性生理状态，Keap1 与 Nrf2 结合抑制其激活进入细胞核，同时也可以介导 Nrf2 泛素化进而被蛋白酶体降解。当细胞受到氧化应激或其他内外源信号刺激时，Keap1 特定的半胱氨酸残基被修饰，导致构象变化，DLG 基序与 Keap1 亲和力减弱，Keap1 与 Nrf2 解偶联，游离的 Nrf2 易位进入细胞核，与小分子 Maf 蛋白形成异二聚体并与 ARE 相互作用，进而诱导其调控的下游靶基因表达。目前已发现上百种 Nrf2 的调控基因，通过包括谷胱甘肽硫基转移酶（GST）、谷胱甘肽过氧化物酶（GPX）、NAD（P）H：醌氧化还原酶 1（NQO1）、醛固酮还原酶（AKR）、尿苷二磷酸葡醛酸基转移酶（UGT）及血红素加氧酶 1（HO-1）等抗氧化和解毒酶基因的活化，可提高细胞的抗氧化、抗炎症、抗凋亡等功能（He et al.，2020）。

二、微生态制剂对动物抗氧化功能相关基因的表达调控

（一）益生菌对动物抗氧化功能相关基因的表达调控

多种益生菌可以显著改善动物的抗氧化功能，益生菌可通过多种途径，如螯合金属离子、代谢抗氧化活性物质等直接或间接调控 Nrf2-ARE 信号通路，调控抗氧化功能相关基因的表达。益生菌可提高 Fe-SOD、Mn-SOD 和 CAT 等酶的表达水平，清除机体细胞中的 ROS。益生菌丁酸梭菌产生的丁酸提供了与自由基的结合 H^+，同时可增强机体抗氧化酶的表达，提高机体抗氧化能力。大量的体内与体外研究表明，益生菌可通过调节 Keap1-Nrf2-ARE 信号通路保护细胞免受氧化应激损伤，如益生菌解淀粉芽孢杆菌能够调节 Nrf2 表达和降低 ROS 水平改善 IPEC-1 细胞系的氧化应激；在大鼠饲粮中添加益生菌丁酸梭菌 MIYAIRI 588 可以增强胆碱 /L-氨基酸缺乏大鼠中的 Nrf2 及其靶向抗氧化酶基因的表达，抑制肝脏的氧化应激；饲喂小鼠植物乳杆菌 LP104 可以激活 Nrf2 信号通路，抑制 CYP2E1 表达，进而提高小鼠体内抗氧化酶 GPX 水平，改善小鼠肝脏氧化损伤；饲喂肉鸡 MIYAIRI 588 可提高肉鸡腿肌 Nrf2、GPX1、SOD-1 和 SOD-2 的表达水平。

（二）低聚寡糖对动物抗氧化功能相关基因的表达调控

低聚寡糖除本身具有一定的清除自由基能力外，也能够通过增强抗氧化功能相关基因的表达提高动物机体的抗氧化能力。甘露寡糖在体外对 DPPH 自由基具有很好的清除能力，在绵羊、猪、蛋鸡、肉鸡、中华绒螯蟹、小鼠等动物的饲粮中添加 0.1%～0.5% 的甘露寡糖能够明显提高动物机体的抗氧化能力，提高肝脏、胰脏及肠道等组织器官及血浆的 SOD、GPX 等多种抗氧化物质的活性及总抗氧化能力（T-AOC），使动物体内的 MDA 含量减少，提高动物抗氧化能力和对氧化应激的抵抗力。壳寡糖能通过激活 Nrf2 上调血红素氧合酶-1（HO-1）的表达缓解 LPS 刺激的 RAW264.7 细胞的氧化应激，将壳寡糖饲喂小鼠后，能显著提高各脏

器和血清中 CAT、GPX 和 SOD 活性，保护小鼠免受氧化应激损伤。

（三）后生元对动物抗氧化功能相关基因的表达调控

鼠李糖乳杆菌 GG（*Lactobacillus rhamnosus* GG，LGG）是一种口腔及消化道中的常见的乳杆菌，具有很强的抗氧化能力，以 LGG 制备的后生元在体内和体外试验中表现出优良的抗氧化及减轻氧化损伤的作用。体外研究发现，LGG 细胞超声提取物可以降低 ROS 水平，提高总抗氧化能力和 SOD 活性，从而缓解 LPS 导致的成骨细胞样 MC3T3-E1 细胞的氧化应激；LGG B6 菌株的发酵脱脂乳代谢物能够下调 PC12 细胞中 Keap1 mRNA 的表达，上调抗氧化功能相关基因的表达水平，激发细胞内抗氧化酶的活性，抗氧化酶可将细胞内多余的自由基清除，解除细胞的氧化应激；动物试验发现 LGG 发酵后制备的无细胞上清液喂养小鼠可以上调 SOD、GPX1 等的 mRNA 和蛋白质表达水平。

三、植物活性成分对动物抗氧化功能相关基因的表达调控

许多植物活性成分具有亲电性，可以修饰蛋白质分子的亲核部分（尤其是活性半胱氨酸残基部位），因此许多植物活性成分可以与 Keap1 的 IVR 区作用，导致 Keap1 结构发生变化将 Keap1-Nrf2 复合体中的 Nrf2 释放出来，激活 Nrf2，增强下游抗氧化功能相关基因的表达（程茂军等，2021）。

（一）植物多糖对动物抗氧化功能相关基因的表达调控

动物机体内自由基过量造成动物氧化应激，同时引起动物另一个明显的特征是炎性反应。植物多糖可以通过调控 Nrf2 信号通路直接促进抗氧化酶、Ⅱ相解毒酶基因的表达，提高机体或细胞内自由基的清除速度，也可以通过 NF-κB 通路调节机体或细胞内相关炎症因子基因的表达，缓解氧化应激造成的损伤。

体外研究表明，黄芪多糖可通过调节 Keap1-Nrf2-ARE 信号通路的激活，提高成骨细胞 Nrf2 和 HO-1 的表达水平，激活成骨细胞的抗氧化途径，抑制过氧化氢诱导的细胞凋亡，提高心肌细胞的抗氧化能力，降低氧化应激；金钗石斛多糖可显著上调 Nrf2 mRNA 和蛋白质的表达，促进 Nrf2 蛋白的核易位，上调 *NQO1* 等基因转录水平。动物试验发现，马尾藻多糖灌胃小鼠后肝脏中 *Nrf2* 的表达水平显著增加，进而促进下游的多种抗氧化基因的表达水平；蒲公英多糖通过激活 MAPK 信号通路激活 Nrf2 以诱导血红素加氧酶基因的表达，枸杞多糖、党参多糖可以通过抑制 NF-κB、调控 MAPK-Nrf2 等信号通路减少动物机体炎症因子释放，从而减轻动物的炎性反应；在肉鸡日粮中添加青蒿多糖能够促进 Nrf2 的表达，抑制 Keap1 的 mRNA 和蛋白质水平，从而缓解 LPS 导致的鸡肝脏中 SOD、CAT 和 GPX 活性的降低。

（二）植物皂苷对动物抗氧化功能相关基因的表达调控

近年来在植物皂苷调控动物抗氧化功能相关基因表达、增强动物抗氧化能力方面开展了大量研究工作，明确了多种植物皂苷可通过 Nrf2 信号通路调控下游抗氧化酶基因的表达。通过细胞试验研究发现，黄芪甲苷能够通过调控 Keap1-Nrf2-ARE 信号通路缓解 PM2.5 诱导肾小管上皮细胞出现的氧化损伤；人参皂苷 Rg1 可以激活 Nrf2-HO-1 信号通路并抑制 H9C2

心肌细胞中的 JNK 通路，显著提高心肌细胞中谷胱甘肽过氧化物酶（GPX）、超氧化物歧化酶（SOD）、过氧化氢酶（CAT）的表达，提高细胞抗氧化能力，人参皂苷 Rg1 也可通过调节脾脏淋巴细胞表达受体（RELT）、外异蛋白 A2 受体（EDA2R）、TLR4 等的表达，保护由 ROS 过量引起的脾脏淋巴细胞损伤；人参皂苷 Rg3 能通过调控 Nrf2-ARE 信号通路的相关蛋白和抑制 ROS 含量，增强人肾小球系膜细胞的抗氧化能力。黄芪甲苷、罗汉果总皂苷、苦瓜总皂苷、绞股蓝皂苷、知母皂苷等能激活 Nrf2-ARE 信号通路中 Nrf2、HO-1、NQO-1 表达，显著降低 2 型糖尿病动物中氧化应激标志物 MDA 含量，增加 CAT、SOD、GPX 等的表达，增强机体抗氧化能力，缓解氧化应激对机体带来的损伤。

（三）植物多酚对动物抗氧化功能相关基因的表达调控

植物多酚可以通过 Keap1-Nrf2-ARE 通路，提高抗氧化基因的表达水平，增强机体抗氧化应激能力。目前关于植物多酚促进抗氧化功能相关基因表达的研究工作多集中于茶多酚、原花青素、白藜芦醇、槲皮素、姜黄素等。茶多酚的主要成分是儿茶素，其中没食子酸酯（EGCG）及表没食子儿茶素含量最多，EGCG 能够增强 Nrf2 的转录活性和结合 ARE 的能力。原花青素为不同数量分子的儿茶素或表儿茶素缩合而成的一类多酚化合物总称，具有良好的抗氧化活性，肉桂原花青素、莲子皮低聚原花青素、葡萄籽原花青素在氧化应激状态下都可以通过 Keap1-Nrf2-ARE 信号通道加强抗氧化功能相关基因如 *HO-1*、*SOD* 的表达，减轻自由基过量对机体造成的损伤。白藜芦醇可以提高 Nrf2 蛋白的表达及下游基因的表达，显著降低 Nrf2 的抑制因子 Keap1 的 mRNA 和蛋白质表达，有效预防肝脏氧化应激，降低肉鸡及蛋鸡肝脏酶（ALT、AST 和 ALP）水平，提高抗氧化酶包括 GST、GR、GPX、SOD 和 CAT 活性。槲皮素及其衍生物广泛分布于植物界，属黄酮类化合物，槲皮素及其衍生物可以抑制 Nrf2 的泛素化，促进 Nrf2 入核，激活 ARE。姜黄素及其代谢物可通过激活 Nrf2、抑制 Keap1，提高抗氧化基因 *CAT* 和 *SOD* 的表达量，有效降低动物的氧化应激。

四、功能性氨基酸对动物炎症相关基因的表达调控

蛋氨酸对 Keap1-Nrf2-ARE 通路激活具有促进作用，蛋氨酸通过激活 Nrf2 通路，从而有效提高 CAT、SOD、HO-1 和 GPX 的活性（Wang et al.，2019），Nrf2 的激活也促进了谷氨酸半胱氨酸连接酶催化亚基（GCLC）、谷氨酸半胱氨酸连接酶修饰亚基（GCLM）和谷氨酰胺合成酶（GS）表达，从而进一步刺激内源性谷胱甘肽合成，提高动物的抗氧化能力，Nrf2 通路对转硫途径促进谷胱甘肽合成具有重要调控作用。精氨酸在机体内能够通过多种途径对抗氧化系统起到间接的调节作用，日粮中添加精氨酸可显著提高氧化应激仔猪模型肝脏中 GPX 和 SOD 活性，改善育肥猪肌肉抗氧化能力和猪肉肉质指标，而肌肉抗氧化水平与猪肉品质密切相关。谷氨酰胺能够激活体外培养的黑素细胞 Nrf2-ARE 信号通路，进而提高通路下游多种抗氧化基因及调节细胞凋亡相关蛋白基因的表达，减少细胞损伤，增加细胞活力，维持细胞的正常形态，保护氧化应激对黑素细胞损伤。

（冯兴军，东北农业大学）

参考文献

白培钿，裴婷，孔佳美，等. 2022. 复合微生态制剂对小鼠肠道免疫功能的影响. 中国实验动物学报，30（2）：245-252.

程茂军，郭杰，刘婧，等. 2021. Nrf2 及天然产物导向的 Nrf2 激活剂研究进展. 天然产物研究与开发，33（1）：165-177.

何骥远，黄友解，郎芯蕊，等. 2022. 复合微生态制剂对蛋鸡生产性能、蛋品质及免疫功能的影响. 中国畜牧杂志，58（9）：275-278.

龙丹，韦维. 2022. NLRP3/Caspase-1/IL-1β 信号通路在肝纤维化中的作用研究进展. 中华中医药学刊，40（1）：75-79.

单安山. 2021. 饲料与饲养学. 2 版. 北京：中国农业出版社.

田猷良. 2022. 复合微生态制剂对奶牛生产性能，抗氧化功能和免疫功能的影响. 饲料研究，45（8）：19-22.

王红，姚学军，张震东. 2010. 浅谈国内外益生素在畜禽养殖中的应用. 北京农业，（3）：32-33.

王岩，杨彩梅，胡爱心，等. 2022. 后生元的益生机制及其在动物生产中的应用前景. 中国畜牧杂志，58（6）：73-78.

熊阿玲. 2014. 日粮添加甘露寡糖对肉鸡生长性能及天然免疫相关基因表达的影响研究. 南昌：江西农业大学硕士学位论文.

翟中和，王喜忠，丁明孝. 2011. 细胞生物学. 4 版. 北京：高等教育出版社.

张晓慧，郭娜，宁海慧，等. 2022. Nrf2 及其信号通路在脓毒症相关脏器损伤中的研究进展. 中国急救医学，42（1）：81-86.

左建娇，王津，魏萱，等. 2022. p38MAPK 信号通路在糖尿病肾病中的作用及中药干预的研究进展. 解放军医药杂志，34（7）：112-116.

Ateya A I, Arafat N, Saleh R M, et al. 2019. Intestinal gene expressions in broiler chickens infected with *Escherichia coli* and dietary supplemented with probiotic, acidifier and synbiotic. Vet Res Commun, 43(2): 131-142.

Bi S, Huang W, Chen S, et al. 2020. *Cordyceps militaris* polysaccharide converts immunosuppressive macrophages into M1-like phenotype and activates T lymphocytes by inhibiting the PD-L1/PD-1 axis between TAMs and T lymphocytes. Int J Biol Macr, 150: 261-280.

Chen J F, Xu M M, Kang K L, et al. 2020. The effects and combinational effects of *Bacillus subtilis* and montmorillonite on the intestinal health status in laying hens. Poult Sci, 99(3): 1311-1319.

He F, Ru X, Wen T. 2020. NRF2, a transcription factor for stress response and beyond. Int J Mol Sci, 21(13): 4777.

Mann J K, Ndung U T. 2020. The potential of lactoferrin, ovotransferrin and lysozyme as antiviral and immune-modulating agents in covid-19. Future Virol, 15(9): 609-624.

Schepetkin I A, Faulkner C L, Nelson-Overton L K, et al. 2005. Macrophage immunomodulatory activity of polysaccharides isolated from *Juniperus scopolorum*. Int Immunopharmacol, 5(13): 1783-1799.

Sha W C, Liou H C, Tuomanen E I, et al. 1995. Targeted disruption of the p50 subunit of NF-kappa B leads to multifocal defects in immune responses. Cell, 80(2): 321-330.

Shi J, Zhao Y, Wang K, et al. 2015. Cleavage of GSDMD by inflammatory caspases determines pyroptotic cell death. Nature, 526(7575): 660-665.

Sun S C. 2011. Non-canonical NF-κB signaling pathway. Cell Res, 21: 71-85.

Wang Z, Liang M, Li H, et al. 2019. L-methionine activates Nrf2-ARE pathway to induce endogenous antioxidant activity for depressing ROS-derived oxidative stress in growing rats. J Sci Food Agric, 99(10): 4849-4862.

Xu L, Fan Q, Zhuang Y, et al. 2017. *Bacillus* coagulans enhance the immune function of the intestinal mucosa of yellow broilers. Rev Bra Sci Avic, 19(1): 115-122.

Yin M, Zhang Y, Li H. 2019. Advances in research on immunoregulation of macrophages by plant polysaccharides. Front Immunol, 10: 145.

第十二章　猪肉品质形成的分子营养调控

猪肉是我国居民最主要的动物性蛋白质来源。2010 年以来，我国畜禽肉总产量逐年增加，在 2015 年达到 8625 万吨，随后进入平台期，猪肉产量占畜禽肉总产量的 60% 以上。2019 年和 2020 年由于受到非洲猪瘟疫情影响，猪肉产量有所下降，但是在中央一系列稳价保供政策的保障之下，猪肉产能在 2021 年迅速恢复，达 5296 万吨，2022 年猪肉产量达 5541 万吨。值得注意的是，在养猪业快速发展的过程中，对猪的生长速度和瘦肉率的高度追求，导致猪肉系水力降低，风味变差，“肉不如以前香了”成为大众的共识。因此，如何实现猪肉的高效优质生产成为养猪业必须面对和解决的问题。肉色、嫩度、风味、多汁性和系水力等主要肉品质指标的形成主要取决于肌纤维形成、肌纤维类型转化及肌内脂肪沉积等生物学过程。本章主要分析肌肉和肌内脂肪的发育过程及其分子调控途径，并进一步阐述了日粮能量水平、蛋白质水平、氨基酸 / 脂肪酸组成及添加功能性添加剂等营养因素对猪肉品质的调控作用。

第一节　猪肉品质形成的分子机制

一、猪肉形成过程

（一）发育起源

哺乳动物全身的肌肉可分为三大类，即骨骼肌、心肌和平滑肌。骨骼肌是机体最大的组织，占机体总重的 30%～40%，主要负责机体运动、产热、蛋白质储存及内脏器官保护等重要生理功能。在人中，一些恶性疾病往往伴随着肌萎缩。在农业动物中，骨骼肌是主要的动物产品。研究骨骼肌发育规律对人类医学及畜牧生产都具有重要意义。

骨骼肌的发生与发育是肉品质形成的重要基础。在胚胎发育过程中，受精卵经囊胚发育至原肠胚，形成外胚层、中胚层和内胚层。紧邻脊索两侧的中胚层细胞经迅速增殖后形成一对纵行的细胞索，称为轴旁中胚层，动物躯体骨骼肌细胞均来自于此。轴旁中胚层随即裂开形成块状细胞团，即体节。体节将分化形成生皮节、生肌节、生骨节和生腱节，最终发育为真皮、骨骼肌、中轴骨骼和肌腱等组织。生肌节细胞大量增殖后，分化为肌源性祖细胞和成肌细胞，并向肌肉形成部分迁移，而后增殖融合为多核细胞，形成肌管，合成肌原纤维，形成胚胎肌纤维，包括初级肌纤维和次级肌纤维（尹靖东，2011）。骨骼肌的形成过程可以划分为出生前和出生后两个时期，出生前体节多能干细胞定向分化为肌源性祖细胞（Horak et al.，2016）。肌源性祖细胞高表达配对盒转录因子（pair box，Pax）3 和 Pax7，低表达成肌因子 5（Myf5）。肌源性祖细胞进一步定向分化为单核成肌细胞，高表达生肌决定因子（MyoD）和 Myf5。单核成肌细胞进一步分化、融合形成多核的肌管，肌管之间相互融合形成初级肌纤维，之后次级肌纤维开始形成，附着于初级肌纤维的表面，最终发育成具有收缩功能的骨骼肌（Gros et al.，2005）。动物出生后肌纤维数目不变，肌纤维类型及体积会随着环境的改变而变化。骨骼肌卫星细胞附着于肌纤维表面，高表达 Pax7，处于静息状态。当肌肉损伤时，卫星细胞激活，通过增殖、分化形成新的肌纤维，修复损伤。骨骼肌卫星细胞的分化能力和 Pax7、MyoD 和 MyoG 的 mRNA 表达在多个动物间保持不变，是肌细胞增殖和肌管分化的适宜体外模型，常用于肌肉生物学研究（Metzger et al.，2020）。

在胚胎发育过程中音猬因子（sonic hedgehog，SHH）、Wnt、TGF-β、FGF、骨形成蛋白（bone morphogenetic protein，BMP）等信号分子对体节及肌细胞定向分化起着决定性作用。在骨骼肌发育过程中，Pax3、Pax7 和生肌调节因子等构成关键调节网络。Pax3 和 Pax7 在生肌节的细胞中已经开始表达，Pax3 的表达要早于 Pax7。Pax3 能够诱导 Myf5 的表达，进而诱导 MyoD 表达；Pax7 则是肌源性祖细胞和骨骼肌卫星细胞定向分化必不可少的转录因子；生肌调节因子参与骨骼肌干细胞、成肌细胞的增殖分化及肌肉特异基因的表达调控。生肌调节因子家族包括 MyoD、Myf5、肌细胞生成素（MyoG）和肌肉调节因子 4（MRF4），Myf5 和 MyoD 参与肌源性祖细胞向成肌细胞分化，Myf5 是最早表达的生肌调节因子；MyoG 对成肌细胞分化和肌管融合至关重要；MRF4 通过诱导 MyoG 促进成肌细胞分化。这些生肌调节因子通过结合到 DNA 上的 E-box 元件，调控骨骼肌发育相关基因的表达。

（二）发育特点

猪是一种重要的农业肉用动物，也是人类疾病的理想模型。猪骨骼肌发生与其他脊椎动物相似。中心粒在初级和次级肌纤维中均有发现，但肌核中没有发现有丝分裂活动的形态学证据。肌纤维发育在时间和空间上与毛细血管和神经无关。骨骼肌和心肌在葡萄糖摄取和利用中发挥重要作用。心肌中糖代谢相关基因的表达随年龄增长而增加，并在心脏发育和能量相关的代谢过程中富集，能量相关 microRNA（miRNA）的表达随着年龄的增加而减少。这说明，在肌肉发育过程中许多 miRNA-mRNA 参与糖代谢的调节。

（三）遗传差异

家畜动物的肌肉发育对肉类生产很重要，肌内脂肪含量是肉品质的一个重要评价指标。约克夏猪（瘦肉型）和成华猪（脂肪型）在胚胎发育过程中，骨骼肌生长和脂肪形成等相关因子的表达表现出显著差异。在 50d 和 90d 胎龄时，成华猪的肌纤维直径和数量均大于约克夏猪，血清中肌生长抑制蛋白（MSTN）浓度较低，生长激素受体 GhR、MyoG 和 LPL 的 mRNA 表达水平较低，生长激素浓度较高，MyoD、PPARγ 和 FABP4 的 mRNA 表达水平较高。与成华猪相比，约克夏猪骨骼肌发育成熟较早，但 MSTN 会抑制其晚期的肌肉发育（Yang et al.，2015）。

不同品种猪在生长速度、肌肉量和肉质方面存在显著差异。长白猪与桐城猪之间有 43 个基因和 106 个 miRNA 存在差异表达，桐城猪与五指山猪之间有 92 个基因和 151 个 miRNA 存在差异表达，长白猪与五指山猪之间有 145 个基因和 156 个 miRNA 存在差异表达。长白猪和桐城猪差异基因主要参与氧化应激和肌肉发育的生物过程，桐城猪、五指山猪和长白猪、五指山猪的差异基因参与了脂肪酸代谢、氧化应激、肌肉收缩、肌肉发育等与肉质密切相关的生物过程。为了探究差异表达基因和 miRNA 影响肉品质多样性的分子机制，根据目标预测结果，结合上调基因与下调 miRNA 或下调基因与上调 miRNA 的整合分析，构建互作网络，发现了与肌肉发育相关的候选基因和 miRNA，并揭示了其在不同猪种间的肌肉表型差异的潜在作用，为进一步研究肌肉发育和分子育种奠定了基础（Hou et al.，2016）。

利用肌肉冰冻切片定性和定量分析初级和次级肌纤维的发展，发现大鼠和小鼠初级肌纤维和次级肌纤维的形成时间和数量基本相同。但同窝中小胎儿形成次级肌纤维的数量较少，导致其在出生时总纤维数量与正常个体相比有 17% 的差异。由于中央无肌原纤维区域较小，小胎儿的初级肌纤维较小，这可能限制了次级肌纤维的形成。肌纤维增生在妊娠 85～95d 停止，因此这种纤维数量的差异是永久性的。宫内生长迟缓（IUGR）和正常体重（NBW）胎猪肌肉纤维发育和蛋白质组的比较研究表明，在妊娠 60d、90d 和 110d 三个阶段，IUGR 胎猪的肌纤维直径均小于 NBW 胎猪。虽然两者在妊娠第 60 天的初级肌纤维数量没有差异，但 IUGR 胎猪在妊娠第 90 天和第 110 天的肌纤维总数低于 NBW 胎猪。进一步的蛋白质组学分析表明，37 种差异蛋白涉及能量供应和蛋白质代谢、肌纤维结构和类型、肌纤维增殖和分化、营养物质运输、细胞内环境和组织完整性（Wang et al.，2013）。细胞增殖是肌发生过程中的一个重要生物过程。Tob1 是抗增殖蛋白 Tob/BTG 家族的成员，其基因位于猪 12 号染色体，在胎儿骨骼肌发育过程中存在差异表达，主要分布于 PK15 细胞的细胞核和细胞质中。桐城猪骨骼肌 Tob1 在 90d 胎龄时表达量较高，长白猪在 65d 胎龄时表达量较高，这说明两种猪在肌肉发育过程中存在不同的细胞增殖模式。在出生后骨骼肌发育过程中，随着日龄增长，Tob1 的表达量增加，说明成肌细胞的增殖潜力在逐渐下降。五指山成年猪骨骼肌中 Tob1 高表达，C2C12 分化第 6 天时 Tob1 表达量显著增加。由此可见，Tob1 在骨骼肌发育中具有重要作用（Yuan et al.，2011）。骨骼肌的肌生成和脂肪生成之间的稳态决定了成年猪肌肉中肌内脂肪含量。瘦肉型猪肌源性肌系细胞分化潜能显著高于脂肪型猪，而两者脂源性细胞的分化潜能相似。单细胞 RNA 测序发现瘦肉型猪骨骼肌中成肌系谱细胞的比例高于脂肪型猪。瘦肉型猪的成肌系谱细胞更接近肌源性祖细胞的原始阶段。蛋白质组学分析发现，两源肌系细胞之间的差异表达蛋白主要涉及肌肉发育、细胞增殖分化、离子稳态、凋亡及 MAPK 信号通路。细胞内离子稳态的调节，特别是 Ca^{2+}，在两种来源的成肌系谱细胞之间有显著差异。瘦肉型猪成肌系谱细胞的细胞质和内质网 Ca^{2+}浓度均低于脂肪型猪。因此，成肌系谱细胞比例高、分化潜能强是瘦肉型猪肌肉生长速度快、肌内脂肪沉积少的主要原因。相对低浓度的细胞 Ca^{2+}有利于成肌系谱细胞保持较强的分化潜能（Qiu et al.，2020）。

在过去的几十年里，西方商业化的猪品种被选择用于肌肉生长，但肌肉表型有所不同（肌纤维数量和类型），杜洛克猪和皮特兰猪是两个极端品种。杜洛克猪的肌纤维较红，肌内脂肪较多，皮特兰猪的肌纤维生长较快，颜色较白。皮特兰猪比杜洛克猪的肌肉更发达，而杜洛克猪比皮特兰猪更胖。研究发现，早期胚胎中杜洛克猪骨骼肌中肌发生相关基因的表达量高于皮特兰猪，而晚期胚胎中肌发生相关基因的表达量则相反。这表明，早期胚胎的肌发生过程杜洛克猪比皮特兰猪更强烈，而晚期胚胎的肌发生过程皮特兰猪更强烈。妊娠早期胚胎中杜洛克猪脂肪酸代谢基因表达量高于皮特兰猪（Cagnazzo et al.，2006）。近年来，猪的选育主要集中在提高胴体瘦肉率上，父系更为明显，用于提高杂交猪的瘦肉产量。以肌肉产量为依据，利用全基因表达谱和 miRNA 谱揭示皮特兰猪和汉普夏猪两个猪种内部瘦肉率差异的遗传背景。在皮特兰猪上共鉴定到 627 个差异表达基因（DEG）和 57 个差异 miRNA，汉普夏猪上共鉴定到 416 个 DEG 和 34 个差异 miRNA，两者之间有 43 个 DEG 和 18 个差异 miRNA。这些差异基因和 miRNA 主要参与了细胞周期的调控、脂肪酸生物合成和肌动蛋白骨架的调控，包括与 TGF-β 信号通路相连的河马（Hippo）信号通路、叉头框（forkhead box O，FoxO）信号通路及 PI3K/Akt 信号通路，其中编码 SOX2（SRY-盒转录因子 2）、SIRT1（沉默信息调节因子 1）、克鲁伯类因子 4（Kruppel like factor 4，KLF4）、Pax6 及转化生长因子 β 家族的基因被鉴定为决定猪瘦肉产量的候选基因（Ropka-Molik et al.，2018）。

二、猪肉特征

（一）组成与结构

猪肉有约 75% 水、16%～22% 蛋白质、1.5%～13% 脂肪、0.5%～1.3% 碳水化合物和少量的无机成分。蛋白质是肌肉中固体物质的主要成分，根据其溶解性，肌蛋白可分为肌质蛋白、肌原纤维蛋白和基质蛋白。肌质蛋白包括肌红蛋白和与能量代谢相关的酶类。除了蛋白质外，肌肉中还存在着非蛋白含氮物，包括游离氨基酸、多肽、肌酸、磷酸肌酸、肌酐、维生素、核苷和核苷酸等。肌肉中的脂质主要为甘油三酯和磷脂，大部分贮存在肌束间与疏松结缔组织相连的脂肪组织中，少部分位于肌纤维细胞内。肌肉中的碳水化合物含量很低，主要是一些糖原，还有少许黏多糖、葡萄糖等。

骨骼肌是动物机体最大的组织，占产肉动物胴体重的 35%～65%，由许多平行排列的肌纤维组成，被结缔组织覆盖，一般通过肌腱附着于骨骼上。每块肌肉由数量不等的肌束组成，肌束表面覆盖的结缔组织由外向内可分为肌内膜和基底膜，肌肉干细胞——卫星细胞就位于两层膜之间。除此之外，肌肉组织中含有大量的血管和毛细血管，形成一个庞大的网络以满足每根肌纤维的能量需要。与血管一起进入肌肉的还有错综复杂的神经网络，以确保肌肉受中枢神经系统的有效控制。

（二）肌纤维

肌纤维是组成骨骼肌组织的基本结构单位，每根肌纤维即一个肌细胞，呈长度几毫米到几厘米的细丝状，直径为 10～100μm。肌细胞属于多核细胞，由于肌纤维较长，细胞核数量为几十个到几百个。肌纤维不具有分裂能力，其更新、损伤修复及再生主要是依赖于肌肉干细胞——卫星细胞的激活与分化。肌细胞的细胞膜称为肌膜，细胞质是红色黏稠的液体，称为肌浆。肌浆中含有细胞核、线粒体、高尔基体、肌红蛋白、糖原、脂肪、磷酸肌酸及众多的肌原纤维。肌原纤维分布在由肌质网和 T 小管组成的肌管网络系统中，在神经信号的刺激下进行肌肉收缩。肌原纤维由 30 多种蛋白质以非共价键的互作方式组装成晶格结构。这些蛋白质按功能可以分为收缩蛋白、收缩调控蛋白和细胞骨架蛋白三大类，其中肌球蛋白、肌动蛋白、肌联蛋白、原肌球蛋白、肌钙蛋白和伴肌动蛋白占肌原纤维蛋白总量的 90%。肌小节是肌原纤维结构和功能的基本单位，又可进一步细分为不同的亚肌小节结构，包括粗肌丝和细肌丝，以及将两者固定在 A 带和 I 带的 M 线和 Z 线。动物的肌纤维类型并不是一成不变的，其转变遵循 Ⅰ↔ⅡA↔ⅡX↔ⅡB 的转化途径。肌纤维类型的转化从本质上来说，是许多相关功能基因有序表达的结果。随着基因组、表达谱、蛋白质组等技术的广泛应用，针对肌纤维类型转化的功能基因及信号通路的研究越来越深入，以揭示肌纤维类型转化的分子机制。

（三）肌内脂肪

在动物生产中，脂肪在不同部位沉积直接影响动物的产肉性能、肌肉品质和营养价值。肌内脂肪与肉品质密切相关，由肌肉中的脂肪祖细胞增殖、分化而来，脂肪祖细胞来源于间充质干细胞（MSC）。在仔猪发育早期，特别是胎儿和新生期，骨骼肌中含有大量的MSC，随着生长发育的进行，MSC逐渐发育为肌源性干细胞和少部分脂肪细胞，这是肌内脂肪沉积的基础。目前，我国的产肉量基本满足国民生活需求，但是肉品质亟待提高，因此改善动物肉品质是动物遗传育种研究领域的重点。近年来，在脂肪祖细胞的分化调控等方面取得了较大的研究进展，发现了多个与脂肪沉积有关的蛋白质编码基因，基本形成了脂肪祖细胞分化的蛋白质调控分子网络。脂肪沉积是一个复杂的生理生化过程，还受到非编码RNA在转录、转录后及翻译水平的调控作用。其中，miRNA由于具有高度的组织特异性，靶向脂肪沉积相关的关键调控因子调控脂肪沉积。皮下脂肪含量与肌内脂肪含量呈中度相关。之前的研究发现，不同部位脂肪分化的分子调控和代谢存在差异，如miR-130a可以靶向PPARγ，但miR-130a在肌内脂肪的表达量显著高于皮下脂肪。这种差异为探寻提高肌内脂肪的同时不影响皮下脂肪的沉积提供了可能性。因此，筛选皮下脂肪和肌内脂肪之间差异miRNA对研究不同部位脂肪沉积规律具有重要意义。

在发育过程中脂肪细胞都起源于中胚层，但脂肪细胞的祖先并不单一，不同类型脂肪细胞来源不同。运用谱系追踪法，发现具有间充质特性的前脂肪细胞因子1（Pref-1）阳性细胞是分化早期的脂肪祖细胞，为皮下脂肪细胞的起源之一（图12-1）。截至目前，肌内脂肪细胞的起源尚不完全清楚。普遍认为，肌内脂肪细胞可由间充质干细胞或者其他类型干细胞分化而来，如肌卫星细胞、非肌源性祖细胞等。

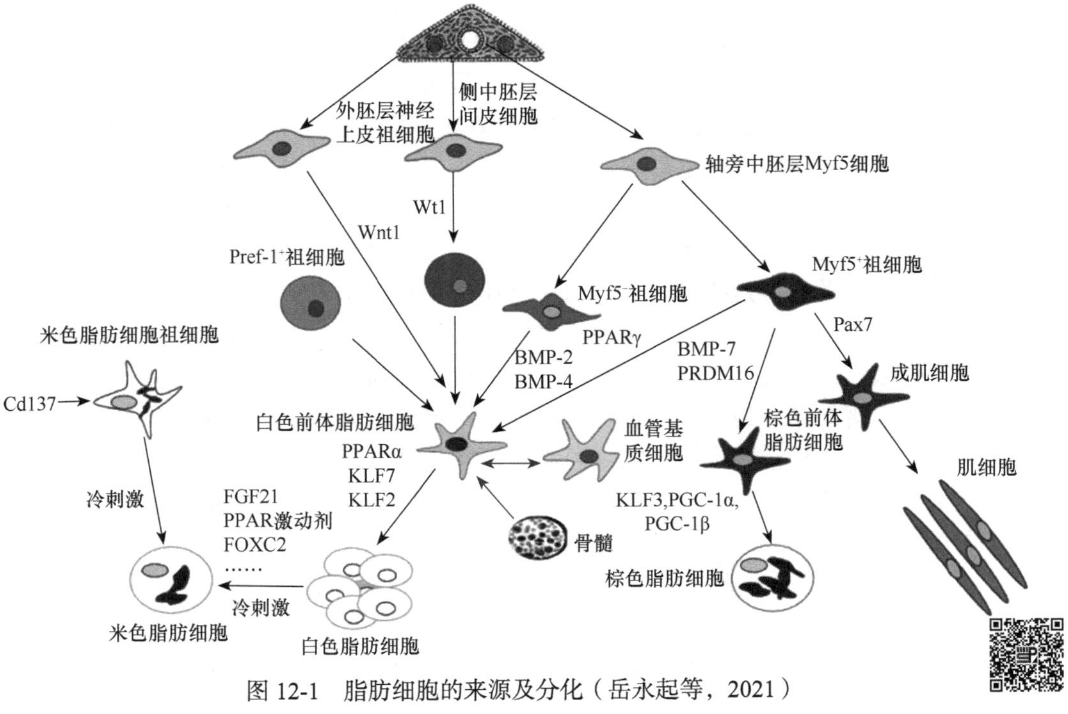

图12-1　脂肪细胞的来源及分化（岳永起等，2021）

肌内脂肪不仅影响动物的肉质，还是引起人类胰岛素抵抗的潜在因素。mRNA 的 m^6A 修饰在调节脂肪形成中起重要作用。比较分析长白猪（瘦肉型）和金华猪（脂肪型）背最长肌的 m^6A 基因序列发现，猪肌肉转录组 m^6A 图谱在人和小鼠中高度保守。此外，金华猪中发现一个独特的甲基化基因 *MTCH2*。引入同义突变降低 MTCH2 mRNA 的 m^6A 水平后，脂肪形成明显低于 *MTCH2* 野生型。MTCH2 蛋白表达水平与 m^6A 水平呈正相关，能促进肌肉内脂肪前体细胞的脂肪形成，*MTCH2* 的 m^6A 修饰在肌内脂肪调节中发挥重要作用（Jiang et al.，2019）。我国本土脂肪型猪种（小耳朵猪和藏猪）和两个国外瘦肉型猪种（长白猪和约克夏猪）被用来挖掘与肌肉生长和脂肪沉积相关的基因，检测到有 18 208 个基因阳性表达，其中 14 633 个基因在 4 个样本的肌肉组织中共表达，315 个基因在两类猪间差异表达。这些差异基因主要参与肌肉组织生长、肌肉收缩、脂代谢过程和脂肪酸生物合成等过程。利用 miRNA-seq，从肌肉组织中获得了 320 个正表达 miRNA，其中包括 271 个已知的猪 miRNA 和 49 个新 miRNA。miRNA 的靶基因主要参与 MAPK、GnRH、胰岛素和钙信号通路，影响细胞发育、生长和增殖等。最终获得了 85 个基因和 18 个 miRNA 与肌肉生长相关，27 个基因和 16 个 miRNA 与脂质沉积相关，这为研究猪肌内脂肪沉积的分子机制提供了新的思路（Wang et al.，2015）。

三、猪肉品质

（一）评价方法

肉品质代表着肉品的消费性能和潜在价值，高品质肉易于被消费者接受，市场价往往较高。肉品质包括营养价值、加工性能、食用品质及卫生品质等，目前常用的评价指标包括肉色、大理石纹、pH、嫩度、系水力、气味和风味等。

肉色是猪肉品质最直接的感官表现之一，经充分放血后屠宰的猪肉，肌红蛋白比例占 80%～90%，与氧结合为氧合肌红蛋白，使猪肉呈鲜红色，久置后肌红蛋白会进一步被氧化成褐色的高铁肌红蛋白，使肉色变暗。大理石纹是肌内脂肪形成的纹理，是对猪肉感官评定的重要依据。猪肉 pH 的高低会直接影响肉的嫩度、颜色和储存时间，还与猪肉的新鲜程度有关。活体肌肉 pH 约 7.4，宰后 6～8h 降至 5.6～5.7，宰后 24h 降至 5.3～5.8，这是由于宰后肌肉内无氧糖酵解产生乳酸积累。猪肉的嫩度与肌纤维的直径和密度有关，肌纤维越粗则猪肉越硬，反之则越嫩。猪肌纤维粗细程度与遗传背景、日龄、营养状态、生长速度和运动量等有关。系水力是指猪肉在外力（挤压、加热、切碎、加工、储存等）作用下保持自身水分的能力，会影响猪肉的肉色、嫩度、风味、多汁性、储存及加工等性能。系水力高的猪肉鲜嫩多汁、表面干燥；系水力低会造成水分损失较大，肉质变差，经济效益受损。气味是判定猪肉品质最直接的方法之一，新鲜猪肉无异味，带有腐臭味、腥味、饲料和药物等气味的属于异常猪肉。风味主要是猪肉在受热过程中脂类、蛋白质、碳水化合物降解后产生的，如酚、醛、醇、酮、含硫化合物及杂环类。猪肉风味物质的具体鉴定还需进一步研究。

（二）劣质肉

最早发现的劣质猪肉是由猪应激综合征导致的 PSE（pale、soft、exudative）肉，随后又发现了 DFD（dark、firm、dry）肉、RSE（red、soft、exudative）肉和黄疸肉等，目前已基本阐明劣质猪肉形成或发生的分子机制。

PSE 肉主要表现为猪肉肉色苍白、质地柔软弹性不佳、切面易渗出液体等，是由于猪在待宰前受紧张刺激等导致应激综合征及基因遗传等原因形成的。DFD 肉指干燥、坚硬、暗色的猪肉。DFD 肉的产生是因为生猪在屠宰前长时间处于高度紧张状态，导致肌肉组织中的糖原被大量消耗，肌肉组织中肌红蛋白结合的氧被夺走，最终导致猪肉颜色发暗、肉质坚硬、切面干燥。RSE 肉是一种少见的劣质肉，也是由于动物宰前应激引起的 pH 异常快速下降。酸肉基因可使肌肉中的糖原含量升高 70%，导致糖原分解产生的乳酸较多，引起肌肉 pH 下降，酸度增加，降低猪肉品质，常发生在汉普夏血统的猪中。黄疸肉是一种病理症状，可能是由多种疾病导致猪的胆汁排泄出现障碍，致使胆红素大量流入组织液、血液，其最终表现为猪的脂肪组织、黏膜、皮肤、组织液，甚至组织器官均呈现不同程度的黄色。一般黄疸肉放置的时间越久，颜色会变得越黄。

四、猪肉品质性状的分子调控

（一）主效基因

PSE 肉常发生在猪肉中，主要是由宰后肌肉的 pH 不正常地快速下降引起，宰后 45min 可降低到 6.1 以下。大多 PSE 肉的发生是由于猪患有应激综合征或恶性高热综合征。此类猪的 *RyR1* 基因 C1843T 突变，称为 *Haln* 基因，其编码的蛋白质 615 位精氨酸突变为半胱氨酸，影响了钙离子通道的正常功能，导致在刺激因子如氟烷麻醉的作用下，钙离子从肌浆网大量释放到胞质内，导致肌肉僵直、体温骤升、糖酵解增强、乳酸累积、pH 迅速降低，最终导致 PSE 肉的发生。带有酸肉基因的猪肉 pH、系水力和熟肉率都很低，是导致酸肉发生的主要因素，但与 *Haln* 基因有所不同，它不会引起 pH 迅速下降。

肌肉质量取决于成肌细胞形成肌纤维的能力，包括两个阶段，初级肌纤维形成和次级肌纤维形成。肌肉的生长包括肌肉细胞数量的增加、肌肉纤维直径的增加、纤维长度的增加，但肌细胞数量的增加仅限于胚胎期和产后早期，动物和人出生早期就会达到其完整数量的肌肉细胞。因此，添加肌原纤维数量可增加肌肉重量，或肌纤维的末端添加新的肌节增加它们的长度来使现有肌肉纤维肥大，这两种机制都发生在肌生长过程中。以往的研究表明，猪肌肉卫星细胞（PSC）对出生后骨骼肌的生长很重要，Notch1 信号通路和 miRNA 调节骨骼肌的发育。Notch1 信号通路调控某些类型 miRNA 的转录，进而影响靶基因的表达。miR-34c 抑制 PSC 增殖，促进 PSC 分化，其通过与 Notch1 形成闭环抑制肌肉发育。比较脂肪型和瘦肉型猪时发现，肌发生在胎龄 77d 前基本完成，但肌纤维类型的转变持续至产后 28d。与瘦肉型猪相比，脂肪型猪的肌发生较早，但进展较慢，胎龄 49～77d 是不同肌肉类型形成的关键阶段。MyoD 和肌细胞增强因子（MEF）2A 通过调控 CEBP 家族，平衡肌内脂肪生成和肌生成。Myf5 和 MEF2C 在整个肌肉形成过程中至关重要，而 MEF2D 影响肌肉的生长和成熟。MRF 和 MEF2 家族也是造成两者肌肉表型差异的关键。Neat1 在许多组织和细胞中广泛表达，并对许多癌细胞发挥促增殖作用。在 C2C12 细胞中，发现 Neat1 能加速成肌细胞增殖，但抑制分化和融合。体内 *Neat1* 的敲除将增加肌肉纤维的横截面积，但损害肌肉再生。Neat1 主要通过降低细胞周期蛋白依赖性激酶抑制剂 P21 的基因表达来促进成肌细胞增殖，

但通过抑制 *MyoG*、*MYH4* 和 *Tnni2* 等肌源性标记基因的转录来抑制成肌细胞分化（Wang et al.，2019b）。SKIP 是一种 5′-肌醇磷酸酶，它能水解 PI（3，4，5）P_3 到 PI（3，4）P_2，负调控骨骼肌中胰岛素诱导的磷脂酰肌醇 3-激酶信号。SKIP 在猪骨骼肌组织中高表达，并在成肌分化过程中上调。研究发现，MyoD 参与了肌管中 SKIP 的 mRNA 表达水平的调控，这进一步证实了 SKIP 调控猪骨骼肌发育的作用（Xiong et al.，2011）。*MyoD1* 基因位于猪的 2 号染色体，参与骨骼肌细胞增殖和分化的调控。*LDHA* 和 *COPB1* 基因与 MyoD1 关系密切，参与能量代谢和蛋白质转运过程，两者在肌肉发育中发挥重要作用。研究证实，ZBED6 结合位点突变影响 IGF-2 表达和肌肉发育，这对于育种提高猪瘦肉率具有重要意义（Liu et al.，2019）。MSTN（肌生长抑制蛋白）也称为生长和分化因子 8（GDF8），是骨骼肌发育的主要调节因子之一。

基因 *MSTN* 在哺乳动物物种中高度保守，作用是减少肌肉大小。*MSTN* 缺陷动物的骨骼肌质量增加，称为双肌（DBM）。*MSTN* 在许多组织（包括乳腺）中表达，但在骨骼肌中最为突出（Aiello et al.，2018）。*MSTN* 在整个进化过程中高度保守，包含三个外显子和两个内含子，外显子编码具有 375 个氨基酸的蛋白质，经过翻译后修饰以具有生物活性。MSTN 受体的激活还会抑制 Akt（蛋白激酶 B）活性，Akt 是肌肉蛋白质合成和细胞增殖的主要决定因素。肌纤维尺寸的增大，又称为纤维肥大的过程，在很大程度上受 Akt 信号途径控制（Trendelenburg et al.，2009）。成肌分化是一个高度协调的过程，最终形成成熟的骨骼肌。在胚胎发育过程中，快速增殖的肌肉前体细胞分化为成肌细胞。肌源性谱系的细胞受 MRF 调节，包括 MyoD、Myf5、MyoG 和 MRF4。MSTN 在胚胎期肌肉发育过程中的关键点调节肌肉发育，包括肌源性祖细胞增殖、成肌细胞增殖和分化。*MSTN* 的异位表达下调肌肉前体增殖的关键标志物 Pax3 的表达量，上调 p21 表达，并将抑制 MyoD 的表达和成肌细胞的增殖。MyoD 是肌生成过程中调控 MSTN 表达的重要调节因子（Hu et al.，2013）。MyoD 和 MSTN 之间的相互关系可通过 MSTN 的上调来避免由 MyoD 过度活跃引起的混乱分化。因此，MSTN 主要用于限制成肌前体细胞（$Pax3^+/MyoD^+$）和成肌细胞（$Pax3^-/MyoD^+$）池的大小，MSTN 的下调会导致两个细胞亚群的扩大。猪 *MSTN* 基因有三个单核苷酸多态性（SNP）——T-A、G-A 和 C-T（AF393396、AF393397 和 AF393398），分别位于启动子、内含子 1 和外显子 3 中。只有一种突变（MSTN 的 DNA 383 位点突变，由 T 变成 A）与约克夏猪在生长期的平均日增重有关，杂合突变会增加猪的体重（Jiang et al.，2002；Stinckens et al.，2008）。使用锌指核酸酶技术结合体细胞核转移生成了 *MSTN* 缺陷型梅山猪（MKO）。由此产生的后代表现出显著的双肌臀表型，尤其是在后躯。MSTN 缺失猪的肌肉质量增加了 50%～100%。令人难以置信的是，突变猪的肌肉纤维大小比野生型小，重量的所有增加归因于肌纤维增生，数量增加一倍，并且整体健康状况良好（Qian et al.，2015）。与野生型相比，MKO 有 438 个差异基因和 66 个差异蛋白，主要富集于参与骨骼肌生长发育、糖代谢和凋亡的信号通路中。两个关键基因 *TNNT1* 和 *MYL9* 在 mRNA 和蛋白质水平上均有显著变化，可能在骨骼肌的生长发育中发挥重要作用（Li et al.，2020）。提高肉类产量是家畜 *MSTN* 基因改造的主要目标，这一策略的结果就是生成 *MSTN* 基因功能改造动物，如针对 *MSTN* 的产后或性别特异性抑制（Wang et al.，2018）。MSTN 活性也可以使用非遗传方法进行修改，如使用阻断抗体或配体陷阱，MSTN 功能的修改将在发育过程中增加猪的肌纤维数量。关于 *MSTN* 中无效等位基因和多态性的知识在动物育种领域具有重要意义，可用于改善家畜肉类生产的育种选择。

胚胎期肌肉发育和产后肌肉生长的基本事件是由胰岛素样生长因子（IGF）系统控制的。产前肌发生包括增殖率、融合率及三个成肌细胞亚群的分化，分别产生初级肌纤维、次级肌纤维和卫星细胞池。肌纤维数量是决定出生后生长速度的关键因素，并在妊娠晚期确定。导致肌纤维肥大的出生后事件有卫星细胞增殖、分化和蛋白质周转。IGF-1 和 IGF-2 通过与Ⅰ型 IGF 受体相互作用，以时间和浓度依赖性的方式刺激成肌细胞和卫星细胞的增殖和分化。然而，IGF 结合蛋白（IGFBP）可能抑制或增强 IGF 对细胞增殖或分化的刺激作用。在出生后的肌细胞中，IGF-1 提高蛋白质合成速率，抑制蛋白质降解速率，从而增强肌纤维肥大（Oksbjerg et al.，2004）。

营养在肌肉生长中起着重要作用，营养均衡和能量充足的饮食才能实现最佳的肌肉生长（Pearson，1990）。IUGR 会影响胎儿的生长潜力。由于母猪常有胎盘功能不全的情形，IUGR 发生率较高。在 IUGR 和 NBW 猪出生后肌生成（产后至 100 日龄）和肥大（100～150 日龄）两个阶段，与 IUGR 相比，NBW 猪的体重更高。宫内生长受限会影响猪半腱肌重量、肌纤维直径和肌肉横截面积，也影响肌纤维组成，出生时肌球蛋白重链（myosin heavy chain，MyHC）-Ⅰ肌纤维的比例较高，且在 150 日龄时，MyHC-ⅡX 比例较低。关于出生前的肌生成和出生后发育期的基因表达模式，IUGR 猪的肌源性因子表达量下调，从而延迟肌生成相关基因的表达，包括 *Pax7*、*MyoD*、*MyoG*、*Myf5* 和 *DES*，进而影响出生时的肌纤维数量和大小及肌纤维组成，以及出生后的生长速度，最终会影响动物生产中肉品质性状的形成（Felicioni et al.，2020）。饲粮添加 25（OH）D_3 可以通过调控成肌转录因子的表达来改善母猪的维生素 D 营养状况，从而促进子代产前和产后骨骼肌的发育（Zhou et al.，2016）。妊娠期母体营养对胎儿发育起着至关重要的作用，可提高低出生重仔猪的糖耐量、慢收缩肌纤维蛋白水平和肌肉线粒体功能，从而改善低出生体重新生儿的肌肉发育状况（Hu et al.，2020）。

（二）甲基化修饰

在哺乳动物中，DNA 甲基化主要发生在 CpG 二核苷酸的胞嘧啶上，除了 CpGI 和其他基因调控序列外，70%～80% 的 CpG 位点被甲基化。作为一种动态和可逆的表观遗传修饰，哺乳动物的 DNA 甲基化是由 DNA 甲基转移酶 DNMT3A 和 DNMT3B 建立的，并在 DNA 复制过程中由 DNMT1 维持（Wu and Zhang，2014）。DNA 甲基化的动态变化对于基因表达的表观遗传调控很重要，在哺乳动物发育中起着关键作用。众所周知，基因启动子的 DNA 甲基化通过阻断转录因子（TF）的结合来沉默基因表达。通过绘制 27 个发育阶段的猪骨骼肌的单碱基分辨率 DNA 甲基化组和转录组图谱，发现从胚胎到成体，整体甲基化水平降低，这与 DNMT1 的表达量下调和部分甲基化结构域的增加高度相关。在骨骼肌发育过程中，与肌肉收缩和胰岛素信号转导相关的基因启动子和本体甲基化呈负调节机制，表明 DNA 甲基化-SP1-IGF-2BP3 轴参与了骨骼肌生成。

骨骼肌发育是一个高度复杂、紧密协调且特征明确的过程。肌纤维形成的两个主要阶段为初级和次级肌纤维形成，哺乳动物在产前基本确定了肌纤维总数，肌纤维在出生后从功能上分化为快肌纤维和慢肌纤维，骨骼肌质量的增加主要取决于已有肌纤维的肥大。骨骼肌发育是由生肌调节因子和 TF 调控的，如 Pax3/Pax7 和 MyoD 等 MRF 家族的成员，并且 DNA 去甲基化是驱动肌生成的关键机制（Laker and Ryall，2016）。增强子的去甲基化对于肌生成和肌肉干细胞分化过程中的 MyoD 和 Myf5 激活至关重要。除了用于肉类生产，猪在解剖学、生理学、代谢和基因组特性方面，已被证明是研究人类发育和疾病的重要模式动物。有研究选择了 27 个发育阶段（15 个产前和 12 个产后时间点）以单碱基分辨率对猪骨骼肌中的 DNA 甲基化组和转录组进行动态分析，揭示了骨骼肌发育和生长过程中 DNA 甲基化的潜在生物学功能，为研究动物育种、肌肉生物学及相关疾病提供了宝贵的资源（Yang et al.，2021）。m^6A 是最丰富的 mRNA 修饰，参与骨骼肌发育的调控。m^6A 甲基转移酶 METL14 下调会抑制 C2C12 成肌细胞的分化并促进增殖。随着 m^6A 读取蛋白 IGF-2BP1 的 mRNA 表达水平持续下降，m^6A 甲基化水平在不同肌肉发育阶段发生剧烈变化，大多数靶基因被富集到与骨骼肌发育相关的途径中。RNA 免疫共沉淀证实 IGF-2BP1 靶向 76 个参与肌肉发育相关通路的基因，包括关键标记基因 *MYH2* 和 *MyoG*。这说明 m^6A 甲基化动力学参与了猪骨骼肌发育调控网络关键基因的表达调控（Zhang et al.，2020）。组蛋白甲基化是发生在组蛋白核小体 N 端肽链中的一种修饰。组蛋白 N 端肽链的第 4、9、27、36 和 79 位赖氨酸是该修饰的主要位点，包括单甲基化、二甲基化和三甲基化。H3K27me3 是组蛋白 H3 赖氨酸 27 的三甲基化修饰，主要作为调节骨骼肌发育的转录阻遏物起作用。研究表明，H3K27me3 可通过与生肌调节因子（如 MyoD、MyoG 等）、细胞周期调节因子和表观遗传调节因子（包括 lncRNA 和 miRNA）特异性结合，精细调节骨骼肌增殖，包括骨骼肌发育的水平和持续时间。H3K27me3 的组蛋白甲基化和去甲基化的类型和机制在肌细胞增殖和分化及骨骼肌发育中发挥重要作用（Gan et al.，2019）。

（三）非编码 RNA

肌肉发育过程不仅受到编码 RNA（mRNA）的调控，还受到非编码 RNA 的调控，如微 RNA（miRNA）、长链非编码 RNA（lncRNA）和环状 RNA（circRNA）。miRNA 是一类短的非编码 RNA，长度约为 22bp。在哺乳动物中，miRNA 通过与靶基因的 3′-UTR 区域结合并抑制其翻译来发挥其功能。研究表明，miRNA 在骨骼肌发育和疾病发病机制的几乎所有方面都发挥着关键作用。对猪 miRNA 表达时间谱的分析确定了 18 个新的候选肌源性 miRNA（Qin et al.，2013）。骨骼肌发育是一个复杂的事件，包括骨骼肌干细胞的增殖、迁移和分化，成肌细胞的增殖、分化和融合，以及肌纤维的肥大、能量代谢和类型转换。miRNA 通过影响不同阶段靶基因的 mRNA 稳定性或蛋白质翻译在骨骼肌发育的各个过程中发挥着重要作用。肌肉生长发育与蛋白质和 miRNA 表达的变化高度有关。在腰大肌和背最长肌的各个发育阶段，生长相关基因均下调，表明它们主要参与早期发育阶段。此外，与肌肉萎缩相关的基因，如 *FOX1* 和 *MuRF*，随着年龄的增长呈高表达，导致骨骼肌发育后期蛋白质合成减少。增强 β-肌球蛋白重链表达的 miR-499 在腰大肌和背最长肌中的表达水平存在显著差异，表明 miR-499 参与了肌纤维类型的调控。在肌肉发育的各阶段，miR-486 与 FOX1，miR-133a 与 SRF 之间均存在负相关关系，说明 FOX1 和 SRF 分别是 miR-486 和 miR-133a 的潜在靶点（Wang et al.，2014）。在 mRNA 和 miRNA 如何影响猪肌肉性状的研究中，发现 miR-23a 通过肌细胞增强因子 2C（MEF2C）减少慢肌纤维中肌球蛋白重链亚型的比例而影响肉质。miR-29a 通过减少Ⅲ型胶原蛋白 α1（COL3A1）的表达量来调节Ⅲ型胶原蛋白的水平。在肌内脂肪前体细胞中，过表达 miR-17-5p 会抑制核受体共激活剂 3（NCOA3）、脂肪酸结合蛋白 4（FABP4）和过氧化物酶体增殖物激活受体 γ（PPARγ）的表达，从而减少脂肪前体细胞的分化；miR-34a 和 FoxO1 调节血小板衍生生长因子受体 α（PDGFRα）表达，并通过 ERK 信号通路来促进肌内脂肪沉积。miR-499 和 miR-22 是潜在的候选物，与猪肉的滴水损失有关。过表达 miR-125a-5p 会抑制猪肌内脂肪前体细胞的分化，降低总饱和脂肪酸（SFA）含量和单不饱和脂肪酸（MUFA）-SFA 比值（Li et al.，2017）。Calponin3（CNN3）是 miR-1 的潜在靶点，在骨骼肌发育中有重要作用。在桐城猪和长白猪骨骼肌组织的 16 个发育时期，CNN3 和 miR-1 在 mRNA 表达水平上呈显著负相关。CNN3 是与生长性状相关的候选基因，并在猪骨骼肌发育过程中受到 miR-1 的调控。

我国淮南猪主要分布于河南省，是典型的脂肪型猪，产仔数高，耐粗粮和耐热，尤其是脂肪沉积多，肉色更红、肌纤维更细。相比之下，原产于西方、目前在我国猪肉市场占有率最大的杜长大猪，其生长速度更快，肉产量、瘦肉率、经济附加值更高。这两个品种代表了不同的肌肉发育特征，对于研究猪的肌肉生长和脂肪沉积具有重要价值。circRNA 和 lncRNA 被证实参与成肌分化和脂肪生成过程，调控猪肉品质性状的形成。比较淮南猪和杜长大猪背最长肌中 mRNA、lncRNA 和 circRNA 的表达水平得知，lncRNA 在猪骨骼肌中含量丰富，circRNA 通过功能性 miRNA（如 ssc-miR-423-5p、ssc-miR-874 等）调控重要转录因子（如 PPARδ、MyoD1 等）的表达，参与成肌细胞增殖、分化 / 再生和脂肪生成。淮南猪和杜长大猪背最长肌表达谱显示有 854 个 mRNA、233 个 lncRNA 和 66 个 circRNA 差异表达。差异表达的 mRNA 和 circRNA 靶基因主要在 Wnt 信号通路（脂肪生成）、快慢纤维转换（肌纤维分化），以及丙氨酸、天冬氨酸和谷氨酸代谢（猪肉风味）中富集。lncRNA/circRNA-miRNA-mRNA 调控网络与 MyoD1、PPARD、miR-423-5p 和 miR-874 一起共同参与肌细胞增殖、分化 / 再生和脂肪生成等过程（Wang et al.，2019a）。

lncRNA 在许多生物学过程中发挥着重要作用，被广泛研究。在猪腿肌肉中鉴定出 323 个 lncRNA，这些 lncRNA 与蛋白质编码基因相比，转录长度更短，外显子更少，表达水平更低。lncRNA 的许多潜在靶基因参与了肌肉收缩和肌肉系统过程等骨骼肌相关过程。lncRNA 启动子甲基化可以负向调控 lncRNA 表达，然后正向调控靶基因表达（Zou et al.，2017）。对八眉猪（脂肪型）与大白猪（瘦肉型）肌内脂肪前体细胞的 lncRNA 比较分析发现，lnc_000414 与脂肪合成密切相关，lncRNAMEG3 参与骨骼肌发育的调控，均可作为改善猪产肉性状的候选基因。*SYISL* 编码的 lncRNA 通过与多梳抑制性复合体 2（PRC2）相互作用，促进成肌细胞增殖和融合，但抑制成肌分化。lncRNA-AK143003 受 MyoD1 的调控，减少肌源性标记基因的表达量并在调控成肌分化中发挥作用，还能通过 PU.1AS-lncRNA 促进成脂分化。在大鼠中，circDiaph3 可上调 DIAPH3 表达来促进血管平滑肌细胞的分化，并上调胰岛素水平促进其增殖和迁移，如 IGF-1R。在 C2C12 肌源性分化中，circZfp609 可以抑制 miR-194-5p，以阻止其对 Bcl-2 的抑制。在鸡中，circSVIL 通过 miR-203 上调 c-Jun 和 MEF2C 的水平，促进胚胎骨骼肌发育。在牛中，circFGFR4-miR-107-Wnt3a 轴可促进牛原代成肌细胞分化。由此可见，circRNA 在肌肉发育中起着关键作用。此外，也有多项报道指出 circRNA 与脂肪生成和脂代谢有关。在我国二花脸猪皮下脂肪前体细胞中，鉴定了近千个动态表达的 circRNA。在大白猪和莱芜猪的皮下脂肪组织中，也发现了 275 个差异表达的 circRNA，其中 circRNA_26852 和 circRNA_11897 的靶基因与脂肪细胞分化和脂代谢有关。circRNA_021412/miR-1972/LPIN1（LIPIN1）轴被证实参与了肝脏脂肪变性的调节。在胃癌患者中，ciRS-133 参与了白色脂肪的褐变过程。因此，差异表达的非编码 RNA 是肌肉性状调控的分子基础，还需深入研究。

第二节　猪肉品质的营养调控

猪肉品质性状是一个复杂的数量性状，受动物品种、营养状况和饲养管理等多种因素的影响。然而通过遗传选育改善猪肉品质是一个漫长的过程，并且猪肉品质的提高是一个复杂的生理调控过程。通过营养调控的方式调节数量性状基因的表达来调节肉品质性状相关生理过程，进而改善猪肉品质在现行条件下是一种可行的办法。本节主要就营养调控因素对猪肉品质的影响进行阐述，为生产优质猪肉提供理论依据和指导。

一、蛋白质和氨基酸与肉品质

（一）日粮粗蛋白质水平对肉品质的影响

日粮粗蛋白质水平显著影响猪肉的眼肌面积、滴水损失、pH、肌内脂肪含量等性状。提高日粮粗蛋白质水平会降低胴体脂肪含量，增加瘦肉率。研究表明，对于 28～104kg 猪而言，随着日粮粗蛋白质水平的增加，眼肌面积和瘦肉率显著增加，背膘厚、肌肉大理石纹评分和嫩度下降（Goerl et al.，1995）。张克英等（2002）研究同样发现，提高日粮粗蛋白质水平可以增加瘦肉率，降低皮脂率、背膘厚和肌内脂肪含量，但是对肌肉 pH 和滴水损失无显著影响。这说明通过提高日粮粗蛋白质水平来增加瘦肉率是以牺牲猪肉风味和嫩度为代价的，并且日粮粗蛋白质水平的提高会增加养猪成本。

低蛋白质日粮在不影响猪生长的前提下，不仅节约蛋白质资源，还可以显著降低氮排放对环境的污染，是目前应用比较成熟的降低饲养成本的方式。国内外学者开展了低蛋白质日粮对肉品质的调控研究，降低日粮粗蛋白质水平能够增加肌内脂肪含量和嫩度，但是会降低瘦肉率。Apple 等（2017）研究发现降低日粮粗蛋白质水平可以显著增加肌肉大理石纹评分和肌内脂肪含量，但是对肉色和肌肉系水力无影响。长期适度地降低日粮粗蛋白质水平（降低 3%）能够改善肌肉的大理石纹，增加肌肉的黄度和 pH。降低日粮粗蛋白质水平可以显著降低猪肉剪切力，同时增加肌肉风味物质牛磺酸、单不饱和脂肪酸和鲜味氨基酸的含量。在（杜洛克猪 × 长白猪 × 梅山猪）阉公猪日粮中饲喂低蛋白质（12% CP）日粮（补充 100mg/kg 半胱氨酸）可显著降低生长猪背最长肌的剪切力，显著增加肌内脂肪含量，同时上调脂肪酸合成酶（FAS）、硬脂酰辅酶 A 去饱和酶（SCD）等脂肪代谢基因的 mRNA 表达水平，但下调激素敏感性脂肪酶（HSL）、肉碱棕榈酰基转移酶 1（CPT1）、钙蛋白酶抑制蛋白等脂质降解基因的 mRNA 表达量。这表明低蛋白质氨基酸平衡日粮可以上调脂肪合成相关基因及下调脂质降解相关基因的表达量而增加猪肉嫩度及肌内脂肪含量，进而改善肉质。另外，蛋白质限制显著上调脂肪生成相关基因的表达，有增加肌内脂肪含量的趋势；同时改变骨骼肌能量状态，抑制 AMPK 通路。因此，日粮蛋白质限制可以通过调节骨骼肌脂代谢和相关的能量利用改善肌内脂肪含量。这说明日粮低蛋白质水平可以改善猪肉的风味和嫩度。

因此，如何通过调节日粮粗蛋白质水平在不影响猪瘦肉率的同时而保证猪肉的食用品质是一个值得长期研究和探索的问题。

（二）氨基酸对肉品质的影响

1. 赖氨酸　赖氨酸是猪的第一限制性氨基酸，与猪的生长速度、蛋白质沉积和肌纤维发育密切相关；其对肉品质的影响报道不一致，主要受品种、环境和营养水平（蛋白质和能量）的影响。但是，赖氨酸在调节猪肌肉卫星细胞的活性、分化、凋亡和迁移方面发挥着重要作用（Jin et al.，2020）。低蛋白质日粮中添加不同水平的赖氨酸显著降低滴水损失，日粮赖氨酸水平的增加能改善生长肥育猪的肌肉肉色。Maeda 等（2014）研究日粮赖氨酸与蛋白质的比例对 57.2kg 肥育猪肉品质的影响，日粮中蛋白质水平为 16%，赖氨酸水平为 0.58%～0.75%，随着赖氨酸和蛋白质水平之比的下降，背最长肌的大理石纹评分增加，肌内脂肪含量增加。Tous 等（2014）研究降低日粮蛋白质和赖氨酸水平对育肥猪胴体性状、肌内脂肪含量和脂肪酸组成的影响，结果发现，降低日粮蛋白质水平或赖氨酸水平增加了背最长肌中肌内脂肪的含量；低蛋白质和低赖氨酸水平降低了半膜肌中肌内脂肪的含量；日粮蛋白质水平降低有增加背膘厚的趋势，同时显著降低了皮下脂肪中 SFA、MUFA 和 PUFA 含量，降低了半膜肌中 *n*-3 脂肪酸和 PUFA 的含量。这表明，减少日粮蛋白质和赖氨酸对生长和肌内脂肪的影响不是独立的，减少蛋白质，同时保持赖氨酸水平，可以提高肉品质。刘苹苹（2010）研究了日粮添加 0.65%、0.75% 和 1.05% 赖氨酸对杜长大育肥猪肉纤维特性的影响，结果发现，赖氨酸含量为 0.75% 时显著增加了肥育猪背最长肌肌纤维直径和背最长肌中钙蛋白酶抑制蛋白（CAST）活性，降低了背最长肌中钙激活酶（CAPN）活性；显著提高了背最长肌中肌苷酸的含量，以及 C14：0、C18：2 和多不饱和脂肪酸的比例。赖氨酸主要通过增加肌纤维直径促进肌肉生长，并能提高背最长肌中肌苷酸含量、改变背最长肌脂肪酸的组成比例。

2. 蛋氨酸　蛋氨酸是猪的第二限制性氨基酸，蛋氨酸对猪肉肌内脂肪含量、嫩度等具有调控作用。Wu 等（2019）研究了仔猪在断奶后采食 4 周的蛋氨酸限制饲粮（对照组：0.48%；试验组：0.25%）对骨骼肌纤维转化和后期肥育猪肉品质的影响，结果发现，蛋氨酸限制可以促进骨骼肌中的脂质沉积和慢肌纤维的形成，并且早期实施蛋氨酸限制的肥育猪拥有更高的肌内脂肪含量。Lebret 等（2018）研究日粮添加 1.1% 蛋氨酸对猪肉品质的影响，结果发现，蛋氨酸添加显著降低了肌肉滴水损失及亮度，提高最终 pH，研究认为日粮添加蛋氨酸可有效改善猪肉品质。

3. 支链氨基酸　支链氨基酸是主要在肌肉中氧化代谢的氨基酸。亮氨酸对猪肉品质的调节作用已有大量的研究报道。亮氨酸能够促进猪骨骼肌卫星细胞分化形成慢肌纤维，通过丝氨酸 / 苏氨酸激酶 1（serine/ threonine kinase 1，AKT）/ 叉头框 O1（forkhead box O1，FoxO1）信号通路和 miR-27a 促进快肌纤维向慢肌纤维的转化。从肌纤维类型转化的角度为亮氨酸改善猪肉品质提供了基础。缬氨酸与异亮氨酸也受到人们的关注，但是有关缬氨酸和异亮氨酸对猪肉品质的影响研究较少。王宇波等（2019）研究了低蛋白质日粮不同缬氨酸水平对肥育猪肉品质的影响，结果表明，饲粮中标准回肠可消化缬氨酸水平从 0.33% 提高至 0.65%，显著降低了肌内脂肪含量与滴水损失。Luo 等（2018）研究低蛋白质日粮不同异亮氨酸水平对肥育猪骨骼肌脂代谢的影响，发现在饲粮中补充异亮氨酸（从 0.39% 提高至 0.53%）降低了滴水损失，并通过抑制 AMPK-乙酰辅酶 A 羧化酶（acetyl-CoA carboxylase，ACC）信号通路，从而促进肌内脂肪的沉积。

三种支链氨基酸直接存在拮抗作用，因此在研究支链氨基酸对猪肉品质的调节作用时，需要考虑三种支链氨基酸之间的比例。Xu 等（2020）研究低蛋白质日粮中在亮氨酸水平不变的情况下，不同缬氨酸和异亮氨酸比例对肥育猪肉品质的作用，结果发现，缬氨酸与异亮氨酸水平对肥育猪肉品质，包括系水力、pH 和蛋白质溶解度的影响存在互作效应，提示我们在使用这两种氨基酸时需考虑二者的相互作用。在低蛋白质日粮（17% CP）中，Leu：Ile：Val 的值在（1：0.25：0.25）～（1：0.75：0.75）可以显著增加股二头肌中肌内脂肪含量，显著改善不同组织中的脂肪酸组成，并对相关代谢基因具有改善调控作用，与标准蛋白质（20% CP）组相比，这种配比可有效地改善猪肉品质和营养价值。综上表明，日粮添加支链氨基酸主要通过增加肌肉肌内脂肪含量、嫩度，调节相关基因表达进而改善肉质，在生产中应根据实际情况合理选择支链氨基酸的比例。

4. 精氨酸 精氨酸是猪的半必需氨基酸，是一氧化氮（NO）合成的前体物质，有增加肌内脂肪沉积和调节肌纤维类型转化的作用。日粮添加 1% 精氨酸可以增加肌内脂肪含量，增强线粒体的生物合成，促进猪肌肉Ⅰ型肌纤维的形成；同时，肌内含量与慢肌钙蛋白Ⅰ表达水平呈正相关，与 MyHC-ⅡB 表达水平呈负相关。另外，日粮添加 1% 精氨酸显著降低背最长肌中短链脂肪酸的含量，降低血清皮质醇和肌肉皮质醇受体 mRNA 的表达，减少蒸煮损失与滴水损失，显著提高肌肉大理石纹评分，改善肉品质。然而也有研究发现在赖氨酸缺乏（降低 35%）的饲粮中添加精氨酸不能进一步增加肌内脂肪含量，这可能是由于氨基酸不平衡影响了精氨酸的作用，降低蛋白质水平对猪肉品质有重大影响（Madeira et al., 2015）。精氨酸可以通过增加肌内脂肪含量来改善猪肉品质，但是通过添加精氨酸改善肉品质需要考虑日粮其他营养素的水平。

二、能量与肉品质

日粮能量水平直接影响肌肉中蛋白质和脂肪的比例。当猪能量摄入量维持在正常需要时，肌肉中蛋白质含量随着采食量的增加而线性增加，但当采食量超过一定水平时，肌肉中的蛋白质含量将不再增加，而脂肪沉积量开始增加。能量水平可显著影响盐溶性和酸溶性胶原蛋白的比例及胶原蛋白的交联程度，从而影响肉的嫩度。

日粮能量水平影响活体肌肉糖原储存量，而宰后肌肉糖原降解引起肉的 pH 迅速下降，大量糖原降解的结果是乳酸大量积累，影响肉的系水力、肉色及嫩度，易产生 PSE 肉。所以可以通过短期禁饲的方式阻止宰前能量摄入，这样就能减少肌肉糖原贮存量从而延缓 pH 的下降速度（尹靖东，2011）。但是长期采食低能量水平日粮会使畜禽肌肉中糖原的贮存较低，屠宰后糖原降解并不能使 pH 降到蛋白质等电点，易产生 DFD 肉。

日粮能量水平对猪肉品质的影响报道不一致。陈代文（2002）研究了高能量（14.2MJ/kg DE）和低能量（12.0MJ/kg DE）两种日粮能量水平对育肥猪肉品质的影响，结果表明能量水平显著影响背膘厚、肌肉水分含量、肌内脂肪含量和失水率。与高能量日粮比较，低能量日粮降低了猪背膘厚、肌内脂肪含量和失水率，提高了肌肉水分含量。而对胶原蛋白含量、次黄嘌呤核苷酸含量、肌纤维面积和肉色评分无显著影响。边连全等（2010）研究了能量水平对杜长大猪心脏脂肪酸结合蛋白（heart fatty acid binding protein，*H-FABP*）基因表达和肉品质的影响。猪饲喂高和低两种能量水平的日粮，结果发现，高能量水平有提高 *H-FABP* 基因表达量的趋势，且显著提高了背膘厚和肌内脂肪含量；猪 *H-FABP* 基因表达量与肌内脂肪含量呈显著正相关，肌内脂肪含量与背膘厚呈显著负相关。这表明能量水平可通过影响 *H-FABP* 基因表达影响肉品质。

日粮能量和蛋白质比对猪肉品质具有调控作用。张海燕等（2009）研究表明，日粮氨基酸与能量之间的比例对肌内脂肪的沉积起决定性作用。日粮能量和蛋白质比可使机体组成发生变化，日粮能量水平增加，蛋白质水平下降，即日粮的能量和蛋白质比升高，则体脂肪沉积量增加，反之，则体脂肪减少，体脂肪随日粮的能量和蛋白质比的升高而增加。与体蛋白质的蓄积相比，体脂肪蓄积量随日粮能量和蛋白质比的变化而变化更大。黄大鹏等（2009）研究发现，日粮能量水平是影响三江白猪育肥后期猪肉滴水损失、嫩度和肌内脂肪含量的最重要因素，日粮蛋白质水平次之；其中，滴水损失、嫩度和肌内脂肪含量的最优营养组合为消化能 13.98MJ/kg、粗蛋白质 14%、赖氨酸 0.65%。

三、脂肪酸与肉品质

日粮脂肪酸被吸收后大部分不经过代谢就直接沉积，因此猪肉脂肪酸组成与日粮脂肪酸组成密切相关，调控猪日粮是改变猪体脂肪酸组成的一种非常有效的方法。改变日粮脂肪酸供给可通过调控猪体内脂肪分解与沉积，改变肉中脂肪酸组成，进而影响猪肉的风味、嫩度、系水力等肉质性状。

（一）*n*-3 PUFA 对肉品质的影响

n-6 PUFA 和 *n*-3 PUFA 之比是肉制品营养价值的一个重要衡量指标，在日粮脂肪酸供给时需注意 *n*-6/*n*-3 PUFA 的平衡。在 3% 油脂添加水平下，*n*-6 PUFA 和 *n*-3 PUFA 在肥育猪饲粮中的适宜添加比例为（1～5）：1。日粮添加亚麻籽或亚油酸可以提高猪肉中 *n*-3 PUFA 的含量，增加眼肌面积，降低 *n*-6/*n*-3 PUFA 值，提高 α-亚麻酸、二十二碳烯酸、二十二碳二烯酸含量及 PUFA 总含量。日粮紫苏油代替豆油可以显著提高育肥猪眼肌面积、大理石纹评分、背最长肌中 α-亚麻酸、二十碳五烯酸和 *n*-3 多不饱和脂肪酸含量，同时显著降低 *n*-6/*n*-3 值及硬脂酸含量。其作用可能与抑制体内脂肪生成与转运、促进脂肪分解、同时抑制致炎因子的基因表达和分泌相关。Corino 等（2005）研究了日粮添加 5% 亚麻籽油对猪肉品质的影响，发现猪所有组织中都表现出长链 *n*-3 PUFA 富集的趋势，随着 *n*-3 PUFA 的富集，肌肉中 *n*-6/*n*-3 值降低。蔡传江等（2009，2010）报道，日粮添加亚麻籽油能显著提高猪背最长肌 *n*-3 PUFA 的含量，降低花生四烯酸和二十二碳四烯酸含量，提出要将猪肉 *n*-6/*n*-3 降低到 4.0 以下需在日粮中添加 3.0% 亚麻籽油。Guillevic 等（2009）研究了日粮添加 4.2% 亚麻籽对 60kg 杜长大猪肉品质的影响，发现亚麻籽降低了猪肉的抗氧化能力，提高了猪肉中丙二醛的含量。因此，日粮添加亚麻籽或亚麻油可以增加肌肉中 *n*-3 PUFA 的含量，改善猪肉的风味，但是高水平的 *n*-3 PUFA 会导致自由基和肉脂质氧化物增加，所以在生产实践中要合理地调控日粮中亚麻籽或亚麻油的添加量，同时应当以现代化的技术为指导，生产健康的优质猪肉。

（二）共轭亚油酸对肉品质的影响

共轭亚油酸（conjugated linoleic acid，CLA）是一类含共轭双键的 18 碳脂肪酸的总称，是与亚油酸的不饱和双键位置和空间不同的一类脂肪酸异构体的混合物。CLA 具有与过氧化物酶体增殖物相类似的结构和特征，可以通过降低硬脂酰辅酶 A 去饱和酶的活性和表达来抑制脂肪酸去饱和作用和延长作用，导致饱和脂肪酸与不饱和脂肪酸比例升高，从而抑制脂肪酸合成及其酯化，降低甘油三酯的生成。随着 CLA 饲喂量的增加和饲喂时间的延长，眼肌面积和肌内脂肪增加，第十肋和最后肋处脂肪厚度降低。Dugan 等（2004）总结了 CLA 对猪体脂沉积影响的研究报道，在 18 篇文献报道中，14 篇均支持 CLA 降低猪体脂沉积，仅有 4 篇因为试验开始时猪的体重过大（≥72kg）或试验结束时猪体重太小（≤50kg），错过了 CLA 发挥调节作用的时期。CLA 降低猪体脂沉积已成为共识，但是值得注意的是，CLA 在降低皮下脂肪沉积的同时，显著提高了肌内脂肪的含量和大理石纹评分。Wiegand 等（2002）报道，饲喂 CLA 在降低猪胴体脂肪的同时，改善了肌肉的品质，但是对肉色没有显著影响。Wiegand 等（2001）研究日粮添加 2% CLA 对生长育肥猪肉品质的影响，发现 CLA 增加了肌内脂肪含量和眼肌大理石纹评分，但是没有改变肉色、剪切力、滴水损失、嫩度、多汁性和风味。CLA 提高猪胴体瘦肉含量和降低背膘厚与 CLA 能降低猪脂肪组织中硬脂酰辅酶 A 的活性有关，CLA 对脂肪细胞特异性基因的差异调控是其差异调节皮下脂肪和肌内脂质沉积的关键原因。综上所述，共轭亚油酸能改变猪胴体脂肪酸组成，降低猪体脂和皮下脂肪蓄积，提高了肌内脂肪的含量。

四、维生素与肉品质

维生素在改善生猪应激、肉色及脂肪酸组成方面具有调控作用，因此，优化维生素营养是改善肉品质的一个重要途径。国内外学者包括动物营养学家、生理学家及食品科学研究者对维生素调控肉品质的作用做了大量探索，为了获得使消费者满意的肉品质，饲粮中的维生素水平要高于满足猪正常生长需要的维生素水平。

（一）维生素 E 对肉品质的影响

维生素 E 的各种种类中以 α-生育酚的活性最高，维生素 E 主要的生理功能是生物抗氧化作用，维生素 E 通过中和过氧化反应链形成的自由基或者抑制自由基的生成，防止细胞膜脂质的过氧化和由此引起的一系列损害。脂类是肉的重要成分，具有增强肉的风味、嫩度和多汁的特性，脂质氧化是使肉品质变坏的一种主要原因（尹靖东，2011）。肌肉中脂质氧化的速度和程度受组织中 α-生育酚的影响。

Monahan 等（1993）研究了日粮添加 200mg/kg α-生育酚乙酸酯对猪肉品质的影响，结果表明，α-生育酚乙酸酯使得猪肌肉微粒体中自由基化合物的合成速度和肌肉中硫代巴比妥酸反应物（TBARS）明显降低，切块猪肉的脂质在冷藏贮存期间的抗氧化能力显著提高。肉中 α-生育酚浓度的提高对减少猪肉解冻时水分的渗出有积极效应，日粮添加 α-生育酚乙酸酯显著降低屠宰后冻猪肉在解冻后的渗水率。日粮添加维生素 E 会降低猪肉的滴水损失，但是与硒同时添加会进一步降低滴水损失，这可能与维生素 E 和硒具有协同作用有关。同时，日粮添加维生素 E 可以增强组织的抗氧化能力，有效防止新鲜猪肉和经加工处理的猪肉发生脂质氧化，延缓肌红蛋白氧化造成高铁肌红蛋白，从而保持肉色新鲜，延长货架期。Peters 等（2006）研究了宰前 21d 日粮添加 150mg/kg DL-α-生育酚乙酸酯对皮兰特 × 海波尔杂交猪肉品质的影响，结果发现添加 DL-α-生育酚乙酸酯显著提高了猪背最长肌 a^* 值（红度值）和 b^* 值（黄度值）。说明，维生素 E 可以抑制脂质氧化，进而在保护肉的氧化稳定及肉色的稳定方面发挥重要作用。

Jin 等（2018）研究了日粮添加 325mg/kg 维生素 E 饲喂 28d 对杜长大猪肉品质的影响，结果表明，维生素 E 可显著降低蒸煮损失，增加多不饱和脂肪酸、亚油酸和 α-亚麻酸的含量，并有提高超氧化物歧化酶和谷胱甘肽过氧化物酶含量的趋势。说明，维生素 E 防止细胞膜的脂质结构遭到破坏，维持了细胞膜的完整，防止胞内水分的渗出，从而降低猪肉的滴水损失，改善猪肉品质，但其中的作用机制还不明确。

（二）其他维生素对肉品质的影响

维生素 D 的主要作用是促进钙、磷的吸收，从而促进动物骨骼的发育，其对肉品质的改善作用是在 20 世纪 90 年代后期被发现的。维生素 D_3 能增加肌肉钙浓度，改善死后蛋白质分解，从而增加肉的嫩度。日粮添加维生素 D_3 能降低育肥猪臀肌 L^* 值（亮度值），有提高臀肌 pH 和降低眼肌 b^* 值的趋势，同时维生素 D_3 可以降低剪切力，改善肉的嫩度。维生素 D_3 还能改善猪肉颜色和系水力。Wilborn 等（2004）研究表明，育肥猪日粮添加维生素 D_3 能够改善猪肉颜色，提高猪肉 pH。Enright（1998）研究了日粮添加 331IU/kg、55 031IU/kg、176 000IU/kg 维生素 D_3 对屠宰前 10d 猪肉品质的影响，结果发现，维生素 D_3 显著改善了猪肉色泽、脂肪硬度，降低了滴水损失，但是其机理尚有待进一步研究。25-羟维生素 D_3 是维生素 D_3 在动物体内的主要存在形式，也是猪体内维生素 D_3 的指示剂，具有改善猪肉品质和改善肉颜色的作用。Duffy 等（2018）研究了日粮添加不同来源维生素 D 对猪肉品质的影响，结果发现，25-羟维生素 D_3 显著增加了背最长肌中维生素 D_3 的活性，增强了猪肉的抗氧化状态；维生素 D_2 改善了猪的肉色。

其他维生素对猪肉品质的研究较少。B 族维生素是营养代谢过程中重要的辅酶或辅基，对猪肉的颜色等性状都有一定的作用。同时，随着日粮维生素 B_2 的增加，猪肉蛋白质的沉积率也随之增加。日粮中添加高剂量的复合维生素 B，能够显著增加眼肌面积，提高瘦肉率和肌内脂肪含量，改善肉色、大理石纹和失水率。Böhmer 和 Roth-Maier（2007）研究表明，日粮中添加维生素 B_2、维生素 B_6、泛酸和生物素可增加生长育肥猪的背膘厚。Real 等（2002）研究日粮添加 13～55mg/kg 烟酸对生长肥育猪肉品质的影响，结果发现，烟酸降低了肌肉滴水损失，改善了 pH 和肉色。

五、功能性添加剂与肉品质

（一）氨基酸类似物对肉品质的影响

氨基酸类似物如 *N*-三甲基甘氨酸（甜菜碱）、胍乙酸等会对猪肉品质产生一定的影响。

1. 甜菜碱　甜菜碱的主要作用是作为活性甲基供体为机体甲基化物产物的合成提供甲基，因而可以代替胆碱和蛋氨酸的部分功能。国内外研究均报道，甜菜碱具有改善猪胴体品质的作用，主要体现在可降低育肥猪脂肪沉积，提高瘦肉率。Matthews 等（2001）研究屠宰前 35d 日粮添加 0.125% 甜菜碱对小母猪肉品质的影响，结果发现，甜菜碱可降低猪的背膘厚。Albuquerque 等（2017）研究了日粮添加 0.1%～0.15% 甜菜碱对育肥猪肉品质的影响，发现甜菜碱可提高猪的瘦肉率。甜菜碱可通过提高肌肉中游离脂肪酸浓度，降低血清胆固醇和高密度脂蛋白胆固醇水平来改善猪肉的脂代谢。甜菜碱可以调节地方猪的肉品质，日粮添加甜菜碱可以减少宁乡猪和金华猪背膘厚和脂肪含量，并增加其瘦肉率（Wang et al.，2021；胡旭进等，2017）。甜菜碱对猪胴体组成的影响与日粮中氨基酸水平有关。Haydon 等（1995）研究了日粮赖氨酸能量比对猪肉品质的影响，发现在高赖氨酸能量比的日粮中添加甜菜碱能降低背膘厚，提高背最长肌面积。但是，Albuquerque 等（2017）研究发现，育肥猪日粮中添加 0.1% 甜菜碱饲喂 20 周后，肌内脂肪的含量显著增加。

2. 胍乙酸 胍乙酸（guanidinoacetic acid，GAA）作为一种天然的氨基酸衍生物，是动物体内肌酸直接的前体物质，肌酸是新陈代谢中重要的能量储存物质。研究报道，胍乙酸可以改善猪肉品质，主要体现在增加瘦肉率，改善肌肉 pH、降低滴水损失和剪切力上。Liu 等（2015）研究表明，日粮添加 0.1% 胍乙酸能增加背最长肌 pH，减少滴水损失、烹饪损失和剪切力，改善肉品质。日粮添加 0.06% 胍乙酸显著降低猪的背膘厚，提高瘦肉率、眼肌面积、剪切力和肌纤维的横截面积，降低滴水损失和肌纤维密度；同时增加成肌相关基因的表达，从而促进了骨骼肌的发育。Jayaraman 等（2018）研究了日粮添加 0.12% 胍乙酸对育肥猪肉品质的影响，结果表明，胍乙酸饲喂 60d 显著降低了猪背膘厚，增加了瘦肉率。Zhu 等（2020）研究发现，生长猪日粮添加 0.045% 胍乙酸显著增加了背最长肌的重量，降低了肌肉的滴水损失、黄度值（b^* 值）和剪切力；同时胍乙酸上调了肌球蛋白重链Ⅰ mRNA 的表达，降低了背最长肌的肌纤维面积和直径。

3. *N*-氨基甲酰谷氨酸 *N*-氨基甲酰谷氨酸（*N*-carbamylglutamate，NCG）是 *N*-乙酰谷氨酸的结构类似物，在尿素循环中能代替 *N*-乙酰谷氨酸，产生精氨酸。NCG 对肉品质的调节作用主要体现在增加眼肌面积。低蛋白质日粮添加 NCG 能显著降低猪背膘厚，增加眼肌面积。Frank 等（2007）研究发现，仔猪口服 50mg/kg 体重 NCG 能显著增加背最长肌和腓肠肌蛋白质合成，说明 NCG 有增加肌肉蛋白质含量的作用。Xing 等（2020）研究了日粮添加 0.08% NCG 饲喂 56d 对宁乡猪肉品质的影响，发现 NCG 降低了背最长肌的剪切力，但是增加了滴水损失，改变了脂肪酸的组成。NCG 在猪肉品质中的调节作用及其中的作用机制需要进一步的探究。

（二）植物提取物对肉品质的影响

植物提取物包括多糖类、多酚类、萜类、生物碱和含硫化合物等，植物提取物用于养猪生产能促进脂代谢，提高肌肉中肌苷酸、甜味和鲜味氨基酸的含量，有效改善猪肉的营养水平，提高食用品质。Xu 等（2019）研究发现，日粮添加苹果多酚增加了背最长肌粗蛋白质含量，以及必需氨基酸、风味氨基酸和总氨基酸的比例。

植物提取物还通过改善肉色来调节肉品质。Ranucci 等（2015）研究了日粮添加 0.2% 牛至挥发油和栗子木混合提取物对猪肉品质的影响，结果表明，提取物显著降低了肉的 L^* 值，升高了 a^* 值，在品尝实验中，提取物显著改善了肉的颜色和味道。生姜、大蒜复合植物提取物显著增加了肌肉 24h pH 且改善了肌肉的亮度、红度和黄度。Xu 等（2019）研究发现，日粮添加苹果多酚可以降低育肥猪背膘厚和背最长肌的 L^* 值和 b^* 值。

植物提取物通过促进肌肉纤维类型的转化来改善肉品质。Chen 等（2021）研究了日粮添加苹果多酚对猪骨骼肌肌肉类型的影响，结果发现，苹果多酚促进了猪骨骼肌中快肌纤维向慢肌纤维的转化。Zhang 等（2015）研究日粮添加 300mg/kg、600mg/kg 白藜芦醇对育肥猪肉品质和肌纤维类型的影响，发现白藜芦醇增加了背最长肌的 a^* 值、粗蛋白质和肌红蛋白含量，但是降低了剪切力、滴水损失、糖酵解潜力、背膘厚及乳酸脱氢酶的含量。母猪日粮添加白藜芦醇促进了后代猪背最长肌快肌纤维向慢肌纤维的转化，改善了肉品质。白藜芦醇促进猪骨骼肌中快肌纤维向慢肌纤维的转化，这可能是白藜芦醇改善肉品质的机制。

综上可以看出，植物提取物在改善猪肉品质方面具有明显的作用，但是植物提取物影响猪肉品质的研究资料仍然有限，需要更多研究来探讨植物提取物在猪肉品质改善中的应用。

（尹靖东、张鑫，中国农业大学；邱凯，
中国农业科学院饲料研究所；焦宁，山东农业大学）

参 考 文 献

边连全，许云贺，苏玉虹，等. 2010. 能量水平对猪 *HFABP* 基因表达及肉质的影响. 食品科学，31（11）：153-156.

蔡传江，车向荣，赵克斌，等. 2009. 亚麻油对育肥猪肉品质及脂肪组织脂肪酸组成的影响. 畜牧兽医学报，40（12）：1755-1760.

蔡传江，车向荣，赵克斌，等. 2010. 亚麻油对育肥猪生产性能及猪肉脂肪酸组成的影响. 中国畜牧杂志，46（9）：46-48.

陈代文. 2002. 营养水平及性别对生长育肥猪肉质性状发育规律的影响. 四川农业大学学报，20（1）：1-4.

胡旭进，胡斌，杜宗亮，等. 2017. 甜菜碱对不同阶段金华猪生长性能和胴体组成的影响. 养猪，（5）：27-29.

黄大鹏，郑本艳，李祥辉，等. 2009. 营养水平对育肥猪后期三江白猪肌肉品质的影响. 动物营养学报，21（4）：428-433.

刘苹苹. 2010. 赖氨酸水平对肥育猪肌纤维特性的影响及其分子机理. 广州：华南农业大学博士学位论文.

王宇波，许豆豆，何鑫，等. 2019. 低蛋白饲粮缬氨酸水平对肥育猪生长性能、胴体性状和肉品质的影响. 畜牧兽医学报，50（9）：1832-1840.

尹靖东. 2011. 动物肌肉生物学与肉品科学. 北京：中国农业大学出版社.

岳永起，华永琳，熊燕，等. 2021. microRNA 调控动物皮下脂肪组织和肌内脂肪沉积的研究进展. 畜牧兽医学报，52（10）：2698-2709.

张海燕，姜学，尹靖东. 2009. 猪肌内脂肪沉积的营养调控及候选基因的研究进展. 中国畜牧杂志，45（21）：60-64.

张克英，陈代文，罗献梅，等. 2020. 饲粮理想蛋白水平对猪肉品质的影响. 四川农业大学学报，20（1）：12-16.

Aiello D, Patel K, Lasagna E. 2018. The myostatin gene: an overview of mechanisms of action and its relevance to livestock animals. Anim Genet, 49(6): 505-519.

Albuquerque A, Neves J A, Redondeiro M, et al. 2017. Long term betaine supplementation regulates genes involved in lipid and cholesterol metabolism of two muscles from an obese pig breed. Meat Sci, 124: 25-33.

Apple J, Maxwell C, Bass B, et al. 2017. Effects of reducing dietary crude protein levels and replacement with crystalline amino acids on growth performance, carcass composition, and fresh pork quality of finishing pigs fed ractopamine hydrochloride. J Anim Sci, 5(11): 4971-4985.

Böhmer B, Roth-Maier D. 2007. Effects of high-level dietary B-vitamins on performance, body composition and tissue vitamin contents of growing/finishing pigs. J Anim Physiol Anim Nutr(Berl), 91(1-2): 6-10.

Cagnazzo M, te Pas M F W, Priem J, et al. 2006. Comparison of prenatal muscle tissue expression profiles of two pig breeds differing in muscle characteristics. J Anim Sci, 84(1): 1-10.

Chen X, Jia G, Liu G, et al. 2021. Effects of apple polyphenols on myofiber-type transformation in longissimus dorsi muscle of finishing pigs. Anim Biotechnol, 32(2): 246-253.

Corino C, Musella M, Mourot J. 2008. Influence of extruded linseed on growth, carcass composition, and meat quality of slaughtered pigs at one hundred ten and one hundred sixty kilograms of liveweight. J Anim Sci, 86(8): 1850-1860.

Duffy S, Kelly A, Rajauria G, et al. 2018. The use of synthetic and natural vitamin D sources in pig diets to improve meat quality and vitamin D content. Meat Sci, 143: 60-68.

Dugan M, Aalhus J, Kramer J, et al. 2004. Conjugated linoleic acid pork research. Am J Clin Nutr, 79(6 Suppl): 1212S-1216S.

Enright K. 1998. The effects of feeding high levels of vitamine D_3 on pork quality. J Anim Sci, 76: 149.

Felicioni F, Pereira A D, Caldeira A L, et al. 2020. Postnatal development of skeletal muscle in pigs with intrauterine growth restriction: morphofunctional phenotype and molecular mechanisms. J Anat, 236(5): 840-853.

Frank J, Escobar J, Nguyen H, et al. 2007. Oral *N*-carbamylglutamate supplementation increases protein synthesis in skeletal muscle of piglets. J Nutr, 137(2): 315-319.

Gan Y M, Zhou J, Quan R, et al. 2019. Histone H3K27me3 in the regulation of skeletal muscle development. Hereditas, 41(4): 285-292.

Goerl K, Eilert S, Mandigo R, et al. 1995. Pork characteristics as affected by two populations of swine and six crude protein levels. J Anim Sci, 73(12): 3621-3626.

Gros J, Manceau M, Thome V, et al. 2005. A common somitic origin for embryonic muscle progenitors and satellite cells. Nature, 435(7044): 954-958.

Guillevic M, Kouba M, Mourot J, et al. 2009. Effect of a linseed diet on lipid composition, lipid peroxidation and consumer evaluation of French fresh and cooked pork meats. Meat Sci, 81(4): 612-618.

Haydon K, Campbell R, Prince T, et al. 1995. Effect of dietary betaine additions and amino: calorie ratio on performance and carcass traits of finishing pigs. J Anim Sci, 73: 83.

Horak M, Novak J, Bienertova-Vasku J. 2016. Muscle-specific microRNAs in skeletal muscle development. Dev Biol, 410(1): 1-13.

Hou X, Yang Y, Zhu S, et al. 2016. Comparison of skeletal muscle miRNA and mRNA profiles among three pig breeds. Mol Genet Genomics, 291(2): 559-573.

Hu C, Jin P, Yang Y, et al. 2020. Effects of different maternal feeding strategies from day 1 to day 85 of gestation on glucose tolerance and muscle development in both low and normal birth weight piglets. J Sci Food Agric, 100(15): 5403-5411.

Hu W, Chen S, Zhang R, et al. Single nucleotide polymorphisms in the upstream regulatory region alter the expression of myostatin. *In Vitro* Cell Dev Biol Anim, 49(6): 417-423.

Jayaraman B, La K V, La H, et al. 2018. Supplementation of guanidinoacetic acid to pig diets: effects on performance, carcass characteristics, and meat quality. J Anim Sci, 96(6): 2332-2341.

Jiang Q, Sun B, Liu Q, et al. 2019. MTCH2 promotes adipogenesis in intramuscular preadipocytes via an mA-

YTHDF1-dependent mechanism. FASEB J, 33(2): 2971-2981.

Jiang Y L, Li N, Plastow G, et al. 2002. Identification of three SNPs in the porcine myostatin gene (MSTN). Anim Biotechnol, 13(1): 173-178.

Jin C, Gao C, Wang Q, et al. 2018. Effects of pioglitazone hydrochloride and vitamin E on meat quality, antioxidant status and fatty acid profiles in finishing pigs. Meat Sci, 145: 340-346.

Jin C, Zhang Z, Song Z, et al. 2020. mTORC1-mediated satellite cell differentiation is required for lysine-induced skeletal muscle growth. J Agric Food Chem, 68(17): 4884-4892.

Laker R C, Ryall J G. 2016. DNA methylation in skeletal muscle stem cell specification, proliferation, and differentiation. Stem Cells Int, 5: 5725927.

Lebret B, Batonon-Alavo D, Perruchot M, et al. 2018. Improving pork quality traits by a short-term dietary hydroxy methionine supplementation at levels above growth requirements in finisher pigs. Meat Sci, 145: 230-237.

Li X, Xie S, Qian L, et al. 2020. Identification of genes related to skeletal muscle growth and development by integrated analysis of transcriptome and proteome in myostatin-edited Meishan pigs. J Proteomics, 213: 103628.

Li X Y, Fu L L, Cheng H J, et al. 2017. Advances on microRNA in regulating mammalian skeletal muscle development. Hereditas, 39(11): 1046-1053.

Liu X, Liu H, Wang M, et al. 2019. Disruption of the ZBED6 binding site in intron 3 of IGF2 by CRISPR/Cas9 leads to enhanced muscle development in Liang Guang Small Spotted pigs. Transgenic Res, 28(1): 141-150.

Liu Y, Li J L, Li Y J, et al. 2015. Effects of dietary supplementation of guanidinoacetic acid and combination of guanidinoacetic acid and betaine on postmortem glycolysis and meat quality of finishing pigs. Anim Feed Sci Technol, 205: 82-89.

Luo Y, Zhang X, Zhu Z, et al. 2018. Surplus dietary isoleucine intake enhanced monounsaturated fatty acid synthesis and fat accumulation in skeletal muscle of finishing pigs. J Anim Sci Biotechnol, 9(88): 92-104.

Madeira M, Aflaia C, Coata P, et al. 2015. Effect of betaine and arginine in lysine-deficient diets on growth, carcass traits, and pork quality. J Anim Sci, 93(10): 4721-4733.

Maeda K, Yamamoto F, Toyoshi M, et al. 2014. Effects of dietary lysine/protein ratio and fat levels on growth performance and meat quality of finishing pigs. Anim Sci J, 85(4): 427-434.

Matthews J O, Southern L L, Higbie A D, et al. 2001. Effects of betaine on growth, carcass characteristics, pork quality, and plasma metabolites of finishing pigs. J Anim Sci, 79(3): 722-728.

Metzger K, Tuchscherer A, Palin M F, et al. 2020. Establishment and validation of cell pools using primary muscle cells derived from satellite cells of pig skeletal muscle. *In Vitro* Cell Dev Biol Anim, 56(3): 193-199.

Monahan F J, Buckley D J, Morrissey P A, et al. 1992. Influence of dietary fat and α-tocopherol supplementation on lipid oxidation in pork. Meat Sci, 31(2): 229-241.

Oksbjerg N, Gondret F, Vestergaard M. 2004. Basic principles of muscle development and growth in meat-producing mammals as affected by the insulin-like growth factor (IGF) system. Domest Anim Endocrinol, 27(3): 219-240.

Pearson A M. 1990. Muscle growth and exercise. Crit Rev Food Sci Nutr, 29(3): 167-196.

Peeters E, Driessen B, Geers R, et al. 2006. Influence of supplemental magnesium, tryptophan, vitamin C, vitamin E, and herbs on stress responses and pork quality. J Anim Sci, 84(7): 1827-1838.

Qian L, Tang M, Yang J, et al. 2015. Targeted mutations in myostatin by zinc-finger nucleases result in double-muscled phenotype in Meishan pigs. Sci Rep, 5: 14435.

Qin L, Chen Y, Liu X, et al. 2013. Integrative analysis of porcine microRNAome during skeletal muscle development. PLoS One, 8(9): e72418.

Qiu K, Xu D, Wang L, et al. 2020. Association analysis of single-cell RNA sequencing and proteomics reveals a vital role of Ca signaling in the determination of skeletal muscle development potential. Cells, 9(4): 1045.

Ranucci D, Beghelli D, Trabalza-Marinucci M, et al. 2015. Dietary effects of a mix derived from oregano (*Origanum vulgare* L.) essential oil and sweet chestnut (*Castanea sativa* Mill.) wood extract on pig performance, oxidative status and pork quality traits. Meat Sci, 100: 319-326.

Real D, Nelssen J, Unruh J, et al. 2002. Effects of increasing dietary niacin on growth performance and meat quality in finishing pigs reared in two different environments. J Anim Sci, 80(12): 3203-3210.

Ropka-Molik K, Pawlina-Tyszko K, Żukowski K, et al. 2018. Examining the genetic background of porcine muscle growth and development based on transcriptome and miRNAome data. Int J Mol Sci, 19(4): 1208.

Stinckens A, Luyten T, Bijttebier J, et al. 2008. Characterization of the complete porcine *MSTN* gene and expression levels in pig breeds differing in muscularity. Anim Genet, 39(6): 586-596.

Tous Z, Liang R, Zhao S, et al. 2014. CNN3 is regulated by microRNA-1 during muscle development in pigs. Int J Biol Sci, 10(4): 377-385.

Tou N, Lizardo R, Vilà R, et al. 2014. Effect of reducing dietary protein and lysine on growth performance, carcass characteristics, intramuscular fat, and fatty acid profile of finishing barrows. J Anim Sci, 92(1): 129-140.

Trendelenburg A U, Meyer A, Rohner D, et al. 2009. Myostatin reduces Akt/TORC1/p70S6K signaling, inhibiting myoblast differentiation and myotube size. Am J Physiol Cell Physiol, 296(6): C1258-C1270.

Wang F J, Jin L, Guo Y Q, et al. 2014. Development-related expression patterns of protein-coding and miRNA genes involved in porcine muscle growth. Genetics and Molecular Research, 13(4): 9921-9930.

Wang J, Ren Q, Hua L, et al. 2019a. Comprehensive analysis of differentially expressed mRNA, lncRNA and circRNA and their ceRNA networks in the longissimus dorsi muscle of two different pig breeds. Int J Mol Sci, 20 (5): 1107.

Wang S, Zuo H, Jin J, et al. 2019b. Long noncoding RNA Neat1 modulates myogenesis by recruiting Ezh2. Cell Death Dis, 10 (7): 505.

Wang T, Liu C, Feng C, et al. 2013. IUGR alters muscle fiber development and proteome in fetal pigs. Frontiers in Bioscience, 18: 598-607.

Wang X, Niu Y, Zhou J, et al. 2018. CRISPR/Cas9-mediated MSTN disruption and heritable mutagenesis in goats causes increased body mass. Anim Genet, 49 (1): 43-51.

Wang Y, Chen J, Ji Y, et al. 2021. Effect of betaine diet on growth performance, carcass quality and fat deposition in finishing Ningxiang pigs. Animals (Basel), 11 (12): 3408.

Wang Z, Li Q, Chamba Y, et al. 2015. Identification of genes related to growth and lipid deposition from transcriptome profiles of pig muscle tissue. PLoS One, 10 (10): e0141138.

Wiegand B, Parrish F, swan J, et al. 2001. Conjugated linoleic acid improves feed efficiency, decreases subcutaneous fat, and improves certain aspects of meat quality in stress-genotype pigs. J Anim Sci, 79(8): 2187-2195.

Wiegand B, Sparks J, Parrish F, et al. 2002. Duration of feeding conjugated linoleic acid influences growth performance, carcass traits, and meat quality of finishing barrows. J Aaim Sci, 80(3): 637-643.

Wilborn B S, Kerth C R, Owsley W F, et al. 2004. Improving pork quality by feeding supranutritional concentrations of vitamin D_3. J Anim Sci, 82(1): 218-224.

Wu H, Zhang Y. 2014. Reversing DNA methylation: mechanisms, genomics, and biological functions. Cell, 156(1-2): 45-68.

Wu L, Zhang H, Na L, et al. 2019. Methionine restriction at the post-weanling period promotes muscle fiber transition in piglets and improves intramuscular fat content in growing-finishing pigs. Amino Acids, 51(10-12): 1657-1666.

Xing Y, Wu X, Xie C, et al. 2020. Meat quality and fatty acid profiles of Chinese Ningxiang pigs following supplementation with *N*-carbamylglutamate. Animal(Basel), 10(1): 88.

Xiong Q, Chai J, Zhang P P, et al. 2011. MyoD control of SKIP expression during pig skeletal muscle development. Mol Biol Rep, 38(1): 267-274.

Xu D, Wang Y, Jiao N, et al. 2020. The coordination of dietary valine and isoleucine on water holding capacity, pH value and protein solubility of fresh meat in finishing pigs. Meat Sci, 163: 108074.

Xu X, Chen X, Chen D, et al. 2019. Effects of dietary apple polyphenol supplementation on carcass traits, meat quality, muscle amino acid and fatty acid composition in finishing pigs. Food Funct, 10(11): 7426-7434.

Yang X R, Yu B, Mao X B, et al. 2015. Lean and obese pig breeds exhibit differences in prenatal gene expression profiles of muscle development. Animal: An International Journal of Animal Bioscience, 9(1): 28-34.

Yang Y, Fan X, Yan J, et al. 2021. A comprehensive epigenome atlas reveals DNA methylation regulating skeletal muscle development. Nucleic Acids Res, 49(3): 1313-1329.

Yuan J, Cao J Y, Tang Z L, et al. 2011. Molecular characterization of Tob1 in muscle development in pigs. Int J Mol Sci, 12(7): 4315-4326.

Zhang C, Luo J, Yu B, et al. 2015. Dietary resveratrol supplementation improves meat quality of finishing pigs through changing muscle fiber characteristics and antioxidative status. Meat Sci, 102: 15-21.

Zhang X, Yao Y, Han J, et al. 2020. Longitudinal epitranscriptome profiling reveals the crucial role of *N*-methyladenosine methylation in porcine prenatal skeletal muscle development. J Genet Genomics, 47(8): 466-476.

Zhou H, Chen Y, Lv G, et al. 2016. Improving maternal vitamin D status promotes prenatal and postnatal skeletal muscle development of pig offspring. Nutrition, 32(10): 1144-1152.

Zhu Z, Gu C, Hu S, et al. 2020. Dietary guanidinoacetic acid supplementation improved carcass characteristics, meat quality and muscle fibre traits in growing-finishing gilts. Anim Physiol Anim Nutr (Berl), 104(5): 1454-1461.

Zou C, Li J, Luo W, et al. 2017. Transcriptome analysis reveals long intergenic non-coding RNAs involved in skeletal muscle growth and development in pig. Sci Rep, 7(1): 8704.

第十三章　家禽肉品质形成的分子营养调控

禽肉作为一种热量低、胆固醇低、蛋白质含量高的肉类，具有氨基酸丰富、易被机体吸收和再利用等优点。随着人们生活水平的逐步提高，人们对于禽肉质量的要求日益提高。优良的禽肉品质是建立在健康、安全、生态和注重动物福利的健康养殖基础上的。当前禽肉品质研究的主要方向，已经从最初的“好吃”或“好看”的传统肉质概念深入如何改善肉色、系水力、嫩度、风味、多汁性、营养和安全性等富有人文色彩的现代肉质概念。本章在概述现代肉品质概念下家禽肉品质性状评价指标的基础上，从禽肉生物学特性的形成、风味的形成和异质禽肉形成 3 个方面，综述了家禽肉品质形成的分子调控机制和营养调节。

第一节　家禽肉品质性状评价指标

由于家禽肉品质的好坏取决于多种品质性状及其复杂的影响，因此目前对家禽肉品质的鉴别缺乏统一的标准。从消费者的角度来看，目前评价家禽肉品质的常用性状评价指标可分为三种：①外观品质性状指标，如肉色、系水力和 pH 等；②食用品质性状指标，如嫩度、风味和多汁性等；③信赖质量性状指标，如安全性、营养特性等（Ishamri and Seon-Tea，2017）。决定家禽肉品质的最重要因素不仅是肉制品的理化性质，还包括消费者对肉制品的偏好程度。因此，家禽肉品质的定义在不同的国家、同一国家不同区域有不同的概念内涵。

一、家禽肉品质外观性状评价指标

（一）肉色

肉色作为肉质新鲜和健康的标志，是外观品质性状评定的最重要指标。肉色反映了肌肉生理、生化和微生物学的变化，主要取决于肌肉中肌红蛋白的含量（Joo et al.，2013）。肌红蛋白的主要生理功能是在肌肉组织中搬运与储藏氧。刚屠宰的鲜肉由于缺少氧气，肌红蛋白中与氧气结合位置被水所代替，使肌肉显现出淡淡的暗红色。当新鲜屠宰的肌肉被切开时，肌红蛋白与空气相互接触形成氧合肌红蛋白，肌肉呈现淡淡的鲜红色。随着时间的延长，氧合肌红蛋白经缓慢氧化生成变性肌红蛋白，肌肉逐渐呈现棕褐色。评定禽肉肉色的方法可以分为主观打分评定和客观定量测定。前者是以标准比色板（如美制 NPPC 比色板）为评分标准，或结合其他相关测量仪器根据测定结果对其进行打分；后者常使用色度计来测定 CIELAB 系统的 L^*（亮度值）、a^*（红度值）和 b^*（黄度值），其中最常用的是 L^* 值，其值越小表示肉色越好。

（二）系水力

系水力是肌肉组织保持水分的能力，它不仅影响肉色、肉的质地和硬度等外观品质性状，还影响肉的嫩度、多汁性等食用品质性状。系水力主要针对的是肌肉中的结合水，不易被解离和蒸发，影响系水力的因素主要包括宰前应激、宰后僵直温度及膜完整性等。此外，系水力还与宰后肌肉蛋白质的溶解度有关，当蛋白质溶解度降低时，肌肉吸附水分能力降低，失水率便随之升高。系水力可影响肉的营养成分，有研究表明，系水力低的肉营养容易迅速丢失。目前用于衡量和评价我国鸡肉营养系统系水力的重要指标主要有失水率、滴水损失、蒸煮损失、贮藏损失或熟肉的吸水率等。

（三）pH

pH 是肌肉酸度的直观表现，直接影响肉的外观品质和食用品质性状，如肉色、系水力、嫩度和风味等。便携式 pH 计是测定肌肉 pH 最常使用的工具，且操作简便快速。在屠宰后 45min 测定的 pH 称为 pH1，将肉样置于 4℃冰箱保存 24h 后测定的 pH 称为 pHu（终点 pH）。在鸡肉中，正常的 pH1 为 6.2～6.5，1h 后开始下降，而正常的 pHu 在 5.8 左右（Ishamri and Seon-Tea，2017）。pH 下降的速度太快容易引起肌肉中蛋白质和脂肪变性，导致肉呈 PSE 样；下降的速度缓慢又容易引起冷收缩，导致肉汁的损失和脂肪增加。如果 pH 较低（<5.8）且接近肌原纤维蛋白的等电点，则会导致系水力降低和肉变色。鸡肉中的重要鲜味受 pH 的影响，研究认为，当 pH 为 6.0 时鲜味最强，大于 7.0 时鲜味消失。值得注意的是，pH 在不同品种间或相同品种的不同部位都存在着差异，如鸡腿肉的 pH 比鸡胸肉高 0.5，导致两者的风味和口感不同。

二、家禽肉品质食用性状评价指标

（一）嫩度

嫩度是人类选择各种肉质的重要决定因素之一，是人们对肌肉口感满意程度的重要指标，包括入口后是否容易被咬开、咀嚼及咀嚼后的残渣量三个方面。影响嫩度的外在因素包括家禽的品种、年龄、性别、环境及饲料营养成分，内在因素主要包括肌肉中肌纤维的组成和收缩状态、结缔组织的数量和溶解度及僵直肌中蛋白质水解的程度（Joo et al.，2013）。在上市日龄（6～8 周）肉鸡中，肌纤维的收缩状态是影响肉嫩度的最重要因素。肌纤维的收缩状态可以通过测量肌节的长度来确定，较短的肌节长度与坚韧的肉有很强的相关性。嫩度的评价常采取剪切力值法，剪切力的数值越小则鲜嫩度越高，与感官评定结果高度相关，且分辨率高，因此成为评定肉嫩度的有效方法。

（二）风味

风味是比较直观且易于评定的指标，一般新鲜的肉在嗅觉上表现为正常的腥味、金属味，而在味觉上则表现为咸味，发生变质的肉会发出腐败的味道。而肉的特征性香味是由前体物质经热诱导发生一系列复杂的化学反应，形成挥发性气味物质和非挥发性滋味物质，这些物质具有微量性、多样性和复杂性等特点（邢通等，2021）。风味前体物质主要包括肌肉内的游离氨基酸、肌内脂肪、肌苷酸及相关核酸代谢物、还原糖等，其中，肌内脂肪是评价肉的嫩度、风味和多汁性的主要成分，已逐渐发展成为评价肉类食用品质性状的重要营养物质指标之一。在肌肉适宜的范围内肌内脂肪含量越高，肉品的营养质量和其风味越好。

三、家禽肉品质信赖质量性状评价指标

（一）安全性

肉的安全性评价包括微生物指标、肉的腐败与酸败程度、各种抗生素和激素水平、农药残留量及重金属离子浓度等，其中，微生物指标是评价肉类产品安全性的最重要指标。一般来说，肉类产品中包括的微生物可分为两种，分别是食源性致病性微生物和对人类健康无害的微生物。家禽肉中已发现的食源性致病性微生物有沙门氏菌、弯曲杆菌、产气荚膜梭菌、大肠杆菌 O157、单核增生李斯特菌、弧菌和幽门螺杆菌等（Ishamri and Seon-Tea，2017）。在家禽低温肉制品中发现的腐坏异味物质可以归因于对人类健康无害的微生物的生长。这是由于低温肉制品杀菌温度低，在杀菌过程中只杀死了致病性微生物，而部分引起肉质腐败的耐热微生物并没有被杀灭，而且低温肉制品水分活度高，蛋白质、脂肪含量高，利于腐败微生物生长繁殖，导致低温肉制品货架期短，不便于长途运输。但如果提高杀菌温度，则会影响低温肉制品的感官质量和营养特性，不符合低温肉制品的概念和品质要求。

（二）营养特性

肉质中的营养成分包括水分、蛋白质、脂肪、矿物质等，其测定方法目前已有相关国家标准。与传统的猪、牛、羊肉等红肉相比，禽肉更加符合人们对营养的需求，表现为低脂肪、低热量、低胆固醇、高蛋白质的营养价值和特点。鸡肉含有理想的单不饱和脂肪，约占鸡肉中脂肪的一半，只有 1/3 的鸡肉含有饱和脂肪。有趣的是，鸡肉不含与冠心病相关的反式脂肪酸，而这种反式脂肪酸存在于牛肉和羊肉中。此外，禽肉是多不饱和脂肪酸的良好来源，特别是 *n*-3 多不饱和脂肪酸。

第二节　禽肉生物学特性的形成机制与营养调控

禽肉的外观品质性状和食用品质性状，包括肉色、系水力、嫩度、风味和多汁性等，主要取决于肌肉的生物学特性。肌肉生长过程中肌纤维的发育和肌内脂肪的沉积两个相互联系的生物学过程，共同影响肌肉的生物学特性（尹靖东和李德发，2014）。基因背景及其相关的代谢调控网络是肌肉生物学特性发育形成的内因，而在这一过程中，又受到营养和环境等外因的影响。

一、肌纤维发育的分子机制与营养调控

（一）肌纤维类型

骨骼肌的基本单位是肌纤维，肌纤维根据肌球蛋白重链（myosin heavy chain，MyHC）

多态性可以分为两类：Ⅰ型（红肌）和Ⅱ型（白肌）肌纤维，其中，Ⅱ型肌纤维又分为ⅡA、ⅡB 和ⅡX 3 种类型。Ⅰ型肌纤维线粒体含量多，有氧代谢酶活性高，糖原、葡萄糖含量与肌纤维收缩 ATP 酶活性低，因此，糖酵解能力弱、肌纤维收缩速度慢。也有研究认为，Ⅰ型肌纤维脂质含量较高，肉品质的风味更好。ⅡB 型肌纤维的线粒体数量和有氧代谢酶活性低，但糖原含量、糖酵解酶与肌纤维收缩 ATP 酶活性高，糖酵解潜力大，具有收缩速度快、时间短的特点。糖酵解可产生乳酸，导致肌肉 pHu 较低，因此，ⅡB 型肌纤维含量高的肌肉易形成白肌肉。ⅡA 型肌纤维糖原含量多，线粒体数量比ⅡB 型肌纤维多，常通过糖酵解或有氧氧化两种途径为肌肉供能。ⅡX 型肌纤维的收缩和代谢特性则介于ⅡA 和ⅡB 型肌纤维型之间。不同禽类之间的肌纤维特征存在显著差异，如鸭胸肌纤维中ⅡB 型占 73.3%，ⅡA 型占 26.7%，而鸡胸肌中ⅡB 型占 100%（图 13-1）。同一家禽不同部位的肌肉中肌纤维组成也存在一定差异，一般胸大肌中ⅡB 纤维比例较高，而股二头肌由Ⅰ型、ⅡA 型和ⅡB 型组成。此外，与家养禽类相比，野生禽类含有更多的氧化型肌纤维和更少的糖酵解型肌纤维。

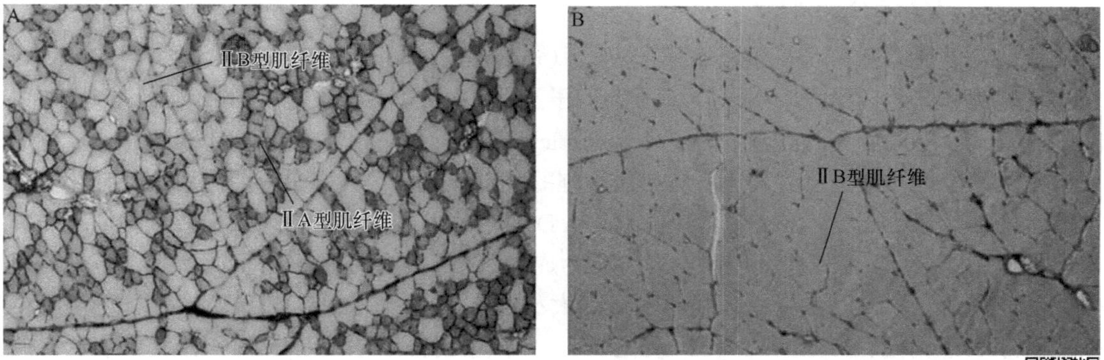

图 13-1　鸭（左）和鸡（右）胸肌肌纤维组成（引自 Kim et al.，2008）

（二）肌纤维发育

在家禽胚胎发育和肌肉发生过程中，具有多能干细胞特质的体节细胞分化形成的成肌细胞通过增殖、迁移、融合等多个过程形成多核的肌管（图 13-2）。不同发育阶段的成肌细胞分别命名为体细胞、胚胎成肌细胞、胎儿成肌细胞和卫星细胞。初级肌管来自胚胎成肌细胞，次级肌管来自胎儿成肌细胞，初级 / 次级肌管继续分化成成熟的肌纤维（图 13-2）。家禽在胚胎期 7～12 日龄形成初级肌管，12～18 日龄形成次级肌管，出壳后 3 日龄内分化成成熟的肌纤维。与哺乳动物一致，家禽在孵化结束期间肌纤维总数已经固定，出生后肌纤维的生长是通过肌纤维肥大过程而使体积增大，从而显著增加了出壳后肌肉的重量，在这一过程中卫星细胞的细胞核被募集到肌纤维内。虽然肌纤维数目在出生时已经稳定，但肌纤维类型转化却伴随动物整个发育时期。各纤维类型按Ⅰ↔ⅡA↔ⅡX↔ⅡB 顺序进行相互转化，表明肌肉组织具有很强的可塑性。家禽在刚出壳时，肌肉主要是由氧化型纤维组成，随着日龄的发育，氧化型纤维的比例逐渐降低，而糖酵解型纤维的比例逐渐增加。

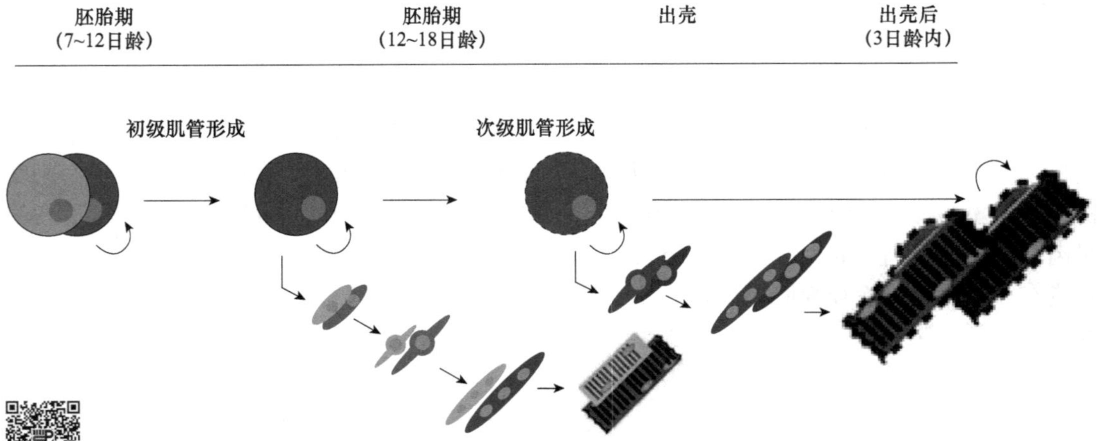

图 13-2　肌纤维形成的不同阶段（改自 Chal and Pourquié，2017）

（三）肌纤维发育的分子调控

成肌细胞的增殖和分化受生肌调节因子（myogenic regulatory factor，MRF）调控。MRF家族主要由生肌决定因子 1（MyoD）、成肌因子 5（myogenic factor 5，Myf5）、肌细胞生成素（myogenin，MyoG）和肌肉调节因子 4（muscle regulatory factor 4，MRF4）组成，通过调节肌肉分化阶段特异性蛋白的表达来参与肌细胞的决定和分化，共同诱导前成肌细胞分化发育形成肌纤维（王巧巧等，2018）。Myf5 和 MyoD 对成肌前体细胞的分化及成肌细胞的增殖具有重要作用，MyoG 在成肌细胞融合并分化为成熟骨骼肌细胞阶段发挥重要作用，是骨骼肌分化的必需因子，MRF4 与肌纤维的数量和大小均有关系。因此，MRF 家族成员之间严格按照时序表达调控，Myf5 和 MyoD 最先表达，决定成肌，MyoG 和 MRF4 在其后表达，调节肌肉分化。Wnt 信号通路和丝裂原激活蛋白激酶（mitogen activated protein kinase，MAPK）信号通路与 MRF 家族密切相关，Wnt1/Wnt5 可以调控 Myf5 和 MyoD 的表达进而调控成肌，MAPK 信号通路通过与 MRF 相互作用来维持肌肉的分化（王红杨，2016）。

Pax 家族对肌细胞的增殖、分化起关键作用，是影响肌纤维发育的重要候选基因，其中 Pax3 与 Pax7 对脊椎动物肌肉的形成起重要作用。在家禽中的研究表明，*Pax3* 基因集中在胚胎期大量表达，揭示该基因可能对肌纤维生长发育存在调控作用。*Pax7* 是强有力的生肌性诱导基因，能使具有多能干细胞特质的体节细胞分化为生肌性细胞，在骨骼肌的发育过程中起着至关重要的作用。*Pax7* 基因还可以通过诱导 *Myf5* 和 *MyoD* 基因的表达，以及与 *Pax3* 基因相互调控来参与骨骼肌的发育，是治疗肌肉萎缩及肌肉发育障碍等疾病的重要靶基因（王巧巧等，2018）。此外，*Pax3* 及 *Pax7* 基因与肌纤维卫星细胞的融合密切相关。肌纤维卫星细胞通过融合进入肌纤维内，使肌纤维膨大。肌纤维卫星细胞在成年动物肌肉中通常是静止的，常作为储备细胞群，在肌肉受伤时增殖，并产生再生肌肉及更多的卫星细胞。在哺乳动物中的研究显示，Pax3 主要参与骨骼肌的正常发育过程，而 Pax7 则更多地参与肌肉损伤修复及再生过程。

肌纤维发育是个复杂的过程，受到正向调控因子与负向调控因子的双向调节。转化生长因子-β（TGF-β）信号通路参与胚胎的发育及骨骼肌的形成，但 TGF-β 过表达时，会抑制

MRF 基因的活性，导致 MRF 无法发挥作用，从而对肌纤维的发育起负向调控作用。与之类似，TGF-β 超家族中的肌生长抑制蛋白（MSTN）在肌纤维生长和发育过程中起负向调控作用。

（四）肌纤维发育的营养调控

胚胎期营养和出生后营养均可调控肌纤维的生长发育及类型转化。与哺乳动物类似，家禽肌纤维总数在孵化出壳前已经固定，因此，营养对肌纤维总数的影响，在胚胎发育阶段最为关键。猪和牛的初级肌纤维（初级肌管）数量受到遗传控制，次级肌纤维（次级肌管）数量更多地受母体效应等表观遗传控制。例如，妊娠母猪的营养不足会导致初生仔猪肌肉次级肌纤维数量减少，但初级肌纤维数量没有变化。虽然胚胎期营养对家禽初级和次级纤维数量影响的研究目前尚未见报道，但在最新的研究中已证明胚胎期营养可促进家禽出壳后肌纤维的膨大。赵敏孟（2017）研究发现孵化期 17.5 日龄胚胎注射丙酮酸肌酸可显著上调雏鸡胸肌 MRF 家族基因的表达水平，抑制 *MSTN* 基因的表达，促进肌纤维的发育，最终提高了 3 日龄雏鸡胸肌肌纤维的直径和横截面面积，并推测这可能与丙酮酸肌酸激活了 Wnt 信号通路有关。

出生后营养主要通过影响肌纤维的大小和肌纤维的类型转化调控肌纤维的发育。肌纤维直径和横截面面积与肌肉嫩度呈负相关，即直径或面积越小，肉质越好，但肌肉产量又与肌纤维直径呈正相关。营养水平（包括能量、蛋白质、脂肪、维生素和矿物质等）对肌纤维生长发育有较大影响，高营养水平条件下，各年龄阶段的肌纤维面积都比低营养水平条件下大。在家禽中的研究表明，胸肌肌纤维直径和横截面面积与日粮能量和赖氨酸水平成正比，与日粮蛋白质水平无显著相关性，而出生后营养不良，如限制饲喂，可通过降低肌纤维直径减少骨骼肌肌肉的产量。出生后营养对肌纤维类型转化的影响主要是通过调控出生后肌纤维 MyHC 异构体的表达实现的。一般认为，氧化型纤维比例高的肌肉肉质好于糖酵解型纤维比例高的肌肉。在家禽生产中，随着生长速度的加快，肌肉肌纤维的酵解性也逐渐增强。此外，地方鸡种和快大型商品鸡 AA 鸡比较，AA 鸡糖酵解型纤维比例明显较高。目前的研究已发现钙调神经磷酸酶、过氧化物酶体增殖物激活受体 β/δ（peroxisome proliferators activated receptor β/δ，PPARβ/δ）、过氧化物酶体增殖物激活受体 γ 共激活因子-1 α/β（peroxisome proliferators activated receptor-γ co-activator-1 α/β，PGC-1α/β）、六同源蛋白 Six1 和 Six4 及 TEA 域转录因子 1 等信号分子参与了肌纤维类型转化中的过程，但相关的分子机制和调控途径目前并不清楚，有关出生后营养对肌纤维类型转化方面的研究也比较缺乏且结果不一致，这可能与动物体重或年龄、肌肉部位和营养缺乏程度有关（尹靖东和李德发，2014）。

二、肌内脂肪沉积的分子机制与营养调控

（一）肌内脂肪细胞发育的生物学过程

肌内脂肪是指分布于肌肉组织中肌纤维间的脂肪，在猪、牛等动物上形成可见的大理石纹，但在家禽上并不明显，而且也不能通过解剖分离。肌内脂肪细胞的发育可分为 4 个阶段，第一个阶段是多能干细胞定向分化形成间充质前体细胞（前体脂肪细胞），此时尚未出

现脂滴；第二个阶段是间充质前体细胞经增殖形成开始出现脂滴的前脂肪细胞；第三个阶段是前脂肪细胞经生长抑制、克隆增殖等一系列过程，形成内含大量小脂滴的多室脂肪细胞；第四个阶段是随着脂肪的沉积，小脂滴逐渐汇集形成大脂滴，并充满细胞，多室脂肪细胞转化成单室脂肪细胞，从而形成成熟的脂肪细胞（王红杨，2016）。与肌纤维发育过程类似，脂肪组织的发育也经历两个细胞发育阶段：一是脂肪细胞数量增多的增生期，脂肪细胞的数量在出生前及出生早期被固定；二是脂肪细胞肥大期，生长后期脂肪的生长是通过脂肪细胞体积的增大实现的。在北京鸭上的研究表明，出壳后前 4 周龄，脂肪组织的发育是脂肪细胞增生和肥大共同作用的结果，4 周龄后，脂肪的膨胀只通过脂肪细胞的肥大来完成。

（二）肌内脂肪细胞脂肪沉积的基本过程

与哺乳动物不同，肝脏是家禽脂质合成的主要场所，肝外组织合成的脂质很有限，肝脏合成的脂肪被转运到其他组织利用或到脂肪组织中储存。家禽脂肪沉积是一个脂肪合成、转运和分解三者结合的动态过程（图 13-3）。在肝脏，葡萄糖首先分解为乙酰辅酶 A（coenzyme A，CoA），接着在乙酰辅酶 A 羧化酶（ACC）、脂肪酸合成酶（FAS）和 NADPH 的作用下合成脂肪酸。在这一过程中，苹果酸酶（malic enzyme，ME）可通过苹果酸-丙酮酸循环促进 NADPH 的合成，是家禽肝脏脂质合成过程中的主要能量来源。脂肪酸在二酯酰甘油酰基转移酶（diacyl-glycerol acyltransferase，DGAT）的作用下转化为甘油三酯（triglyceride，TG）或胆固醇。从肝脏进入血液循环的胆固醇和 TG 通过极低密度脂蛋白（very low density lipoprotein，VLDL）携带运输至脂肪组织，在毛细血管内皮上被脂蛋白脂肪酶（lipoprotein lipase，LPL）水解成脂肪酸和甘油，并在脂肪细胞中重新酯化后储存或利用。在肌内脂肪细胞中，TG 在脂肪甘油三酯脂肪酶（adipose triglyceride lipase，ATGL）、激素敏感性脂肪酶（hormone-sensitive lipase，HSL）和单酰甘油脂肪酶（monoacylglycerol lipase，MGL）的作用下分解生成甘油和脂肪酸，其中 ATGL 是近年研究发现的 TG 水解限速酶（黄泰来等，2021）。

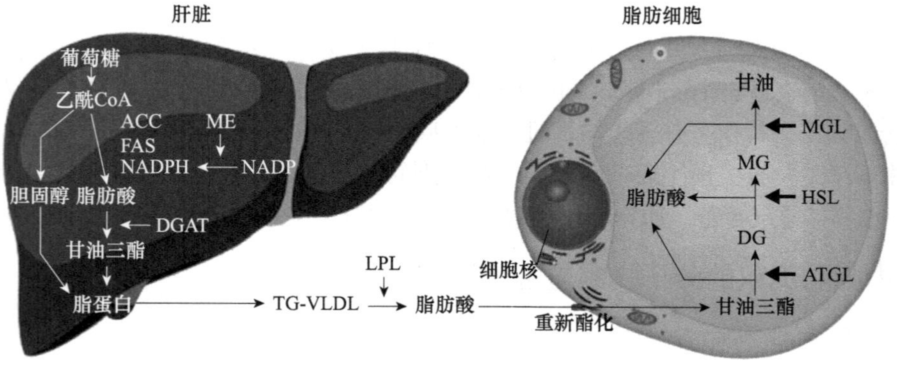

图 13-3 家禽肌内脂肪细胞脂肪沉积的过程（改自黄泰来等，2021）

ACC. 乙酰辅酶 A 羧化酶；ATGL. 脂肪甘油三酯脂肪酶；DG. 二酰甘油；DGAT. 二酯酰甘油酰基转移酶；FAS. 脂肪酸合成酶；HSL. 激素敏感性脂肪酶；LPL. 脂蛋白脂肪酶；ME. 苹果酸酶；MG. 单酰甘油；MGL. 单酰甘油脂肪酶；TG-VLDL. 甘油三酯-极低密度脂蛋白

（三）肌内脂肪沉积的分子调控

肌内脂肪的含量取决于肌内脂肪细胞的分化与脂肪细胞内脂质的沉积。脂肪细胞的发育过程中伴随着分化转录因子的调节和脂代谢调控基因的时序表达等一系列变化。肌内脂肪细胞的发育包括4个阶段，前三个阶段通常被认为是脂肪细胞的分化阶段，而脂肪细胞内脂质的沉积贯穿于后三个阶段，且以第四阶段为主。与家禽脂肪细胞分化相关的候选基因包括前脂肪细胞因子1（preadipocyte factor-1，Pref-1）、PPARγ、CAAT增强子结合蛋白α/β（CAAT enhancer binding protein α/β，CEBPα/β）、脂肪细胞决定和分化因子1（adipocyte determination and differentiation factor 1，ADD1）、PGC-1β等。其中，PPARγ、PGC-1β可同时介导调控家禽脂肪细胞的分化和脂质沉积。家禽脂肪细胞内脂质的沉积受脂质合成、转运和分解3个方面的调控，当脂肪合成代谢超过其分解代谢就会产生脂肪沉积，参与这一调控过程的候选基因如表13-1所示，对这些基因的功能目前已有较多的研究。

表13-1 调控脂肪细胞内脂质沉积的主要候选基因

脂代谢过程	候选基因
脂质合成	葡萄糖-6-磷酸脱氢酶（glucose-6-phosphate dehydrogenase，G6PDH）、乙酰辅酶A羧化酶（acetyl-CoA carboxy lase，ACC）、脂肪酸合成酶（fatty acid synthetase，FAS）、苹果酸酶（malic enzyme，ME）、二酯酰甘油酰基转移酶（diacyl-glycerol acyltransferase，DGAT）、硬脂酰辅酶A去饱和酶1（stearyl CoA desaturase，SCD1）、3-羟基-3-甲基戊二酸单酰辅酶A还原酶（3-hydroxy-3-methylglutaryl-CoA reductase，HMGCR）和固醇调节元件结合蛋白1c/2（sterol regulatory element-binging protein-1c/2，SREBP1c/2）
脂质转运	脂肪酸结合蛋白4（fatty acid binding protein，FABP4）和脂肪酸转运酶（fatty acid translocase，FAT/CD36）
脂质分解	脂蛋白脂肪酶（lipoprotein lipase，LPL）、脂肪甘油三酯脂肪酶（adipose triglyceride lipase，ATGL）、激素敏感性脂肪酶（hormone-sensitive lipase，HSL）、单酰甘油脂肪酶（monoacylglycerol lipase，MGL）、过氧化物酶体增殖物激活受体α/β（peroxisome proliferators activated receptor α/β，PPARα/β）、过氧化物酶体增殖物激活受体共激活因子-1α（peroxisome proliferators activated receptor-γ co-activator-1 α，PGC-1α）

近年来，通过对前脂肪细胞进行体外培养研究与脂肪细胞分化相关的信号途径，发现了5条常见的通路，包括Wnt/β-catenin信号通路、MAPK信号通路、TGF-β/骨形成蛋白（bone morphogenetic protein，BMP）信号通路、胰岛素样生长因子（insulin/insulin-like growth factor，IGF）/IGF-1信号通路和音猬因子（sonic hedgehog，SHH）信号通路（图13-4）。其中，Wnt/β-catenin信号通路的核心成分β-catenin是一种分泌型糖蛋白，在脂肪细胞的分化过程中具有负调控作用，能够抑制CEBPα和CEBPβ表达，进而抑制脂肪细胞分化；MAPK信号通路主要包括细胞外信号调节激酶（extracellular signal-regulated kinase，ERK）、p38和c-Jun氨基端激酶（c-Jun N-terminal kinase，JNK）三条途径，通过调节CEBPα或CEBPβ活化状态，促进脂肪细胞分化；IGF/IGF-1信号通路在激活磷脂酰肌醇3-激酶（PI3K）途径促进脂肪前体细胞增殖、分化方面起到重要作用；BMP可以与Smad1/4、CEBPα形成复合物提高PPARγ表达，从而促进脂肪细胞分化；SHH信号通路能够通过调控GATA2或COUP-TFII等转录因子的表达，抑制PPARγ的活性，从而抑制前体脂肪细胞、多能间充质干细胞的成脂分化（Min et al.，2010）。

腺苷磷酸活化蛋白激酶（adenosine monophosphate activated protein kinase，AMPK）信号通路被认为是调控脂肪细胞内脂质沉积的一条最重要的信号通路。AMPK通过直接磷酸化脂

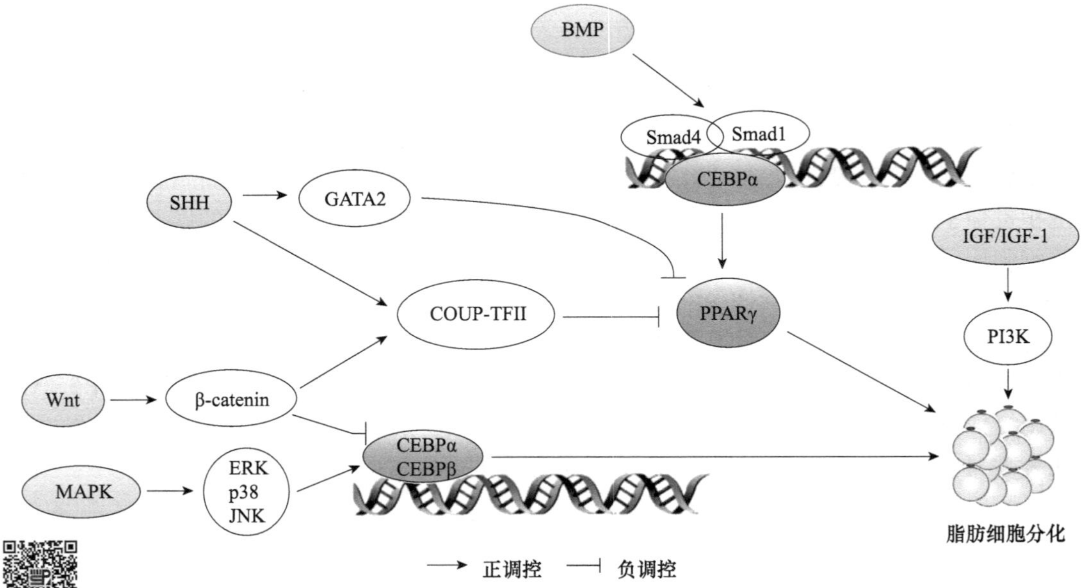

图 13-4　调控肌内脂肪细胞分化的细胞信号通路（改自 Min et al.，2010）

BMP. 骨形成蛋白；CEBP. CAAT 增强子结合蛋白；COUP-TFII. 转录因子；ERK. 细胞外信号调控的激酶；GATA2. 转录因子；IGF. 胰岛素样生长因子；JNK. c-Jun 氨基端激酶；MAPK. 丝裂原激活蛋白激酶；PI3K. 磷脂酰肌醇3-激酶；PPAR. 过氧化物酶体增殖物激活受体；SHH. 音猬因子

代谢相关酶及转录因子来调控脂肪细胞内脂质的合成或分解代谢（图 13-5）。一方面 AMPK 可通过直接磷酸化 SREBP1c、SREBP2 或胆固醇合成限速酶 HMGCR，使其蛋白质水解或抑制其核转位，抑制其下游脂质合成相关靶基因的表达（如脂肪酸合成关键酶 ACC1、FAS 和

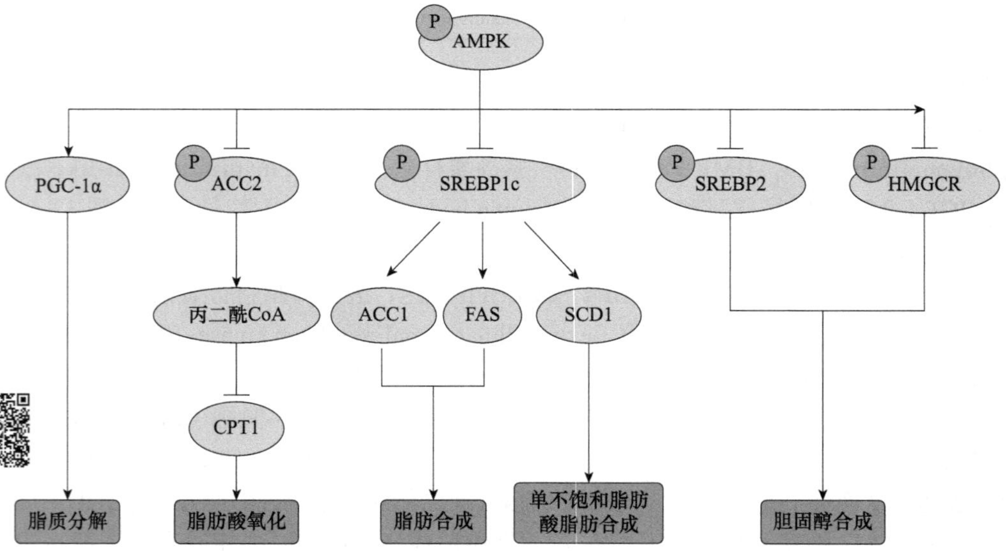

图 13-5　AMPK 对脂肪细胞内脂质沉积的调控机制（引自黄泰来等，2021）

ACC. 乙酰辅酶 A 羧化酶；AMPK. 腺苷磷酸活化蛋白激酶；CPT1. 肉碱棕榈酰基转移酶 1；FAS. 脂肪酸合成酶；HMGCR. 3-羟基-3-甲基戊二酸单酰辅酶 A 还原酶；PGC-1. 过氧化物酶体增殖物激活受体共激活因子-1；SCD1. 硬脂酰辅酶 A 去饱和酶 1；SREBP. 固醇调节元件结合蛋白

单不饱和脂肪酸合成限速酶 SCD1），从而下调脂肪酸或胆固醇的合成；另一方面 AMPK 可直接磷酸化 ACC2，抑制其活性，降低丙二酰 CoA 的合成，进而提高由丙二酰 CoA 介导的肉碱棕榈酰基转移酶 1（carnitine palmityl transferase 1, CPT1）的活性，促进脂质氧化；此外，AMPK 还可通过提高 PGC-1α 的表达促进脂质分解代谢（黄泰来等，2021）。

随着测序方法的不断进步和研究的不断深入，越来越多与脂肪细胞内脂质沉积相关的信号通路已被挖掘和鉴定。Cui 等（2018）利用 cDNA 芯片技术筛选出了调控肉鸡肌内脂肪沉积的两类信号通路，包括 PPAR 和 MAPK 等与脂代谢相关的信号通路和与细胞连接相关的信号通路，如黏着斑和细胞外基质受体互作通路等（图 13-6）。此外，最新研究发现，不饱和脂肪酸的代谢参与调节鸭肌内脂肪沉积过程，如 α-亚麻酸代谢、亚油酸代谢通路等。

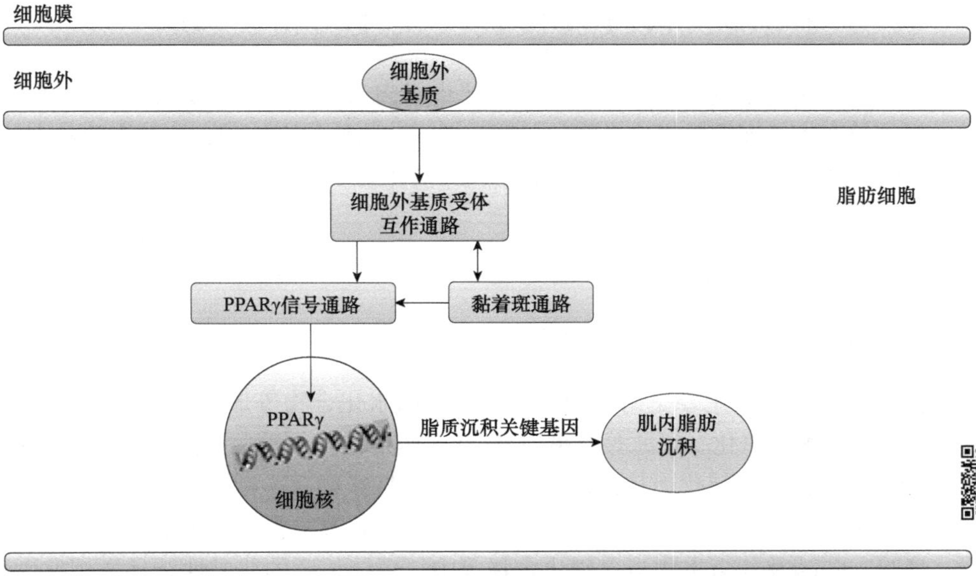

图 13-6　家禽肌内脂肪沉积的信号通路（改自 Cui et al.，2018）

（四）肌内脂肪沉积的营养调控

肌内脂肪含量对肉质风味、多汁性及嫩度均有正相关的影响。与哺乳动物相比，家禽的脂肪沉积主要包括皮下脂肪和腹部脂肪，而肌内脂肪含量非常低，约占禽肉（去皮）的 1.6%，因此，禽肉比猪肉、牛肉等红肉更加符合人类营养的需要，但由于脂类物质含有大量的风味物质，禽肉在风味和口感上相对较差。胚胎期和生长发育早期肌内脂肪细胞的数量已被固定，此期间肌内脂肪的沉积主要受到基因的调控，但营养因素也可影响出生早期脂肪细胞的数量，而在生长发育后期（如肥育期），肌内脂肪的增加主要以脂肪细胞体积的增大和重量的增加来实现，此期间主要受到营养因素的调控。例如，饲料中添加精氨酸或二十碳五烯酸能通过抑制 Wnt/β-catenin 信号通路，提高 PPARγ 活性，促进生长发育早期肌内脂肪细胞的分化，而饲料中添加亮氨酸等能通过 AMPK 信号通路，调控脂肪细胞内脂质的沉积，改善肥育期的肉品质。另外，肌内脂肪沉积与日粮中蛋能水平呈负相关，较低的日粮蛋能水平，即高能低蛋白，可提高家禽肌内脂肪含量，这是由于当禽类采食的能量大于自身维持需要时，多余的能量就会以脂肪的形式沉积。但上述营养调控手段都不同程度地增加了皮下或腹部脂肪的沉积。在家禽生产中，皮下和腹部脂肪的过多沉积会导致饲料效率和胴体质量变差。近年来，通过营养手段降低了家禽的腹脂率，但随着其降低，肌内脂肪含量也随之下降，进一步影响了禽肉品质。因此，如何通过营养手段在保证不提高皮下或腹部脂肪的前提下同时适当提高肌内脂肪的含量已成为改善禽肉品质的关键和难点。在哺乳动物，已有研究表明，某些生物活性物质（如共轭亚油酸）在提高肌内脂肪含量的同时，降低或维持了皮下脂肪的沉积，揭示了肌内脂肪与皮下脂肪在代谢中存在不同的分子调控机制，但其间的沉积差异在禽肉方面尚未有系统的研究结果。

第三节　禽肉风味的形成机制与营养调控

风味是衡量禽肉品质的一个重要指标，主要由肌肉内风味前体物质的种类和含量决定，并通过由热诱导产生的挥发性气味物质和非挥发性滋味物质得以体现，直接影响禽肉的食用口感及消费的选择。因此，禽肉风味的形成与风味前体物质及热诱导过程中发生的一系列复杂的化学反应有着重要的联系。

一、禽肉主要的风味物质

（一）禽肉中的主要挥发性气味物质

肉的挥发性气味物质主要是由蛋白质、脂质、碳水化合物等形成的挥发性气味前体物质在受热时发生分解、氧化、还原等一系列复杂的化学反应而产生，这些化学反应的初级及次级反应产物之间再相互转化，从而产生大量挥发性气味物质（肖智超等，2019）。禽肉中的挥发性气味物质目前已发现500多种，其中大部分在鸡肉中发现，主要包括醇、醛、酮、醚、酯、噻吩、呋喃及其衍生物与含硫化合物等中等碳链长度的非极性杂环类挥发性物质。禽肉挥发性气味物质的主要前体物质、反应方式及主要芳香成分如表13-2所示，其中美拉德反应、脂质氧化及硫胺素热降解是最主要的化学反应。

表13-2　禽肉挥发性气味物质的主要前体物质、反应方式及主要芳香成分（引自肖智超等，2019）

一级前体物质	二级前体物质	化学反应方式	主要芳香成分
蛋白质、脂质、碳水化合物等	糖类	美拉德反应、焦糖化	酮类、醛类、醇类、呋喃及其衍生物等
	氨基酸及肽类	美拉德反应、斯特勒克（Strecker）降解	噻唑、噻吩及含硫化合物
	酯类	脂质氧化、水解	醇类、醛类、酮类、呋喃和内酯等
	硫胺素	硫胺素热降解	呋喃、呋喃硫醇、噻吩和含硫化合物等
	含硫化合物	硫胺素热降解、美拉德反应、Strecker降解	硫醇、硫酮、多硫化物、噻吩、噻唑等

关于鸡肉，已经确定一些特征性的挥发性气味物质。例如，由美拉德反应和脂质氧化生成的2-甲基-3-呋喃硫醇、不饱和醛（*E*)-2-辛烯醛、(*E*)-2-壬烯醛、(*E*,*E*)-2,4-癸二烯醛和2-

十一烯醛是鸡汤中最重要的挥发性气味物质，能产生肉香味；利用微捕集法对烘烤鸡肉挥发性气味物质进行捕集，发现了46种挥发性气味物质，其中醛、杂环化合物和含硫直链化合物为主要香味物质（崔小燕等，2019）。

（二）禽肉中的主要非挥发性滋味物质

非挥发性滋味物质是具有滋味或触觉的水溶性呈味物质，主要包括游离糖、无机盐、游离氨基酸、有机酸、小肽和核酸代谢物如肌苷酸、核糖等（表13-3）。这些水溶性呈味物质溶于唾液后，可与舌头上的受体蛋白结合，诱导产生酸、甜、苦、咸、鲜等呈味应答，如有机酸的酸味、游离糖的甜味、肌苷酸和多肽的鲜味等。禽肉中的氨基酸种类较多，总氨基酸含量更多地是反映肌肉营养价值的高低，真正影响禽肉风味品质的是游离氨基酸，各种游离氨基酸可以直接激活舌头上Ⅱ型受体细胞上控制苦味、鲜味和甜味的味觉通路离子通道。例如，谷氨酸和天冬氨酸是对鲜味贡献最大的两类物质之一，主要呈鲜味，大多数L型氨基酸主要呈苦味，而大多数D型疏水性氨基酸主要呈甜味。在鸡肉上的研究表明，核糖对风味的形成最为重要，是风味形成的限制前体物质。

表13-3　禽肉中的主要非挥发性滋味物质（引自赵文华等，2019）

滋味	主要呈味物质
甜味	葡萄糖、核糖、果糖、甘氨酸、丙氨酸、苏氨酸、脯氨酸、丝氨酸
咸味	谷氨酸钠、甘氨酸钠、氯化钾、氯化钠
酸味	乳酸、琥珀酸、组氨酸、谷氨酸
苦味	酪氨酸、组氨酸、精氨酸、次黄嘌呤、亮氨酸、赖氨酸、蛋氨酸、异亮氨酸、色氨酸、苯丙氨酸
鲜味	天冬氨酸和谷氨酸及其盐类、肌苷酸、部分多肽

二、禽肉风味物质的形成途径

（一）美拉德反应

由含氨基化合物（氨基酸、肽、胺和蛋白质等）与含羰基化合物（醛、酮、还原糖和脂质氧化产物等）之间发生的美拉德反应是肉在烹饪过程中发生的主要化学反应之一，可产生大约2500种挥发性气味物质。反应初期主要是含氨基化合物与含羰基化合物发生脱水缩合反应，产生席夫碱，分子重后排生成糠醛、呋喃酮衍生物、羟基酮和二羰基化合物等阿马道里（Amadori）和海恩斯（Heyns）重排产物；反应中期，这些重排产物与胺、氨基酸、醛、硫化氢等反应性成分相互作用，伴随着斯特勒克（Strecker）降解反应，生成许多重要的挥发性芳香化合物，如呋喃类、吡嗪类、吡咯类、噻吩类、噻唑类及其他杂环化合物；反应终期主要发生醇醛、醇胺缩合，产生有色物质，形成熟肉的特征性香味化合物（邢通等，2021）。

（二）脂质氧化

肉中的脂质氧化降解主要是脂肪酸组分的氧化，包括两个部分，首先是不饱和脂肪酸中的双键氧化生成过氧化物，随后降解形成醛、醇、酮、烃和羧酸等挥发性物质，其次是上述产物中的醇又可以和羧酸发生酯化反应形成各种酯，此外，羟基酸也可自身环化形成具有肉香味的内酯化合物。脂肪酸氧化降解生成的醛类化合物，特别是由亚油酸氧化降解产生的烯醛和二烯醛，由于阈值较低，被认为是禽肉脂肪受热时的特征非挥发性滋味物质和肉类风味差异的主要原因。醛类化合物还可被进一步氧化生成其他羰基化合物、醇和呋喃。

脂肪酸的饱和程度是影响脂肪酸氧化反应的重要因素，多不饱和脂肪酸更容易发生热降解反应。与猪肉和牛肉相比，鸡肉中不饱和脂肪酸的含量相对较高，更容易发生氧化降解，而且鸡肉亚油酸含量极其丰富，因而容易产生更多的烯醛和二烯醛等特征性气味物质，这对于确定鸡肉特征香气起着至关重要的作用。肉在烹饪过程中发生的快速反应可以产生令人满意的味道，但是也会在过氧化或长期储存中产生一些不良的风味，主要原因是来自多不饱和脂肪酸的氧化（黄泰来等，2021）。鸡肉中较高水平的不饱和脂肪酸，使得鸡肉比猪肉或牛肉等红肉更容易因脂质氧化而产生异味。

（三）硫胺素热降解

在加热过程中，禽肉中的大多数物质都会发生降解，其中硫胺素（维生素 B_1）热降解后主要形成含硫、含氮及杂环化合物等挥发性气味物质。目前已鉴定的硫胺素降解产物有60多种，其中50%以上为含硫化合物，包括硫化氢、含硫羰基化合物、噻吩、噻唑等，大多数成分都具有熟肉的诱人香味，而且气味阈值较低，是烤肉香味的最主要贡献者（赵文华等，2019）。此外，它们还可与其他物质反应，生成更多的风味物质，如硫胺素降解的初级产物4-甲基-5-（2-羟基乙基）噻唑和中间产物5-羟基-3-巯基-2-戊酮可发生反应，生成呋喃、噻唑、噻吩和其他含硫化合物，并进一步与呋喃酮等杂环化合物反应生成含硫杂环化合物如2-甲基-3-呋喃硫醇，赋予肉更加浓厚的香味。

（四）非挥发性滋味物质的产生途径

肌肉中的游离氨基酸含量是评价禽肉滋味品质的主要化学指标之一。游离氨基酸主要来源于饲料摄入和内源蛋白质降解。蛋白质可在蛋白酶作用下水解形成多肽，进一步在肽酶和氨基肽酶作用下经由小肽最终形成游离氨基酸。游离氨基酸除本身作为非挥发性滋味物质外，也是禽肉挥发性气味物质的前体物质。肌肉中的游离氨基酸受热会脱氨基或者脱酰胺基，形成高活性氨，随后与羰基发生美拉德反应，产生噻唑、噻吩及含硫化合物等重要的挥发性风味通路离子物质。例如，丝氨酸和苏氨酸与肌肉中的游离葡萄糖经加热发生美拉德反应形成吡嗪，而半胱氨酸、胱氨酸则形成噻唑、噻吩及其衍生物的特征性氨基酸。此外，优质肉鸡的肌肉游离氨基酸含量高于快大型肉鸡，这可能是优质鸡风味优于快大型鸡的原因之一。

肌苷酸又名次黄嘌呤核苷酸，是禽肉中重要的鲜味物质，也被认为是评价肉质的重要指标之一。家禽体内肌苷酸的合成途径有两条：一是利用核糖磷酸、氨基酸、二氧化碳和氨气等简单化合物的从头合成途径，也是机体内合成肌苷酸的主要途径，其中，肝脏是机体从头合成肌苷酸的主要器官，其次是小肠黏膜和胸腺；二是利用核酸降解或采食等从外界补充的氮碱基和核苷进行合成的补救途径，这种合成方式可以节省能量和氨基酸原料（邢通等，2021）。肌苷酸在常温状态下并不稳定，在酸性（$pH<4$）溶液中稳定性较差，加热易降解。肌肉中肌苷酸含量的积累可使肉味变浓，但肌苷酸降解的最终产物是次黄嘌呤，具有苦味，

会使肉质下降。

三、禽肉风味物质的营养调控

（一）饲粮营养水平

禽肉中风味前体物质的组成和含量受到饲粮的直接影响。大量研究表明，饲料能量、蛋白质水平对猪和鸡肉中脂肪、脂肪酸、氨基酸等风味前体物质含量均有显著影响。低营养水平日粮条件下，畜禽肉中风味物质含量会降低，但肉的嫩度会有所增加，这可能是由于摄入的能量和蛋白质不足，造成肌肉能量代谢多方面的不平衡，有利于肌内脂肪含量的增加（肖智超等，2019）。此外，提高饲料中维生素的含量可减少脂肪氧化，降低禽肉的异味。王剑锋等（2014）报道认为，随着饲粮中蛋白质和能量水平的升高，京海黄鸡胸肌中肌苷酸含量呈上升趋势，陶勇等（2017）则发现日粮营养水平对肉鸭肌肉肌苷酸含量无显著影响。可见，饲粮中蛋白质和能量水平的变化对禽肉中肌苷酸含量的影响因品种而异。

（二）饲料原料组成

饲料中碳水化合物类型、蛋白质类型、脂肪酸组成及青绿饲料等对禽肉中风味前体物质的形成有着重要影响。商品肉鸡饲粮中能量和蛋白质饲料类型的改变会影响鸡肉风味，如饲喂玉米饲粮的肉鸡胸肉煮制后，其肉汤评分显著高于小麦或高粱饲粮，过高比例的菜籽饼、鱼粉和蚕蛹粉会造成鸡肉异味，而采用发酵杂粕（如芝麻粕）或发酵鱼内脏饲料，则会改善鸡肉的鱼腥味（崔小燕等，2019）。北京油鸡饲粮中添加适量的优质牧草如菊苣草等，可提高胸肌中滋味物质肌苷酸和氨基酸的含量，风味特性更佳（Zheng et al.，2019）。

禽肉中特征性的香味成分产生的主要途径是脂质氧化。脂肪酸的饱和程度是影响脂肪酸氧化反应的重要因素，而且肉在过氧化或长期储存中产生一些不良的风味，主要原因是多不饱和脂肪酸的氧化，因此饱和脂肪酸和单不饱和脂肪酸含量高的肌肉嫩度、多汁性、风味都好于多不饱和脂肪酸含量高的肌肉，且多不饱和脂肪酸与肉的香味和总体可接受程度呈负相关。已有大量研究表明，饲粮中添加含有不同种类和比例的脂肪酸油脂会改变家禽胸肌和腿肌中的脂肪酸组成，该变化与饲粮油脂中的脂肪酸组成相对应。因此，实际生产养殖中控制饲料中脂肪酸组成对禽肉整体风味的改良有重要的作用。

（三）添加剂

饲料添加剂也可以调控肉的风味前体物质或风味物质的形成，近年来已成为改善禽肉风味的研究热点之一。张凯和宋献艺（2018）研究发现饲料中添加的甜菜碱可作为甲基供体，促进 RNA 合成和含硫氨基酸的代谢，最终提高肉鸡肌肉中天冬氨酸和谷氨酸等呈味氨基酸的含量。此外，甜菜碱还可通过肝脏产生大量肌酸和肉碱，促进肌肉中脂肪酸 β 氧化反应，生成三磷酸腺苷，最终提高肌肉中肌苷酸的含量，从而提高肉的风味。中草药添加剂中含有多种生物活性物质，可以促进动物生长，提高免疫性能，而且对风味物质的形成也有促进作用。已有研究表明，饲粮中添加复方中草药（含大蒜、小茴香、紫苏、肉桂、黄芪、牛膝和当归）可显著提高鸡肉中呈鲜味氨基酸和肌苷酸等滋味物质的含量。Wang 等（2014）报道认为，肉鸡饲粮中添加外源嘌呤核苷酸可通过肌苷酸的补救合成途径提高肌肉中肌苷酸的含量。此外，饲料中添加类维生素类营养物质（L-肉碱）、微生态制剂（约氏乳杆菌）和植物提取物（多酚）也能提高家禽肌肉中肌苷酸含量（邢通等，2021）。

肌内脂肪和脂肪酸组成是影响禽肉挥发性风味前体物质的关键因素，可通过添加外源活性物质对其进行调控，但目前大多数的研究结果是增加了肌肉肌内脂肪的同时提高了多不饱和脂肪酸的比例。例如，通过在饲粮中添加适量沙棘黄酮（0.01%）可提高鸡肉中肌内脂肪含量，并在一定程度上提高多不饱和脂肪酸的相对比例。多不饱和脂肪酸对人体健康有着重要作用，如亚油酸能降低血液胆固醇，预防动脉粥样硬化，有“血管清道夫”的美誉，但由于禽肉的风味品质与多不饱和脂肪酸的含量呈负相关，因此如何维持禽肉健康与“好吃”之间的平衡将是未来禽肉品质营养调控研究的重点和难点。

第四节　异质禽肉形成的分子机制及其营养调控

随着现代家禽育种技术的发展及饲料营养成分比例的提高，家禽的生长速度和产肉量不断提高。现阶段快大型家禽品系（以肉鸡为主）在满足市场需求的同时也带了一系列新的肌肉缺陷问题，如木质肉（woody/wooden breast，WB）、白条纹肉（white striping，WS）及意大利面肉（spaghetti meat，SM）等。这些异质肉表现出类似的组织学特征，可能单独出现，但常常两两或同时发生，其中以 WB 和 WS 报道得最多。这 3 种异质肉均严重影响禽肉的外观品质、食用品质和营养品质等性状，降低了消费者的购买欲望，给家禽养殖业特别是肉鸡养殖业造成严重的经济损失。据报道，快大型白羽肉鸡中，重度 WB 和 WS 的发生率分别为 10% 和 15% 左右，并有逐年上升的趋势，仅对美国肉鸡养殖业造成的损失每年就超过了 5 亿美元，对全球肉鸡产业造成的损失更大（孔富丽等，2020）。

一、WB 和 WS 的病理学特征

（一）外观病理学特征

WB 目前只在胸肌上发现，其肌肉组织木质化，质感坚硬，颜色苍白，胸肉尾部有明显的脊状突起，木质化程度严重的胸肉表面覆盖黏性液体及渗血；WS 是指在胸肌和腿肌上有与肌纤维平行的数量不等的白色条纹状脂肪沉积；SM 可见肌纤维束有分离的倾向。Kuttappan 等（2013）根据胸肌和腿肌外观缺陷程度的不同，将鸡 WS 分为 3 个等级，即轻度 WS，肌肉表面无明显白条纹；中度 WS，肌肉表面出现容易察觉的（宽度小于 1mm）白条纹；重度 WS，肌肉表面则拥有十分明显的（宽度大于 1mm）白条纹。Bowker 等（2019）也制订了一个 WB 胸肉的分级标准，根据胸肌肉的外观和坚硬程度进行评分。正常胸肌肉和 WS、WB 及 SM 的区别如图 13-7 所示。

（二）组织病理学特征

组织学研究发现，WS、WB 和 SM 有各自特殊的病理学特征，但总体相似，都伴随着肌纤维的损伤、坏死甚至裂解，出现再生的异常纤维，受损的肌周可见肌内结缔组织增生、脂肪和炎性细胞浸润（Baldi et al.，2018）。在各自特征性病理结构方面，WS 一般出现脂肪细胞的异常沉积；而 WB 通常发生胶原蛋白的高度交联，胶原蛋白是结缔组织主要的结构蛋

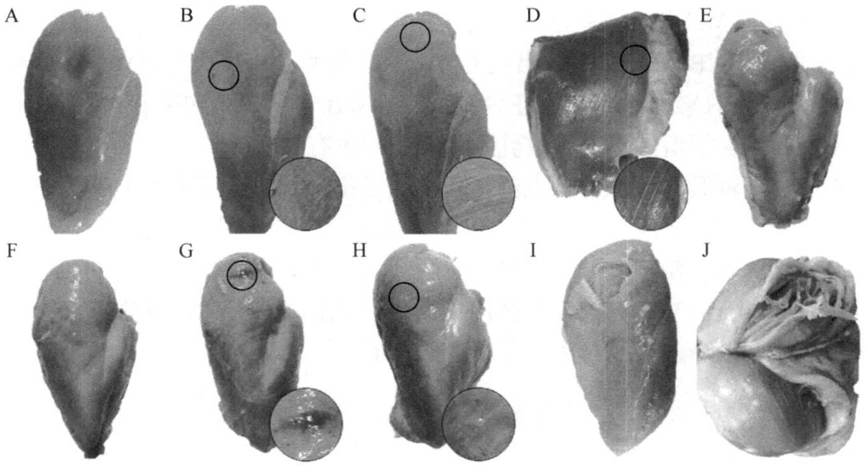

图 13-7　正常胸肌和 WS、WB 及 SM 的对比（引自 Petracci et al.，2019）

A. 正常胸肌；B. 胸肌中度 WS（白条纹宽度小于 1mm）；C. 胸肌重度 WS（白条纹宽度大于 1 mm）；D. 腿肌中度 WS（白条纹宽度小于 1mm）；E. 胸肌轻度 WB（苍白、局部硬化）；F. 胸肌中度 WB（苍白、弥漫性区域硬化）；G. 胸肌重度 WB（苍白、弥漫性硬化、渗血、黏液渗出物）；H. 胸肌 WS 和 WB 同时发生；I. 胸肌 SM；J. 胸肌 WS 和 SM 同时发生

白，含量较高时肌肉嫩度较低，这可能是 WB 胸肉硬度增加的直接原因；SM 则表现为肌内和肌周结缔组织增加，肌纤维稀疏（Soglia et al.，2019）。此外，一般 WB 发生肌纤维损伤的程度比 WS 高。也有研究认为，WS 与 WB 属于同一种异质肉，WS 发生在早期阶段，后期逐渐恶化并发展成为 WB。正常胸肌和 WS、WB 及 SM 之间的组织学差异如表 13-4 所示。

表 13-4　正常胸肌和 WS、WB 及 SM 之间的组织学差异（引自孔富丽等，2020）

类别	正常	WS	WB	SM
外观	平整，肉色均匀，柔软	平行于肌肉纤维方向有白色条纹	区域硬化、突出，表面有瘀点和渗出物，触摸坚硬	肌纤维束有分离倾向
组织学特征	多边形肌纤维紧密排列、尺寸均匀	失去正常的肌肉结构。异常肌纤维呈圆形，核内化、变性、坏死，直至溶解，同时肌纤维再生；受损的肌周可见肌内结缔组织增生、脂肪和炎性细胞浸润		
特殊结构		脂肪组织在肌周异常沉积（脂质沉积）	肌周网络的增殖和增厚（纤维化）	肌内和肌周结缔组织增加，肌纤维稀疏

二、WB 和 WS 对禽肉品质的影响

（一）对禽肉外观品质性状的影响

WB 对禽肉肉色的影响与测量部位有关。Zotte 等（2017）研究发现，与正常鸡胸肉相比，WB 鸡胸肉头端亮度值 L^*、红度值 a^* 和黄度值 b^* 均显著升高，尾部 L^* 显著升高，但 a^*、b^* 无显著差异。关于 WS 对禽肉肉色影响的研究结果存在一定争议。Chatterjee 等（2016）研究发现，与正常鸡胸肉相比，WS 的 L^* 和 b^* 无显著差异，a^* 显著升高，但也有研究发现（Baldi et al.，2018）WS 对 L^*、a^*、b^* 均无显著影响。同等程度的 WB 比 WS 对肉色影响大，WS 和 WB 同时出现对肉色影响更大。

不同程度 WB 或 WS 的 pH 差异不显著，但随着 WB 和 WS 严重程度的加深，pH 逐渐升高。与肉色类似，WB 和 WS 同时出现对 pH 影响最大，WB 次之，WS 影响最小。虽然 WB 与 WS 鸡胸肉的 pH 较高，但均在正常范围内。WB 与 WS 鸡胸肉 pH 的升高可能是与肌肉中糖原含量低和糖酵解潜力不足导致乳酸生成量减少有关。

WS 和 WB 具有较低的系水力，主要体现为蒸煮损失增高、腌制吸收率降低，这可能与组织中部分肌纤维萎缩变性有关。此外，WB 对系水力的影响明显大于 WS。肌肉中游离水是水分损失的主要来源，Soglia 等（2019）利用低场核磁共振技术测定了胸肌中水分分布状态，与正常鸡胸肉相比，WB 与 WS 鸡胸肉中游离水比例显著升高，WB 鸡胸肉中结合水和不易流动水比例显著下降，从而导致了系水力的降低。

（二）对禽肉食用品质性状的影响

WB 和 WS 的发生对禽肉嫩度的影响主要体现在剪切力升高。在生肉和熟肉中的试验表明，WB 和 WS 的剪切力、挤压力显著高于正常鸡胸肉，随 WB 严重程度升高显著增大，导致肉的嫩度变差，这主要与 WB 和 WS 中结缔组织（胶原蛋白是结缔组织主要的结构蛋白）的积累有关（Chatterjee et al.，2016）。但在某些熟肉试验中，WB 和 WS 鸡胸肉的剪切力与正常鸡胸肉无差异，这可能由蒸煮过程中肌肉的结构蛋白变性造成。

WB 和 WS 的发生同样会对风味造成较大的影响。有研究表明，WB 和 WS 鸡胸肉的游离氨基酸含量显著降低，而游离氨基酸是肌肉中主要的呈味物质，这可能是 WB 和 WS 影响消费者口感的主要原因之一（Soglia et al.，2019）。此外，WB 和 WS 显著降低了鸡胸肉中饱和脂肪酸的含量，显著提高了不饱和脂肪酸的含量，而不饱和脂肪酸易发生脂质氧化，这不仅影响肌肉的风味，还会对肌肉产品的存储产生不利影响。

（三）对禽肉营养品质性状的影响

WB 和 WS 的发生对禽肉营养品质的影响主要体现在水分含量增加、粗蛋白质含量下降、粗灰分含量下降、胶原蛋白含量增加、脂肪含量增加和肌糖原含量下降，而脂肪和胶原蛋白含量的增加又会进一步损害肌肉的蛋白质。Petracci 等（2019）研究发现，重度 WS 鸡胸肉中总能量水平明显升高，是正常鸡胸肉的 3 倍以上。禽肉因脂肪含量低、蛋白质含量高，作为一种健康的蛋白质来源深受消费者喜爱，但由于 WB 与 WS 的发生导致脂肪增多、蛋白质含量减少及胶原蛋白消化率低，造成禽肉整体营养价值降低，进而影响人们对鸡胸肉的消费态度。在氨基酸和脂肪酸方面，WS 和 WB 鸡胸肉的氨基酸成分发生轻微变化，而脂肪酸丰富程度明显不如正常鸡胸肉（Soglia et al.，2019）。在微量元素方面，WS 和 WB 同时发生或 WS 单独发生的个体肌肉钙、铁、钠含量显著升高，而磷、钾含量显著降低。

三、WB 和 WS 的发生机制

WB 和 WS 的发生机制非常复杂，现有研究利用生物学技术已经从组织缺氧、氧化应激、肌纤维类型转换、代谢异常及离子平衡失调等多因素初步揭示了 WS 和 WB 的成因（图 13-8），但目前很难确定这些因素的主次，具体的发生机制仍不明确。后续研究应当在已有报道基础上，进一步深入探究肌肉异常代谢机制，挖掘相关的候选基因，从源头探究 WS 和 WB 的发生原因。

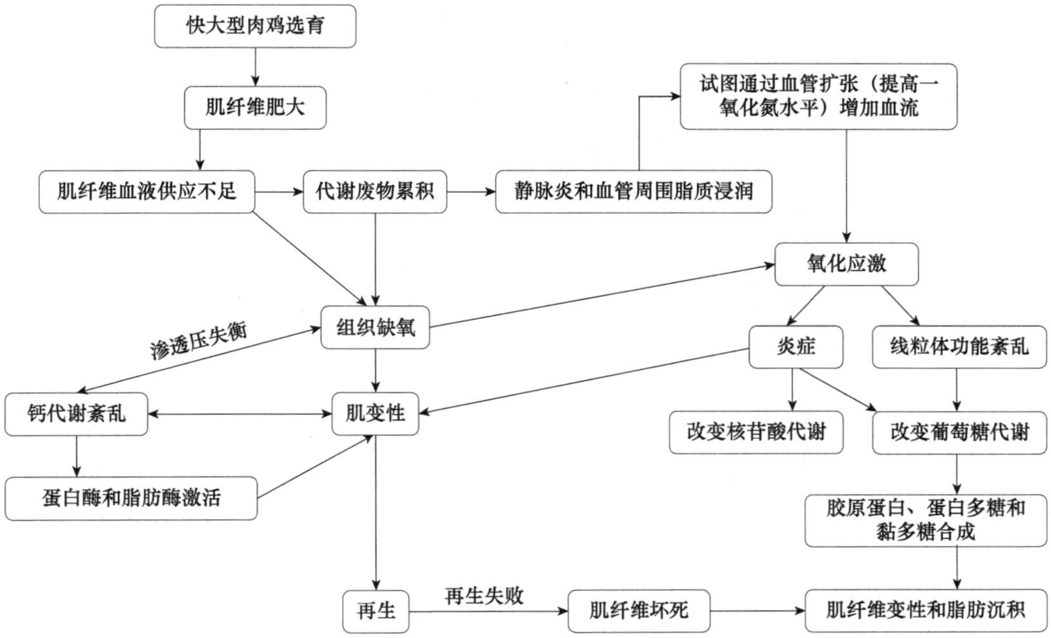

图 13-8　WS 和 WB 可能的发生机制（改自 Petracci et al.，2019）

（一）组织缺氧与氧化应激

快大型家禽品系与普通生长速度的家禽相比，肌肉内部毛细血管密度小，血管化程度低，糖酵解型肌纤维比例增大，胸肌会出现缺氧的情况，导致类似筋膜室综合征的状态（孔富丽等，2020）。通过 RNA 测序研究发现，WB 和 WS 鸡胸肉中与缺氧相关的基因变化差异显著，这些基因编码缺氧诱导因子 1（hypoxia-inducible factor-1，HIF-1）及受 HIF-1 调节的原胶原赖氨酸-2-酮戊二酸 5-双加氧酶 2（procollagen-lysine，2-oxoglutarate 5-dioxygenase 2，PLOD2）、TGF-β_3、基质金属蛋白酶-2（matrix metallopeptidase-2，MMP-2）、瞬时受体电位通道 A1（transient receptor potential cation channel，subfamily A，member 1，TRPA1）和果糖-2，6-二磷酸酶 3（6-phosphofructo-2-kinase，PFKFB3）（Mutryn et al.，2015）。其中，PLOD2 的表达与细胞外基质组成有关，低氧条件能够激活 HIF-1，提高 PLOD2 表达，影响细胞外基质胶原纤维排列和强度，导致 WB 鸡胸肉硬度变大。

氧气供应不足会导致代谢废物难以运输，造成氧化应激。利用代谢组学方法研究 WB 鸡胸肉和正常肉中代谢物的差异，发现了与氧化应激相关的生物标志物（如 1-甲基组氨酸）的累积，表明 WB 肌肉发生了氧化应激（Behnam et al.，2016）。Sundekilde 等（2017）研究发现，WB 鸡胸肉中由组氨酸衍生的抗氧化物肌肽和鹅肌肽含量下降，同时，抗坏血酸合成通路激活，核苷酸代谢物次黄嘌呤、黄嘌呤、尿酸盐水平升高，伴随着过量过氧化氢的产生，进一步表明氧化应激与 WB 的形成有关。Mutryn 等（2015）同样发现，WS 和 WB 肌肉中活性氧浓度远远超出正常水平。由于缺乏活性氧的清除机制，氧化应激能够继续损伤细胞蛋白和细胞膜，导致肌纤维的形态结构发生变化（刘一帆等，2019）。

肌肉组织缺少血氧和营养物质的供应，也会导致炎性反应的发生。研究发现，WB 鸡胸肉中静脉血管被炎性细胞浸润，而且IL-1β、IL-15和IL-18的表达上调（Mutryn et al.，2015）。白细胞介素能够激活NF-κB信号通路诱导*MMP-2*的表达和激活HIF-1α因子诱导*TRPA1*基因的表达。因此，WB的发生过程中MMP-2和TRPA1的上调表达不仅仅与缺氧有关，还可能是血管损伤和修复而引起WB肌肉产生炎症所导致。

（二）肌纤维类型转化

前文提到，畜禽出生后，肌纤维数量已被固定，而纤维类型持续转化并伴随动物整个发育时期，各纤维类型按Ⅰ↔ⅡA↔ⅡX↔ⅡB顺序进行相互转化。家禽在刚出壳时，肌肉主要是由氧化型纤维组成，随着日龄的发育，氧化型纤维的比例逐渐降低，而糖酵解型纤维的比例逐渐增加，即正常情况下家禽生长发育过程中肌纤维由Ⅰ型向Ⅱ型转化。Mutryn等（2015）研究发现WB和WS中肌红蛋白含量升高，而肌红蛋白主要分布在Ⅰ型纤维中，并推测可能是由Ⅱ型纤维细胞发生凋亡而Ⅰ型纤维发生再生所导致的。同样，Zambonelli等（2016）也发现，与肌纤维合成相关的部分基因在WB和WS中上调，表明WB和WS发生过程中出现了肌纤维的再生，而Papah和Abasht（2019）进一步发现，WB中Ⅰ型肌纤维基因的细胞定位表达增加。以上研究表明，WB和WS的发生可能与Ⅱ型肌纤维的退化和Ⅰ型肌纤维的再生有关。

（三）代谢异常

研究发现，WB和WS鸡胸肉中糖代谢出现异常，表现为糖酵解中间产物果糖-6-磷酸、葡萄糖-6-磷酸及终产物乳酸和丙酮酸水平下降，其中，果糖-6-磷酸是糖原合成酶的别构激活剂，因此肌肉糖原含量也减少（Behnam et al.，2016）。糖酵解途径受到抑制及糖原含量的减少也是导致WB与WS鸡胸肉宰后pHu升高的原因之一。该研究还发现，WB与WS鸡胸肉中的己糖胺和葡糖醛酸代谢途径增强，产生糖胺聚糖、蛋白聚糖和抗坏血酸，随后合成胶原蛋白。因此，糖代谢途径的改变是WB和WS中胶原蛋白含量增加的重要诱因。在脂代谢方面，Papah和Abasht（2019）利用RNA原位杂交技术发现，LPL在WB个体中毛细血管内皮细胞和小口径静脉均表达上调，表明WB的发生促进了肝脏中的脂质向肌肉等其他组织的转运和沉积。此外，通过代谢组学研究还发现，WS影响了肉鸡的脂肪酸氧化、TCA循环、精氨酸代谢和牛磺酸代谢，导致代谢紊乱（Gavin et al.，2018）。

（四）离子平衡失调

肌纤维中钙离子的积累可能是引起WB和WS发生的原因之一。WB和WS肌细胞内钙离子的增加与氧化应激有关，氧化应激诱导活性氧的过量产生，改变动物体内钙离子的平衡状态，而钙离子平衡的紊乱会使肉质恶化（孔富丽等，2020）。Zambonelli等（2016）研究发现WB鸡胸肉中前列腺素F2α受体（prostaglandin F2α receptor，PTGFR）表达上调，激活了G蛋白α11（G protein alpha 11，GNAQ），继而上调磷脂酶Cβ2（phospholipase C beta 2，PLCβ2）编码基因的表达，而PLCβ2可导致细胞内钙离子浓度上升。Mutryn等（2015）研究发现WB和WS鸡胸肉中ATP酶、Ca^{2+}转运、心肌、慢痉挛2（ATPase，Ca^{2+} transporting，cardiac muscle，slow twitch 2，ATP2A2）基因表达上调。*ATP2A2*基因编码肌质/内质网Ca^{2+}-ATP酶2a/b（sarco/endoplasmic reticulum Ca^{2+} ATPase type 2a/b，SERCA2a/b），SERCA2在内质网和肌质网中作为泵用以隔离、转运钙离子，并且还与肌原纤维的收缩与松弛有关。WB 和 WS 个体中 *ATP2A2* 基因的上调可能是代偿性的，将细胞内高浓度的钙离子转运回肌质网，缓解肌肉因钙离子浓度增加而导致肌肉过度收缩的状态。因此，WB 或 WS 肌肉尾部出现的脊状突起及硬度增大可能与钙离子浓度增加导致的肌肉收缩有关（孔富丽等，2020）。Petracci 等（2019）报道称，细胞内活性氧的产生和钙离子的累积可能激活蛋白酶和脂肪酶，引起细胞膜完整性破坏和蛋白质变性，导致肌肉损伤，造成纤维坏死，最终导致肌肉纤维化和脂肪沉积，这与 WB 和 WS 肌肉的组织学变化一致。

四、WB 和 WS 的营养调控

WB 和 WB 的发生率和严重程度在一定范围内与生长速度和胸肌重呈正相关。许多研究证实，降低日粮能量水平或者进行限饲能够在一定程度上降低 WB 和 WS 的发生率，但这会影响生产性能，在实际生产中并不是一个可行的方案（刘一帆等，2019）。很多肌肉缺陷症与维生素 E 和硒的缺乏有关，如营养肌肉萎缩症，但 Kuttappan 等（2013）和 Cemin 等（2018）研究发现，在日粮中分别补充硒和维生素 E 并不能降低肉鸡 WB 和 WS 的发生率，说明 WS 和 WB 并不是由维生素 E 或硒缺乏引起的。在肉鸡饲粮中提高精氨酸、赖氨酸和谷氨酰胺的含量，均可促进肉鸡的生长速度和胸肌产量，但肌肉的迅速发育会导致 WS 和 WB 等异质肉的发生率升高。精氨酸代谢可产生一氧化氮，它与血红蛋白结合后会致使肌肉缺氧，因此饲粮中添加过量的精氨酸会导致肌肉缺氧，进一步诱发 WB 和 WS 的发生。Meloche 等（2018）通过在肉鸡生长前期降低可消化赖氨酸含量，虽然降低了前期的生长性能，但在生长后期回调氨基酸含量，通过机体本身的补偿生长弥补了前期的迟缓发育，不仅降低了 WB 和 WS 的发生率，而且对肉鸡整体的生长性能无显著影响。因此，通过减缓肉鸡生长前期肌肉发育速度降低 WB 和 WS 的发生率是一种可行的营养调控方案。

植酸酶可在不影响生产性能的前提下，通过调节肉鸡体内氧稳态相关基因的表达降低 WB 的严重程度。添加抗氧化剂和有机微量元素能通过增强机体抗氧化能力、减轻氧化应激或保持机体氧化还原平衡减少肉鸡 WS 和 WB 的发生。抗坏血酸或促进血管发育、增加血红蛋白携氧量的非营养性添加剂的使用也可能是缓解 WS 和 WB 的一种有效手段。

（董信阳，浙江大学）

参 考 文 献

崔焕先. 2011. 肉鸡肌内脂肪形成的分子调控网络及相关基因研究. 北京：中国农业科学院博士学位论文.

崔小燕，苟钟勇，蒋守群，等. 2019. 鸡肉风味的形成机制与调控研究进展. 动物营养学报，31（2）：500-508.

黄泰来，金睿，温建崇，等. 2021. 脂质代谢对鸡肉风味的影响及相关调控因子. 动物营养学报，33（7）：3676-3685.

孔富丽，刘冉冉，赵桂苹，等. 2020. 肉鸡木质肉和白条纹肉研究进展. 畜牧兽医学报，51（10）：2329-2340.

刘一帆，巨晓军，章明，等. 2019. 白条纹鸡肉和木质化鸡胸肉的发生特征及机理研究进展. 畜牧兽医学报，50（5）：901-908.

陶勇，任善茂，李琦华，等. 2017. 饲粮能量和粗蛋白质水平对 5-10 周龄肉鸭生长发育、肌肉品质的影响. 四川农业大学学报，35（3）：425-432.

王红杨. 2016. 胚胎期至生长早期鸡肌肉发育及肌内脂肪沉积蛋白质组研究. 北京：中国农业科学院硕士学位论文.

王剑锋，李爱华，谢恺舟，等. 2014. 不同日粮蛋能水平对京海黄鸡肌肉中肌苷酸和肌内脂肪沉积规律的影响. 安徽农业科学，42（3）：803-805.

王巧巧，王亚南，唐辉，等. 2018. 鸡肌纤维发育相关基因研究进展. 家禽科学，（5）：43-48.

肖智超，葛长荣，周光宏，等. 2019. 肉的风味物质及其检测技术研究进展. 食品工业科技，40（4）：325-330.

邢通，王成赞，张林，等. 2021. 鸡肉风味物质的影响因素及其营养调控研究进展. 动物营养学报，33（6）：3028-3035.

尹靖东，李德发. 2014. 猪肉质形成的分子机制与营养调控. 动物营养学报，26（10）：2979-2985.

张凯，宋献艺. 2018. 甜菜碱的功能及其在动物生产中的应用. 饲料研究，6（2）：4-6.

赵敏孟. 胚蛋注射丙酮酸肌酸调控肉鸡能量代谢和肌肉发育的作用机理研究. 南京：南京农业大学博士学位论文.

赵文华，廖国周，王桂瑛，等. 2019. 鸡肉中挥发性风味物质及其影响因素的研究进展. 食品工业科技，4（21）：337-343，351.

Baldi G, Soglia F, Mazzoni M, et al. 2018. Implications of white striping and spaghetti meat abnormalities on meat quality and histological features in broilers. Animal, 12(1): 164-173.

Behnam A, Mutryn M F, Michalek R D, et al. 2016. Oxidative stress and metabolic perturbations in wooden breast disorder in chickens. PLoS One, 11(4): e0153750.

Bowker B, Zhuang H, Yoon S C, et a1. 2019. Relationships between attributes of woody breast and white striping myopathies in commercially processed broiler breast meat. J Appl Poult Res, 28(2): 490-496.

Cemin H S, Vieira S L, Stefanello C, et al. 2018. Broiler responses to increasing selenium supplementation using Zn-l-selenomethionine with special attention to breast myopathies. Poult Sci, 97(5): 1832-1840.

Chal J, Pourquié O. 2017. Making muscle: skeletal myogenesis *in vivo* and *in vitro*. Development, 144(12): 2104-2122.

Chatterjee D, Zhuang H, Bowker B C, et al. 2016. Instrumental texture characteristics of broiler pectoralis major with the wooden breast condition. Poult Sci, 95(10): 2449-2454.

Cui H, Zheng M, Zhao G, et al. 2018. Identification of differentially expressed genes and pathways for intramuscular fat metabolism between breast and thigh tissues of chickens. Bmc Genomics, 19(1): 55.

Gavin B, Theo V K, Alberto N V, et al. 2018. Unraveling the cause of white striping in broilers using metabolomics. Poult Sci, 97(11): 3977-3986.

Ishamri I, Seon-Tea J. 2017. Poultry meat quality in relation to muscle growth and muscle fiber characteristics. Korean J Food Sci An, 37(6): 873-883.

Joo S T, Kim G D, Hwang Y H, et al. 2013. Control of fresh meat quality through manipulation of muscle fiber characteristics. Meat Sci, 95: 828-836.

Kim G D, Jeong J Y, Moon S H, et al. 2008. Effects of muscle fiber type on meat characteristics of chicken and duck breast muscle. 54th ICoMST, 10-15 August 2008, Cape Town, South Africa.

Kuttappan V A, Huff G R, Huff W E, et al. 2013. Comparison of hematologic and serologic profiles of broiler birds with normal and severe degrees of white striping in breast fillets. Poult Sci, 92(2): 339-345.

Meloche K J, Fancher B I, Emmerson D A, et al. 2018. Effects of reduced digestible lysine density on myopathies of the pectoralis major muscles in broiler chickens at 48 and 62 days of age. Poult Sci, 97(9): 3311-3324.

Min D, Yin J, Zhu M J. 2010. Cellular signaling pathways regulating the initial stage of adipogenesis and marbling of skeletal muscle. Meat Sci, 86(1): 103-109.

Mutryn M F, Brannick E M, Fu W X, et al. 2015. Characterization of a novel chicken muscle disorder through differential gene expression and pathway analysis using RNA-sequencing. BMC Genomics, 16(1): 399.

Papah M B, Abasht B. 2019. Dysregulation of lipid metabolism and appearance of slow myofiber-specific isoforms accompany the development of Wooden Breast myopathy in modern broiler chickens. Sci Rep, 9(1): 17170.

Petracci M, Soglia F, Madruga M, et al. 2019. Wooden-Breast, white striping, and spaghetti meat: causes, consequences and consumer perception of emerging broiler meat abnormalities. Compr Rev Food Sci Food Saf, 18(2): 565-583.

Soglia F, Mazzoni M, Petracci M. 2019. Spotlight on avian pathology: current growth-related breast meat abnormalities in broilers. Avian Pathol, 48(1): 1-3.

Sundekilde U K, Rasmussen M K, Young J F, et al. 2017. High resolution magic angle spinning NMR spectroscopy reveals that pectoralis muscle dystrophy in chicken is associated with reduced muscle content of anserine and carnosine. Food Chem, 217: 151-154.

Wang X F, Liu G H, Cai H Y, et al. 2014. Attempts to increase inosinic acid in broiler meat by using feed additives. Poult Sci, 93(11): 2802-2808.

Zambonelli P, Zappaterra M, Soglia F, et al. 2016. Detection of differentially expressed genes in broiler pectoralis major muscle affected by white striping-wooden breast myopathies. Poult Sci, 95(2): 2771-2785.

Zheng M, Mao P, Tian X, et al. 2019. Growth performance, carcass characteristics, meat and egg quality, and intestinal microbiota in Beijing-you chicken on diets with inclusion of fresh chicory forage. Ital J Anim Sci, 18(1): 1310-1320.

Zotte A D, Tasoniero G, Puolanne E, et al. 2017. Effect of “Wooden Breast” appearance on poultry meat quality, histological traits, and lesions characterization. Czech J Anim Sci, 62(2): 51-57.

第十四章　蛋品质形成的分子营养调控

鸡蛋因易消化吸收、蛋白质丰富、价格低廉等特点，其消费量一直居高不下。并且随着人们物质生活水平的提高，人们开始追求绿色、安全及营养丰富的鸡蛋。因此，如何提高蛋品质成为家禽营养研究的热点。蛋品质是重要的生产指标，其好坏直接影响到家禽业的生产效率和经济效益。蛋品质主要包括：蛋壳强度、蛋壳厚度、哈氏单位、蛋白高度、蛋黄颜色、蛋黄比例等指标。研究人员从营养调控的角度开展了大量研究，取得了一定进展。但目前的研究多关注于影响蛋壳矿化、蛋清稀化、蛋黄颜色沉积及胆固醇含量的表型指标。因为蛋品质形成是一个极其复杂的生理过程，同时受营养等多种因素的调控。所以未来对蛋品质形成的分子营养调控还需要更加深入和系统的研究。本章将围绕调控蛋壳质量和蛋内部（蛋清和蛋黄）品质的关键调节因子及它们的营养调控手段展开。旨在揭示影响蛋品质的分子调控机制，为优良鸡蛋的生产及禽蛋业发展提供相关理论依据和应用指导。

第一节　蛋壳品质的分子营养调控

鸡蛋蛋壳质量是评价蛋品质的重要指标之一，受品种、日龄、饲料、管理、疾病等多方面因素的影响（刘敬立，2020）。蛋壳质量直接影响种蛋入孵率、孵化率、种仔鸡质量，以及鸡蛋在收集、储存和运输过程中的破损率等（张倚剑等，2021），蛋壳的破损会严重降低鸡蛋的经济效益。蛋壳质量好坏的表现形式有多种，其中蛋壳变软变薄、蛋壳颜色发白及出现斑点蛋和血斑蛋等均是蛋壳质量不好的表现（江斌等，2020）。本节将从蛋壳矿化的分子营养调控和蛋壳颜色的分子营养调控这两个方面综述影响蛋壳质量的因素。

（一）蛋壳矿化的分子营养调控

鸡蛋蛋壳的形成是从卵黄进入峡部与子宫部的交界处开始，首先形成蛋壳膜，而后有机物逐渐沉积于外壳膜上；最后进入子宫部，由蛋壳腺分泌钙质、色素、角质层等物质，经过矿化过程后形成蛋壳。蛋壳矿化即碳酸钙在各种功能基因表达产物和有机基质蛋白的共同调控下，于内外蛋壳膜上按一定规律聚合沉淀的过程（张权，2015）。

1. 蛋壳矿化的分子调控　钙是蛋鸡生长和生产的必需元素，是蛋壳的重要组成部分。钙主要被小肠消化、吸收后通过体液运输至蛋壳腺，再经蛋壳矿化过程沉积到内外蛋壳膜上形成蛋壳。钙离子的运输主要有两种方式，分别是主动运输和被动运输。当钙离子水平较高时，主要依靠被动运输的旁细胞途径，此途径主要是靠膜两侧的离子浓度差，运输过程不耗能（刘禹含等，2013）；当钙离子水平较低时，主要依靠主动运输的跨细胞途径，即钙离子通过钙离子通道或钙离子运转体进入细胞顶端膜，与钙离子蛋白结合后运转到基底膜，最后钙离子排出细胞进入子宫液中。在钙离子的运输过程中，多种钙转运通路蛋白发挥着重要作用，并直接影响蛋壳钙化过程。

瞬时受体电位（transient receptor potential，TRP）通道超家族成员中 TRPV5 和 TRPV6 是目前已知的钙离子高通透性通道（Yuan，2019），具有高度的 Ca^{2+} 选择性，是钙离子跨细胞转运的限速门控通道。二者在氨基酸水平上具有 75% 的同源性，主要序列差异位于 N 端和 C 端尾部。其在小肠部位对钙离子的吸收过程中，是主要的通路蛋白，调控钙离子从血液运输至细胞中。TRPV5 和 TRPV6 的结构显示了 TRP 家族所有成员共有的典型拓扑特征，包括 6 个跨膜区域，跨膜片段 5 和 6 之间的短疏水延伸，预计形成 Ca^{2+} 孔，以及大的细胞内 N 端和 C 端结构域。这些细胞内区域包含几个可能参与调节通道活动的调节位点。TRPV 通道的孔隙与其他离子通道相似，如电压门控钙通道，它由选择性过滤器、疏水腔和下门组成。通过将 TRPV5（D542A）和 TRPV6（D541A）在位置编号 542（D542）的孔区域中的天冬氨酸替换为丙氨酸，可以消除 TRPV5 和 TRPV6 的钙选择性，但不影响单价阳离子的渗透。由此可知，D542 孔区域中的单个天冬氨酸残基对于 Ca^{2+} 渗透至关重要。

钙结合蛋白（calcium-binding protein，CaBP）是钙离子运转的重要通道蛋白，钙结合蛋白 CaBP-d28k 是 CaBP 家族中存在于真核细胞质的维生素 D 依赖性钙结合蛋白，是一种受维生素 D 及其代谢物调控的可溶性蛋白质，主要存在于鸡的肠道中。钙结合蛋白 CaBP-d28k 具有 6 个 EF-Hand 结构域，由两个呈螺旋形的氨基酸序列（E 和 F）及一个可以结合钙的环组成（Kawasaki and Kretsinger，2017），是亲水性侧链。其中 4 个是高亲和力钙结合位点，对 Ca^{2+} 有高度亲和性，可与 Ca^{2+} 相结合，参与钙的运载并促进钙的吸收，从而直接影响蛋壳中钙的沉积，介导调节蛋壳矿化过程。

根据体内生物学效应的不同，一般将 ATP 酶（ATPase）分为 F、V、P 和 ABC 这 4 种类型。其中，P 型 ATPase 具有自动磷酸化特性，消耗 1 分子 ATP 时产生的能量可以转运 2 个离子，这是一个主动运输的过程。动物细胞中的钠离子 ATP 酶（Na^{+}-ATPase）和钾离子 ATP 酶（K^{+}-ATPase）、真核细胞和植物细胞中的氢离子 ATP 酶（H^{+}-ATPase）及细胞膜和内质网膜上的钙离子 ATP 酶（Ca^{2+}-ATPase）均属于 P 型 ATP 酶家族。Ca^{2+}-ATPase 是 Ca^{2+} 转运过程中的关键酶，参与维持细胞膜内外钙离子的浓度。Ca^{2+}-ATPase 包括血浆膜 Ca^{2+}-ATP 酶（plasma membrane Ca^{2+}-ATPase，PMCA）、肌质 / 内质网 Ca^{2+}-ATP 酶（sarco/endoplasmic reticulum Ca^{2+}-ATPase，SERCA）和分泌途径 Ca^{2+}-ATP 酶（secretory pathway Ca^{2+}-ATPase，SPCA）等（Boczek et al.，2021）。SERCA 每消耗 1 分子 ATP 可以运输两个 Ca^{2+}，但 SPCA 和 PMCA 每消耗一分子 ATP 只运输一个 Ca^{2+}。

碳酸酐酶（carbonic anhydrase，CA）是一种含锌的金属酶，其广泛分布于动物、植物及微生物中，可催化二氧化碳和水发生可逆水合作用，为子宫液提供大量 CO_3^{2-}，这是子宫液中 CO_3^{2-} 的主要来源（Redman and Bandyopadhyay，2021）。碳酸酐酶的高催化效率与其本身的锌离子密切相关，在分子间的质子转移中，CA 处于活性状态，锌离子位于其活性中心底部，用于结合水分子。氢氧离子与锌离子结合后，二氧化碳分子靠近氨基酸侧链，随后结合锌的羟基对碳原子进行亲核攻击与附近的二氧化碳发生反应，生成碳酸氢根。

在鸡蛋蛋壳矿化过程中，许多蛋壳基质蛋白具有较高的活性，在防菌、抑菌等许多方面起着至关重要的作用，并且对蛋壳的矿化过程也有着重要的调控作用。蛋壳主要由 95% 的碳酸钙及 3.5% 的有机基质组成，有机基质主要包括蛋白聚糖和蛋白质。虽然这些壳蛋白的丰度较低，但它们在壳钙化中起着关键作用。基质蛋白可以稳定无定形碳酸钙（amorphous calcium carbonate，ACC），并选择将其转化为方解石多晶型，方解石即成熟蛋壳中存在的多态型碳酸钙。基质蛋白还可以吸附在特定的晶体面上，控制方解石的生长和形态，从而决定晶体在壳中的取向。例如，Ovoglycan 是一种含多阴离子和酸性的硫酸皮肤素蛋白聚糖，其以 Ovocleididin（OC）-116 为蛋白质核心，对钙离子具有高亲和力，因此可以在蛋壳栅栏层的形成过程中调节晶体生长，影响晶体的大小和取向，即影响蛋壳的微观结构（Gautron et al.，2021）。

2. 蛋壳矿化的营养调控

1）*植物精油*　植物精油是从植物的花、种子和叶等中提炼出的芳香油状液体，因其中的有效成分如香芹酚、百里香酚和肉桂醛等具有抗菌、抗氧化及抗炎等作用，而成为畜禽生产中的天然抗生素替代品，在蛋鸡饲粮中添加植物精油还具有改善鸡蛋蛋壳品质的作用。例如，在蛋鸡饲粮添加百里香、迷迭香、莳萝和薄荷等制成的混合精油可以提高蛋壳强度及厚度。

在蛋鸡饲粮中添加植物精油，有助于维持子宫的健康状况，改善子宫的组织形态和炎性免疫状态，从而调节离子转运和基质蛋白基因的表达。保证蛋壳矿化时的离子跨膜转运速率及矿物质和有机基质的正常供给，可影响蛋壳矿化过程，蛋壳整体及有效层厚度增加，进而改善蛋壳强度和硬度（Gautron et al.，2021，Abdel-Wareth and Lohakare，2020）。

2）*N-氨基甲酰谷氨酸*　*N*-氨基甲酰谷氨酸（*N*-carbamylglutamate，NCG）是 *N*-乙酰谷氨酸（*N*-acetylglutamate，NAG）的结构类似物，可以增加精氨酸的内源合成，其功能与 NAG 相似且有较强的稳定性。在蛋鸡饲粮中添加约 1% NCG，可以显著改善蛋壳质量，使蛋壳厚度和强度分别提高 9.5% 和 14.5%。

蛋壳矿化所需的矿物质和有机基质主要由子宫分泌，二者在蛋壳矿化过程中起着非常重要的作用。通过在蛋鸡饲粮中添加约 1% NCG，子宫、血浆、蛋壳中的矿物质如 Ca、P、Fe、Mg、Na 和 K 的含量均显著增加。且通过补充 NCG，蛋鸡十二指肠和肾脏中 CA2、OC-17、OC-116、ATP2A1 等蛋白质的表达均上调。在饲粮中添加 1% NCG 还可上调钙代谢相关基因的表达和激素的水平。这些变化有助于加速离子运输和吸收，促进蛋壳矿化和改善蛋壳质量。

3）*Ca^{2+}调节激素*　Ca^{2+}调节激素主要包括甲状旁腺激素（parathyroid hormone，PTH）、雌酮（estrone，CT）和 $1\alpha,25(OH)_2D_3$ 三种。PTH 是由甲状旁腺主细胞分泌的碱性单链多肽类激素，其主要功能是调节体内钙和磷的代谢，使血浆 Ca^{2+}水平升高。CT 是一种甾体激素化合物，是天然内源性雌激素，可以刺激输卵管和子宫的生长发育，并影响子宫钙的分泌，促进蛋壳中钙的沉积。这两种激素共同作用以维持蛋壳矿化过程中对 Ca^{2+}的需求。维生素 D 是调节机体钙磷代谢的重要激素，$1\alpha,25(OH)_2D_3$ 是维生素 D 的活性形式。$1\alpha,25(OH)_2D_3$ 在靶细胞内与特异的核受体结合后进入细胞核，调节钙结合蛋白基因等相关基因的表达。$1\alpha,25(OH)_2D_3$ 还可促进肠道对钙的吸收，并通过信号转导系统使钙通道开放，快速调节钙的代谢（张亚男等，2021）。

（二）蛋壳颜色的分子营养调控

目前市面上售卖的鸡蛋颜色主要有褐色、绿色及白色三种，颜色是消费者挑选鸡蛋的重要指标之一。蛋壳颜色在产出前 4～5h 形成，是子宫中腺体分泌和色素沉积的结果，色素主要包括原卟啉Ⅸ、胆绿素和锌-胆绿素螯合物三种，是蛋壳外面釉质层的构成成分。当鸡蛋通过子宫部黏膜时，随着子宫壁平滑肌的收缩，鸡蛋发生转动，使得子宫上皮黏膜的分泌物均匀地覆盖在鸡蛋的表面。原卟啉可称为棕色素，含原卟啉Ⅸ量较多的蛋壳呈褐色，白色蛋壳中原卟啉Ⅸ含量几乎为零，胆绿素可使蛋壳呈绿色。原卟啉Ⅸ和胆绿素都是在壳腺中合成，然后分泌并沉积到蛋壳上的。

1. 蛋壳颜色的分子调控　转运蛋白 SLC25A38 将甘氨酸从细胞质基质中转运到线粒体基质中后，氨基乙酰丙酸合酶 1（ALAS1）将琥珀酰辅酶 A 和甘氨酸氧化为 δ-氨基乙酰丙酸，后者通过未知的转运蛋白再次运回细胞质基质中。氨基乙酰丙酸脱水酶（ALAD）将 δ-氨基乙酰丙酸转化为胆色素原，胆色素原通过胆色素原脱氨酶（PGBD）进一步还原成羟甲基胆烷。接着在尿卟啉原Ⅲ合酶（UROS）和尿卟啉原脱羧酶（UROD）的作用下分别合成尿卟啉原Ⅲ和粪卟啉原Ⅲ。粪卟啉原Ⅲ被转运回线粒体中，并通过粪卟啉原氧化酶（CPOX）的作用转化为原卟啉原Ⅲ。原卟啉原Ⅲ则通过沉积到蛋壳中的原卟啉原氧化酶（PPOX）转化为原卟啉Ⅸ。

胆绿素除了来源于血红蛋白分解的产物外，还可以通过血红素加氧酶（HO）参与血红素的降解途径，使原血红素转化为胆绿素。在蛋鸡体内胆绿素还可被还原为胆红素后经血液转运至肝脏并在 UDP-葡糖醛酸转移酶的催化生成葡糖醛酸胆红素，其只有小部分被肠道重新吸收后作为合成蛋壳色素的原料，大部分随粪便排出体外。最后经过子宫腺体细胞内多个分解合成酶的作用，形成褐色蛋壳色素——原卟啉Ⅸ。

2. 蛋壳颜色的营养调控　营养是影响蛋壳颜色的一个重要因素，在蛋鸡饲粮中适当添加某些铁、锰、铜、锌等微量元素也会对蛋壳颜色造成影响。铁是动物机体正常生命活动所必需的，也是组成血红蛋白不可或缺的微量元素，因此若饲粮中铁含量不足，蛋鸡会出现贫血症状，从而导致蛋壳颜色变浅（Wilson，2017）。锰对蛋鸡体内黏多糖的形成有影响，蛋鸡饲粮中锰含量过少会抑制蛋壳色素的沉着，导致蛋壳颜色变浅。但日粮中锰含量过高也会影响锌的吸收，从而影响蛋壳颜色。铜含量会影响蛋壳腺的分泌，当铜缺乏时色素分泌受阻，蛋壳颜色变浅。锌与蛋禽机体的碳酸酐酶活性有关，当蛋鸡机体内锌含量缺少时会导致蛋壳颜色偏白。

钙是蛋壳的重要组成部分，每个蛋壳中大约包含 3g 钙。蛋鸡饲粮中钙含量过低，会导致蛋壳结构疏松或栅栏层变薄，釉质层的沉积受到影响，蛋壳颜色不均匀或变浅。因此蛋鸡饲粮中必须要有足够的钙，但是钙过多也会导致蛋壳和壳膜内的钙沉积过多。蛋鸡体内钙过多，会导致蛋壳表面覆盖有一层白色的粉末或突起的白色颗粒，使得蛋壳颜色变浅。

维生素是动物正常生长发育所必需的营养元素，维生素种类繁多，对蛋壳颜色的影响也各不相同。当缺乏维生素 A 时，会导致输卵管正常黏膜上皮被分层的鳞状角质层上皮所取代，从而引起功能失常，导致蛋壳质量变差，蛋壳颜色变浅。维生素 D_3 可以调节蛋鸡体内钙磷的吸收代谢，促进肠道对钙磷的吸收，提高蛋壳品质，改善蛋壳颜色。维生素 C 是蛋壳颜色形成的关键维生素，能协同维生素 D_3 参与钙磷代谢，促进矿物质的代谢，补充蛋鸡体内的钙含量，改善蛋壳颜色。

第二节　蛋清稀化的分子营养调控

集约化养殖、优质饲粮蛋白质原料缺乏是导致蛋清品质下降的重要原因。蛋清品质下降主要表现为蛋清稀化，进而导致哈氏单位降低、蛋清 pH 升高、细菌感染风险增加及蛋壳内部营养成分的降解，最终会降低鸡蛋品质。如何改善蛋清品质，是蛋禽产业面临的重要问题。

一、蛋清组成成分及其功能特性

蛋清是一种由蛋白质（11%）、水（88%）、碳水化合物、灰分和微量脂质（1%）组成的淡黄色透明胶体溶液，其中的高丰度蛋白包括卵清蛋白、卵转铁蛋白、卵类黏蛋白、溶菌酶和卵黏蛋白，还包括抗生物素蛋白、卵黄蛋白、卵糖蛋白和卵抑制剂等微量蛋白（王晓翠等，2019）。

蛋清中含有胚胎发育所需的各种蛋白质，不同的蛋白质具有其独特的功能，其中多种高丰度蛋白已通过多种方法成功从蛋清中分离出来。卵清蛋白是由输卵管膨大部合成的主要蛋清蛋白，占蛋清总蛋白的 54%，它没有经典的 N 端梯形序列，但除了 N 端乙酰基团外，还有 3 个合成后修饰位点。与其他蛋白质相比，卵清蛋白的氨基酸组成是独特的，N 端氨基酸是乙酰化甘氨酸，C 端是脯氨酸。卵转铁蛋白占蛋清总蛋白的 12%，存在于蛋清、血浆、蛋黄中，富含二硫键。卵转铁蛋白在机体以两种形式存在：与铁结合的形式和无铁结合的形式，一分子卵转铁蛋白与细胞表面受体相互作用可以结合两分子铁将其转运至细胞内。当 pH＞7 时，铁离子更容易附着于卵转铁蛋白上；当 pH＜4.5 时，铁离子易与卵转铁蛋白解离。卵类黏蛋白是蛋清中发现的糖基化程度最高的蛋白质之一，约占蛋清总蛋白的 11%，是一种胰蛋白酶抑制剂，被认为是蛋清中存在的主要食物过敏原。溶菌酶是蛋清蛋白中唯一的非糖蛋白，占蛋清蛋白总量的 3.5%，是含 129 个氨基酸残基的单一多肽链，由 4 个二硫键连接形成稳定的空间构象，酶活性十分稳定。溶菌酶最重要且被应用最广泛的性质是其抑菌性，能够降解革兰氏阳性菌和部分革兰氏阴性菌细胞壁肽聚糖结构中的糖苷键。此外，溶菌酶还能与蛋清中其他蛋白质结合形成稳定复合物，尤其是与卵黏蛋白的结合，在蛋清稀化过程起到重要作用。卵黏蛋白是一种高度聚合的大分子硫酸酯糖蛋白，占蛋清蛋白总量的 3.5%。根据溶解性可将卵黏蛋白划分为两种：在浓蛋白和稀蛋白中都存在的是可溶性卵黏蛋白；仅在浓蛋白中以凝胶形式存在的是不可溶性卵黏蛋白，是蛋清凝胶状结构的关键性成分。卵黏蛋白主要由两种类型的亚基组成，它们被称为 α-卵黏蛋白和 β-卵黏蛋白，α-卵黏蛋白主要由天冬氨酸和谷氨酸等酸性氨基酸组成且含糖量较低（11%～15%），β-卵黏蛋白主要由丝氨酸和苏氨酸等疏水性氨基酸组成且含糖量较高（50%～57%），其中的 *O*-糖苷键碳水化合物具有凝胶特性。

二、蛋清稀化的分子调控

鸡蛋在室温储存，会发生一系列物理和化学反应，其中蛋清稀化是指蛋清中浓蛋白随着储存时间的延长黏度下降变成稀薄液体的过程，但关于蛋清稀化的机制尚不完全清楚。目前研究都认为蛋清稀化过程中蛋清蛋白的构象变化起着关键作用。

蛋清稀化可能与卵黏蛋白中 β-卵黏蛋白的降解有关，卵黏蛋白通过二硫键的还原或碱性水解而降解。β-卵黏蛋白的降解过程中，*O*-糖苷连接的碳水化合物从疏水性氨基酸释放出来，导致其凝胶性变弱即浓蛋白稀化。将蛋清中纯化得到的卵黏蛋白复合物置于室温保存 30d，实验结果表明，α-卵黏蛋白含量基本没有变化，β-卵黏蛋白转变为一种溶解性更大的形式，表现为β-卵黏蛋白含量降低。另有实验结果表明，将蛋清置于22℃环境中储存5周，其中的卵黏蛋白含量从92.5%降至73%，产量从214mg/100g降至112mg/100g。此外，卵黏蛋白和溶菌酶的相互作用也可以维持蛋清凝胶特性，因此蛋清稀化可能与卵黏蛋白和溶菌酶形成的络合物发生改变有关。在卵黏蛋白的两种亚基中，β-卵黏蛋白与溶解酶的结合能力更强，因为其末端的氨基酸残基带负电荷而溶解酶末端是带正电荷的赖氨酸。蛋清稀化还可能与卵清蛋白的变化有关。在鸡蛋储存过程中，卵清蛋白会转变为*S*-卵白蛋白，且其热稳定性优于卵清蛋白。有研究表明，储存期蛋清的pH升高和温度升高都会促进卵清蛋白转变为*S*-卵白蛋白（何涛，2016）。

三、蛋清稀化的营养调控

（一）饲粮蛋白质水平

不同饲粮蛋白质含量对蛋清品质的影响各有不同。在13%蛋白质含量的基础饲粮中添加蛋氨酸补充剂使其蛋白质含量达到16%后，鸡蛋蛋白比例上升，原因可能是蛋清在膨大部合成时氨基酸的可利用量增加。分别饲喂玉米豆粕型基础饲粮和添加了4个梯度的异亮氨酸高蛋白质饲粮，产蛋高峰期的哈氏单位随饲粮粗蛋白质水平升高而显著增加，而产蛋前期的哈氏单位仅轻微改善（Parenteau et al.，2020）。产蛋高峰期饲喂高蛋白质日粮（16%）与低蛋白质日粮（13%）但平衡赖氨酸、蛋氨酸和苏氨酸相比，蛋鸡的蛋品质和生产性能都没有显著差异。当饲粮粗蛋白质水平较低时，补充必需氨基酸后，蛋鸡的蛋白高度和哈氏单位均不会受到影响。降低20～72周龄的海兰褐蛋鸡饲粮的粗蛋白质含量，同时维持含硫氨基酸和赖氨酸的比例不会对海兰褐蛋鸡的蛋白高度造成影响。高温条件下，低蛋白质水平（12%、13.5%、15%）与高蛋白质水平（16.5%）饲粮相比不会降低鸡蛋的蛋白高度和哈氏单位，对蛋品质影响差异并不显著。

（二）饲粮蛋白质原料

饲粮蛋白质来源是影响蛋清品质的重要因素之一。因为不同饲粮蛋白质的营养成分不同，抗营养因子也不同，因此其在动物体内的消化吸收也不同，进而导致蛋清合成部位所能利用的氨基酸原料含量和种类不尽相同，最终会影响蛋清品质（常心雨等，2021）。豆粕是目前主要的蛋白质来源，但是目前我国蛋白质资源紧张，为了合理利用我国饲料资源，棉籽粕、花生粕、菜籽粕和动物蛋白等都被用来替代豆粕作为蛋白质来源，用于蛋鸡生产。用脱酚棉籽蛋白全部替代豆粕饲喂蛋鸡6周发现，鸡蛋蛋白高度、哈氏单位等蛋品质均无不良影响。但是用棉籽蛋白长期饲喂产蛋高峰期的蛋鸡发现，鸡蛋的蛋清品质会有所下降。这提示我们在采用其他蛋白原料替代豆粕时，应该先采取某些手段去除此种蛋白质原来的抗营养因子，以免对动物机体或动物产品造成不良影响。理想蛋白质模式下，用低酚棉粕和双低菜粕全部替代豆粕饲喂产蛋高峰期蛋鸡会显著降低其蛋品质和生产性能，而用低酚棉粕和双低菜粕分别替代50%豆粕饲喂产蛋高峰期蛋鸡不会对其蛋品质和生产性能产生不利影响。用葵花粕和膨化大豆分别以不同比例替代豆粕时，蛋鸡蛋品质在一定程度上得到提升。用动物蛋白原料如黑水虻或者黄粉虫替代部分豆粕而降低饲粮粗蛋白质含量时，可以获得较好的蛋品质。

（三）微量元素

微量元素与蛋白质的分子结构及结构稳定性密切相关。微量元素可以分为无机盐类、简单有机物类和氨基酸微量元素螯合物，其中有机微量元素相较于无机盐类生物利用率更高。蛋鸡饲粮中添加 800mg/kg 酵母多糖微量元素络合物，饲喂两周后鸡蛋蛋白高度和哈氏单位有提高但差异不显著，饲喂 3 周和 4 周后鸡蛋蛋白高度和哈氏单位得到显著提高（赵文旭等，2020）。蛋鸡饲粮中半添加无机微量元素可以显著提高鸡蛋蛋白高度，但全添加无机微量元素后鸡蛋蛋品质反而会下降。目前关于微量元素调控蛋清品质的研究还比较少，其调控具体机制需进一步探讨。

（四）抗氧化剂

蛋鸡经历了产蛋高峰期后，机体抗氧化能力降低，清除氧化自由基能力减弱，损伤 DNA、蛋白质，使体内蛋白质合成和转运能力降低，导致产蛋性能下降。产蛋后期的氧化应激不仅影响产蛋率等生产性能，还会对蛋品质造成不良影响，如蛋壳质量、蛋白高度和哈氏单位下降等。因此，在这个阶段添加抗氧化剂可以提高机体清除氧自由基的能力，使机体氧化还原体系恢复稳定。在 37 周龄海兰褐蛋鸡饲粮中添加 2g/kg 低聚异麦芽糖能显著提高鸡蛋的蛋白高度。在 67 周龄罗曼蛋鸡中添加钒（5mg/kg、10mg/kg 和 15mg/kg）和茶多酚（600mg/kg 和 1000mg/kg）发现，茶多酚的添加能减缓添加钒造成的氧化应激和蛋白高度的下降（Yuan et al.，2016）。关于茶多酚提高蛋清品质的原因有以下几种猜想：一是茶多酚与蛋白质、多糖形成复合物，增加蛋清中 β-卵黏蛋白的含量，进而增加蛋清的凝胶特性；二是茶多酚本身的抗氧化性能能够有效清除机体活性氧自由基，提高机体氧化酶活性，抑制炎性反应，有效减缓机体氧化应激，进而提高机体蛋清分泌部位蛋白质的合成和分泌能力。

第三节　蛋黄品质的分子营养调控

胆固醇是机体发育必不可少的生物活性物质，但饮食中如果摄取过多的胆固醇，会引起冠心病、高血压、脑梗死等一系列心脑血管疾病，对人体健康可能会造成不良的影响。而蛋黄是一种胆固醇含量较高的食物，因此，近年来关于如何降低鸡蛋蛋黄中胆固醇含量的研究并不少见。蛋黄颜色是衡量鸡蛋品质的一项重要感官指标，同时也是禽蛋市场上一项重要的经济指标。随着人们消费水平的提高，消费者也越来越在乎蛋黄颜色，以蛋黄颜色的深浅来判断鸡蛋品质的优劣。因此，市场上出现了“红心”蛋、“油黄”蛋等一系列的产品。蛋黄的颜色主要是鸡体内的类胡萝卜素经过转运和沉积后对蛋黄进行着色而成。但是鸡体内不能通过自身合成类胡萝卜素，只能从饲粮中摄取。鉴于此，为了顺应市场需求，关于在蛋鸡日粮中添加类胡萝卜素来使蛋黄颜色加深的研究越来越多。但是天然色素在蛋黄中的沉积及代谢的具体机制还缺乏比较系统的研究。因此，本节内容主要介绍蛋黄中胆固醇和蛋黄颜色的来源和形成，以及其分子营养调控机制，为研究如何加深蛋黄颜色及降低蛋黄中胆固醇含量提供一定的理论依据。

一、蛋黄胆固醇的分子营养调控

（一）蛋黄胆固醇的形成

1. 蛋黄胆固醇的来源 蛋鸡体内胆固醇的来源有两种途径：一种是外源添加途径，即通过在饲粮中添加胆固醇来增加其体内的胆固醇含量，但蛋鸡饲粮中胆固醇含量比较低，且其中的胆固醇必须被水解为游离的胆固醇才能被小肠消化吸收，所以机体通过这一途径获得的胆固醇含量可以忽略不计。另一种是鸡体自身合成途径，肝脏、卵巢、肠道都可以从头合成胆固醇，肝脏在胆固醇合成中起主要作用。蛋鸡每天大约产 300mg 胆固醇满足机体生长发育需要，其中 3/4 以上的胆固醇都来源于肝脏合成，是蛋鸡体内胆固醇的主要来源。合成的胆固醇 2/3 以上沉积于蛋黄中，还有一部分转化成机体所需的其他活性物质如维生素 D 和类固醇激素等，只有极少部分形成胆汁酸和粪固醇以粪便形式排出体外。

2. 蛋黄胆固醇的生物合成 动物机体中胆固醇合成发生于许多组织细胞中的细胞质和内质网上，合成的原料主要来自糖代谢和长链脂肪酸 β 氧化的产物乙酰 CoA，整个过程将经历一系列酶促反应，需要 ATP 供能和 NADPH 供氢。首先，两个乙酰 CoA 在硫解酶的作用下合成乙酰乙酰 CoA，后者再与一个乙酰 CoA 合成 3-羟基-3-甲基戊二酸单酰辅酶 A（3-hydroxy-3-methylglutaryl coenzyme A，HMG-CoA）。细胞质内 HMG-CoA 在 HMG-CoA 还原酶（HMGCR）的催化下经过不可逆反应生成甲羟戊酸（MVA），接下来在磷酸化、脱羧基和脱羟基后，MVA 经历焦磷酸法尼酯、角鲨烯、羊毛固醇等过程，最终通过多次氧化还原反应形成胆固醇（Luo et al.，2020）。其中 HMGCR 是胆固醇合成过程中的限速酶，决定反应的快慢，也是外界调控机体胆固醇合成的重要靶点。反应的各种底物首先需要与固醇载体蛋白（SCP）结合形成复合物，该复合物更易溶于细胞质中，有利于酶促反应进行（马峥，2019）。

（二）蛋黄胆固醇的分子调控

蛋黄胆固醇沉积是一个复杂的生理过程，胆固醇经过内源和外源途径合成，在血液中运输，最终沉积于蛋黄中，这些过程中涉及的一些关键酶、关键转录因子等在蛋黄胆固醇沉积中都起到了重要的调控作用。

在介绍胆固醇沉积过程中重要的调控因子前，先简单梳理胆固醇在蛋黄中沉积的完整过程。内源性胆固醇和外源性胆固醇合成后都在肝脏中与其他脂类物质和载脂蛋白组装形成 VLDL，VLDL 是蛋鸡体内转运胆固醇最主要的脂蛋白。产蛋鸡有两类 VLDL，即普通型 VLDL 和 VLDLy。在肝脏中组装成的是 VLDLy，由于其直径小且其中的载脂蛋白 apo VLDL-Ⅱ具有脂蛋白脂肪酶（LPL）抑制活性，VLDLy 可顺利通过卵泡膜上的基底膜、颗粒层、卵周层再与卵母细胞膜上卵黄生成素受体（OVR）结合，通过胞吞作用进入卵母细胞沉积。VLDLy 进入卵母细胞后，在溶酶体的作用下分解为游离胆固醇，从而完成最后的沉积过程，并一直以游离的形式伴随卵母细胞的生长直至最终形成蛋黄。该途径是蛋黄中胆固醇沉积的主要途径（95%），蛋黄中还有一小部分的胆固醇来源于卵黄原蛋白（VTG），VTG 也是在肝脏中组装通过与 VLDLy 同样的途径沉积于蛋黄中（龙彬，2018；卢垚，2019；马峥，2019）。

HMG-CoA 还原酶（HMGCR）是一种存在于内质网膜上的 *N*-甘露糖蛋白，由 875 个氨基酸组成，包括一个疏水性 N 端跨膜结构域和一个可溶性 C 端结构域，前者使 HMGCR 对内质网膜上胆固醇浓度具有敏感性，后者在 NADPH 的帮助下将 HMG-CoA 转化为 MVA（叶思霖，2020）。HMGCR 是胆固醇合成过程中的限速酶之一，其活性和数量直接影响胆固醇的合成量，可通过转录、翻译和翻译后修饰这几个水平对 HMGCR 进行调控（张强等，2022），进而实现对蛋黄胆固醇含量的调控。胆固醇和 MVA 含量与细胞中 HMGCR 含量呈负相关，它们通过 SREBP2 在转录水平上调节 *HMGCR* 基因表达，负反馈调节胆固醇的合成。细胞内胆固醇浓度升高时，HMGCR 的 N 端跨膜结构域发生改变，使其易与胰岛素诱导基因蛋白（INSIG）结合，然后在泛素化酶的作用下，HMGCR 经过特异性修饰在蛋白酶的作用下降解（Jiang et al.，2018）。另外 INSIG 表达增加也会抑制 SREBP2 通路，进而抑制 HMGCR 的表达。HMGCR 活性的降低还能通过磷酸化实现，且这个途径不影响胆固醇含量升高诱导的蛋白质降解。HMGCR 能在磷酸化和去磷酸化形式之间相互切换，这取决于细胞内 ATP 水平。ATP 水平低时，AMPK 磷酸化 HMGCR 催化结构域末端的丝氨酸残基使其失活，进而阻断胆固醇的生物合成，抑制 AMPK 活性可激活 HMGCR 活性并增加胆固醇合成量。此途径中的 AMPK 还可以通过抑制 SREBP 的活性进而降低 *HMGCR* 基因表达量并减少胆固醇合成量。而过表达的 miR-34a 会抑制 SIRT1 的表达，从而导致 AMPK 的去磷酸化，进而激活 HMGCR 来增加胆固醇合成量。

角鲨烯单加氧酶（squalene epoxidase，SQLE）是胆固醇生物合成过程的第二个关键限速酶，位于细胞内质网上，其 N 端前 100 个氨基酸和 C 端两个螺旋结构域是 SQLE 能锚定在内质网膜上的关键结构（张强等，2022），属于黄素蛋白单加氧酶家族分子，催化角鲨烯氧化成 2,3-环氧角鲨烯。SQLE 与 HMGCR 的共同之处在于二者表达均受转录和翻译后修饰调控，SREBP 在转录水平直接调控 *SQLE* 基因的表达（Padyana et al.，2019）。此外，SQLE 受胆固醇直接调控，细胞内胆固醇含量偏高时，N 端的前 100 个氨基酸形成两亲螺旋结构使 SQLE 从内质网膜上解离，进而通过泛素蛋白酶系统降解。该泛素化过程是由 E2 泛素结合酶（UBE2J2）和 E3 泛素连接酶（MARCH6）介导的。MARCH6 除了在 SQLE 泛素化降解过程中起作用，还能作为转录因子负反馈调节 *SREBP* 基因的表达，最终调控 *SQLE* 的表达。

固醇调节元件结合蛋白 2（sterol regulator element-binding protein-2，SREBP2）是通过 N 端转录因子结构域和 C 端两次跨膜结构域锚定在内质网膜上的一种蛋白质前体，必须转移至高尔基体中进一步修饰才能发挥功能（Brown et al.，2018），在胆固醇合成过程中选择性调控关键限速酶基因的表达。SREBP2 与 SREBP 分裂激活蛋白（SREBP-cleavage activating protein，SCAP）结合形成复合体锚定在内质网膜上。当内质网膜胆固醇耗竭时，SCAP 结构中的 SSD 与 INSIG1 蛋白解离导致 SREBP2 和 SCAP 复合体从内质网膜上脱落，随后复合体经过 COPⅡ囊泡转运至高尔基体。进入高尔基体中的 SREBP2 在 1 位点蛋白酶（site 1 protease，S1P）和 2 位点蛋白酶（site 2 protease，S2P）依次作用下放出 N 端片段，激活 SREBP2 为核 SREBP2（nSREBP2）。nSREBP2 以同型二聚体形式进入细胞核内，并与靶基因 *HMGCR*、*SQLE* 等启动子中的 SRE 结合，上调 *HMGCR* 和 *SQLE* 等基因的转录。此过程中，SCAP 与 INSIG1 蛋白的结合起着关键作用，发挥负反馈调节作用维持胆固醇生物合成的动态平衡。胆固醇诱导的 INSIG1 与 SCAP 的结合不仅阻止了 SREBP2 通路的激活，还有效阻止了 INSIG1 蛋白的泛素化降解。

低密度脂蛋白受体（low density lipoprotein receptor，LDLR）是一种细胞表面的单次跨膜糖蛋白，由 5 个具有不同功能的结构域组成，包括 N 端配体结合结构域、表皮生长因子（epidermal growth factor，EGF）前体同源结构域、*O*-连接糖结构域、单个跨膜结构域和具有高度保守基序 NPxY 的胞质结构域，主要参与内源性胆固醇的胞吞摄取。当血浆中出现 LDL-C 时，LDLR 能识别脂蛋白中的载脂蛋白 B 100（apo B 100）或载脂蛋白 E（apo E）形成复合物，通过胞吞作用将复合物运送至溶酶体降解，LDLR 回到细胞膜上进入下次循环利用（Yang et al.，2020）。*LDLR* 基因的表达严格受转录水平和转录后水平的调控。在转录水平，LDLR mRNA 的表达受转录因子 SREBP2 的调节，以响应细胞中的内质网膜上的胆固醇水平。当细胞中胆固醇水平下降时，SCAP 与 SREBP2 复合物从膜上解离运输至高尔基体中活化成 nSREBP2，进而结合 *LDLR* 启动子区域的 CRE 序列以激活其转录。在转录后水平，LDLR 的调节因子集中在前蛋白转化酶枯草杆菌蛋白酶 9 型（pro-protein convertase subtilisin/kexin type 9，PCSK9）和 LDLR 降解蛋白（inducible degrader of LDLR，IDOL）之间。成熟的 PCSK9 可识别肝细胞膜上的 LDLR，与 LDLR 的 EGF 前体同源结构域形成 LDLR/PCSK9 复合物，PCSK9 可能通过抑制 LDLR 的重排使其在溶酶体内降解而不能再次循环回细胞膜，进而减少 LDLR 在细胞膜上的分布。IDOL C 端具有一个 E3-泛素连接酶活性 RING 结构域，当细胞膜上 LDLR 表达过高时，RING 结构域会诱导其泛素化进而进入溶酶体中降解，使其不能参加下一次再循环利用，降低外周组织细胞对循环中胆固醇的摄取。

胆固醇酰基转移酶（ACAT）是细胞内唯一合成胆固醇酯的酶，是参与吸收、转运和沉积胆固醇的一个极其重要的酶，与 HMGCR、SQLE、SREBP2 和 LDLR 等共同调节蛋黄中胆固醇沉积量。小肠绒毛细胞中 ACAT 将胆固醇酯化为胆固醇酯，再将其以乳糜微粒的形式分泌进入血液循环，从而不断清除细胞中的游离胆固醇，加速游离胆固醇从肠腔中扩散进入肠细胞，促进胆固醇吸收。在肝细胞中，ACAT 参与了其中脂蛋白的组装，即胆固醇酯与 apo B 100 结合组装成 VLDL 分泌入血。鸡采食高胆固醇饮食后，其体内 ACAT mRNA 表达上调，在饲粮中添加 ACAT 抑制剂后，会产生胆固醇吸收降低、肝脏脂蛋白分泌降低和血浆脂蛋白胆固醇水平降低的后果。ACAT 的表达受到转录水平、转录后水平和翻译后水平的调控。目前报道的转录因子有 γ 干扰素（INF-γ），全反式视黄酸（ATRA），小肠特异、分化依赖的转录因子 Cdx2 和肝细胞核因子 1（HNF1）。转录后 ACAT 前体分子通过反式剪切或者有选择性的顺式剪切而成熟。在翻译后修饰水平，细胞质低胆固醇含量使 ACAT 泛素化降解，而脂质过载的情况下，ACAT 的泛素化位点被氧化，不会被蛋白酶体靶向降解，进而增加胆固醇酯的生成。

（三）蛋黄胆固醇的营养调控

1. 脂类　饲粮中脂类含量对家禽机体胆固醇代谢起关键作用，尤其是胆固醇含量和脂肪酸饱和度对蛋黄胆固醇浓度影响较大。在蛋鸡饲粮中添加 10% 玉米油可使鸡蛋中胆固醇含量升高。当在基础日粮中添加 30% 红花籽油或 30% 氢化红花籽油或 30% 椰子油时，鸡蛋中胆固醇含量将显著升高，效果比玉米油和动物油更加明显。这表明想获得低胆固醇鸡蛋，可以通过降低饲粮中油脂水平来实现，与此同时还应兼顾低油脂水平对产蛋性能的不良影响。

2. 纤维素 饲粮纤维素，特别是黏性可溶性膳食纤维，通过影响饲粮黏度使胆固醇减少与胆汁酸盐的结合，缩短胆固醇通过肠道的时间，增加粪便中胆固醇的排出量，从而降低胆固醇的吸收。同时，纤维素能促进肝细胞中胆固醇转化为胆汁酸，阻碍肝肠胆汁酸循环，抑制肠道对胆固醇的重吸收，从而降低血浆中胆固醇的含量。还有研究表明，黏性可溶性膳食纤维可以通过在机体产生短链脂肪酸来抑制胆固醇在肝脏中的从头合成。蛋鸡日粮中添加 6% 富含粗纤维的发酵甜菜粕时，可以提高产蛋率和料蛋比，降低蛋黄、血清中胆固醇和甘油三酯含量（侯金丽，2021）。添加 3%、6%、9% 的苜蓿草粉均能显著降低蛋黄中胆固醇的含量，但不同添加水平均会显著降低产蛋重，对其他蛋品质指数并无显著影响。利用麦麸、大豆皮和苹果皮对蛋黄中提取的胆固醇溶液在肠道模拟微环境中进行吸附实验，三种原料中的膳食纤维都对胆固醇具有吸附力，其中含有可溶性膳食纤维最多的苹果皮对胆固醇的吸附力最强。

3. 微量元素 微量元素可以通过与动物体内蛋白质及其他有机基团的结合，形成酶、激素、活性肽等活性生物分子，进而发挥胆固醇代谢调节作用。铬是胰岛素协同因子，参与胰岛素的作用，调节机体糖脂代谢。它可通过增强胰岛素的活性，促进体内脂类物质沉积，减少血液循环中的脂肪，从而降低血浆和蛋黄中的胆固醇含量。日粮中添加 400μg/kg 酵母铬可以显著影响鹌鹑的产蛋率，并显著降低鹌鹑肝脏和胴体中的甘油三酯（TG）和总胆固醇（TC）含量，以及蛋黄中 TC 的含量。蛋鸡饲粮中同时添加 600μg/kg 酵母铬和 800mg/kg 益生素时，显著提高了蛋形指数，显著降低了蛋鸡血浆、肝脏及蛋黄胆固醇的含量。

铜对家禽胆固醇代谢有一定的积极作用，补充不同来源和水平的铜均能降低蛋黄中胆固醇的浓度。蛋鸡饲粮中添加 150mg/kg 蛋白铜盐显著降低血浆和蛋黄中的胆固醇含量，且对其他生产性能没有造成不利影响。大鼠饲粮中添加铜的实验发现，当还原型谷胱甘肽和氧化型谷胱甘肽比例受到影响时，HMGCR 的活性将受到抑制，最终影响机体胆固醇的生物合成。这提示饲粮中添加铜，将会通过影响 HMGCR 的活性来调节胆固醇的合成。随着蛋鸡饲粮中铜添加水平的增加，血浆中 VLDL 的含量呈下降趋势。而 VLDL 是蛋鸡将胆固醇运输到卵巢中最主要脂蛋白，这提示饲粮中的铜可能通过某种方式影响肝脏中 VLDL 的组装，进而影响蛋黄中胆固醇的含量（龙彬，2018）。

4. 天然活性物质 天然活性物质，如大蒜素、槲皮素、茶多酚等，都能显著降低鸡蛋中胆固醇浓度，且不会对蛋鸡生产性能造成不利影响。大蒜素是大蒜的提取物，能够有效降低血浆和鸡蛋中的胆固醇含量。其调控机制可能是大蒜素干扰 SREBP2 的激活，进而降低 SREBP2 的下游靶基因 *HMGCR* 的表达，导致机体胆固醇的生物合成量降低和鸡蛋胆固醇沉积量降低（周锦龙，2016）。此外，大蒜素及其提取物还能通过降低 7α-胆固醇羟化酶活性干扰胆汁酸循环，进而促进胆汁酸分泌，降低血浆中胆固醇含量。蛋鸡饲粮中添加晒干的大蒜粉可以增加机体总胆固醇和高密度脂蛋白胆固醇含量，降低鸡蛋中低密度脂蛋白胆固醇和胆固醇的含量（Adebiyi et al.，2017）。21 周龄棕色蛋鸡添加 5g/kg 和 10g/kg 大蒜素都能极显著降低蛋黄中胆固醇浓度，显著降低血浆中甘油三酯和总胆固醇浓度。

二、蛋黄颜色的分子营养调控

（一）蛋黄颜色的形成

1. 蛋黄颜色形成来源 蛋黄颜色由鸡从饲粮中摄取的类胡萝卜素种类与含量决定。

类胡萝卜素是一种广泛存在于自然界的呈黄色、红色或橙红色的脂溶性色素，可以沉积到蛋黄中改善其颜色，在禽类养殖中是一种优良的着色剂。但是鸡体内不能通过自身合成，只能从饲粮中摄取，进而经过消化吸收、转运、沉积一系列过程，才能用于蛋黄着色。类胡萝卜素根据结构特点可分为含氧类胡萝卜素和胡萝卜素。目前主要用于动物产品着色的是β-胡萝卜素和番茄红素等胡萝卜素，以及虾青素、角黄素、叶黄素等含氧类胡萝卜素。添加的类胡萝卜素种类不同，其在蛋黄中的沉积效率和着色效果也会产生较大差异。包括β-胡萝卜素在内的类胡萝卜素是合成维生素 A 的重要前体（Bohm et al.，2021），但在动物体内只有少部分类胡萝卜素能沉积到蛋黄中，从而导致着色效果不佳。绝大部分含氧类胡萝卜素分子结构中存在羰基、酮基、醛基等稳定的功能基团，使其不具有维生素 A 原活性（Nishida et al.，2021）。因此，经过肠道消化吸收、转运蛋白转运及卵泡细胞膜上受体介导的胞吞作用后，最终沉积于卵泡中的含氧类胡萝卜素仍可以保持原来的颜色和分子结构。

2. 蛋黄颜色形成特点　由于鸡的采食行为具有昼夜节律性，即白天采食晚上停食，所以蛋黄会形成蛋黄颜色深浅交替出现的层状结构。鸡蛋中的色素是卵黄前体物质的一部分，它在肝脏中组装而成，经血液运输至卵巢组织。卵黄前体物质经胞吞作用不断聚集在卵母细胞中，卵泡体积不断增大，经过分化后发育为成熟卵母细胞，最终从卵巢部排出形成卵黄。卵泡发育成熟过程需要 7～10d 完成。鸡蛋中的色素在整个卵泡发育过程都会不断沉积于其中，直至成熟卵泡排卵，因此蛋黄色素沉积量在 10d 左右会达到最大值。

（二）蛋黄颜色的分子调控

蛋黄色素沉积是一个复杂的生理过程，其伴随着色素在肠道的消化吸收、在肝脏中组装形成卵黄前体、在血液中运输，以及在卵巢组织的胞吞作用，这些过程中涉及的一些关键转运蛋白、受体蛋白等在色素沉积中起到了重要的调控作用。

在介绍色素沉积过程中重要的调控因子前，先简单梳理色素在蛋黄中沉积的完整过程。鸡采食后，类胡萝卜素经过腺胃和肌胃对饲粮各成分进行化学和物理作用，类胡萝卜素从食物基质中释放出来，进而与脂类化合物混合形成小脂肪颗粒。脂肪颗粒转移至小肠后，在胰液、胆汁等消化作用下，类胡萝卜素从脂肪颗粒中释放，与游离胆汁酸、胆盐、磷脂等形成混合胶束，随后混合胶束通过 SRBⅠ、CD36、NPC1L1 等膜受体蛋白进入小肠黏膜上皮细胞并被吸收（Reboul，2019）。在小肠细胞内，类胡萝卜素或被 BCO1 酶和 BCO2 酶裂解成单体再转化成维生素 A 供机体需要，或保持原有分子结构形成乳糜微粒或高密度脂蛋白被释放经血液运输进入肝脏。脂蛋白转运进肝脏的色素在雌激素的刺激下，与肝脏中的脂类物质一起组装形成卵黄前体物质（VLDLy）。小直径 VLDLy 在卵巢滤泡中的硫酸软骨素胶原蛋白的帮助下快速穿过卵泡的颗粒细胞，再经过卵母细胞膜上卵黄生成素受体（OVR）介导的胞吞作用沉积于其中，最终形成蛋黄。

B 类Ⅰ型清道夫受体（scavenger receptor class B typeⅠ，SRBⅠ）是一种跨细胞膜糖基化受体，有多种脂蛋白能作为其配体与之结合，进而介导细胞内多种生物学效应。SRBⅠ结合多种脂蛋白配体可以促进脂蛋白中类胡萝卜素在小肠黏膜上皮细胞中的吸收，是类胡萝卜素消化吸收过程中的关键受体蛋白。SRBⅠ在整段小肠中的细胞顶端膜都有表达，但十二指肠到结肠的表达量呈现一个梯度减少的特点，有利于类胡萝卜素在小肠前端被大量吸收（Reboul，2019），加快蛋黄色素沉积的进程。鸡采食过程中形成的混合胶束通过 SRBⅠ进入小肠细胞时，将促进 ERK1/2 和 p38MAPK 的 SRBI 依赖性活化，进而使载脂蛋白 B 从细胞的顶端区域运输到基底外侧分泌区域，在这个区域载脂蛋白 B 促进富含类胡萝卜素的脂蛋白组装和分泌。综上，在转录和转录后水平影响小肠细胞内 SRB Ⅰ 的表达，可以实现对蛋黄色素沉积的调控。类固醇生成因子 1、CCAAT 增强子结合蛋白、固醇调节元件结合蛋白 1 等能通过与 SRB Ⅰ 启动子区域结合上调其表达。SRB Ⅰ 降解通过泛素化 / 蛋白酶体途径，因此可以通过阻止 SRB Ⅰ 的泛素化或者抑制识别泛素化 SRB Ⅰ 的蛋白酶体系的表达来促进 SRB Ⅰ 选择性摄取包含类胡萝卜素的混合胶束。

脂肪酸转运酶（cluster determinant 36，CD36）是另一种帮助肠道黏膜上皮细胞吸收类胡萝卜素的清道夫家族糖基化受体。同样，CD36 也不具有底物特异性，能识别多种脂质配体，包括天然或修饰脂质蛋白、长链脂肪酸、游离胆固醇、淀粉样蛋白 B。CD36 在十二指肠和空肠中大量表达，促进脂溶性物质在小肠近端的吸收。CD36 具有两个跨膜结构域，其中一个是存在于细胞质中的氨基末端和羧基末端，羧基末端是信号转导的活性部位，混合胶束与其的结合激活许多酪氨酸激酶进而被转运至肠细胞内。CD36 的各种翻译后修饰包括泛素化、糖基化、棕榈酰化、乙酰化等，可能对 CD36 在细胞膜和细胞内区室之间的运输起调节作用，并影响 CD36 介导的配体摄取或信号转导功能。CD36 在细胞膜上的表达由过氧化物酶体增殖物激活受体（PPAR）的激动剂以组织特异性方式调节。PPAR 与类视黄醇 X 受体（retinoid X receptor，RXR）形成异源二聚体，并通过 DNA 结合域与 CD36 启动子或转录区域的过氧化物酶体增殖应答元件（peroxisome proliferator response element，PPRE）序列结合，直接调控靶基因的转录（Glatz and Luiken，2017）。

尼曼-皮克 C1 型类似蛋白 1（Niemann-Pick C1-like 1，NPC1L1）是一个由 1322 个氨基酸组成的跨膜蛋白，具有 13 个跨膜螺旋结构，其中的 5 个组成了甾体敏感区域（sterol sensing domain，SSD），此区域与其转运类胡萝卜素进入肠道细胞息息相关。NPC1L1 在动物体内表达具有种属特异性，但都在小肠近端大量表达（Altmann et al.，2004）。当混合胶束达到小肠近端时，存在于 SSD 区域的氨基酸基序通过网格蛋白胞吞作用调节了 NPC1L1 对混合胶束的吸收。转运蛋白 NPC1L1 在肠道的表达受机体内核因子受体的调控，其中过氧化物酶体增殖物激活受体、肝 X 受体（liver X receptor，LXR）、固醇调节元件结合蛋白 2 都参与对 NPC1L1 的调控（刘振豪，2021）。

β-胡萝卜素-15,15′-加氧酶（BCMO1）和 β-胡萝卜素-9′,10′-双加氧脱氢酶（BCO2）两种降解酶在类胡萝卜素的代谢过程中发挥关键作用，进而影响类胡萝卜素在各组织中的沉积。BCMO1 通过对称切割将 β-胡萝卜素转化为维生素 A 衍生物，BCO2 通过非对称切割将 β-胡萝卜素、叶黄素等类胡萝卜素裂解，使得从肠道中转运至外周各组织的类胡萝卜素量减少，其中包括蛋黄中类胡萝卜素的减少，最终蛋黄颜色变浅。动物机体内大部分组织都能检测到 BCMO1 和 BCO2 的表达，其中肠黏膜细胞中活性达到最大。*BCMO1* 和 *BCO2* 基因表达受过氧化物酶体增殖物激活受体 γ（PPARγ）和小肠特定同源框转录因子（ISX）控制。*BCMO1* 和 *BCO2* 都有一种应答元件 PPRE，此元件能够激活 PPAR 来调控类胡萝卜素裂解酶的表达和活性。另外，*BCMO1* 启动子区域还编码功能性肌细胞增强子，此增强子与 PPAR 共同作用上调 *BCMO1* 的表达活性。β-胡萝卜素分解产物视黄酸可以通过激活视黄酸受体，进而抑制 *ISX* 的表达直接下调 *BCMO1* 的表达，或者通过抑制 *SRBI* 的表达间接下调 *BCMO1* 的表达。

ABC 转运蛋白（ATP- binding cassette transporter）家族是一类 ATP 驱动泵，由两个跨膜结构域（transmembrane binding domain, TMD）及两个胞质侧 ATP 结合域（nucleotide-binding domain，NBD）组成，负责多种物质的跨膜转运。其中 NBD 的结构和序列具有高度保守性，而 TMD 的结构和序列具有多样性，因为主要是 TMD 负责识别和转运底物。根据 ABC 转运蛋白保守区序列的同源性可将其分为 7 个亚型：ABCA～ABCG，现有报道与类胡萝卜素转运有关的是 ABCA1 和 ABCG5/G8 转运蛋白（孙铭优等，2022）。当混合胶束进入肠黏膜细胞后，一小部分释放出的类胡萝卜素通过 ABCG5/G8 流回肠腔，还有一部分进入基底外侧分泌区域的类胡萝卜素被 ABCA1 排出细胞进入血液循环中。

极低密度脂蛋白受体（VLDLR）是蛋黄形成过程中在家禽卵母细胞表面的一种必不可少的膜受体，通过胞吞作用介导卵黄前体物质 VLDLy 和 VTG 进入生长中的卵母细胞中，从而加快卵泡的发育和卵黄的形成。VLDLR 含有 5 个高度保守的功能结构域，分别是氨基末端的配体结合结构域、表皮生长因子前体同源结构域、*O*-linked 糖链结构域、跨膜结构域及具有 NPxY 基序的细胞质结构域。根据其结构域可分为缺少 *O*-linked 糖链结构域的Ⅱ型 VLDLR 和完整的Ⅰ型 VLDLR，而 *O*-linked 糖链结构域是 *O*-糖基化的主要位点，在维持细胞表面 VLDLR 的稳定性中发挥作用，因此Ⅰ型 VLDLR 在组织中更稳定，同时结合 VLDL 受体的能力也更强。而发育中的卵母细胞的Ⅱ型 VLDLR 表达量显著高于Ⅰ型 VLDLR 表达量，这提示不同组织 VLDLR 表达量具有组织特异性，并且在不同组织中发挥不同功能，卵巢组织中Ⅱ型 VLDLR 可介导卵黄前体物质进入卵泡中。

（三）蛋黄颜色的营养调控

1. 外源色素添加　已知蛋黄颜色是由类胡萝卜素在卵形成期间沉积而形成的，但鸡体内不能通过自身合成类胡萝卜素，因此外源色素的添加对蛋黄颜色的形成是不可或缺的。外源色素来源主要分为两类：一类是饲料原料本身所含色素，不仅可以改善蛋黄颜色，还因为其自身的营养成分而改善其他蛋品质或生产性能。玉米中含有丰富的类胡萝卜素如叶黄素和玉米黄质，玉米品质越高，鸡蛋蛋黄着色效果越好。小麦中色素含量不多，因此使用玉米日粮饲喂蛋鸡的蛋黄着色效果显著优于小麦日粮的饲喂效果，生产中常通过添加色素改善蛋黄颜色（Rodrigues et al.，2019）。发酵辣椒粕中富含类胡萝卜素，且其中的小分子多肽、氨基酸、矿物质、益生菌代谢物含量高于辣椒，是一种优良的蛋黄着色剂。将其添加进蛋鸡饲粮中，不仅能显著改善蛋黄颜色，还有益于提高饲料转化率、提高蛋黄中营养成分含量（任跃昌等，2022）。万寿菊提取物是一种天然安全的富含含氧类胡萝卜素的着色剂，具有良好的着色效果及抗氧化和免疫效果。饲粮中添加万寿菊提取物时，其蛋黄颜色和蛋黄中叶黄素含量的改善相一致，提示叶黄素是此提取物中主要的含氧类胡萝卜素，为生产富含叶黄素、保护视力的功能鸡蛋提供思路。叶黄素的分子结构含有多个共轭双键，正是这些双键发挥了自由基清除作用，缓解氧化应激对机体的损伤，进而提高抗氧化能力和免疫功能。另一类是用于蛋黄着色的化学合成着色剂，这类着色剂被家禽肠道吸收后，不会转变为维生素 A，在脂蛋白的包裹下直接以原来结构沉积于蛋黄中，着色效果较稳定。目前使用较多的化学着色剂有加丽素黄、露康定、柠檬黄、斑蝥黄、加丽素红和虾青素等。这些着色剂除具有着色效果外，也有改善脂代谢紊乱、提高机体抗氧化能力的效果（Yaqoob et al.，2022）。

2. 日粮中的脂肪　类胡萝卜素是一种脂溶性色素，日粮中含有一定量的脂肪会促进其吸收与沉积。从饲粮基质中释放出来的类胡萝卜素溶解在脂类物质中，会刺激胰脂肪酶和胆汁盐的分泌，进而形成混合胶束被肠黏膜细胞吸收。脂类物质种类不同，其作用也不尽相同。甘油三酯增加肠黏膜细胞中乳糜微粒的形成，可以促进肠细胞分泌类胡萝卜素进入血液循环（Zhong et al.，2021），进而加快蛋黄中色素沉积的进程。实验证明 Caco 2 细胞中不饱和脂肪酸混合胶束比饱和脂肪酸混合胶束更容易被肠黏膜细胞吸收，进而增加类胡萝卜素的生物可及性，提高其在蛋黄中的沉积率。人群试验也得到类似结果，含不饱和脂肪酸较高的菜籽油比含饱和脂肪酸较高的黄油更能提高叶黄素和胡萝卜素在肠道中的吸收率。但脂肪氧化酸败产生的游离脂肪酸不会提高类胡萝卜素的生物可及性，因为它们之间会在小肠近端发生竞争性抑制吸收现象。

3. 维生素和二价矿物离子 维生素 A 在鸡体内的含量对类胡萝卜素的吸收具有重要作用，当维生素 A 缺乏时，鸡体内部分类胡萝卜素会通过 BCMO1 或 BCO2 的裂解作用转化为维生素 A 前体物质，进而降低蛋黄中类胡萝卜的沉积；当维生素 A 过量时，由于其和类胡萝卜素的分子结构具有相似性，它们会在肠道中竞争吸收位点，进而降低类胡萝卜素的吸收，影响蛋黄颜色。

维生素 E 是机体营养性防御系统的重要一员，它可以清除自由基、维护细胞膜稳定、抵抗各种氧化剂，进而抑制细胞内不饱和脂肪酸和类胡萝卜素的氧化，增加肠道中类胡萝卜素的吸收位点及其生物可及性（令狐克川等，2021）。当鸡周龄、维生素 E 添加量和类型不同时，维生素 E 对蛋黄颜色产生的影响也不一致，其中具体机制还需进一步探究。

二价矿物离子与游离脂肪酸发生反应，形成不溶性皂化物，进而干扰混合胶束在肠道中运输的稳定性，影响肠道对类胡萝卜素的吸收。二价矿物离子还会与胆汁酸盐反应，影响类胡萝卜素的乳化作用，进而减少混合胶束的形成。当饲粮中的二价矿物离子含量过高时，可以通过加入一定量的脂肪来抵消其对类胡萝卜素吸收的不良影响（惠俊楠等，2020；黎鸿彬等，2017）。

（路则庆、董信阳、王凤芹，浙江大学）

参 考 文 献

常心雨，王晶，张海军，等．2021．鸡蛋蛋清形成过程及品质调控研究进展．中国家禽，4（12）：93-101.

何涛．2016．脱酚棉籽蛋白对鸡蛋品质的影响及其机理．北京：中国农业科学院博士学位论文.

侯金丽．2021．可发酵纤维对蛋鸡生产性能、蛋品质及血清生化指标的影响．中国饲料，（14）：117-120.

惠俊楠，李若楠，李玲茜，等．2020．类胡萝卜素应用的研究进展．畜牧与兽医，52（4）：143-147.

江斌，吴胜会，林琳，等．2020．鸡蛋蛋壳质量不好的原因分析及其应对措施．福建畜牧兽医，42（3）：61-63.

黎鸿彬，刘松柏，谭会泽，等．2017．饲用色素着色原理及其影响因素．饲料研究，（7）：8-11.

令狐克川，王超，张瑞强，等．2021．饲粮添加天然维生素 E 对蛋鸡产蛋后期生产性能、维生素 E 沉积、抗氧化功能和鸡蛋品质的影响．动物营养学报，33（12）：6771-6781.

刘敬立．2020．产蛋鸡蛋壳质量影响因素与调控．畜牧兽医科学（电子版），（3）：59-60.

刘禹含，邹磊，冀红芹，等. 2013. 钙在猪不同肠段吸收的研究进展. 饲料研究，(7)：60-65.
刘振豪. 2021. 番茄红素通过 PPARγ-LXRα-NPC1L1 信号通路抑制 Caco-2 细胞胆固醇吸收. 广州：南方医科大学硕士学位论文.
龙彬. 2018. 金银花、蓝莓、葡萄籽提取物对蛋鸡生产性能、蛋品质、脂质代谢及免疫力的影响. 重庆：西南大学硕士学位论文.
卢垚. 2019. 茶多酚降低鸡蛋胆固醇效果及其机制研究. 重庆：西南大学硕士学位论文.
马峥. 2019. 鸡肝脏胆固醇合成通路相关基因的表达特性与调控机制研究. 郑州：河南农业大学博士学位论文.
任跃昌，刘亚萍，陈正平，等. 2022. 发酵辣椒粕对蛋鸡饲喂效果评价. 饲料研究，45(4)：40-43.
孙铭优，吴照晨，王斌，等. 2022. ABC 转运蛋白及其相关的多药抗性研究现状. 植物保护学报，49(1)：374-382.
王晓翠，武书庚，张海军，等. 2019. 鸡蛋蛋清品质营养调控的研究进展. 动物营养学报，31(4)：1491-1498.
叶思霖. 2020. 嗜酸乳杆菌对肉鸡肝脏胆固醇代谢的影响及机制. 杨凌：西北农林科技大学硕士学位论文.
张强，许璨，唐朝克. 2022. 细胞内胆固醇水平调节研究进展. 生物化学与生物物理进展，49(2)：292-302.
张权. 2015. 鸡 *OC17* 基因克隆、表达及其 Ser[61] 位点对碳酸钙结晶功能研究. 北京：中国农业大学博士学位论文.
张亚男，王爽，阮栋，等. 2021. 蛋壳形成的钙代谢机制及其影响因素. 动物营养学报，33(3)：1201-1207.
张倚剑，胡艳，梁明振，等. 2021. 改善产蛋后期鸡蛋蛋壳质量研究进展. 动物营养学报，33(2)：686-697.
赵文旭，潘金海，彭昕，等. 2020. 不同浓度有机微量元素复合物对蛋鸡生产性能及鸡蛋品质的影响. 中国家禽，42(11)：45-50.
周锦龙. 2016. 银杏叶提取物对蛋鸡生产性能和胆固醇代谢的影响. 广州：华南农业大学硕士学位论文.
Abdel-Wareth A A A, Lohakare J D. 2020. Productive performance, egg quality, nutrients digestibility, and physiological response of bovans brown hens fed various dietary inclusion levels of peppermint oil. Anim Feed Sci Tech, 267: 114554.
Adebiyi F, Ologhobo A, Adejumo I. 2017. Modulation of cholesterol in laying chickens fed sun-dried garlic powder. J Experim Agri International, 19(2): 1-7.
Altmann S W, Davis H J, Zhu L J, et al. 2004. Niemann-pick C1 Like 1 protein is critical for intestinal cholesterol absorption. Science, 303(5661): 1201-1204.
Boczek T, Sobolczyk M, Mackiewicz J, et al. 2021. Crosstalk among calcium ATPases: PMCA, SERCA and SPCA in mental diseases. Int J Mol Sci, 22(6): 2785.
Bohm V, Lletz G, Olmedilla-Alonso B, et al. 2021. From carotenoid intake to carotenoid blood and tissue concentrations-implications for dietary intake recommendations. Nutr Rev, 79(5): 544-573.
Brown M S, Radhakrishnan A, Goldstein J L. 2018. Retrospective on cholesterol homeostasis: the central role of scap. Annu Rev Biochem, 87: 783-807.

Gautron J, Stapant L, Le R, et al. 2021. Avian eggshell biomineralization: an update on its structure, mineralogy and protein tool kit. BMC Mol Cell Biol, 22(1): 11.

Glatz J F, Luiken J J. 2017. From fat to FAT (CD36/SR-B2): understanding the regulation of cellular fatty acid uptake. Biochimie, 13: 621-626.

Jiang L Y, Jiang W, Tian N, et al. 2018. Ring finger protein 145 (RNF145) is a ubiquitin ligase for sterol-induced degradation of HMG-CoA reductase. J Biol Chem, 293(11): 4047-4055.

Kawasaki H, Kretsinger R H. 2017. Structural and functional diversity of EF-hand proteins: evolutionary perspectives. Protein Sci, 26(10): 1898-1920.

Luo J, Yang H, Song B L. 2020. Mechanisms and regulation of cholesterol homeostasis. Nat Rev Mol Cell Biol, 21(4): 225-245.

Nishida Y, Nawaz A, Hecht K, et al. 2021. Astaxanthin as a novel mitochondrial regulator: a new aspect of carotenoids, beyond antioxidants. Nutrients, 14(1): 107.

Padyana A K, Gross S, Jin L, et al. 2019. Structure and inhibition mechanism of the catalytic domain of human squalene epoxidase. Nature Commun, 10(1): 97.

Parenteau I A, Stevenson M, Kiarie E G. 2020. Egg production and quality responses to increasing isoleucine supplementation in Shaver White hens fed a low crude protein corn-soybean meal diet fortified with synthetic amino acids between 20 and 46 weeks of age. Poult Sci, 99(3): 1444-1453.

Reboul E. 2019. Mechanisms of carotenoid intestinal absorption: where do we stand? Nutrients, 11(4): 838.

Redman R S, Bandyopadhyay B C. 2021. Immunohistochemical localization of carbonic anhydrase Ⅳin the human parotid gland. Biotech Histochem, 96(8): 565-569.

Rodrigues D B, Mercadante A Z, Mariutti L. 2019. Marigold carotenoids: much more than lutein esters. Food Res Int, 119: 653-664.

Wilson P B. 2017. Recent advances in avian egg science: a review. Poult Sci, 96(10): 3747-3754.

Yang H X, Zhang M, Long S Y, et al. 2020. Cholesterol in LDL receptor recycling and degradation. Clin Chim Acta, 500: 81-86.

Yaqoob Z, Arshad M S, Imran M, et al. 2022. Mechanistic role of astaxanthin derived from shrimp against certain metabolic disorders. Food Sci Nutr, 10(1): 12-20.

Yuan P. 2019. Structural biology of thermoTRPV channels. Cell Calcium, 84: 102106.

Yuan Z H, Zhang K Y, Ding X M, et al. 2016. Effect of tea polyphenols on production performance, egg quality, and hepatic antioxidant status of laying hens in vanadium-containing diets. Poult Sci, 95(7): 1709-1717.

Zhong S, Bird A, Kopec R E. 2021. The metabolism and potential bioactivity of chlorophyll and metallo-chlorophyll derivatives in the gastrointestinal tract. Mol Nutr Food Res, 11: e2000761.

第十五章　乳品质形成的分子营养调控

奶业在我国畜牧业中占有重要地位。随着科学技术的发展，我国奶业实现高速增长。但是，目前我国的奶业仍然是畜牧业的薄弱环节，通过营养调控乳品质形成是奶牛营养学研究的重要任务。牛奶中的主要营养物质包括乳糖、乳脂肪和乳蛋白，其中，乳糖与奶产量密切相关；乳脂肪对牛奶加工及风味具有重要影响；乳蛋白中的酪蛋白与矿物质的吸收具有重要联系，乳清蛋白为新生动物的营养和健康提供物质基础，是清除和抑制肠道病原菌的重要方式。因此，本章以乳品质形成为基础，阐述了乳糖、乳脂肪和乳蛋白形成的分子营养调控现状，以期为提高动物乳品质提供研究方向和理论依据。

第一节　乳糖合成的分子营养调控

乳糖是乳中主要的营养物质，是乳腺中特有的糖类，包括 α-乳糖和 β-乳糖两种异构体。乳糖是维持渗透压的主要成分，牛奶中浓度大约为 5%，调节乳糖的合成可对产奶量产生直接影响（李文清等，2012）。葡萄糖是乳糖合成的必需前体物质，通过葡萄糖转运蛋白协助进入乳腺细胞。葡萄糖摄取和乳腺内葡萄糖代谢均影响乳糖的合成，进而影响乳产量。因此，研究乳糖合成的分子营养调控具有重要意义。

一、乳糖合成前体物质概述

（一）乳糖合成前体物质的来源

葡萄糖是泌乳动物乳糖合成必需的前体物质，其摄取在产奶量中起着关键的作用（Lin et al., 2016）。反刍动物主要靠糖异生作用产生葡萄糖，即内源葡萄糖供应，保证反刍动物足够的葡萄糖供应对泌乳量和乳品质至关重要。丙酸（60%～74%）、乳酸（16%～26%）、丙氨酸（3%～5%）、戊酸和异丁酸（5%～6%）、甘油（0.5%～3%）和其他氨基酸（8%～11%）是主要的内源性生糖物质（Reynolds et al.，2003）。其中，反刍动物的主要生糖前体物质是丙酸，绵羊丙酸糖异生生成的葡萄糖占葡萄糖总量的 50%～60%。脂肪水解是甘油的主要来源，研究发现，甘油是动物处于饥饿状态并启动体脂动员时，葡萄糖合成的重要前体物质。反刍动物的乳酸主要分为内源性和外源性，内源性乳酸是通过糖酵解生成的，而外源性乳酸则是通过瘤胃黏膜丙酸代谢产生后由消化道吸收，并在体内彻底氧化分解后的产物，逆糖酵解途径进行糖异生。这是生成乳酸的两种主要代谢途径。饲料中的少量未被瘤胃分解的淀粉进入小肠消化和吸收得到可利用葡萄糖，即外源葡萄糖供应（Krehbiel et al.，1996）。反刍动物小肠消化淀粉的能力不高，主要是由于其小肠 α-淀粉酶活性低及蔗糖酶含量低，葡萄糖主要由麦芽糖和异麦芽糖分解产生，胰淀粉酶起降解淀粉的主要作用，瘤胃未降解淀粉只有

5%～20% 可被小肠消化吸收。Kreikemeier 等（1991）研究发现，青年荷斯坦公牛小肠淀粉消化率在 35% 左右。其小肠的低淀粉酶活性、对葡萄糖有限的吸收能力、对淀粉有限的水解时间等是反刍动物小肠淀粉利用率低的主要原因（Owens et al.，1986）。奶牛日粮精料中含大量淀粉，但牛场为提高奶产量，常会提高日粮精料饲喂比例，这样会造成奶牛瘤胃异常发酵，产生大量挥发性脂肪酸（VFA），对奶牛健康状况产生影响。高比例精料饲喂导致的异常瘤胃发酵，会使奶牛瘤胃 pH 下降并影响瘤胃正常功能，包括其缓冲能力和瘤胃上皮吸收能力，进一步会引发瘤胃酸中毒，产生级联效应，诱发多种代谢性疾病。

（二）乳糖合成前体物质葡萄糖代谢途径

乳腺细胞摄取葡萄糖参与细胞内的代谢过程主要有：①在高尔基体参与乳糖的合成并和乳蛋白、乳脂肪及其他营养成分一起形成乳汁并被分泌进入腺泡腔；②通过三羧酸循环途径，彻底氧化分解为生命活动提供能量；③通过磷酸戊糖途径产生核糖，并通过还原力的形式将能量贮存下来以供生物反应利用。在奶牛乳腺中，60%～70% 的葡萄糖用以合成乳糖，20%～30% 的葡萄糖参与磷酸戊糖途径，只有非常少量的葡萄糖进入三羧酸途径氧化供能（Accorsoi et al.，2005）。

在能量代谢和细胞合成途径中，葡萄糖是一种普遍且不可或缺的能量（Hui et al.，2017），因此在血液中始终需要维持足够水平的葡萄糖。泌乳期的乳腺葡萄糖代谢是反刍动物营养代谢调控的重点（Lin et al.，2016），原因为葡萄糖是乳糖的主要合成前体物质，且是乳腺分泌腺泡上皮细胞中合成乳蛋白和乳脂的能量底物。乳腺由于缺乏葡萄糖-6-磷酸酶，不能进行糖异生，需要从其他途径合成葡萄糖（Scott et al.，1976；Threadgold et al.，1979）。乳腺的葡萄糖供给取决于血液供应。泌乳期乳腺优先摄取循环系统中的葡萄糖，这种摄取进入乳腺的葡萄糖占进入血液总葡萄糖量的 60%～85%（Rigout et al.，2002），因此乳腺葡萄糖摄取被认为是奶产量限速步骤（Cai et al.，2017；Baumgard et al.，2017），同时影响奶产量的重要因素是乳糖合成速率，主要原因为乳糖是维持牛奶的渗透压的重要成分。

泌乳奶牛乳腺中对葡萄糖的利用途径主要有 5 种：一是合成乳糖，二是生成烟酰胺腺嘌呤二核苷酸磷酸（NADPH），三是合成乳脂，四是产生能量，五是合成核酸和氨基酸。在乳糖合成途径中，葡萄糖首先被不可逆地磷酸化产生葡萄糖-6-磷酸（G6P），随后 G6P 在细胞质中转化为 UDP-半乳糖。葡萄糖和 UDP-半乳糖由高尔基囊泡运送，最后在乳糖合酶的作用下生成乳糖。其中，乳糖合成酶位于高尔基体膜上，由两个亚基组成，包括 α-乳白蛋白及 β-1,4-半乳糖基转移酶（Ramakrishnan et al.，2002）。

二、乳糖的生物合成

一分子葡萄糖在半乳糖酶作用下可以转化为一分子的半乳糖，后者经乳糖合成酶的催化作用在高尔基体和另一分子的葡萄糖最终合成一分子的乳糖，这个过程叫作乳糖生物合成。乳腺细胞通过被动异化的方式摄取血浆中的葡萄糖，该过程主要由葡萄糖转运体（glucose transporter，GLUT）介导（Xiao et al.，2004）。葡萄糖的摄取与乳糖的合成密切相关，对葡萄糖供应、葡萄糖转运蛋白、乳糖合成等生物过程至关重要。图 15-1 反映了葡萄糖摄取和乳糖合成过程。

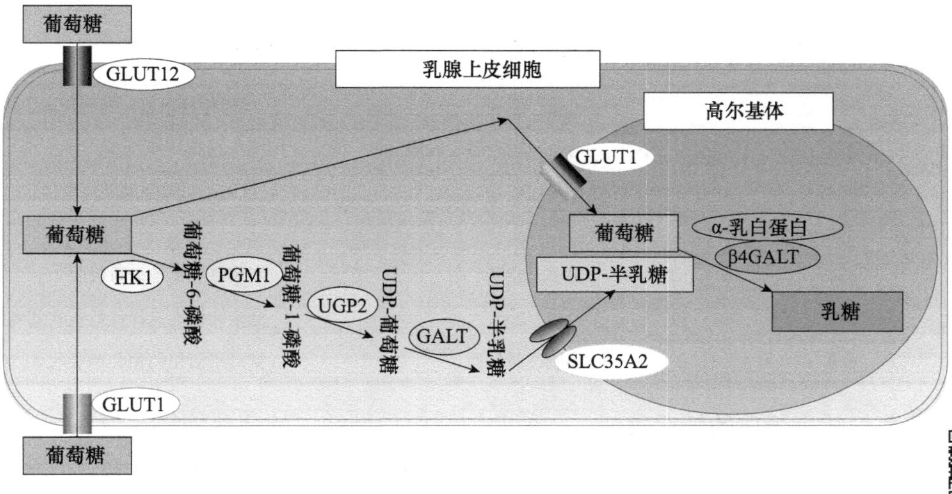

图 15-1　葡萄糖摄取和乳糖合成过程（引自 Kobayashi et al.，2016）

GLUT. 葡萄糖转运体；HK1. 己糖激酶 1；PGM1. 葡萄糖磷酸变位酶-1；UGP2. UDP-葡萄糖焦磷酸化酶-2；GALT. 半乳糖基转移酶；SLC35A2. 溶质载体家族成员；β4GALT. β-4-半乳糖转移酶

三、乳糖合成的营养调控机制

（一）乳糖合成前体物质葡萄糖的摄取

1. 葡萄糖转运蛋白　葡萄糖是一种极性分子，需要借助转运载体蛋白进出细胞，而葡萄糖转运蛋白按照功能特点和结构不同分为两类：①葡萄糖转运体（GLUT）；②钠-葡萄糖耦联转运体（SGLT）。GLUT 和 SGLT 这两种葡萄糖转运蛋白的时空分布规律、生化特性和代谢动力学特征不同（表 15-1）。

表 15-1　葡萄糖转运蛋白家族成员及其特征（引自 Zhao et al.，2007）

名称	氨基酸残基数	K_m/（mmol/L）	表达位置	功能
葡萄糖转运体（GLUT）				
GLUT1	492	3～7	广泛分布在组织和细胞中	基础葡萄糖吸收，通过血浆组织屏障
GLUT2	524	17	肝脏、胰腺、肾脏、小肠	高容量、低亲和性转运
GLUT3	496	1.4	脑和神经细胞	神经元细胞葡萄糖转运
GLUT4	509	6.6	肌肉、脂肪、心脏	胰岛素调控的葡萄糖转运
GLUT5	501		肠、肾脏、睾丸	转运果糖
GLUT6	507	?	脾脏、脑、白细胞	
GLUT7	524	0.3	小肠、结肠、睾丸	转运果糖
GLUT8	477	2	睾丸、脑、肌肉、白细胞、脂肪细胞	为成熟精子供能；胰岛素应答性载体
GLUT9	511/540	?	肝脏、肾脏	
GLUT10	541	0.3	肝脏、胰腺	

续表

名称	氨基酸残基数	K_m/（mmol/L）	表达位置	功能
GLUT11	496	?	心脏、肌肉	肌肉特异表达；果糖转运载体
GLUT12	617	?	心脏、前列腺、乳腺	
HMIT	618/629	?	脑	氢离子肌醇辅助转运载体
钠-葡萄糖耦联转运体（SGLT）				
SGLT1	664	0.2	肾脏、小肠	肠和肾脏葡萄糖重吸收
SGLT2	672	10	肾脏	低亲和性高选择性地吸收葡萄糖
SGLT3	660	2	小肠、骨骼肌	钠离子活化的葡萄糖吸收

2. 葡萄糖转运蛋白的转运机制 葡萄糖需要借助特定的葡萄糖转运蛋白和转运机制来进行运输，主要由于它是极性亲水分子，不能通过自由扩散穿过细胞膜的疏水性磷脂双分子层（Bangham et al.，1967；Heard et al.，2000）。在哺乳动物细胞中，葡萄糖的吸收可通过两个独立的机制进行，由两个转运蛋白家族介导（Yan，2017）。

1）Na^+-依赖性转运 葡萄糖转运依赖于 Na^+ 相关转运机制，由 SGLT 介导（Zhao et al.，2007；Wright et al.，2011，2012）。葡萄糖通过上皮细胞顶端膜，在协同转运蛋白介导下，通过 Na^+/ K^+-ATP 泵建立的电化学梯度共转运所提供的能量，葡萄糖沿浓度梯度单向移动（Hummel et al.，2011）。

2）易化扩散 易化扩散由 GLUT 介导。葡萄糖的易化扩散不需要消耗能量（ATP），但会沿其浓度梯度双向传输。

正常生理情况下，山羊和牛动脉血液葡萄糖浓度为 3～5mmol/L（Cant et al.，2002；Nielsen et al.，2001；Miller et al.，1991），而山羊和牛的乳中葡萄糖浓度（0.1～0.5mmol/L）反映了其乳腺上皮细胞内葡萄糖浓度。这导致了乳腺上皮细胞的基底外侧膜上存在明显的葡萄糖浓度梯度差。研究表明，在豚鼠、大鼠、小鼠和牛中，乳腺上皮细胞葡萄糖转运对 D-葡萄糖、D-甘露糖和 D-半乳糖等具有特异性，同时，还可被细胞松弛素 B 或根皮素抑制（Xiao et al.，2003，2004）。研究发现，葡萄糖转运的乳腺亲和性可能在不同物种中类似，但乳腺葡萄糖转运速率 v_{max} 存在较大的种间差异。泌乳期人、大鼠和牛乳腺中 2-脱氧-D-葡萄糖，3-*O*-甲基-D-葡萄糖或葡萄糖的摄取 K_m 分别为 9.6mmol/L、16mmol/L 和 8.29mmol/L（Neville et al.，1990），而牛、鼠、人的 v_{max} 分别为 18.2nmol/（min · mg 蛋白）、56nmol/（min · mg 蛋白）、4.1nmol/（min · mg 蛋白）。

（二）乳糖合成代谢的调节

1. 葡萄糖供应 奶牛乳腺所利用的葡萄糖几乎全部需要借助葡萄糖转运蛋白进入细胞内。Li 等（2019）研究发现，每天补充 200g 过瘤胃葡萄糖能够提高围产期奶牛产奶量，提高机体葡萄糖代谢。目前认为，当葡萄糖的供应正常或偏低时，葡萄糖摄取的限速步骤是葡萄糖转运，但若葡萄糖供应偏高，己糖激酶（HK）催化葡萄糖的磷酸化才是限速步骤。因此，恰如其分地协调葡萄糖供应和摄取的关系，为奶牛提供最佳的葡萄糖供应量，是增加泌乳质和量的有效方式。

2. 生理状态 不同生理时期乳腺的形态、结构和代谢变化不同，葡萄糖的摄取同样受到影响。在围产期奶牛泌乳启动之后，乳腺的葡萄糖需求量显著增加以满足乳的合成需要。该时期的乳腺，葡萄糖转运蛋白表达也受机体生理状态的影响，与奶牛葡萄糖代谢的趋势一致（Zhao et al., 2007；Komastu et al., 2005）。同时奶牛机体生理变化受各种激素的调控，葡萄糖转运蛋白的表达可能也和激素的分泌有关。

3. 葡萄糖转运蛋白 葡萄糖转运蛋白的转运能力是葡萄糖摄取和乳糖合成的限速步骤。研究人员利用葡萄糖转运蛋白的特异性抑制剂根皮素处理泌乳奶牛，发现乳糖合成量和乳产量均减少（Bradford et al.，2005），这表明葡萄糖转运蛋白的表达和葡萄糖的摄取存在一定的正相关关系。宋洁等（2020）研究发现，苜蓿黄酮能上调 GLUT1、GLUT4 和 GLUT8 mRNA 的表达量，通过协助血糖进入乳腺上皮细胞来提高乳糖含量。因此，研究泌乳奶牛乳腺上皮细胞转运载体的表达特点、调控规律和机制，可为乳腺葡萄糖摄取和乳的合成提供理论依据。

4. 葡萄糖代谢酶 血浆葡萄糖进入乳腺细胞后，在酶的催化作用下发生一系列的生化代谢反应。细胞内存在多种葡萄糖代谢限速酶，如 HK、葡萄糖-6-磷酸脱氢酶、丙酮酸激酶等。目前，有关 HK 的研究较多。HK 存在 4 种同工酶，主要作用是磷酸化葡萄糖为葡萄糖-6-磷酸，细胞内的葡萄糖将被滞留在胞内，从而保证细胞内外的葡萄糖浓度差，也为细胞内的多种糖代谢提供底物。Zhao 等（2011）研究发现，葡萄糖的浓度通过影响 HK 的活力进而调控葡萄糖的摄取。因此，深入研究这些同工酶的表达和调控特点及机制，可以为调控乳的合成提供理论依据。

5. 激素调节 在妊娠和泌乳早期，奶牛乳腺的葡萄糖转运速率和乳腺中葡萄糖转运蛋白的表达逐渐增加，这提示乳腺葡萄糖转运可能受催乳激素的调节。这与 Peters 等（1992）研究发现一致，研究者发现乳腺外植体摄取 2-脱氧-D-葡萄糖会受催乳素刺激产生。另一研究表明，在敲除甘丙肽或单个催乳素受体等位基因或在用催乳素模拟物处理的情况下，小鼠催乳素信号会遭到破坏，从而导致乳腺上皮细胞功能稳态失衡，乳腺 GLUT1 表达量同时降低（Naylor et al.，2005）。此外，溴隐亭可抑制催乳素，同时使乳腺 GLUT1 表达量降低（Rudolph et al.，2011）。而用催乳激素复合物处理时，小鼠乳腺上皮细胞 GLUT1 蛋白增加可达 15 倍（Haney et al.，2001）。Davis 等（1988）研究表明，注射外源性生长激素可增加奶牛乳腺对葡萄糖的吸收，而不会影响奶牛的血浆葡萄糖浓度。Faulkner 等（1999）发现，在不影响奶山羊乳中葡萄糖浓度的情况下，注射外源性生长激素同样可增加乳腺葡萄糖吸收。前人研究发现，泌乳奶牛注射外源性生长激素，没有改变乳腺中 GLUT1 mRNA 和蛋白质的表达（Zhao et al.，1996），所以乳腺葡萄糖摄取的增加可能不是由于诱导乳腺上皮细胞中的 GLUT 表达所导致的，而主要是乳腺血浆流量（mammary plasma flow，MPF）增加的原因（Tanwattana et al.，2003）。结合上述结果，表明生长激素可能会刺激乳腺中的葡萄糖转运。

6. 发育过程 发育阶段对乳腺葡萄糖转运的调控具有重要作用。奶牛从怀孕期到泌乳期，乳腺 GLUT1 和 GLUT8 显著增加。Zhao 等（2007）研究发现，从产前 40d 到产后 7d，奶牛乳腺 GLUT1 mRNA 水平增加了数百倍，同时 GLUT8、GLUT12 及 SGLT1、SGLT2 的表达增加了 4～10 倍。这些葡萄糖转运蛋白的增加表明葡萄糖转运在泌乳中的重要作用。从泌乳早期开始，GLUT1 mRNA 逐渐降低，与奶牛泌乳曲线保持一致（Mattmiller et al.，2011）。相较 118d 奶牛泌乳期 181d 时，乳腺中的 GLUT1 蛋白水平有所降低（Zhao et al.，1996）。对于啮齿类动物，从未怀孕阶段、泌乳中期到断奶后进入乳腺退化期，乳腺葡萄糖转运先增加，可达 40 倍，而后急剧下降（Prosser et al.，1986；Threadgold et al.，1984）。这些变化与 v_{max} 的显著变化有关，但与 K_m 无关，这表明发育阶段调节着葡萄糖转运蛋白的数目，而葡萄糖转运蛋白的亲和力则不受显著影响。Prosser 等（1988）研究发现，哺乳期小鼠禁食 16h 后，乳腺葡萄糖转运蛋白的 v_{max} 及乳腺上皮细胞膜上细胞松弛素 B 结合位点的数量急剧下降，且乳腺上皮细胞中载体介导的 3-*O*-MG 摄取减少达到 70%。然而，在重新开食后，禁食动物乳腺葡萄糖转运蛋白活性可以得到快速恢复（Page et al.，1986）。

第二节　乳脂肪合成的分子营养调控

乳脂肪是牛奶中的主要能量成分，乳脂肪主要包括甘油三酯（占总脂肪含量的 95%）、二酰甘油、胆固醇、磷脂及游离脂肪酸（Jensen and Newvurg，1995）。其中，丁酸具有抗癌作用（Thormar et al.，1994）；油酸可以降低血浆中胆固醇和甘油三酯浓度（Kris-Etherton et al.，1999）；共轭亚油酸具有抗癌、抗炎症作用（Akahoshi et al.，2004）；神经节糖苷有助于大脑发育（Pan and Izumi，2000）。因此，研究乳脂肪合成的分子调控具有重要意义。

一、乳脂肪合成前体物质概述

乳脂肪对牛奶加工及其风味具有重要影响。脂肪酸的从头合成、食物中摄取、体脂动员是用于乳脂肪合成的脂肪酸的三种来源。在奶牛中，一半的脂肪酸来源于脂肪酸的从头合成，另外一半来源于乳腺循环时的脂肪吸收（Ma et al.，2012）。奶牛乳腺细胞用于从头合成乳脂肪的前体物质是挥发性脂肪酸，是瘤胃发酵产物之一。其中，用于乳脂肪合成的主要碳源是乙酸和 β-羟丁酸（Bauman and Griinari，2003）。乳中的甘油三酯主要通过 α-磷酸甘油途径合成，另一脂肪酸来源则是通过血管内皮细胞内表面脂蛋白脂肪酶水解甘油三酯，释放出脂肪酸，用以合成甘油三酯（邹思湘，2005）。

二、乳脂肪的生物合成

乳脂肪的生物合成包括长链脂肪酸转运，脂肪酸运输和代谢，脂肪酸的从头合成、激活和运输，脂滴形成和转录调节等过程（图 15-2）。

（一）长链脂肪酸转运

极低密度脂蛋白（VLDL）中甘油三酯的核心（乳糜微粒），可以被脂蛋白脂肪酶（LPL）和 VLDL 受体（VLDLR）水解，释放的脂蛋白分子和长链脂肪酸（LCFA）穿过内皮进入细胞外间隙。LCFA 进入乳腺细胞主要通过一些触发机制（如被动转运）和蛋白质（如外转酶）介导。一旦 LCFA 穿过细胞膜，在乙酰辅酶 A 合成酶长链家族 1（ACSL1）的作用下，被激活并生成 LC-酰基辅酶 A（LCACoA）。LCACoA 的形成不仅携带 LCFA 进入细胞，也可以激活 LCFA。LCACoA 与脂肪酸结合蛋白 3（FABP3）结合，并转移至特定的细胞器进而加以利用（图 15-2，Bionaz and Loor，2008）。

（二）脂肪酸运输和代谢

当 LCFA 和 LCACoA 与 FABP3 结合后，有三种代谢途径：①作为硬脂酰辅酶 A 去饱和酶（SCD）的底物，在 LCFA Δ 9 的位置插入一个双键，然后内源的 FA 被 FABP4 转运到甘油三酯合成酶；②在内质网上的甘油-3-磷酸脂肪酰转移酶（GPAM）作用下，作为甘油三酯合成的直接底物；③被过氧化物酶体增殖物激活受体 γ（PPARγ）调节转录过程（图 15-2）。

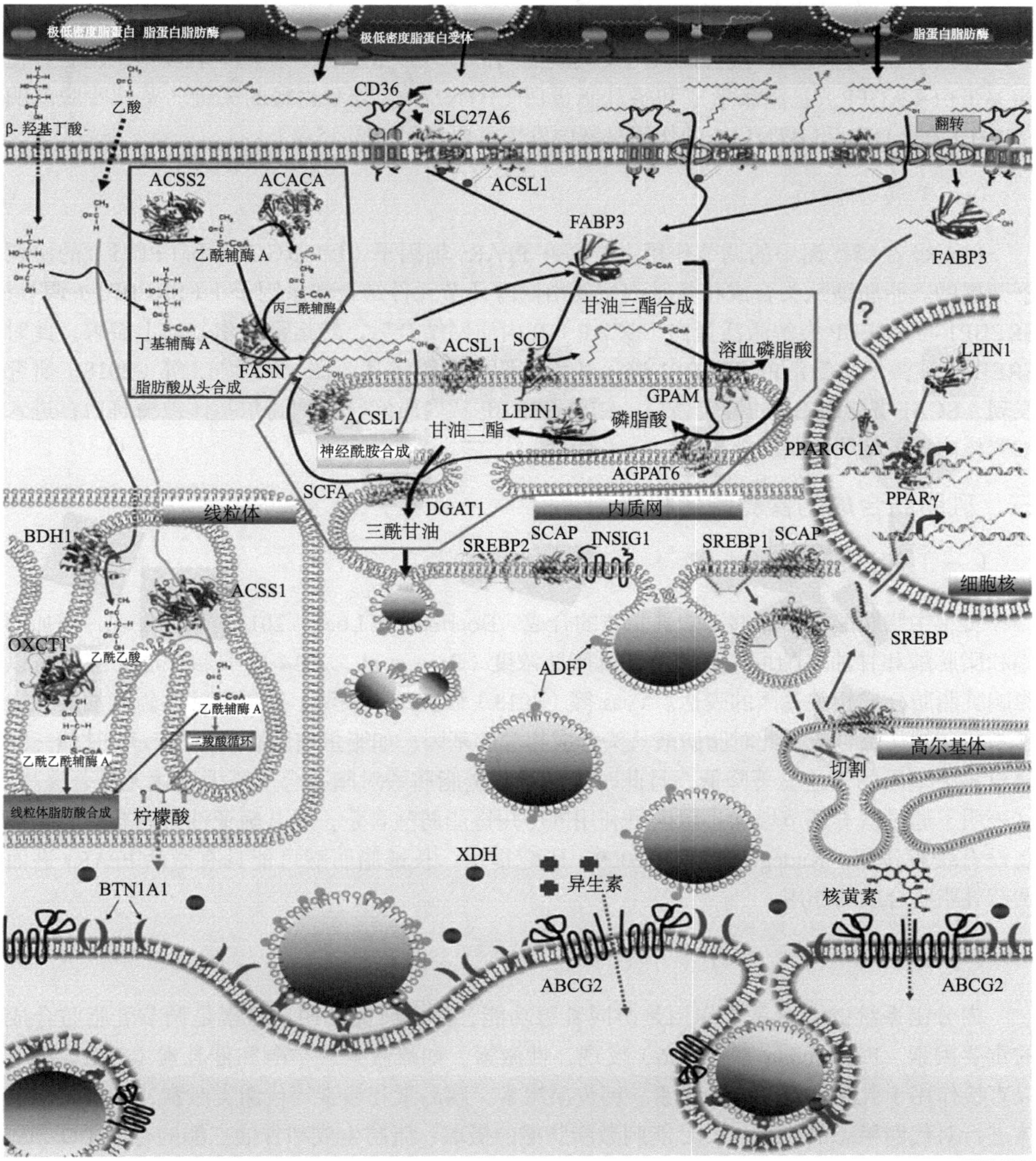

图 15-2　奶牛乳腺组织中乳脂肪合成相关信号通路（改自 Bionaz and Loor，2008）

（三）脂肪酸的从头合成、激活和运输

脂肪酸的从头合成是在乙酰辅酶 A 羧化酶（ACACA）和脂肪酸合成酶（FASN）的作用

下，以乙酰辅酶 A 和丁酰辅酶 A 为底物实现的。其中，乙酰辅酶 A 由乙酸在乙酰辅酶 A 合成酶短链家族成员 2（ACSS2）的作用下合成。一旦大于 10 碳的脂肪酸形成，便可以被 ACSL1 激活并结合到 FABP3 上，进而进入甘油三酯合成途径（图 15-2）。

（四）脂滴形成

甘油三酯一旦形成，就会插入内质网膜的内部小叶形成脂滴。在奶牛乳腺中，脂肪分化相关蛋白（ADFP）是脂滴形成和嗜乳脂蛋白（BTN1A1）分泌途径的关键。黄嘌呤脱氢酶（XDH）在 ADFP 和 BTN1A1 的作用机制中发挥重要作用（图 15-2）。

（五）转录调节

PPARγ 在脂代谢中的调节作用主要是在 PPARγ 辅因子（PPARGC1A 和 LPIN1）的协调下开展的。脂肪酸从头合成相关基因主要由固醇调节元件结合转录因子 1（SREBP1）调节，SREBP1 与 SREBP 裂解激活蛋白（SCAP）在内质网结合后，转运至高尔基体上裂解，此时 SREBP1 被激活。激活的 SREBP1 进入细胞核调节基因表达（图 15-2）。Li 等（2018）研究发现，SCAP 是 SREBP 的锚定蛋白，结合 SREBP 从内质网转运到高尔基体被酶解后，进入细胞核内调控细胞的脂肪合成。

三、乳脂肪合成的营养调控机制

（一）脂肪酸水平

日粮中脂肪酸水平能够影响乳脂肪的合成。Boerman 和 Lock（2014）研究发现，添加不饱和脂肪酸和甘油三酯可以显著降低乳脂肪浓度（Rico et al.，2014）。日粮中脂肪酸还可以影响乳脂肪合成相关基因的表达。Vyas 等（2013）研究结果表明，皱胃灌注共轭亚油酸减少了脂肪酸的从头合成，此时脂肪酸从头合成相关的基因，如脂蛋白脂肪酶（LPL）、甘油三酯合成相关基因的表达显著降低，且此时增加中短链脂肪酸对脂肪合成基因表达无显著提高。这表明了通过营养调节增加小肠内可利用的中短链脂肪酸含量，对共轭亚油酸诱导的乳脂抑制没有缓解作用。Kadegowda 等（2009）研究提示，长链脂肪酸可能具有激活 PPARγ 进而调节乳脂肪合成的作用。

（二）激素

内分泌系统的一个重要作用是协同乳腺功能。许多研究表明，激素是调节乳脂肪合成的重要因素。Feuermann 等（2006）发现，性激素，如雌激素、孕酮和催乳素（PRL）等可以直接作用于乳腺，同时生长激素、糖皮质激素、胰岛素和瘦素等代谢类激素，则可协同机体进行对代谢稳态的应答。PRL 能刺激脂肪酸的摄取、脂肪生成和甘油三酯的合成（Ozmen and Kul，2016）。Shao 等（2013）研究表明，泌乳激素可以刺激奶牛乳腺脂肪基因的表达，但并不影响葡萄糖转运蛋白的表达。

（三）脂肪代谢酶

脂肪合成与细胞生长及细胞膜的持续形成密切相关。转录因子 SREBP 是脂肪合成基因的关键调节因子。当营养类刺激信号到达 mTORC1 后，mTORC1 促进脂类合成以 S6K-依赖或 S6K-不依赖的形式激活 SREBP（Porstmann et al.，2008；Duvel et al.，2010；Shimobayashi and Hall，2014）。S6K-不依赖的激活 SREBP 途径，通过 mTORC1 介导磷酸化和抑制 LIPIN1（一种磷脂酸性磷酸酶）下调 SREBP 的活性。细胞试验表明，激活 mTORC1 是激活 SREBP 必需而充分的过程，肝脏特异性 *TSC1* 敲除小鼠可以导致 SREBP 活性降低及脂肪生成减少（Sengupta et al.，2010；Yecies et al.，2011），这可能与 AKT 的活性是通过负反馈回路的弱化作用有关（Yecies et al.,2011）。Ma 和 Corl（2012）运用 RNA 干扰和过表达技术，研究发现，SREBP1 通过调节乳脂合成关键酶，可积极调节乳脂肪的合成。

（四）脂肪重要代谢基因

脂肪代谢相关基因不仅影响乳脂肪合成，在介导泌乳量的过程中也发挥关键作用。研究发现，*TDP-43* 是一个参与脂质生成的重要基因，RNA 结合蛋白中 *TDP-43* 可能在泌乳中发挥重要作用。利用乳腺特异性敲除技术，研究团队敲除 *TDP-43* 导致母畜泌乳量显著下降，进一步实验证实，*TDP-43* 基因敲除介导的母畜产奶量下降，与 *TDP-43* 下游基因 *Xdh* 与 *Btn1a1* 的 RNA 稳定性下降有关。DFF45 是一种在全身能量的平衡与调控中发挥重要功能的蛋白质，其具有促进能量储备、抑制脂肪分解、诱导脂滴形成的作用，在脂肪细胞中大量表达。研究发现，通过调节 DFF45 活性，可介导去饱和酶基因（*ACC*、*FASN*、*SCD*），脂肪酸摄取、转运、活化相关蛋白基因（*CD36*、*FABP3*、*ACSL1*、*ACSS2*），TAG 合成酶相关基因（*GPAT*、*AGPAT6*、*DGAT1*），以及乳脂合成转录调控因子相关基因（*PPARγ*、*PPARGC1A*、*SREBP1*、*INSIG1*、*SCAP*）的表达，从而实现对乳腺乳脂肪合成的调控。

第三节　乳蛋白合成的分子营养调控

乳蛋白是构成牛奶营养品质的重要物质基础，主要由酪蛋白和乳清蛋白组成（Lapierre et al.，2012）。酪蛋白中所包含的 9 种必需氨基酸及其构成比例，接近于人体合成蛋白质对氨基酸的需求，乳蛋白由于其必需氨基酸含量被认为是人类最优质的蛋白质来源（Pereira et al.，2014）。乳清蛋白中富含支链氨基酸（Tang et al.，2009）。酪蛋白在促进营养物质吸收等方面具有重要作用（Mills et al.,2011），而乳清蛋白在提高机体免疫力方面发挥重要作用（王俊锋等，2005）。

一、乳蛋白合成前体物质

（一）氨基酸

氨基酸（amino acid，AA）是乳蛋白合成的主要前体物质。必需氨基酸（essential amino acid，EAA）是一类动物自身不能合成或合成不能满足动物日常需求的氨基酸，必须由饲粮供给的氨基酸。而一定饲料或饲粮所含必需氨基酸的量与动物所需的蛋白质必需氨基酸的量相比，比值偏低的氨基酸叫作限制性氨基酸。由于饲粮中限制性氨基酸的不足，动物对其他必需氨基酸和非必需氨基酸的利用会产生限制（杨凤等，2000）。

（二）小肽

肽是蛋白质分解成氨基酸的中间产物，而2～3个氨基酸残基形成的小分子肽叫作小肽，其生物学功能多种多样。前人研究表明，以小肽形式为机体提供蛋白质，对动物的蛋白质利用率有显著提高作用。主要原因有以下三点：①小肽是机体的氮源之一，可直接被机体吸收用于合成蛋白质；②小肽与氨基酸的转运系统是相互独立的，并且小肽的添加可以避免各种游离氨基酸吸收时的相互竞争，从而促进氨基酸的吸收；③小肽的快速吸收能提高循环系统中氮素的吸收率，从而提高蛋白质合成率。

二、乳蛋白的生物合成

奶牛乳腺上皮细胞的乳蛋白有两个来源：①由乳腺从头合成，血液中的游离氨基酸从头合成的乳蛋白占90%以上，其中也包括了少量的小肽；②其余5%～10%的乳蛋白则来源于血液中免疫球蛋白和血清白蛋白的转运（邹思湘，2005）。乳蛋白的合成包括：DNA的转录、mRNA的翻译和加工、蛋白质的分泌等过程（杨建香，2014）。乳蛋白的合成部位是粗面内质网，主要过程是氨基酸首先由信号肽引导进入内质网腔，在内质网和高尔基体内进行翻译后修饰，然后由分泌囊泡转送到上皮细胞顶端膜，大多数乳蛋白通过胞吐的方式释放到腺泡腔，最终分泌到乳汁中（邹思湘，2005）。

三、乳蛋白合成的营养调控机制

（一）乳蛋白合成前体物质的摄取

1. 氨基酸的摄取 乳腺氨基酸的吸收取决于三大因素：①动脉血中氨基酸浓度；②生理状况；③分泌细胞基底膜上转运体或转运体系的功能和激素水平。氨基酸进入乳腺上皮细胞发挥营养和信号因子的功能，首先需要通过氨基酸转运载体的介导，将氨基酸转运至细胞内，接着跨膜转运蛋白帮助氨基酸进出细胞及细胞隔室（图15-3）。氨基酸转运至细胞内的

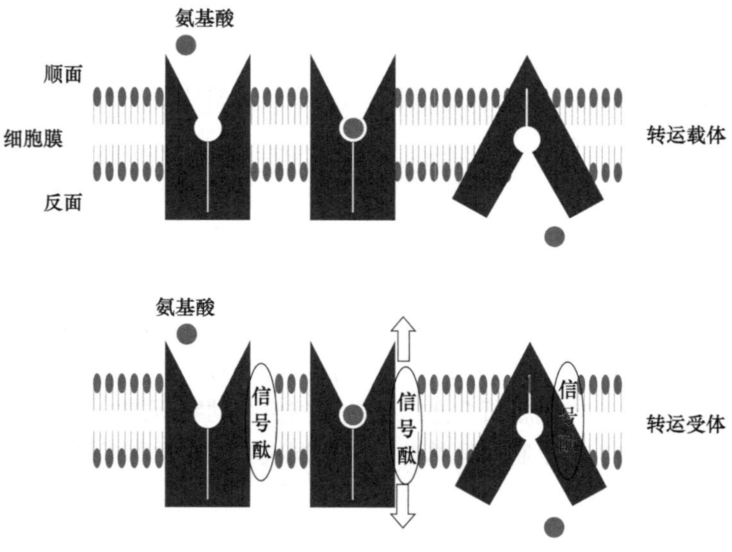

图15-3 氨基酸转运载体和氨基酸转运受体（改自Taylor，2014）

效率主要由两方面决定：①氨基酸与对应的氨基酸转运载体的亲和性；②相关转运载体的活性和数目。

氨基酸转运载体具有氨基酸特异性，通常一个氨基酸转运载体可以转运结构相似的一类氨基酸（Shennan et al.，2000）。氨基酸转运载体对于 mTORC1 和 GCN 信号通路的上下游具有重要的作用，还可以监测细胞内外氨基酸的丰度（Zoncu and Sabatini，2011；Ogmundsdottir et al.，2012）。它主要有两方面作用：①作为信号通路起始的感应器（Pinilla et al.，2011）；②起到导管的作用，将氨基酸转运至细胞内（Nicklin et al.，2009；Kriel et al.，2011）。氨基酸转运与营养信号的联系详见图 15-4（Taylor，2014）。

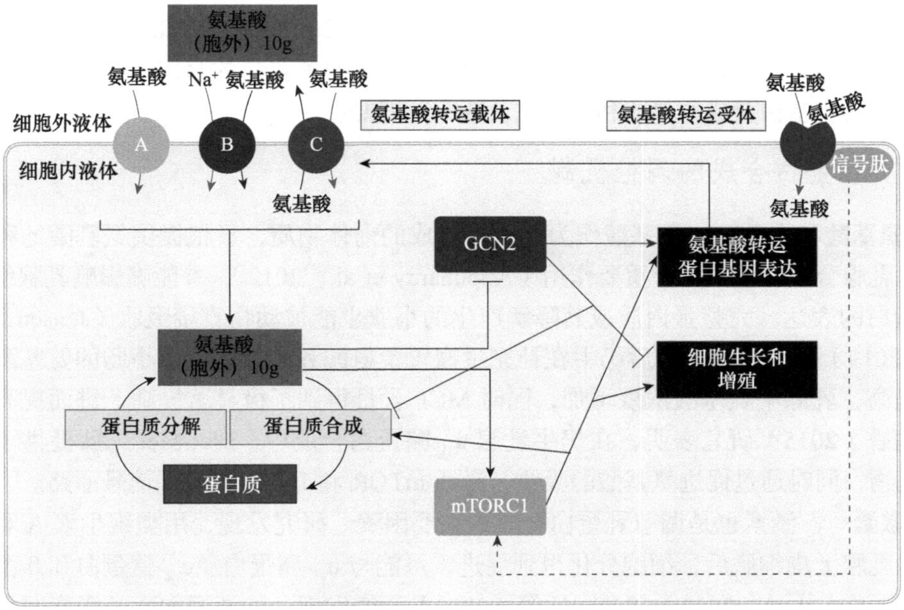

图 15-4　氨基酸转运与营养信号的联系（引自 Taylor，2014）
A. 单向转运；B. 共转运；C. 逆向转运

2. 小肽的摄取　机体组织小肽的跨膜转运是由肽转运载体（peptide transporter，PepT）实现的。通过筛选克隆技术首先从兔小肠和肾脏获得低亲和力、高容量和高亲和力、低容量的转运载体 PepT1 和 PepT2，随后扩展到其他哺乳动物及组织中。PepT1 主要在小肠表达，而在奶牛乳腺中未发现 PepT1 的杂交信号（Chen et al.，1999）。Groneberg 等（2002）用反转录 PCR 技术在小鼠乳腺外植体和人乳腺上皮细胞检测到 PepT2 的 mRNA。

目前初步认为，小肽以完整的形式由 PepT2 转运吸收进入乳腺，但其具体吸收过程、吸收数量及吸收过程中发生的变化并不清楚，进入乳腺的小肽又是如何被利用的，这些问题是解开乳腺对小肽利用机制的关键点。Mabjeesh 等（2005）在羊乳腺细胞基底膜检测到氨肽酶（APN）的基因表达，并发现 APN 的表达受到小肽浓度的影响。Johnston 等（2004）在绵羊乳腺组织检测到γ-谷氨酰胺转肽酶（γ-glutamyl transpeptidase，γ-GT）的基因表达，而且其表达受到生理状态妊娠或泌乳的影响，抑制其活性，乳蛋白合成降低 75%。以上结果提示小肽水解酶的活动可能会为研究小肽的吸收利用形式及效率提供新视角。

（二）乳蛋白前体物质的代谢途径

1. 氨基酸 氨基酸进入细胞后，可用于乳蛋白、结构蛋白等的合成，参与分解代谢反应，也可以直接经过乳腺进入乳、血、淋巴液等多种途径（Mepham，1982）。Lapierre 等（2012）研究者综述了氨基酸在奶牛乳腺的代谢情况，发现与乳蛋白合成的需要相比，乳腺倾向于提取过量支链氨基酸，并在乳腺中进一步氧化和代谢（Hanigan et al.，2004）。

2. 小肽 奶牛乳腺可以利用血液中肽结合形式的必需氨基酸合成乳蛋白（Johnston et al.，2004）。已有研究证明，蛋氨酸-蛋氨酸（Met-Met）或蛋氨酸-赖氨酸（Met-Lys）或苯丙氨酸二肽替代等量的游离氨基酸时，二肽组奶牛乳腺上皮细胞中 α_{s1}-酪蛋白基因表达和培养液中总蛋白均显著高于游离氨基酸组（杨金勇等，2007；Wu et al.，2007；Zhou et al.，2011；Yang et al.，2015），小肽的添加比例及添加形式对酪蛋白的合成均存在显著影响。然而，小肽作为乳蛋白合成原料的利用形式及效率还需要进一步研究。

（三）乳蛋白合成的调控机制

1. 氨基酸和小肽 氨基酸作为乳蛋白合成的前体物质，日粮提供氨基酸的种类和含量对奶牛乳腺合成乳蛋白具有重要作用（Appuhamy et al.，2012），并能够影响乳腺组织中信号转导蛋白的表达。完整蛋白质或其降解产生的小肽也能被动物直接吸收（Jensen，1992）。Lee 等（2019）研究发现，产后奶牛在补充过瘤胃蛋氨酸和赖氨酸后，小肠的氨基酸吸收效率得到提高，乳腺中氨基酸浓度增加，同时 MCP 含量得到了极显著提高，进而提高乳蛋白率。杨建香（2015）研究表明，在奶牛乳腺 α_{s1}-酪蛋白合成中，Met-Met 二肽提供了合成乳蛋白的底物，同时通过促进氨基酸的吸收，激活 mTOR 和 JAK2-STAT5 信号通路。

2. 激素 激素也是调节乳蛋白合成的主要因素。研究发现，用类维生素 A 和催乳素处理奶牛乳腺上皮细胞后，细胞分化得到促进，可能与 α_{s1}-酪蛋白、α_{s2}-酪蛋白和 β-酪蛋白的增加有关（Lee et al.，2013）。Sciascia 等（2013）研究发现，外源添加生长激素对奶牛乳蛋白合成会产生影响，mTORC1 信号蛋白的表达会产生变化，但对其下游靶基因的表达没有影响。占今舜等（2018）发现，饲粮添加苜蓿黄酮可以调节甲状腺激素的分泌，影响 mTOR 表达，促使 4EBPI 关键调节因子与 eIF4E 分离及 S6K1 蛋白磷酸化，加快蛋白质翻译速度从而增加乳蛋白含量。

3. 信号通路 目前，虽然对氨基酸调节蛋白质合成的研究较多，但是 EAA 通过 mTORC1 信号通路调节奶牛乳蛋白合成的机制并不是很明确。Lin 等（2018）研究表明牛乳腺中 LAT1 的缺失会导致 mTORC1 去磷酸化并抑制其活性，从而削弱细胞活力和 β-酪蛋白的合成。Lu 等（2012，2013）的研究结果表明，赖氨酸或蛋氨酸可提高 β-酪蛋白的表达及细胞的增殖活性，这可能是 MAPK1 上调了 mTOR 和 STAT5 信号通路从而得到乳蛋白合成增加的结果。Appuhamy 等（2012）进一步研究表明，与必需氨基酸通过 mTOR 介导的信号通路调节乳蛋白相比，AMPK 的磷酸化受能量状态影响，对奶牛乳腺细胞 mTOR 介导的信号通路产生的负面影响较小。奶牛饲粮添加天然植物提取物大豆异黄酮，可使合成乳蛋白的 mTOR 和 Janus 激酶信号通路激活，同时对与合成乳蛋白的相关基因表达进行调节，最终使乳蛋白含量得到提高（赵悦等，2019）。

4. 其他因素 除氨基酸、小肽、激素等因素外，在奶牛实际生产中，饲粮组成、饲粮中蛋白质水平、维生素和矿物质等因素同样也会对乳蛋白的合成产生影响。在奶牛饲粮中添加适量的牛至香酚会提高奶牛瘤胃挥发性脂肪酸浓度，从而提高乳蛋白含量（丁大伟等，2019）。张幸怡等（2017）研究发现，饲喂辣木梗叶替代50%苜蓿日粮，奶牛乳蛋白产量、乳蛋白率和乳总固形物含量显著提高。还有研究表明，增加日粮的粗饲料比例对乳蛋白率没有显著影响，主要是由于粗饲料不会对合成微生物蛋白和瘤胃内不可降解蛋白质产生影响（武雪会，2019）。Wang 等（2014）研究发现，用玉米秸秆和稻草替代苜蓿对奶牛泌乳性能会产生影响，苜蓿组与稻草、秸秆两组相比，其乳产量、乳脂、乳蛋白、乳糖和固形物产量均得到了显著提高。Wang 等（2022）饲喂甜菜浆和稻草混合青贮饲料代替全株玉米青贮饲料，结果氨态氮和牛奶尿素氮浓度降低，导致乳蛋白产量线性增加。由于此类动物实验只能阐明表观现象，Dai 等（2017）通过转录组学和蛋白质组学方法，发现低质粗饲料乳蛋白合成减少，可能是因为动物体自身蛋白质合成能力降低、蛋白质降解增加、能量产生不足，进而导致乳腺细胞生长缓慢。然而，其详细的内在作用机制仍需进一步研究。

（刘红云、王迪铭，浙江大学）

参 考 文 献

丁大伟，滕乐帮，高许雷，等. 2019. 牛至油和过瘤胃蛋氨酸组合添加对奶牛瘤胃微生物蛋白产量与养分消化率的影响. 中国畜牧杂志，55（10）：103-107.

李文清，王加启，南雪梅，等. 2012. 奶牛乳糖合成及泌乳相关基因和细胞信号通路的研究进展. 中国畜牧兽医，39（11）：104-111.

宋洁，胡耀，敖长金，等. 2020. 植物提取物对奶牛乳房炎的影响及作用机制. 动物营养学报，32（1）：1-6.

武雪会. 2019. 基于血液组学解析荷斯坦奶牛乳蛋白产量的差异研究. 杭州：浙江大学博士学位论文.

杨凤，周安国，王康宁，等. 2000. 动物营养学. 北京：中国农业出版社.

杨建香. 2014. 奶牛乳腺蛋氨酸二肽的摄取及其影响乳蛋白合成的机制研究. 杭州：浙江大学硕士学位论文.

占今舜，胡利珍，钟小军，等. 2018. 苜蓿黄酮对奶牛泌乳性能、血清激素和免疫指标的影响. 中国农业大学学报，23（12）：84-90.

张幸怡，林聪，李洋，等. 2017. 辣木梗叶对奶牛生产性能及血浆生化、抗氧化和免疫指标的影响. 动物营养学报，29（2）：628-635.

赵悦，童津津，熊本海，等. 2019. 大豆异黄酮在奶牛生产中的研究进展. 动物营养学报，31（7）：2999-3003.

邹思湘. 2005. 动物生物化学. 北京：中国农业出版社.

Appuhamy J A D R N, Nayananjalie W A, England E M, et al. 2012. Effects of AMP-activated protein kinase (AMPK) signaling and essential amino acids on mammalian target of rapamycin (mTOR) signaling and protein synthesis rates in mammary cells. J Dairy Sci, 97(1): 419-429.

Baumgard L H, Collier R J, Bauman D E. 2017. A 100-year review: regulation of nutrient partitioning to support lactation. J Dairy Sci, 100(12):10353-10366.

Bionaz M, Loor J J. 2008. Gene networks driving bovine milk fat synthesis during the lactation cycle. Bmc Genomics, 9(1): 366.

Boerman J P, Lock A L. 2014. Effect of unsaturated fatty acids and triglycerides from soybeans on milk fat synthesis and biohydrogenation intermediates in dairy cattle. J Dairy Sci, 97(11): 7031-7042.

Bradford B J, Allen M S. 2005. Phlorizin administration increases hepatic gluconeogenic enzyme mRNA abundance but not feed intake in late-lactation dairy cows. J Nutr, 135(9): 2206-2211.

Cant J P, Trout D R, Qiao F, et al. 2002. Milk synthetic response of the bovine mammary gland to an increase in the local concentration of arterial glucose. J Dairy Sci, 85(3): 494-503.

Chen H, Wong E A, Webb Jr K E. 1999. Tissue distribution of a peptide transporter mRNA in sheep, dairy cows, pigs, and chickens. J Anim Sci, 77(5): 1277-1283.

Dai W, Chen Q, Wang Q, et al. 2017. Complementary transcriptomic and proteomic analyses reveal regulatory mechanisms of milk protein production in dairy cows consuming different forages. Sci Rep, 7: 44234.

Faulkner A. 1999. Changes in plasma and milk concentrations of glucose and IGF-1 in response to exogenous growth hormone in lactating goats. J Dairy Res, 66(2): 207-214.

Feuermann Y, Mabjeesh S J, Shamay A. 2006. Hormonal interactions between the mammary fat pad and mammary cells affect lactation. J Anim Sci, 84: 428.

Groneberg D A, Döring F, Theis S, et al. 2002. Peptide transport in the mammary gland: expression and distribution of PEPT2 mRNA and protein. Am J Physiol Endocrinol Metab, 282(5): E1172-E1179.

Haney P M. 2001. Localization of the GLUT1 glucose transporter to brefeldin A-sensitive vesicles of differentiated CIT3 mouse mammary epithelial cells. Cell Biol Int, 25(4): 277-288.

Hanigan M D, Reynolds C K, Humphries D J, et al. 2004. A model of net amino acid absorption and utilization by the portal-drained viscera of the lactating dairy cow. J Dairy Sci, 87(12): 4247-4268.

Hummel C S, Lu C, Loo D D, et al. 2011. Glucose transport by human renal Na^+/D-glucose cotransporters SGLT1 and SGLT2. Am J Physiol Cell Physiol, 300(1): C14-C21.

Johnston S L, Kitson K E, Tweedie J W, et al. 2004. γ-glutamyl transpeptidase inhibition suppresses milk protein synthesis in isolated ovine mammary cells. J Dairy Sci, 87(2): 321-329.

Kadegowda A K G, Bionaz M, Piperova L S, et al. 2009. Peroxisome proliferator-activated receptor-γ activation and long-chain fatty acids alter lipogenic gene networks in bovine mammary epithelial cells to various extents. J Dairy Sci, 92(9): 4276-4289.

Kobayashi K, Kuki C, Oyama S, et al. 2016. Pro-inflammatory cytokine TNF-α is a key inhibitory factor for lactosesynthesis pathway in lactating mammary epithelial cells. Exp Cell Res, 340(2): 295-304.

Komatsu T, Itoh F, Kushibiki S, et al. 2005. Changes in gene expression of glucose transporters in lactating and nonlactating cows. J Anim Sci, 83(3): 557-564.

Kreikemeier K K, Harmon D L, Brandt J, et al. 1991. Small intestinal starch digestion in steers: effect of various levels of abomasal glucose, corn starch and corn dextrin infusion on small intestinal disappearance and net glucose absorption. J Anim Sci, 69(1): 328-338.

Kriel J, Haesendonckx S, Rubio-Texeira M, et al. 2011. From transporter to transceptor: signaling from transporters provokes re-evaluation of complex trafficking and regulatory controls: endocytic internalization and intracellular trafficking of nutrient transceptors may, at least in part, be governed by their signaling function. Bioessays, 33(11): 870-879.

Lapierre H, Lobley G E, Doepel L, et al. 2012. Triennial lactation symposium: mammary metabolism of amino acids in dairy cows. J Anim Sci, 90(5): 1708-1721.

Lin Y, Sun X, Hou X, et al. 2016. Effects of glucose on lactose synthesis in mammary epithelial cells from dairy cow. BMC Vet Res, 12(1): 81.

Lee C, Lobos N E, Weiss W P. 2019. Effects of supplementing rumen-protected lysine and methionine during prepartum and postpartum periods on performance of dairy cows. J Dairy Sci, 102(12): 11026-11039.

Lee H Y, Heo Y T, Lee S E, et al. 2013. Short communication: retinoic acid plus prolactin to synergistically increase specific casein gene expression in MAC-T cells. J Dairy Sci, 96(6): 3835-3839.

Li C X, Guo J Y, De L. 2018. SCAP/S R EBPs are central players in lipid metabolism and novel metabolic targets in cancer therapy. Current Topics in Medicinal Chemistry, 18(6): 486-493.

Li X P, Tan Z L, Jiao J Z, et al. 2019. Supplementation with fat-coated rumen-protected glucose during the transition period enhances milk production and influences blood biochemical parameters of liver function and inflammation in dairy cows. Animal Feed Science and Technology, 252: 92-102.

Lin Y, Duan X, Lv H, et al. 2018. The effects of L-type amino acid transporter 1 on milk protein synthesis in mammary glands of dairy cows. J Dairy Sci, 101: 1687-1696.

Lu L, Gao X, Li Q, et al. 2012. Comparative phosphoproteomics analysis of the effects of L-methionine on dairy cow mammary epithelial cells. Can J Anim Sci, 92(4): 433-442.

Lu L M, Li Q Z, Huang J G, et al. 2013. Proteomic and functional analyses reveal MAPK1 regulates milk protein synthesis. Molecules, 18(1): 263-275.

Ma L, Corl B A. 2012. Transcriptional regulation of lipid synthesis in bovine mammary epithelial cells by sterol regulatory element binding protein-1. J Dairy Sci, 95(7): 3743-3755.

Mabjeesh S J, Gal-Garber O, Milgram J, et al. 2005. Aminopeptidase N gene expression and abundance in caprine mammary gland is influenced by circulating plasma peptide. J Dairy Sci, 88(6): 2055-2064.

Mattmiller S A, Corl C M, Gandy J C, et al. 2011. Glucose transporter and hypoxia-associated gene expression in the mammary gland of transition dairy cattle. J Dairy Sci, 94(6): 2912-2922.

Miller P S, Reis B L, Calvert C C, et al. 1991. Patterns of nutrient uptake by the mammary glands of lactating dairy cows. J Dairy Sci, 74(11): 3791-3799.

Naylor M J, Li N, Cheung J, et al. 2005. Ablation of β1 integrin in mammary epithelium reveals a key role for integrin in glandular morphogenesis and differentiation. J Cell Biol, 171(4): 717-728.

Neville M C, Hay W W, Fennessey P. 1990. Physiological significance of the concentration of human milk glucose. Protoplasma, 159: 118-128.

Nicklin P, Bergman P, Zhang B, et al. 2009. Bidirectional transport of amino acids regulates mTOR and autophagy. Cell, 136(3): 521-534.

Nielsen M O, Madsen T G, Hedeboe A M. 2001. Regulation of mammary glucose uptake in goats: role of mammary gland supply, insulin, IGF-1 and synthetic capacity. J Dairy Sci, 68(3): 337-349.

Ogmundsdottir M H, Heublein S, Kazi S, et al. 2012. Proton-assisted amino acid transporter PAT1 complexes with Rag GTPases and activates TORC1 on late endosomal and lysosomal membranes. PLoS One, 7 (5): e36616.

Owens F, Zinn R A, Kim Y K. 1986. Limits to starch digestion in the ruminant small intestine. J Anim Sci, 63(5): 1634-1648.

Ozmen O, Kul S. 2016. Identification of novel SNPs of ovine PRL gene and their association with milk production traits. Russ J Genet, 52(9): 977-984.

Page T, Kuhn N J. 1986. Arteriovenous glucose differences across the mammary gland of the fed, starved, and re-fed lactating rat. Biochem J, 239(2): 269-274.

Pinilla J, Aledo J C, Cwiklinski E, et al. 2011. SNAT2 transceptor signalling via mTOR: a role in cell growth and proliferation? Front Biosci, 3(4): 1289-1299.

Prosser C G. 1988. Mechanism of the decrease in hexose transport by mouse mammary epithelial cells caused by fasting. Biochem J, 249(1): 149-154.

Ramakrishnan B, Boeggeman E, Qasba P K. 2002. β-1,4-galactosyltransferase and lactose synthase: molecular mechanical devices. Biochem Biophys Res Commun, 291(5): 1113-1118.

Reynolds C K. 2003. Glucose balance in the dairy cow//64th Minnesota Nutrition Conference and Preconference Symposium: "The World of Corn"Minneapolis: University of Minnesota.

Rico D E, Ying Y, Harvatine K J. 2014. Effect of a high-palmitic acid fat supplement on milk production and apparent total-tract digestibility in high- and low-milk yield dairy cows. J Dairy Sci, 97(6): 3739-3751.

Rudolph M C, Russell T D, Webb P, et al. 2011. Prolactin-mediated regulation of lipid biosynthesis genes *in vivo* in the lactating mammary epithelial cell. Am J Physiol Endocrinol Metab, 300(6): E1059-E1068.

Sciascia Q, Pacheco D, McCoard S A. 2013. Increased milk protein synthesis in response to exogenous growth hormone is associated with changes in mechanistic (mammalian) target of rapamycin (mTOR)C1-dependent and independent cell signaling. J Dairy Sci, 96(4): 2327-2338.

Sengupta S, Peterson T R, Laplante M, et al. 2010. mTORC1 controls fasting-induced ketogenesis and its modulation by ageing. Nature, 468(7327): 1100-1104.

Shao Y, Wall E H, McFadden T B, et al. 2013. Lactogenic hormones stimulate expression of lipogenic genes but not glucose transporters in bovine mammary gland. Domest Anim Endocrinol, 44(2): 57-69.

Shimobayashi M, Hall M N. 2014. Making new contacts: the mTOR network in metabolism and signalling crosstalk. Nat Rev Mol Cell Biol, 15(3): 155-162.

Tanwattana P, Chanpongsang S, Chaiyabutr N. 2003. Effects of exogenous bovine somatotropin on mammary function of late lactating crossbred Holstein cows. Asian-Australas J Anim Sci, 16(1): 88-95.

Taylor P M. 2014. Role of amino acid transporters in amino acid sensing. Am J Clin Nutr, 99(1): 223S-230S.

Vyas D, Moallem U, Teter B B, et al. 2013. Milk fat responses to butterfat infusion during conjugated linoleic acid-induced milk fat depression in lactating dairy cows. J Dairy Sci, 96(4): 2387-2399.

Wang B, Mao S Y, Yang H J, et al. 2014. Effects of alfalfa and cereal straw as a forage source on nutrient digestibility and lactation performance in lactating dairy cows. J Dairy Sci, 97: 7706e15.

Wang Y, Xia K, Wang X N, et al. 2022. Improvement of feed intake, digestibility, plasma metabolites, and lactation performance of dairy cows fed mixed silage of sugar beet pulp and rice straw inoculated with lactic acid bacteria. J Dairy Sci, 105(1): 269-280.

Wright E M, Loo D D, Hirayama B A. 2011. Biology of human sodium glucose transporters. Physiol Rev, 91(2): 733-794.

Xiao C, Cant J P. 2003. Glucose transporter in bovine mammary epithelial cells is an asymmetric carrier that exhibits cooperativity and trans-stimulation. Am J Physiol Cell Physiol, 285(5): C1226-C1234.

Yang J X, Wang C H, Xu Q B, et al. 2015. Methionyl-methionine promotes α-s1 casein synthesis in bovine mammary gland explants by enhancing intracellular substrate availability and activating JAK2-STAT5 and mTOR-mediated signaling pathways. J Nutr, 145(8): 1748-1753.

Yecies J L, Zhang H H, Menon S, et al. 2011. Akt stimulates hepatic SREBP1c and lipogenesis through parallel mTORC1-dependent and independent pathways. Cell Metab, 14(1): 21-32.

Zhao F Q, Keating A. 2007. Expression and regulation of glucose transporters in the bovine mammary gland. J Dairy Sci, 90: E76-E86.

Zhao F Q, Moseley W M, Tucker H A, et al. 1996. Regulation of glucose transporter gene expression in mammary gland, muscle, and fat of lactating cows by administration of bovine growth hormone and bovine growth hormone-releasing factor. J Anim Sci, 74(1): 183-189.

Zhou M M, Wu Y M, Liu H Y, et al. 2011. Effects of tripeptides and lactogenic hormones on oligopeptide transporter 2 in bovine mammary gland. J Anim Physiol Anim Nutr (Berl), 95(6): 781-789.

Zoncu R, Sabatini D M. 2011. mTORC1 senses lysosomal amino acids through an inside-out mechanism that requires the vacuolar H^+-ATPase. Science, 334(6056): 678-683.

第十六章　动物分子营养学研究展望

动物分子营养学的主要任务是尽可能多地解析营养物质在动物机体内的消化、吸收和代谢过程中的生化代谢途径及其营养生理功能。随着多组学技术快速发展，结合动物生产中的主要性状，如饲料转化效率、繁殖性能等，积极开展相关分子机制解析可以推动动物分子营养学理论研究，也可为动物生产实践提供科学依据及潜在的营养调控方案。

第一节　动物分子营养学中的学科交叉

动物分子营养学是一门以传统动物营养学研究为基础，深入发展多学科认知的新学科，微生物学、基因组学、转录组学、表观遗传学和免疫学等学科的迅猛发展，为揭开动物体内营养物质代谢的“黑箱”提供理论和技术支撑。动物分子营养学迅速向其他生物学领域渗透，营养基因组学（nutrigenomics）、营养遗传学（nutrigenetics）、营养蛋白组学（nutriproteomics）、营养代谢组学（nutrimetabolomics）、营养免疫学（nutritional immunology）等“营养化”的生物学学科迅速形成，分子营养学进入快速成长与发展的时期。

动物分子营养学的基础是营养素与遗传因素的相互作用，主要包括营养素对动物生长发育、营养物质代谢、繁殖和肉品质等性状相关基因表达的调控，以及动物基因型对营养素的利用与代谢的调控。因此，在分子水平上对基因组与营养素之间相互作用的深入解析催生出了营养基因组学。随着 2000 年人类基因组测序工作的顺利完成，动物分子营养学研究已经由营养素对单个基因表达调控的“点对点”式研究策略，转向从全基因组水平去检测、定位目标基因，通过对全基因组序列分析、大通量的基因克隆与基因表达谱分析来研究基因组及表达产物在营养素代谢调节中的作用。营养基因组学的深入发展为营养素代谢图谱的绘制、营养代谢性疾病精准调控理论的建立、遗传多态性与营养素吸收和代谢变异性之间关联的研究、个体和特征群体个性化营养方案的制订等提供了基础理论和技术支撑（Ferguson et al., 2016）。

基因组学本质上是通过对所有基因进行绘图、测序和分析来研究给定生物的基因组，以识别种群内的遗传变异及这些变异如何与特定表型相关。在营养研究中，营养遗传学和营养基因组学是两种用于探索营养素和基因相互作用的方法，以确定生物性状发展背后的机制。营养遗传学侧重于个体的基因构成，鉴定和表征响应营养素变化的基因多态性，然后与特定的生物性状相关联。大多数遗传变异来自单核苷酸多态性（SNP）的单碱基对变化，并且会对个体的生长、健康和疾病易感性产生重大影响。应用营养遗传学确定了几个具有多态性的基因，这些基因改变了叶酸等营养物质的代谢，从而对营养相关的慢性疾病（包括动脉粥样硬化和心血管疾病）的易感性产生了影响。另外，营养基因组学通过系统水平研究营养响应基因组活动，从而对营养如何调节动物生长、发育、繁殖、免疫和疾病等产生更全面和系统的观点。

营养免疫学是一门研究营养物质与机体免疫系统的发育和成熟及免疫应答相互作用机理的新兴学科，是分子营养学和免疫学的交叉学科。1991 年美国创刊的《营养免疫学杂志》（*Journal of Nutritional Immunology*）将营养免疫学推进了预防和临床科学的视野，奠定了营养免疫学成为一门真正科学的基础。营养免疫学跨学科领域的研究人员每 4 年召集一次题为“营养免疫学：在健康和疾病中的作用”的国际会议，围绕肥胖和免疫功能障碍，营养-基因相互作用，黏膜免疫，免疫因子与营养物质的转移、吸收、利用和代谢的相互关系，以及应用免疫学技术进行营养调控等问题和该领域未来方向开展讨论，为营养免疫学研究的深入发展提供交流平台（Monk et al.，2011）。营养免疫学是在动物分子营养学的基础上运用分子生物学、系统生物学、免疫学深入挖掘免疫反应的营养调节分子机制，研究免疫应答对动物生长和营养需要的影响，以及用免疫学技术进行营养调控等，开拓了分子营养学更深入、更广阔的研究领域，更给世人带来了一种全新的科学饮食和养生理念。

营养物质能通过许多重要的生物过程影响动物的生长、繁殖和生产性能，包括基因表达、蛋白质合成、修饰和降解、物质代谢、信号转导及细胞增殖和存活等。然而，传统的营养研究遵循“还原论”的方法，仅关注单个细胞、组织类型、营养素或代谢途径，未能探索以生命个体为单位的营养介导调节背后的复杂性。动物分子生物学运用基因组学、转录组学、蛋白质组学和代谢组学等高通量、无偏见的“组学”方法，深化畜牧学、遗传学、分子生物学、免疫学、微生物学等学科的交叉融合，连接饲料工业、畜牧业、医药添加剂制造业和食品工业等实体产业，是一门综合性强、多学科交叉的应用科学，也是关乎国计民生的基础前沿学科。

第二节　营养素周转代谢图谱绘制

利用动物分子营养学的基本理论解释动物的基因表达、物质代谢、生长发育、疾病免疫、生产繁殖等重要生命现象的基础研究领域不断拓展，揭示营养素周转代谢的奥秘成为现代动物分子营养学面临的最大挑战之一。近红外分析技术、高通量测序技术、基因编辑技术等的高速发展，为解析营养素代谢和性状调控的分子机制提供技术支撑，加速动物营养学打开动物内部“黑箱”。

传统动物营养学研究在观察研究动物生理结构的基础上研究其功能特征，遵循结构与功能相适应的原则，但存在局限性，对于内部结构无法直接观察和展示的生理过程，存在“黑箱”理论。在研究营养物质代谢时，无法直接观察消化道结构和消化系统微生物组成结构，也无法通过解剖确定哪些结构与我们想要了解的功能相关，只能通过研究摄入和排泄的营养物质来推测营养素在动物体内的代谢机制，营养素在动物体内的周转代谢和相互作用机制至今依然未能揭晓。随着高通量技术的发展，分子营养学研究将整合基因组、转录组、蛋白质组、代谢组和微生物组等不同层次的生物分子信息，有望系统解析复杂、多变的营养素周转代谢机制（Sato，2016）。

营养素的周转代谢是影响动物健康和生产的关键因素，营养素在动物体内发挥营养和分子调节功能必须通过动物基因组表达、蛋白质合成及代谢物变化实现。换而言之，营养素的周转代谢过程必然伴随分子指纹图谱的变化。因此，系统解析营养素在动物体内的周转代谢图谱，需要集成 DNA-RNA-蛋白质-代谢物的层次信息流。营养基因组学、营养遗传学、营养蛋白质组学、营养代谢组学等在营养背景下的综合靶向 / 非靶向数据集的集合提供了理解复杂营养素代谢网络的独特优势（Subramanian et al.，2020；Worheide et al.，2021）。多组学数据联合分析为研究多种遗传多态性与营养素吸收和代谢的可变性之间的关联提供了潜在机会。随着动物分子营养学及“营养化”的多组学学科迅速发展，困扰动物营养与饲料科学的营养物质代谢“黑箱”问题会逐步变成“可视化箱”。

第三节　以动物分子营养学为基础的精准营养学

精准营养学是动物分子营养学的发展方向，同时也给营养学科的发展带来了巨大的挑战。精准营养学是根据物种、年龄、性别及其他生产因素，按照传统营养学指南来将动物进行分层，由精确和深度的表型制订个性化的营养策略，以及基于罕见高外显率的基因变异及个体响应营养素变化的营养基因组学（Ramos-Lopez et al.，2017）。精准营养学领域旨在了解遗传学、微生物组、抗生素和益生菌的使用、新陈代谢、饲料与环境、生产活动和其他行为特征之间复杂相互作用对动物的影响。只有牢牢把握这些因素的贡献和相互关系，才能为高度多样化的个体制订精准的营养策略。基于动物分子营养学的多学科性质，精准营养将充分利用创新科学技术和跨学科交叉研究，以解析营养在整个生命周期中的作用，并通过营养调控措施解决畜牧生产中饲料利用率较低、生长较缓慢、产品品质较差等实际生产问题。

动物生产中精准营养的实现包含饲料营养价值的精准评估、不同生理和生产状态下动物对营养物质需要量的精确评估、营养素组成和含量精准配给的饲料配方设计、根据动物群体或个体需要动态调整营养素供给的精准饲喂系统。在精准营养学概念诞生之前，个性化营养由来已久，虽然与精准营养学概念十分相似，甚至部分时候二者可以互换，但是精准营养并不等同于个性化营养，后者是基于个体的表型和遗传特征来提供个性化的营养指导，而精准营养则是一个更宽广的概念，它不仅仅是基于营养遗传学，在制订有效和动态化的营养干预手段时还考虑遗传学和营养学之外的特征，包括环境、动物活动和肠道微生物组成等，从而给予个体或群体精准的营养需要，并充分预测个体对于营养干预的反应。

美国国立卫生研究院（NIH）发布的《2020～2030 年 NIH 营养研究战略计划》指出要推动营养研究的现代化，通过与生物信息学、神经生物学和基因组学等其他研究领域的综合联系，开展营养科学的基础和方法研究；利用人工智能和机器学习等模式，创新饮食和营养状况的实时评估方法（Rodgers et al.，2020）。为贯彻落实《“健康中国 2030”规划纲要》，2017 年国务院办公厅发布的《国民营养计划（2017—2030 年）》指出“坚持科学发展。探索把握营养健康发展规律，充分发挥科技引领作用，加强适宜技术的研发和应用，提高国民营养健康素养，提升营养工作科学化水平”，预示着动物分子营养学理论研究经过长时期的积累走向应用的时代已经到来。以精准营养领域的宏伟愿景作为研究框架，将指导动物分子营养学进入新领域，推动营养精准调控动物健康研究领域的发展，实现精准营养的科学承诺，加深营养与动物生产相互关系的理解。

（谢春琳，广东省农业科学院动物科学研究所；晏向华，华中农业大学）

参考文献

Ferguson L R, de Caterina R, Gorman U, et al. 2016. Guide and position of the international society of nutrigenetics/nutrigenomics on personalised nutrition: part 1-fields of precision nutrition. J Nutrigenet Nutrige, 9: 12-27.

Monk J M, Hou T Y, Chapkin R S. 2011. Recent advances in the field of nutritional immunology. Expert Rev Clin Immu, 7: 747-749.

Ramos-Lopez O, Milagro F I, Allayee H, et al. 2017. Guide for current nutrigenetic, nutrigenomic, and nutriepigenetic approaches for precision nutrition involving the prevention and management of chronic diseases associated with obesity. J Nutrigenet Nutrige, 10: 43-62.

Rodgers G P, Collins F S. 2020. Precision nutrition—the answer to "What to eat to stay healthy". JAMA, 324: 735-736.

Sato K. 2016. Molecular nutrition: interaction of nutrients, gene regulations and performances. Anim Sci J, 87: 857-862.

Subramanian I, Verma S, Kumar S, et al. 2020. Multi-omics data integration, interpretation, and its application. Bioinform Biol Insights, 14(3): 47-51.

Worheide M A, Krumsiek J, Kastenmuller G, et al. 2021. Multi-omics integration in biomedical research—a metabolomics-centric review. Anal Chim Acta, 1141: 144-162.